职业教育精品教材

新型空调器故障分析与维修技能训练

（制冷设备维修工、制冷工级）

（第2版）

肖凤明　主编

電子工業出版社

Publishing House of Electronics Industry

北京·BEIJING

内 容 简 介

本书由一个长期从事空调器维修的团队根据多年维修经验编写而成，主要内容包括空调器的结构与选型、制冷剂和润滑油的选用、焊接技术、空调器安装和调试的方法、空调器控制电路分析与检修、空调器故障检测及排除、空调器故障代码的含义。本书内容兼顾职业技能鉴定标准，与社会考证相结合 。

本书可作为职业院校相关专业教材，也可作为各级技工、技师的培训用书，还可供空调维修爱好者自学参考。

图书在版编目（CIP）数据

新型空调器故障分析与维修技能训练：制冷设备维修工、制冷工级 / 肖凤明主编. —2 版.—北京：电子工业出版社，2012.10

职业教育精品教材

ISBN 978-7-121-17710-1

Ⅰ. ①新… Ⅱ. ①肖… Ⅲ. ①空气调节器—故障诊断—中等专业学校—教材 ②空气调节器—维修—中等专业学校—教材 Ⅳ. ①TM925.120.7

中国版本图书馆 CIP 数据核字（2012）第 168404 号

责任编辑：靳 平

印　　刷：北京七彩京通数码快印有限公司

装　　订：北京七彩京通数码快印有限公司

出版发行：电子工业出版社

北京市海淀区万寿路 173 信箱　邮编　100036

开　　本：787×1 092　1/16　印张：18　字数：460.8 千字

版　　次：2007 年 3 月第 1 版

2012 年 10 月第 2 版

印　　次：2024 年 8 月第 8 次印刷

定　　价：33.60 元

凡所购买电子工业出版社图书有缺损问题，请向购买书店调换。若书店售缺，请与本社发行部联系，联系及邮购电话：（010）88254888，88258888。

质量投诉请发邮件至 zlts@phei.com.cn，盗版侵权举报请发邮件 dbqq@phei.com.cn。

本书咨询联系方式：bain@phei.com.cn。

当前，新型空调器的产量和销售量不断增长，新型空调器的技术不断进步，为使广大维修人员尽快熟悉和掌握空调维修的相关知识与技能，本书以目前市场上流行的典型空调为例，采用基本知识与维修实例相结合的方式进行编写。本书的基本知识立足于实践，以够用为度，维修实例着重实际经验的分析与归纳，并给出了很多常见故障现象和维修方法。

本书由一个长期从事空调器维修的团队根据多年维修经验编写而成，同时参照职业技能鉴定标准，与社会考证相结合。本书在修订过程中进一步突出了新知识、新技术、新技能的应用，精选最典型的空调产品作为分析对象，以实际能力为出发点，文字叙述通俗易懂，图文并茂，操作性强，有利于学员对维修技能的学习与掌握。

本书在编写过程中得到了格力、海尔、海信、美的等空调器生产企业，以及中央国家机关职业技能鉴定指导中心、中国医学科学院、协和医科大学、侨办宾馆、北京市东城区职工大学、上海开利公司技术培训中心、文天学校的大力支持和帮助，在此表示诚挚的感谢。

本书由肖凤明负责全书的统编工作，参加编写有王清兰、朱长庚、马玉华、马玉梅、付秀英、 陈会远、于广智、苑明、海星、邸助军、汤莉、肖剑、吴志国、韩淑琴、肖凤民。

由于时间仓促，作者水平有限，书中不足之处欢迎广大读者指正。

编　者

目 录

第 1 章　空调器认知

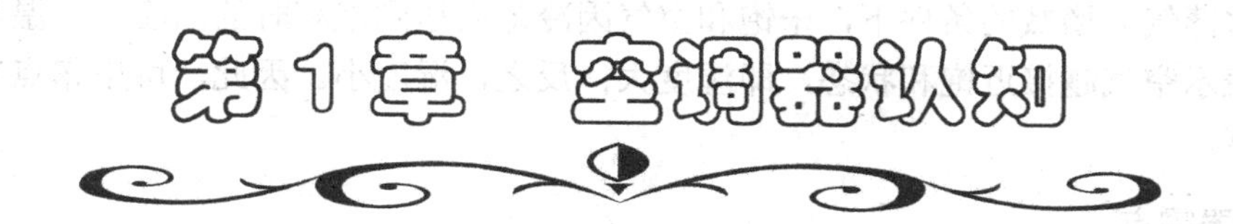

1.1 空调器的常用术语

1.1.1　温度

温度是标志物质冷热程度的物理量。物质温度的升高与降低，表示物质内部分子热运动平均动能的增加或减少。温度标志方法称温标，它是温度的标尺，以度量物质温度的高低。目前常用的温标有下列三种。

1．摄氏温标

它是一种百度温标，以符号 t 表示，单位为℃。它规定在一个标准大气压 101.3kPa 或 760mmHg 下，水的冰点为 0℃，沸点为 100℃，中间分 100 等份，每一等份为 1℃。我国所采用的温标是摄氏温标。

2．华氏温标

华氏温标的单位为°F。它规定在标准大气压下，水的冰点为 32°F，沸点为 212°F，中间分 180 等份，每一等份为 1°F。

3．开氏温标

开氏温标又称绝对温度或热力学温度，其符号为 T，单位为 K，是国际单位制的基本单位。它规定水的三相点，也就是水的固、液、气共存状态为基本点，其温度为 273.15K。开氏温标的零点为绝对零度，它是物体的最低温度极限，也就是−273.15℃。

4．干球温度和湿球温度

用湿球温度计测量空气温度，当温度计球部不包潮湿棉纱时，温度计指示的空气温度称为“干球温度”；当球部包潮湿棉纱时，温度计所指示的空气温度称为“湿球温度”。

5．干湿球温差

用湿球温度计测量未饱和空气时，干球温度计显示的温度较高，湿球温度计显示的温度较低，两个温度之差称“干湿球温差”。该温差大，表示空气干燥；该温差小，表示空气潮湿。

6．露点（或露点温度）

露点指潮湿空气中的水蒸气在冷的光滑表面上开始冷凝时的温度，也就是在大气压不变和空气中水蒸气无增减的条件下，未饱和空气因冷却而达到饱和时的温度。气温与露点的差值越小，表示空气越接近饱和状态，即湿度大；反之，湿度小。因此，可用露点来衡量空气的潮湿程度。

7．机器露点

在空调系统中，机器露点习惯上指经过喷水室冷却处理的接近饱和状态（相对湿度θ在90%～95%）时的空气温度，或者说是相对于空调器中冷却盘管外表面平均温度的饱和空气温度。该温度若高于被处理空气的初始露点，则冷却盘管外表面不会结霜，空气得到水式冷却；若低于初始露点，则空气得到湿式冷却。

8．饱和温度

饱和温度指在某一给定压力下，气、液两相达到饱和状态时所对应的温度。此温度下的液体称为“饱和液体”，此温度下的气体称为“饱和气体”。

1.1.2 压力

1．压力

垂直作用在物体上的力称压力，单位面积上的压力称压强。在空调系统中，压力（p）就是制冷剂向制冷系统内壁的作用力，制冷系统内每一处都承受着制冷剂的压力。

2．绝对压力

绝对压力指制冷系统内的实际压力。用压力表所测得的压力值是制冷系统的间接压力，而不是实际压力。

3．表压力

表压力指用压力表测量时指针所指示的压力，它与制冷系统内的绝对压力的差值就是当地大气压。因为压力表装接上时是在大气环境中，其指针指示在 0MPa，没有指示当地的大气压。

4．大气压力

大气压力指地球表面的空气层在单位面积上的压力，单位为帕（Pa）或千帕（kPa）。大气压力不是一个定值，随地区的海拔不同而不同，同时也随季节和气候的变化而变化。

5．标准大气压力

标准大气压力指在标准重力下的大气压力，符号为 atm。Latm=101.3kPa=760mmHg（汞柱）。

6．静压力

静压力指以大气压力为零点的相对静压力（空气对于管道壁的垂直作用力）。其值高于大

气压力时为正值，低于大气压力时为负值。

7．动压力

动压力指当流体被阻碍时，动能转变为压力能所引起的超过其静压力部分的压力。它与速度的平方成正比，其值恒为正值。

8．全压力

全压力指静压力与动压力的代数和，其值可正可负。

在空调工作中，风机压力常以 mmH_2O（毫米水柱）表示，$1mmH_2O=9.8Pa$。

1.1.3　空气状态

1．干空气

干空气指不含水蒸气的大气（环绕地球周围的空气层称为大气）。通常干空气的成分和组成物质的相对比例是不变的，主要由氮（78.09%容积）、氧（20.95%容积）、氩（0.93%容积）、二氧化碳（0.03%容积）和其他稀有气体组成。

2．湿空气

湿空气简称“空气”，由干空气和水蒸气混合而成。自然界的大气和空调中使用的空气，都是湿空气。湿空气中所含水蒸气的百分比是不稳定的，常常随季节、气候、湿源等条件的变化而变化。

3．水蒸气分压力

水蒸气分压力指水蒸气在混合气体中具有的分压力，其值反映了水蒸气含量的多少。空气中水蒸气分压力虽然不大，但决定了空气的潮湿程度，其变化对生活和生产有很大影响。

4．饱和空气

饱和空气指水蒸气分压力达到最大值时的湿空气。空气中水蒸气遵守其自身的饱和压力和饱和温度的对应关系，水蒸气分压力的最大值就是空气温度所对应的饱和压力值。

5．非饱和空气

非饱和空气指水蒸气分压力未达到最大值时的湿空气。

6．过饱和空气

过饱和空气指水蒸气含量超过其温度对应的最大值时的空气。它是空气的饱和状态，如有扰动或凝结出现时，超量的水蒸气就会凝结成雾状分离出来，并演化为饱和空气。

7．汽化（蒸发）

物体从液态转化为气态的过程称为汽化，液体汽化时的特性是要吸收周围热量。汽化有两种形式，蒸发与沸腾。蒸发是在一定温度下，液体表面不断汽化的过程；沸腾是在一定温度下，不仅从液体表面，而且从液体内部产生蒸汽，形成许多小气泡，并迅速上升突破液体表面转化成气体的过程。制冷剂在蒸发器内汽化实际上是沸腾过程而不是蒸发过程。

8．凝结（冷凝）

蒸气转变为液体时要向周围放出热量，当周围环境温度高于凝结温度时蒸气热量放不出，它就不能凝结成液体。

1.1.4　显热和潜热

1．显热

物质在吸热或放热过程中，温度发生了变化，状态不变，其间吸收或放出的热量称为显热。

2．潜热

物质在吸热或放热过程中，温度不变而状态发生变化，其间吸收或放出的热量称为潜热。

1.1.5　湿度和含湿量

1．绝对湿度

绝对湿度指每立方米空气中所含水蒸气的质量，常用单位 g/m^3。

2．相对湿度

相对湿度指空气中的水蒸气分压力与同温度下饱和水蒸气分压力的百分比值。

3．含湿量

含湿量指湿空气中水蒸气质量与干空气质量之比值，常用单位为 g/kg。它比较确切地反映了空气中实际含有水蒸气的量，是空调中常用的一种状态参数。

1.1.6　空气流动与阻力

1．新风

新风指从空调房间以外引入的空气，用以替代被调空间的全部或部分排气，使室内空气得到更新。根据卫生要求，除密闭空间外，一般空调对象均需引入新风。

2．回风

回风指从被调空间抽出的全部或部分返回空调器的空气。一般空调系统均采用部分回风，以节省能耗。回风量等于送风量减去新风量。

3．送风

送风指经送风部件进入被调空间的空气。

4．排风

排风指从被调空间排到大气中不再循环的空气。

5. 通风换气次数

通风换气次数又称“新风换气次数”，指单位时间引入被调空间的新风量与被调空间容积之比。

6. 摩擦阻力

摩擦阻力指由于空气黏性及分子间位置移动产生摩擦而形成的阻力，也称“沿称阻力”。

7. 局部阻力

局部阻力指空气通过管道中的弯头、三通及阀门、扩口、缩口时，因流动方向改变和流过断面的突然变化而产生的阻力。

8. 压力损失

压力损失指空气在管道中流动时，因摩擦阻力和局部阻力等因素而使送风压力自然降低的现象。空调系统设计时必须考虑这一因素。

1.1.7 制热装置

1. 电热装置

用电热元件通电加热空气的方法进行制热的装置叫电热装置。这种制热装置可以单独制热，也可以与热泵共同制热。

2. 辅助电热装置

制热用辅助电热装置指与热泵一起使用进行制热的电热装置（包括后安装的电热装置）。

3. 热泵

热泵指通过转换制冷系统制冷剂运行的流向，从室外低温空气吸热并向室内放热，使室内空气升温的制热系统。目前均用四通阀来转换制冷剂的流向。

1.2 新型空调器的基本组成与典型结构

1.2.1 空调器的基本组成

空调器品种繁多，形式各异，但其基本结构是一样的，都由制冷系统、空气循环系统、电气控制系统和壳体系统4个系统组成。

1. 制冷系统

制冷系统是空调器最基本的系统，它由压缩机、冷凝器、毛细管、蒸发器、消声器和过滤器等组成。空调器采用热泵型循环系统的，制冷系统还包括单向阀、四通换向阀、封闭循环系统内填充的制冷液R401B等。

2．空气循环系统

空气循环系统包括室内机用的线流风机、离心风机，室外机用的单伸头轴流风机、出风栅、滤尘网和出风口等。其作用是实现热交换，把制冷系统所产生的冷量送到室内，把冷凝器中的热量送到室外。

3．电气控制系统

分体式空调器的电气控制系统，采用微电脑程序控制，它的主要控制功能包括：温度自动调节控制、室内机显示控制、风速自动切换控制、定时开停控制、冷风防止控制、自动除霜控制、过流保护控制、高负荷防止控制、室外风量自动调节控制、电磁换向阀控制、压缩机延时控制、远程电话控制和自动报警控制等。

4．壳体系统

壳体系统是空调器的支撑基架，各种零部件都安装在它的里面。

以上4个系统按照各自的功能组成一个整体或两个整体，就构成了一台完整的空调器，如图1-1所示。

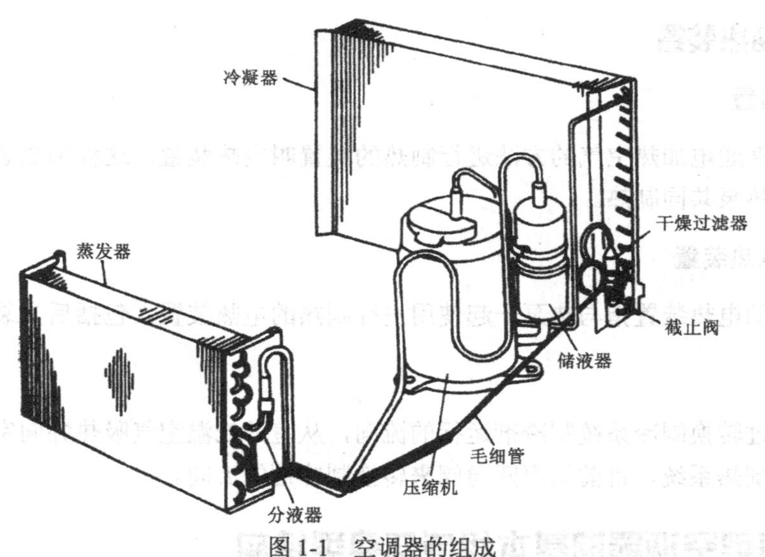

图1-1 空调器的组成

1.2.2 分体式空调器的结构

分体式空调器分室内机和室外机两部分。室外机安装在室外墙上，室内机安装在空调房间内 2.2m 以上的墙壁上。在墙上只需开一个孔，此孔能使室内机与室外机连接的管道及凝结水泄漏管通过，即可完成室内机的热量交换。通过遥控器的红外信号，可控制制冷、制热。分体式空调器外形结构如图1-2所示。

分体式空调器有单冷变频型和冷暖变频型等多种形式，电源为交流 220V/50Hz，制冷量在 1.6～5.0kW 之间。

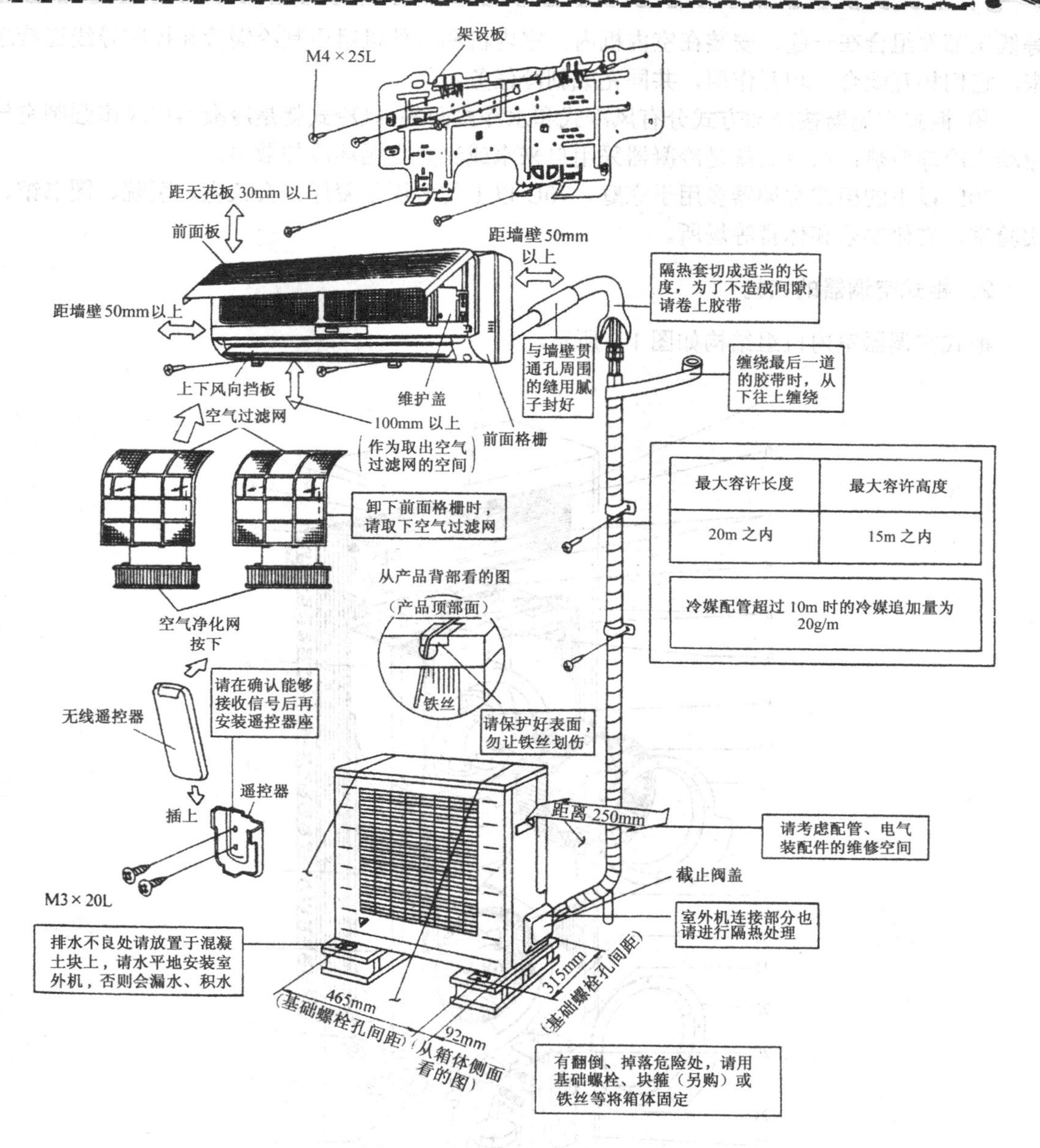

图 1-2　分体式空调器外形结构

1.2.3　柜式空调器的结构

1．柜式空调器的分类

柜式空调器是安装在房间地面上的一种空调换热设备。根据使用条件和结构的不同，柜式空调器有以下几种分类。

① 柜式空调器按功能分有单冷型、冷暖型、电加热型、电热辅助热泵型 4 种。一般 70L 以上多为交流 380V/50Hz 供电；70L 以下多为交流 220V/50Hz 供电，后者多为家庭使用。

② 柜式空调器按组合方式分有整体式和分体式两种。整体式空调器将所有的制冷设备和电气控制部件安装在一个箱体内，即压缩机、节流阀、蒸发器、冷凝器均在一起；分体式则将压缩机、冷凝器、限压阀等高压部件组合在一起，安装在室外机内，另将蒸发器、毛细管

等低压部件组合在一起，安装在室内机内。室内机和室外机组用制冷铜管和控制导线连接起来，它们相互配合，相互作用，共同完成制冷任务。

③ 柜式空调器按冷却方式分有风冷式和水冷式两种。风冷式就是冷凝器用风扇强制空气流动来冷却散热；水冷式就是冷凝器采用自来水或深井水循环冷却散热。

70L 以下的柜式空调器多用于家庭，70L 以上的多用于餐厅、会议室、医院、图书馆、实验室、文化娱乐和体育等场所。

2. 柜式空调器的结构

柜式空调器室内机组结构如图 1-3 所示。

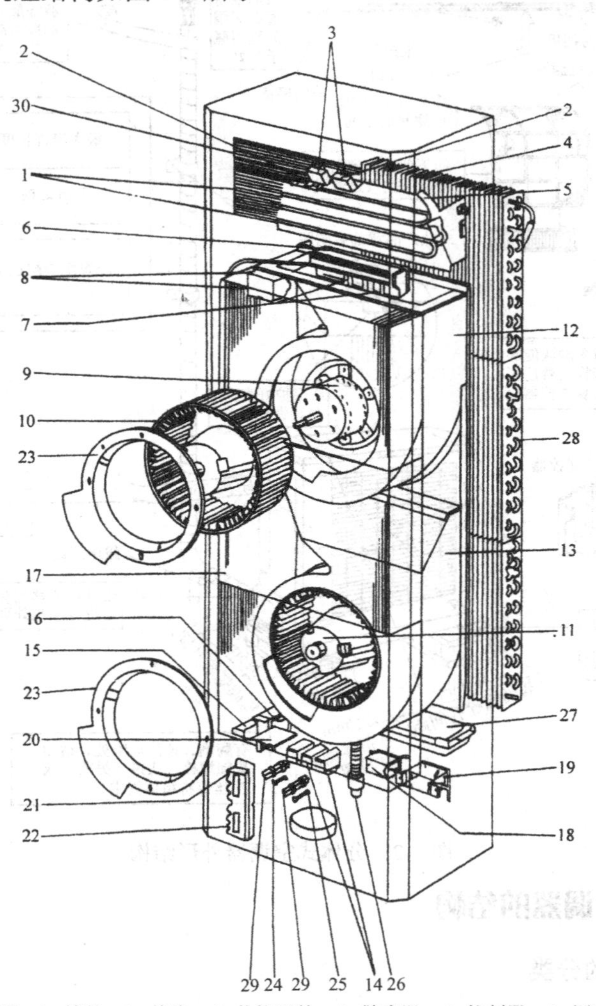

1—加热器；2—熔丝；3—绝缘；4—热控开关；5—散流器；6—控制器；7—调节钮；8—电容器；9—风扇电动机；10,11—风机；12,13—罩；14,15—继电器；16—变压器；17—热敏电阻；18,19—热控开关；20—室内板；21,22—接线柱；23—风口；24,25—熔断器；26,27—排水管；28—热交换器；29—熔断器支架；30—加热器护板

图 1-3　柜式空调器室内机组结构

柜式空调器室外机组结构如图 1-4 所示。

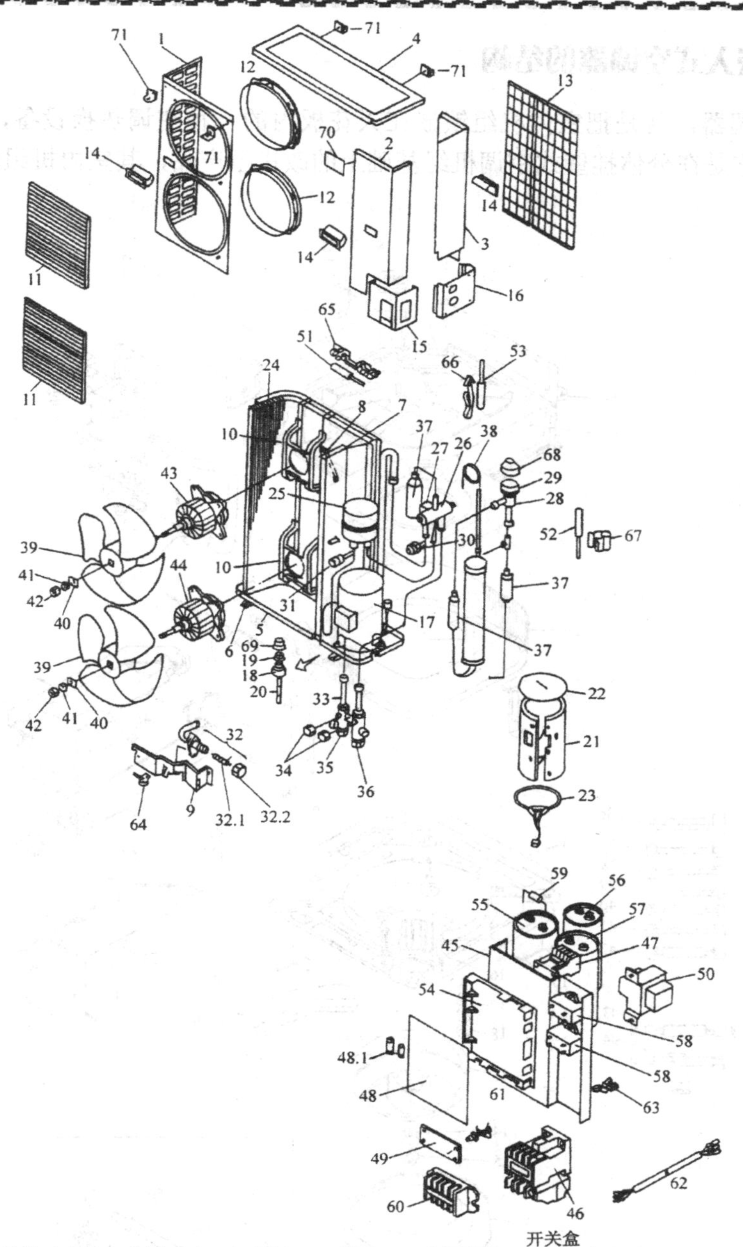

1—前板（1）；2—前板（2）；3—侧板；4—顶板；5—底框附件；6—固定螺栓基础板；7—隔板；8—加强板；9—截止阀阀体；10—电动机座；11—排气格栅；12—钟形嘴；13—吸气格栅；14—手柄；15—前管道罩；16—罩盖；17—压缩机；18—隔振器；19—带垫圈锁紧螺母；20—压缩机定位螺栓；21—压缩机隔音罩；22—压缩机顶盖；23—曲轴箱加热器；24—交叉翅片冷凝器附件；25—蓄液器附件；26—四通阀阀体；27—四通阀线圈；28,29—电子膨胀阀；30—高压开关；31—低压开关；32—带单向阀表接头；32.1—阀芯维修口；32.2—盖帽维修口；33—截止阀附件；34—截止阀帽；35,36—扩口螺母；37—冷媒滤网；38—毛细管；39—风扇叶片；40—风扇叶片锁紧垫圈；41—弹簧垫圈；42—锁紧螺母；43,44—风扇电动机；45—开关盒（空）；46—压缩机电磁开关；47—启动继电器；48—印制电路附件；48.1—熔丝；49—印制电路板附件；50—变压器；51—热敏电阻（空气）；52—热敏电阻（盘管）；53—热敏电阻（排出管）；54—印制电路外壳；55,56—压缩机运转电容；57—压缩机启动电容；58—风机运转电容；59—排出电阻；60—控制电路端子条；61—锁紧保护垫片；62—线束；63—线夹；64—线束夹子；65—热敏电阻安装板；66,67—热敏电阻固定器；68—膨胀阀封帽；69—封帽；70—铭牌；71—固定螺钉角板

图1-4　柜式空调器室外机组结构

1.2.4 嵌入式空调器的结构

嵌入式空调器，就是把室内机组镶嵌在天花板内的一种空调热换设备，主要用于比较豪华的场所，它是在分体挂壁式空调机组基础上的改进型产品，其室内机组的结构如图 1-5 所示。

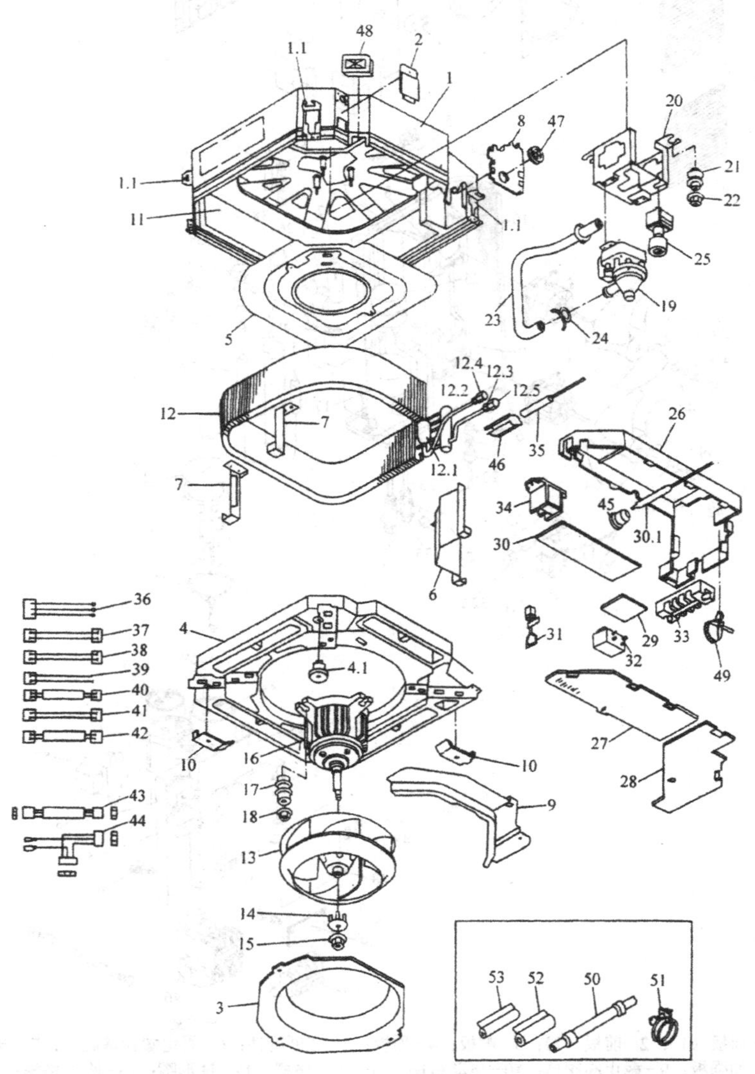

1—壳体；1.1—钩件；2—检查盖；3—钟型罩；4—排水盘附件；4.1—排水塞；5—顶板（挡板）；6—蒸发器隔板；7—蒸发器安装板；8—冷媒管卡板；9—开关盒；10—装饰板插销；11—隔热罩；12—蒸发器附件；12.1—带滤网散流器；12.2,12.3—气管接头；12.4,12.5—扩口螺母；13—风扇转子；14—风扇转子锁紧垫圈；15—风扇转子锁紧螺母；16—风扇电动机；17—风扇电动机隔振器；18—风扇电动机锁紧螺母；19—排水泵；20—排水泵定位板；21—排水泵隔振器；22—排水泵锁紧螺母；23—排水管；24—胶管夹；25—浮子开关；26—开关盒（空）；27—开关盒盖（1）；28—开关盒盖（2）；29—印制电路电源；30—印制电路；30.1—热敏电阻（空气）；31—容量控制电阻；32—风扇电动机运转电容；33—控制电路端子条；34—遥控接收器；35—热敏电阻（液体温度）；36—线束（传输）；37—线束（电源—L）；38—线束（电源—H）；39—线束（P.C.B 端子）；40—线束（限位开关）；41—线束（排水泵）；42—线束（摆动电动机）；43,44—线束（风扇电动机）；45—热敏电阻绝缘套；46—热敏电阻支架；47,48—橡胶绝缘套；49—扎带；50—水管；51—管夹；52—液管绝热套管；53—气管绝热套管

图 1-5　嵌入式空调器室内机组的结构

嵌入式空调器优于分体式和柜式空调器，它不占用室内面积，美观且送风角度大，布风均匀，适用于房间面积为 30～80m^2 的家庭、办公室、餐厅、医院、检查室等场所。

1.3 新型空调器的基本工作原理

1.3.1 空调器的功能

空调器又叫空气调节器，它的功能是通过制冷或制热调节室内温度和湿度，并使之保持在一定的范围内。夏季温度较高，湿度较大，空调器可以降温和减湿，使室内温度维持在 22～26℃，相对湿度维持在 55%～60%。冬季气温较低而且干燥，空调器可以升温和加湿，使室内温度维持在 20～22℃，相对湿度维持在 55%～60%。空调器还可以用来调节室内空气流动的速度，因流动的空气比静止的空气使人感到舒适（在制冷时，以不超过 0.5m/s 的流速吹出 15～17℃的冷空气为宜）。此外，污浊空气中的尘埃附有很多细菌，空调器可以净化空气，并将新鲜空气置换入室内等。综合起来，功能齐全的空调设备可以用来控制建筑物中影响空气的物理和化学因素，包括：温度、湿度、流速、空气的分布状态、压力、灰尘量、细菌量、气味、有毒气体、以及有害离子的含量。

1.3.2 空调器的制冷原理

1. 制冷的实质

制冷的实质就是能量的转移。制冷就是把房间内的热量，通过制冷系统的压缩机、冷凝器、节流阀、蒸发器的工作置换到房间外面。制热的过程（热泵型）与制冷是相反的。在制冷的过程中，压缩机是能量的搬运者，新型制冷剂 THR03b 为运送能量的媒介。

同一台空调器因使用环境不同，其制冷（制热）效果也不同。空调铭牌所标的制冷量、制热量是在标准工况下测量的。国家标准规定的标准工况为：制冷时，室内温度 28℃，室外温度 35℃；制热时，室内温度 19℃，室外温度 7℃。如果炎夏室外温度高于 38℃，寒冬室外温度低于-5℃，则空调器的制冷、制热效果会降低，这主要是因为压缩机置换能量更困难。所以空调器工作的环境温度一般为 5～43℃。这是空调器厂按气候类型设计和它本身的特性决定的。随着近年来夏季气温的逐渐升高，铭牌标注的制冷量将有所改变，以适应新的工况要求。

2. 制冷过程与原理

制冷系统是使制冷剂产生热力学变化的热力系统。制冷剂在系统内要经过四个热力学变化过程（热力学上称“状态变化”），才能产生连续不断的制冷效应。这四个过程是压缩、冷凝、节流和蒸发，它们分别由不同的部件，按不同的顺序轮流完成。

（1）压缩过程

此过程是由压缩机来完成的。它将系统内来自蒸发器的制冷剂蒸汽吸入压缩机汽缸内（低压压力为 0.4～0.5MPa，温度为 5～10℃），经压缩后成为高温高压的气体（压力为 1.6～2.0MPa，温度为 80～105℃），并通过压缩机口排出。压缩机的主要任务是提供制冷剂 THR03b 流动的动力，它在系统内起着“心脏”的作用。

（2）冷凝过程

此过程由冷凝器完成，制冷剂冷凝过程如图 1-6 所示。

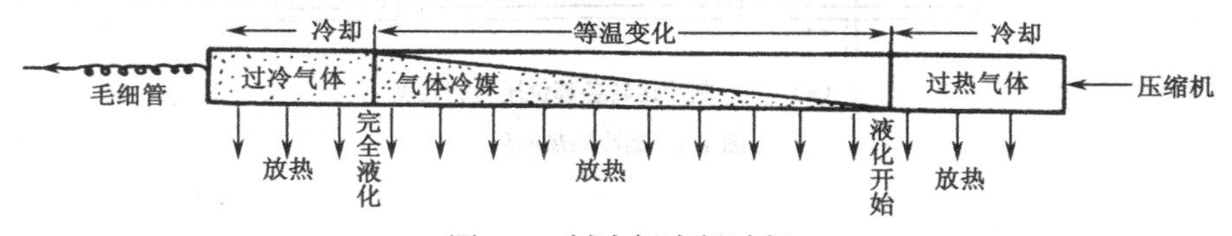

图 1-6 制冷剂冷凝过程

由压缩机排气口排出的高温高压的气体制冷剂，经过四通阀（冷暖型）进入冷凝器，室外轴流风扇把冷凝器的热量带走，温度降低，高温气体逐步变为气液两相状态，但制冷剂在冷凝器内的压力基本不变。此时冷凝器出口处为常温、高压的液体，温度只比环境温度高 5～6℃。这个过程中，冷凝效果的好坏是很重要的。冷凝效果好，制冷提高；冷凝效果差，对整个制冷系统的制冷效果、整机的使用寿命，以及耗电量都会有很大的影响。冷凝器不但散发蒸发器吸收的热量，还要散发压缩机做功耗电产生的热量，因此冷凝器在空调器中是一个重要的部件。

（3）节流过程

节流过程在家用空调器中主要采用毛细管来实现，也有采用电子膨胀阀（变频空调器）来实现的。节流过程也可以认为是液体制冷剂的降压过程，高压液体制冷剂经过毛细管降压后，变为低压液体，且有少量闪发气。此时手摸毛细管感觉很凉，用温度计测量约为 6℃，用压力表测量压力约为 0.6MPa。

（4）蒸发过程

制冷剂蒸发过程如图 1-7 所示。

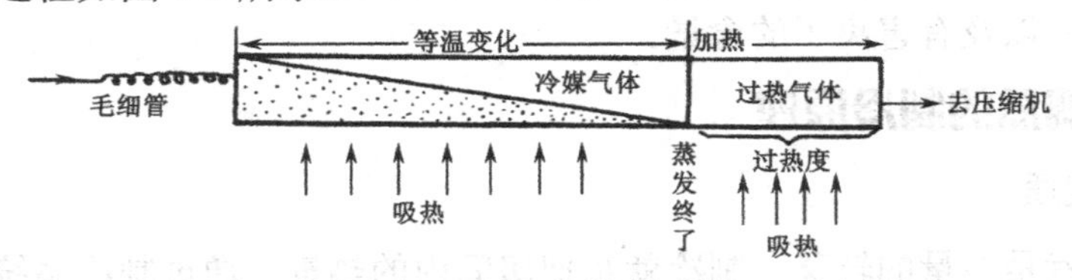

图 1-7　制冷剂蒸发过程

制冷剂经节流后流入蒸发器，进入蒸发过程，这是一个汽化吸热的过程。制冷剂在蒸发器内由气、液两相状态逐步汽化为饱和蒸汽，同时吸收周围空气的热量，达到制冷目的。蒸发器出口处为低温、低压的气体，温度为 5～8℃，压力约为 0.5MPa。制冷剂从蒸发器出口经回气管到室外机低压气体截止阀，进入四通阀（冷暖型）和压缩机的气液分离器吸气口，完成一个制冷循环。此时手摸低压管感觉较凉并有结露，温度比蒸发器出口约高 5℃，这是回气管吸收了热量所致，这时，回气管压力约为 0.5MPa。制冷制热循环如图 1-8 所示。

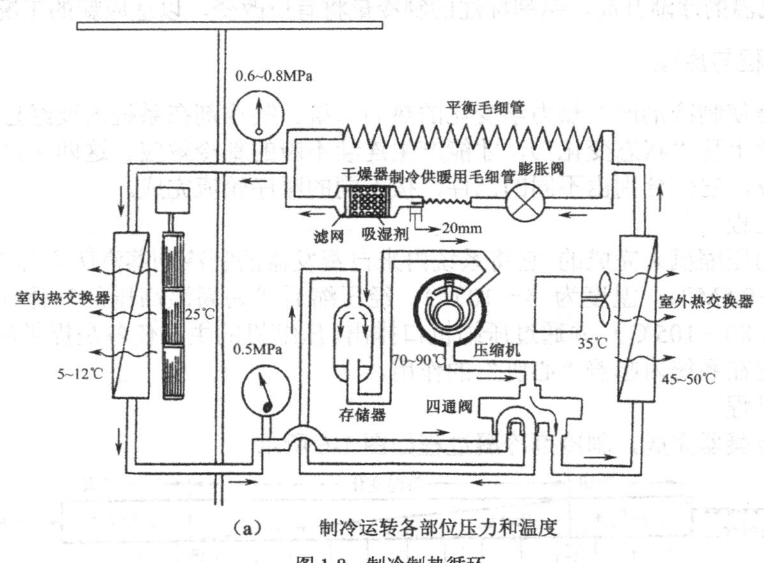

（a）　制冷运转各部位压力和温度

图 1-8　制冷制热循环

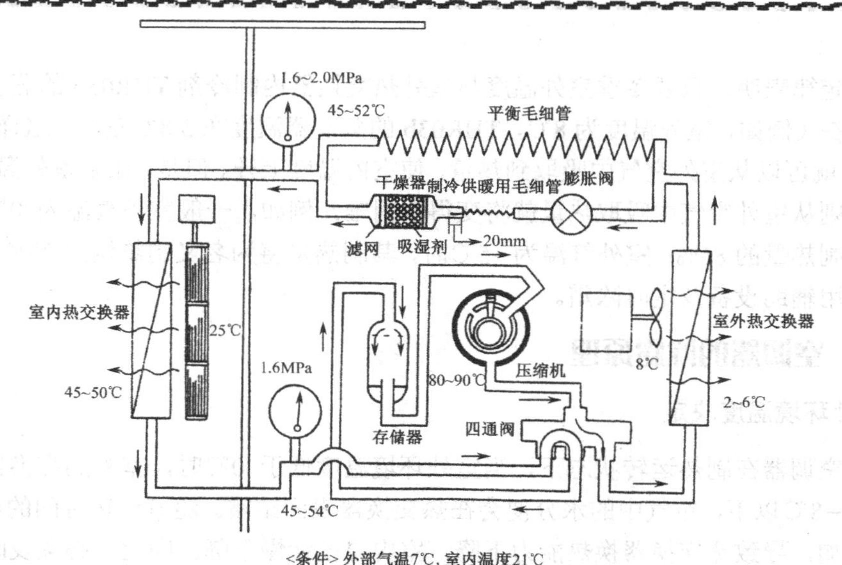

<条件> 外部气温7℃，室内温度21℃

（b）制热运转各部位压力和温度

图 1-8 制冷制热循环（续）

1.3.3 空调器的除湿原理

1. 除湿作用

夏天湿度较大，霉菌易于生长，容易产生异味，且给人们以闷热的感觉。除湿可以为人们提供健康的生存环境，使皮肤感觉干爽舒适，使人们的生活品位有所提高。

2. 除湿原理

空调器制冷时，室内热交换器表面温度低于室内空气露点，室内热空气经过热交换器时，空气中的部分水蒸气在热交换器表面上凝成露珠，其结果是空气既被冷却又被减湿，温度下降了，湿度也下降了。为避免因除湿导致室温波动太大，空调器压缩机以间歇工作方式来达到除湿的目的。

1.3.4 空调器的制热原理

空调器的制热可分为电热制热和热泵制热两种方式。

1. 电热制热

电热制热方式的加热元件有电热管和 PTC 两种。电热制热的原理是：空调器接通电源，发热元件表面温度升高；当达到设定温度值时，风机运转，室内空气被风机吸入到发热元件表面，流经发热元件后温度升高；升温后的空气又被吹到室内，如此不断循环，使室内空气温度逐渐升高，从而达到取暖的目的。

2. 热泵制热

热泵型空调器与单冷型空调器的不同之处是在室外机增置了一个四通（换向）阀，在制热时它能使室外、室内热交换器（也称蒸发冷凝器和冷凝蒸发器）的制冷剂流向“转换”，将压缩机排出的高温高压的制冷剂气体转换流向室内，从而达到室内制热的目的，如图 1-8

所示。

制冷学定律表明，只要冬季室外温度与室外热交换器内制冷剂THR03b的蒸发器温度有一个温差存在（例如，室外温度为8℃，THR03b的蒸发器温度在3.8℃左右，这样有4.2℃左右的温差），就可以从室外空气中吸取到热量，使室内温度上升。但是，如果室外温度再变低，温差变小，则从室外空气中吸取热量就将变得很困难。例如，一般室外气温为0℃时，其制热量为名义制热量的85%；室外气温为−5℃时，其制热量将为名义制热量的75%，而且这时还应考虑使用辅助设备及定时除霜。

1.3.5　空调器的除霜原理

1．室外环境温度决定

冷暖型空调器在制热运转状态下，当室外环境温度低于0℃时，室外热交换器的蒸发器温度就会在−8℃以下，空气中的水分便会在热交换器表面结霜。随着运转时间的延长，霜层厚度不断增加，导致热交换器换热能力下降，室内温度缓慢下降。因此，必须及时除去热交换器上的霜层。

2．制热运转除霜

采用制热运转除霜，由室外压缩机出来的高温、高压制冷剂气体，一部分流向室外热交换器，使热交换器表面的霜层融化，另一部分继续流向室内热交换器。长虹KFR-40GW/BM空调器，采用的是压缩机连续运转除霜方式。这是一种比较先进的除霜方式。

3．互换角色除霜

空调器制热运转50min后，系统中的换向阀闭合，这时冷凝器和蒸发器便“互换角色”，由原来的制热状态改为制冷状态，把从压缩机排出来的高温、高压制冷剂气体切换，使其流向室外结霜的热交换器，融化霜层。融化霜层需要约5～8min的时间。霜层融化完后，四通阀重新吸合，又进入制热循环状态。目前，家用空调大部分采用这种除霜方式。这种除霜方式的缺点是除霜时须停止制热工作状态。

4．电加热除霜

电加热除霜是在室外换热器的翅片上装置电加热管，空调器工作50min，微电脑主芯片发出指令，使电加热管通电发热，融化霜层。当室外换热器温度达到5℃时，加热停止。电加热除霜方式如图1-9所示。

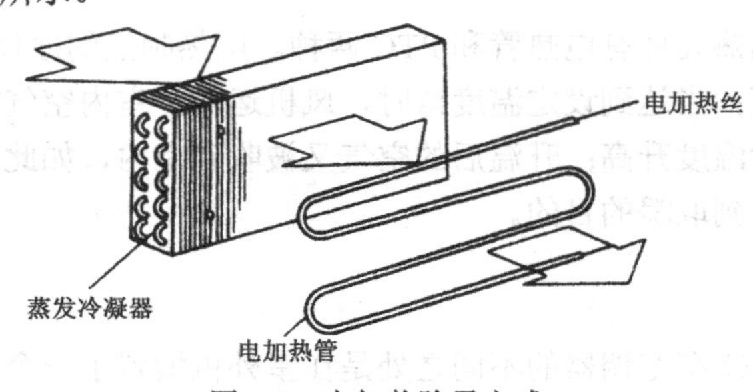

图1-9　电加热除霜方式

1.4 新型空调器的分类与型号命名方法

1.4.1 空调器的分类

1．按结构形式分

按结构形式分，空调器有整体式和分体式两种。整体式空调器包括窗式和穿墙式，其代号为C。分体式空调器分室内机组和室外机组，其代号为F。室内机组可做成壁挂式（G）、吊顶式（D）、落地式（L）、嵌入式（Q）、天井式（T）等。室外机组代号为W。

2．按主要功能分

按主要功能分，空调器有电热型空调器，其代号为D；热泵型空调器，其代号为R；变频空调器，其代号为BP。遥控器代号为Y。

1.4.2 空调器的型号命名方法

为适应WTO的要求，从2001年起我国生产的空调器（进口合资产品除外）实行统一的型号和规格表示方法，使国产空调器的型号与国际接轨。规定包括：各种代号均用汉语拼音大写字母表示；型号参数认证都贴在箱体右侧；应附有电路原理图等。国产空调器型号及各种代号，均用汉语拼音大写字母表示，如表1-1所示。

表1-1 国产空调器型号命名方法

K	T1、T2、T3	F、C	R、D、Rd	×××W	D、G、L、Q、T	W	A、B、C、D、E、F…
房间空调器	气候类型符	结构形式	功能代号	空调器名义制冷量	分体式空调器室内机组代号	分体式空调器室外机组代号	厂家改进序号

第一位汉语拼音字母，表示房间空调器。统一规定用空调器中第一个汉字“空”的汉语拼音第一个字母K表示。

第二位字母表示气候类型。按国家规定，根据空调器使用温度不同，分为T1常用型、T2低温型、T3高温型三种气候类型。我国生产的大多为T1型空调器，知名厂家为满足高温地区（如沙漠地带）的需要，也有生产T3型空调器的，T2型则很少生产。如果型号中不标注T2、T3代号，可认为是T1型空调器（注：目前各空调器均不标注T1、T2、T3）。

第三位汉语拼音字母，表示结构形式，整体式用C表示，分体式用F表示。

第四位汉语拼音字母，是功能的代号，如热泵型空调器的代号为R，电热型空调器的代号为D，热泵辅助电热型空调器的代号为Rd。

第五位是阿拉伯数字，表示空调器名义制冷量，取该空调器用瓦（W）作为计量单位的名义制冷量的千位数和百位数表示。

第六位汉语拼音字母，表示分体式空调器室内单元部分的安装形式。其中，吊顶式代号为D，壁挂式代号为G，落地式代号为L，嵌入式代号为Q，天井式代号为T。

第七位汉语拼音字母W，表示分体式空调器室外机组。

第八位汉语拼音字母，表示设计及改进序号，可依次用A、B、C、D、E、F…表示，由生产厂家自定。

随着科学技术的不断发展，国内各生产企业又都相继推出了一些新型的空调器。比如，变频空调器用符号B/BP表示，声控空调器用符号W表示，模糊控制空调器用符号M表示。又如，长虹空调器E代表系统改进，S代表清爽，A代表电控改进，Q代表大清爽，F代表小清爽。格力空调器F表示变频，Fd表示直流变频，N表示新工质。

型号示例：

① 春兰牌KCD-25型空调器，其中C表示窗式，D表示电热型，25表示制冷量2.5kW。

② 格力牌KFR-32GW型空调器，为房间分体式热泵型空调器，制冷量3.2kW。

③ 美的牌KFR-50LW/BP型空调器，为房间变频柜式热泵型空调器，制冷量5kW，L表示落地式（柜机），W表示室外机组，BP表示变频。

④ 长虹牌KFR-120LW/M型空调器，为分体柜式热泵型空调器，制冷量12kW，M表示模糊控制。

1.5 新型空调器的安全技术要求

1. 防触电保护

空调器的结构和外壳必须有良好的防触电保护措施。正常使用时，应做到以下几点。

① 在空调器外壳上除了使用必需的开孔外，不应有可能接触到带电部件的其他开孔。

② 不应依靠油漆、瓷漆、金属部件上的氧化膜、垫圈和密封胶（除热固型外）等作为保护性的绝缘层。

③ 固性树脂不应作为密封材料。

④ 操作旋钮、把手、杠杆等旋转轴不应带电。

⑤ 用于防止偶然接触带电部分的防护装置，应有足够的机械强度，在正常工作时不得松动。

2. 泄漏电流

空调器必须有良好的电气绝缘。按规定的测量方法测出的泄漏电流，对于01类空调器不应超过0.5mA，对于1类空调器不应超过1.5mA。

3. 绝缘电阻和电气强度

空调器必须有良好的绝缘性能和电气强度。绝缘电阻要求不应小于2MΩ；电气强度要求施加试验电压（1250～3750V）时，不产生闪络或击穿现象。

4. 内部布线的要求

空调器内部布线与各个部件之间的电气连接，应有保护或包封。此外，还要通过目视检查与测量，来确定布线是否符合以下几方面要求。

① 电线槽应光滑，无锐边、毛刺等；绝缘导线通过的金属板上的孔洞应光滑；应有效地防止布线与运动部件接触，以免磨损布线。

② 布线应固定牢固，绝缘良好，以确保在正常使用下布线距离和电气间隙不会减小到规定值以下。绝缘材料在正常使用下不应损坏。

③ 整装式的多芯线的布线材料剥掉的长度不应超过 75 mm，标有接地标志的绿/黄双色导线只能接在接地端子上，不能接到其他端子上。

5. 启动和运行

空调器启动和正常运行时，压缩机电动机绕组温度不应高于 135℃；电动机外壳温度不应超过 150℃；内部和外部布线的橡胶或聚乙烯绝缘材料温度不能超过 60℃（移动线）或 75℃（不移动线）；连接电源的接线端子温度不应超过 85℃；底座温度不应超过 50℃；手柄及其外壳温度分别不应超过 60℃、85℃。

本章小结

温度、压力、湿度、潜热的基本知识是空调器安装与维修人员应掌握的基本知识。

温度、露点温度、压力、绝对压力是气体的基本状态参数。在安装与维修应用中，温度可用温度计测量，压力用单、双联压力表测量。

了解显热、潜热、汽化、凝结的概念是掌握制冷原理的基础。物质在吸热或放热过程中，温度发生了变化，状态不变，其间吸收或放出的热量称为显热。物质在吸热或放热过程中，温度不变而状态发生了变化，其间吸收或放出的热量称为潜热。汽化是物质从液态转化为气态的过程。凝结是蒸汽转变为液体的过程，它向周围放出热量。

国产空调器的分类与型号命名，各种代号均应采用汉语拼音大写字母表示。型号参数认证都贴在箱体右侧，并附有电路原理图。对于空调器的安全技术要求，安装与维修人员必须掌握。安全技术要求包括防触电保护要求，漏电电流要求，绝缘电阻和电气强度要求，内部布线等技术要求。

习题 1

1. 什么是露点温度？
2. 什么是显热、潜热？它们的区别是什么？
3. 什么是局部阻力？
4. 什么是热泵？
5. 什么是压力损失？
6. 简述空调器制冷循环的过程。

第 2 章　常用的制冷剂与润滑油

2.1　新型空调器中常用的制冷剂及性质

空调器由四大系统组成，压缩机被喻为制冷系统的心脏，而制冷剂则被喻为制冷系统的血液。制冷剂又称制冷工质或冷媒，是制冷循环中的工作介质。制冷系统利用制冷剂发生状态变化，产生吸热及放热过程，进行热量传递。在蒸汽压缩式制冷循环中，制冷剂与压缩机、冷凝器、毛细管及蒸发器等部件构成制冷系统。通过制冷系统及一定的电能消耗，使制冷剂在系统内循环流动，周期性地发生从蒸汽到液体、再由液体到蒸汽的状态变化。在整个制冷循环过程中，制冷剂在蒸发器内沸腾汽化，不断吸收室内冷却物品的热量，并传给外界空气，使室内温度降低而达到制冷目的。

2.1.1　常用的制冷剂

目前常用的制冷剂有氟氯烷类，统称氟利昂，习惯上以 F 表示，但国际上对无机有机化合物类制冷剂规定用符号 R 表示，字母后不同的数字代表不同种类的制冷剂，如 R22 代表氟利昂 F22。空调器中常用的制冷剂多为氟利昂，因它价格低廉。

2.1.2　代换的制冷剂

代换的制冷剂有 R411A、R407C、R405A、R411B、G2032、R134a、G2010 等。

下面以 R407C 为例介绍技能知识。

1．制冷剂 R407C 成分组成

制冷剂 R407C 有 R32、R125、R134a 三种成分，比例为 R32/R125/R134a=23%/25%/52%，它属于非共沸混合冷媒。而现在的空调器使用的制冷剂为 R22，R22 的成分为 CHF_2Cl。由于 R22 含有 Cl 离子，所以对空气臭氧层有一定的破坏作用。而 R407C 不含有 Cl 离子，不会对空气臭氧层造成破坏，所以采用该种制冷剂的空调器称为绿色环保空调器。

2．压缩机油

R407C 制冷剂压缩机分为两种，一种是定频压缩机，它采用的是脂类油，如日立、三菱、大金，它对水分的要求高；另一种是变频压缩机，它采用的是醚类油，如三洋压缩机。

3．R22 与 R407C 使用性能对比

R22 与 R407C 使用性能对比如表 2-1 所示。

表 2-1 R22 与 R407C 使用性能对比

对比项目	R22	R407C
成分	CHF_2Cl 100%	R32/R125/R134a =23%/25%/52%
温度滑移	0℃	6.3℃
沸点	−40.8℃	−43.8℃（−48.1℃/−26.1℃）
工作压力	100%基准	108%基准（压力比 R22 高一点）
ODP（大气破坏系数）	0.05	0（环保）
蒸发压力	0.625MPa	0.636MPa
冷凝压力	2.15MPa	3.32MPa

注：通过以上对比得知，R22 与 R470C 使用性能不同，不能混用。

由于无氟空调使用的制冷剂 R470C 属于非共沸点混合冷媒，其三种成分的比例只有保持在以上范围内，才能保证无氟空调的工作效果，所以在维修方面要求十分严格，具体要求如下：

① 维修时，一定要用抽真空的方法进行排空，不可用排气法进行排空。抽真空时要注意从低压侧进行，真空度要达到 1Torr 以下（1Torr=1mmHg）。抽完真空后再观察 3min，压力不回升方可。

② 冷媒泄漏，再补充制冷剂时，引起冷媒与空气发生化学变化，必须放气重新抽真空。定量充注冷媒 R470C 时，不可通过补充制冷剂的方法。严禁充入 R22 冷媒。

③ 充注冷媒 R470C 时，必须保证液相注入，以保证 3 种成分的比例正确。在充注冷媒 R470C 时，必须将冷媒罐倒立，不可在冷媒罐直立时充注冷媒。

④ 现市场上很难购买 R470C，需到公司购买。单位质量（1kg R470C）的价格比 R22 要高约 100 元。

⑤ 真空泵、冷媒罐必须专用，不可与 R22 用的真空泵、冷媒罐混用。在真空泵、冷媒罐上必须贴上“R470C 专用”醒目标识。

⑥ 更换部件时，注意压缩机、四通阀、截止阀必须采用适用于 R470C 的专用部件。

⑦ 在 R407C 空调维修前，需做的准备工作如下。

- 准备新真空泵（真空度要达到 1Torr 以下）、冷媒罐，并贴上“R470C 专用”醒目标识。
- 在维修空调时，一定要注意室内机和室外机标牌上是否标有“(R1)”字样标志。
- 对维修工做好培训工作，保证不将 R407C 制冷系统空调与 R22 制冷系统空调混淆。

2.1.3 制冷剂的选用原则

在选择制冷剂时，首先应考虑制冷剂的适用范围。制冷系统中，在蒸发温度和冷凝温度一定的情况下，使用不同的制冷剂，会得到不同的蒸发压力和冷凝压力。蒸发压力不要太小，最好不低于一个大气压，这样可以防止空气渗入。冷凝压力不宜很大，一般不超过 0.5MPa。此外，制冷剂在一定冷凝温度及蒸发温度下，所对应的饱和压力值越小越好，这样可以提高压缩机的效率，改善其工作情况。

其次，在选择使用制冷剂时，还应考虑制冷剂单位容积制冷量的大小。应尽量选用单位容积制冷量大的制冷剂。

在实际应用中，应根据具体工作情况结合上述条件综合考虑选用。例如，R22单位容积制冷量比R134a大，这是因为R22排气温度高，对压缩机的冷却条件要求高，并对橡胶（丁钠橡胶）有腐蚀作用。此外，R22比R134a压力高，势必对压缩机强度提出更高的要求。所以，使用制冷剂时，还应考虑压缩机的强度是否适宜。对于R134a、R22及氨三种制冷剂通用的压缩机，就不必再考虑此类问题了。

2.1.4 制冷剂应具备的性质和使用注意事项

1．物理性质

① 黏度和比重要小，以减小液体流动时的阻力和压缩机的动力损耗。

② 汽化潜热要大，以便提高制冷效率，减少制冷剂的循环量，缩小多种设备的尺寸。

③ 蒸发温度低，容易汽化吸热。但蒸发压力也不能过低，如果低于大气压力，则外界的空气和水容易侵入系统，影响制冷效果。

④ 冷凝温度不宜过低，以便使用常温空气和水进行液化。冷凝压力不宜过高，否则既不经济，又给操作带来困难。

2．化学性质

① 化学稳定性好，在通常条件下不易分解，不起化学变化。

② 不腐蚀金属，本身无腐蚀性，即使与水、润滑油混合，也无显著腐蚀作用。

③ 不易与润滑油起化学变化。

④ 容易与侵入系统的水分化合，以免形成冰塞阻塞管路系统。

3．R22的性质

① R22是一种常用的中压中温制冷剂，分子式是CHF_2Cl，为二氟一氯甲烷。R22有不燃烧、不爆炸特性，无色、透明、无毒，但在有铁质存在的情况下，550℃时会分解，产生有毒气体。当大气压为98kPa时，沸点为−40.8℃。

② 在相同温度下，R22的饱和压力比R134a高65%；在一般情况下，R22压缩终了温度比R134a高。

③ 水在R22液体中的溶解度比在R134a中大，要求R22中的含水量不得大于0.002 5%，系统必须进行干燥，以防水分进入。

④ R22对有机物质有腐蚀作用，而且比R134a更强，更容易泄漏。

⑤ R22的单位容积制冷量比R134a高40%～60%。目前的空调器主要使用R22制冷剂，主要是因为它价格低廉。

4．制冷剂使用注意事项

注意

① 在加装制冷剂前，钢瓶必须经过检查，以保证能有一定的压力。钢瓶颜色规定为银灰色，并应在钢瓶上标出制冷剂名称。

② 装有制冷剂的钢瓶不得受太阳直射，不得碰击。

③ 制冷剂用完后，应即刻关闭控制阀，以免侵入空气或水汽。

④ 应避免制冷剂触及皮肤，更不能触及眼睛；不能多装，以防制冷剂受热膨胀，使钢瓶破裂。

2.1.5　制冷剂质量和酸碱度的检查与断定

1．制冷剂质量的断定

制冷剂质量简单判断方法为：取一张干净白纸，把制冷剂喷在纸上，观察它在自然蒸发后留在纸上的痕迹。质量好的制冷剂不会留下痕迹；质量差的则会在白纸上染有颜色。试验后，如发现制冷剂的质量不好，还应复试一次。

2．制冷剂酸碱度检查

测定制冷剂沸点的同时，可用石蕊试纸检查其酸碱度。蓝色和红色的石蕊试纸均应不变色，其 pH 值呈中性。

2.2　润滑油的使用要求及选用原则

空调器压缩机中的润滑油是指在压缩机中使用的冷冻机油，它是一种精制的 25#专用润滑油。润滑油在制冷压缩中润滑各运动部件，以减小磨损，延长使用寿命，保证压缩机正常工作。

2.2.1　润滑油的使用要求

1．黏度

液体流动时，在分子之间所呈现的内部摩擦力大小以黏度表示。黏度太小，在摩擦面不易形成正常的油膜厚度，会加速机械磨损，甚至发生汽缸拉毛、抱轴等故障，机械密封性能也不好，制冷剂容易泄露；黏度太大，润滑及密封性能虽好，但制冷压缩机的单位制冷消耗的功率会增大，耗电量增加。润滑油黏度过大或过小都会引起汽缸温度过度升高，影响制冷压缩机的正常运行。

2．凝固点

制冷压缩机应采用凝固点低于－30℃的润滑油。如果润滑油凝固点高，会造成低温流动性差，在蒸发器等低温处失去流动能力形成沉积，影响蒸发器的传热效率。当压缩机的曲轴箱和汽缸的温度低时，也会影响机件润滑，造成严重磨损。

2.2.2　润滑油的选用原则

1．黏度的选择

选择润滑油的黏度时，要考虑制冷压缩机的负荷及转速。负荷大，转速高的制冷压缩机，选用黏度高的润滑油；缸径小，负荷小，转速低的制冷压缩机，可选用黏度较低的润滑油，如 25#润滑油。选择黏度时还应考虑制冷剂的种类，轴与轴承间隙，活塞环与汽缸间隙，以及排气温度等。间隙大的要选用黏度高的润滑油；排气温度高的也要选用黏度较高的润滑油；氟利昂制冷压缩机用的润滑油黏度要比 R407C 制冷压缩机的润滑油黏度高。

2. 凝固点与浊点的选择

选择凝固点与浊点时，考虑的因素是蒸发温度和制冷剂的种类。蒸发温度低，要用凝固点及浊点低的润滑油。采用氨为制冷剂时，润滑油的凝固点和浊点可稍高于蒸发温度。目前国产的润滑油凝固点有两种规格，即−40℃和−25℃。−25℃的润滑油可用于蒸发温度高于−20℃的以氨为制冷剂的压缩机和蒸发温度低于−20℃的氟利昂制冷压缩机。当氨制冷压缩机的蒸发温度低于−20℃时，就应选用−40℃的润滑油。

3. 抗氧化安全性的选择

选择抗氧化安全性时，主要应考虑排气温度和制冷压缩机的密封程度。尤其全封闭式制冷压缩机中的润滑油，由于所处工作环境要求高，长期不换油，所以一定要用抗氧化安全性好的润滑油。

2.3 制冷剂与润滑油、水分的关系

2.3.1 制冷剂与润滑油的关系

不同种类的制冷剂与润滑油接触后，所起的作用各不相同。下面介绍氟利昂制冷剂与润滑油的关系。

绝大部分氟利昂制冷剂与润滑油的互溶性都很好（但也有稍差的），其溶解度随温度升高而降低，随压力增加而增加。氟利昂在润滑油中的溶解与温度有关，可以用控制润滑油温度的办法，减少润滑油中氟利昂溶解量，保证润滑油有足够黏度，满足润滑要求。由于氟利昂溶油后会降低润滑油黏度，所以氟利昂制冷压缩机用的润滑油黏度要比实际需要的高些。此外，氟利昂溶油后会降低润滑油的凝固点，所以氟利昂制冷系统的蒸发温度可以比润滑油的凝固点低些。因为氟利昂制冷剂和润滑油能够互相溶解，所以在氟利昂制冷系统中，可提高润滑效果；但在压缩机曲轴箱中润滑油起泡时，会降低对部件的润滑效果。

润滑油的热阻大，在冷凝器和蒸发器中进入大量润滑油后，会降低制冷效果。在实际工作中，冷凝器内很少存油，但蒸发器内极易存油，所以氟利昂制冷系统中，一定要考虑回油问题。也就是能够将蒸发器中的润滑油，通过制冷剂中气体的流动，顺利地返回压缩机，以保证制冷系统正常工作。

2.3.2 制冷剂与水分的关系

1. 氟利昂与水分的关系

氟利昂溶解于水的能力极差。当氟利昂含有水分时，会在节流部位析出水分，冻结成冰，发生堵塞节流装置和管路的冰塞现象，这样易使制冷系统无法循环，不能正常运行。同时，由于水分的存在，会引起制冷剂腐蚀金属部件，破坏电动机的绝缘性能。例如，氟利昂 R22 在水的作用下会腐蚀铁，产生铁锈；所产生的盐酸（HCl）和氢氟酸（HF）会腐蚀压缩机零件，还可破坏全封闭压缩机电机绕组的绝缘性，缩短压缩机寿命。氟利昂 R22 和水作用生成的二氧化碳（CO_2）是不凝性气体，使得冷凝压力增高，耗电量增大，制冷量降低。

2. 防止水分进入制冷系统的方法

① 一定要彻底抽空制冷系统，氟利昂制冷系统必须进行干燥处理。

② 润滑油在加入压缩机前，一定要加热，把油中的水分蒸发掉，然后再注入压缩机。

③ 氟利昂制冷剂充入制冷系统时，最好加装一个干燥过滤器，滤去制冷剂中的水分和杂质。

2.4　绿色制冷剂代换

1. CFC 类物质对人体的危害

CFC 类物质（CFCs）对大气中的臭氧和地球高空的臭氧层有严重的破坏作用，会导致太阳对地球表面的紫外线辐射强度增加，破坏人体免疫系统，其危害程度可用大气臭氧层损耗潜能值 ODP 表示；同时，CFCs 在大气中能稳定吸收太阳热，会导致大气温度升高，加剧温度效应，其危害程度可用温室效应潜能值 GWP 表示。因此，减少和禁止 CFCs 的使用和生产，已成为国际社会环境保护的紧迫任务。根据 1987 年通过的《关于消耗臭氧层物质蒙特利尔议定书》和其他有关国际协议，规定发达国家从 1995 年起停止生产和禁止使用公害物质 CFCs，从 2030 年起停用过渡性物质 HCFCs；而对发展中国家，允许延期 10 年再禁用。

2. CFCs 替代办法

对于替代 CFCs 和减小其对大气臭氧层的破坏，目前主要有短期、中期和长期三种解决办法。

（1）短期解决办法

减少 CFCs 排放量，强化设备密封措施，研制 CFCs 回收装置，逐年减少 CFCs 的生产和使用。

（2）中期解决办法

采用低公害的 HCFCs 物质，如 R22、R142B、R123 等纯制冷剂或其组成的非共沸混合制冷剂，作为过渡性替代物替代 CFCs 使用，直至最终禁止使用。

（3）长期解决办法

使用 ODP=0，且 GWP 值相对很小的物质作为制冷剂，从根本上解决消耗臭氧层物质问题。目前的研究方向包括：纯工质替代研究，即重新评价氨、烷类等自然物质（也称绿色制冷剂）的作用，扩大其应用，如 R290、R600A 等，以及研制并应用 HFC 类氟利昂制冷剂，如 R134a、R152A 等；混合制冷剂的替代研究，即研究和扩大 R400 类非共沸混合制冷剂、R500 类共沸混合制冷剂的应用，如 R401A、R407C、R410A、R509A 等。

本章小结

制冷剂是制冷系统的血液，目前空调器常用的制冷剂为 R22，代换的制冷剂有 R407C, R411B 等。R22 制冷剂价格低廉，但 R22 溶解于水的能力极差，一般的 R22 有水分在节流部位析出，冻结成冰，发生堵塞。按照“关于消耗臭氧层物质蒙特利尔议定书”约定，我国将于 2030 年停止使用 R22。

习题2

1. 制冷剂的选用原则是什么？
2. 制冷剂质量的检查判定方法如何？
3. 润滑油的选用原则是什么？
4. 简述 CFCs 的替代办法。
5. 阐述 CFC 类物质对人体的危害。

第 3 章　空调器焊接技术

制冷设备中级维修工要求熟练掌握气焊焊接技术，此技术考核占实操的 30%。

气焊是一门很强的焊接技术，在制冷设备维修中涉及到铜管与铜管、铜管与铁管之间的焊接，掌握这方面的知识是维修人员最基本的要求。

3.1　气焊焊接技术入门

气焊焊接需具备乙炔气瓶、氧气瓶、焊枪（焊炬）、软管等。在氧气瓶内有 15.0MPa 压力的氧气；在乙炔气瓶内，最大压力为 1.5MPa。乙炔分子式为 C_2H_2，当与适当的氧混合后，点火即可产生高温火焰。焊枪也称焊炬。氧气与乙炔经两个针阀调节后，按正确的比例混合，从焊枪喷出，点燃后产生高温火焰。

焊接时火焰的大小可通过两个针阀控制调整。在焊接不同的材料、不同的管径时，所需的焊枪大小和火焰温度的高低也不同。

3.1.1　中性焰、碳化焰和氧化焰

气焊火焰有中性焰、氧化焰、碳化焰三种，如图 3-1 所示。

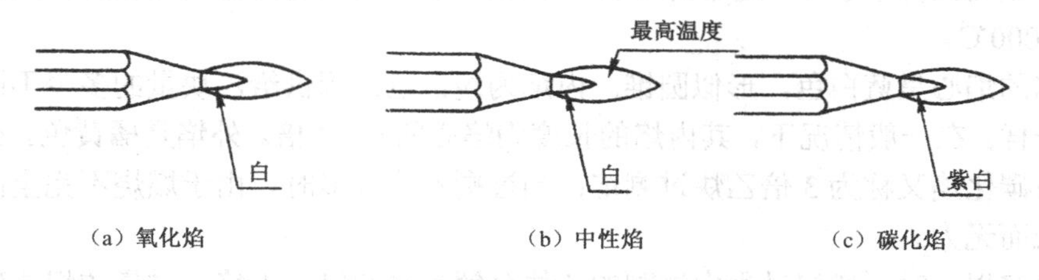

图 3-1　三种不同气焊火焰

1．中性焰

中性焰是由氧气和乙炔气按（1～1.2）∶1 的比例混合燃烧而形成的一种火焰，它由焰心、内焰、外焰三部分组成，如图 3-2 所示。

（1）中性焰作用

如图 3-2 所示，内焰是整个火焰中温度最高的部分，在离焰心末端 5mm 处的温度达到最大值，约为 3100～3150℃，整个内焰呈蓝白色。一般用这个区域焊接，所以该区域叫做焊接区。因它能对许多金属氧化物进行还原，所以焊接区又称还原区。

乙炔燃烧的第二阶段是燃烧不完全的一氧化碳和氢气与空气中的氧气混合燃烧，形成二氧化碳和水蒸气，形成外焰。

实质上，由于外焰是最外层部分，外界空气中的氮气也进入到火焰中参加反应，所以在这个区域还存在着氮的成分。该部分火焰的温度从里到外下降，温度变化范围从2600℃降到1300℃左右，整个外焰呈橘黄色。

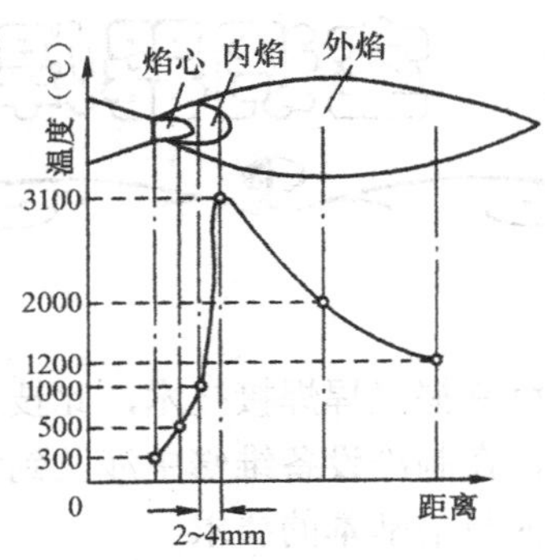

图3-2　中性焰温度分布

在外焰中，由于CO_2和H_2O在高温时很容易分解，分解后产生的氧原子对金属有氧化作用，故外焰也称为焊接火焰的氧化区。外焰的温度较低，且具有氧化性，因此不适于焊接。

（2）中性焰操作

点燃焊枪后会出现碳化焰，调节手轮后，逐渐增加氧气流量，火焰由长变短，颜色由淡红变为蓝白色，当焰心、内焰和外焰的轮廓相当清晰时，就可以取得标准的中性焰。

施焊时，一般都使用中性焰。例如，焊接铜管时，用中性焰能使熔池清晰，液体金属易于流动，火花飞溅少。中性焰还可焊接低合金钢和有色金属等。

2. 碳化焰

在中性焰的基础上减少氧气或增加乙炔气均可获得碳化焰。

氧与乙炔的比值小于1（通常为0.85～0.95），3层火焰之间无明显轮廓，火焰最高温度为2700～3000℃。

碳化焰的焰心呈蓝白色，形似圆锥。内焰为淡白色，因供给乙炔量的多少不同，内焰的长度也不一样。在一般情况下，其内焰的长度为焰心的2～3倍。外焰是橘黄色。火焰中有过剩乙炔，故碳化焰又称为3倍乙炔过剩焰；当过剩乙炔较多时，由于燃烧不完全而开始冒黑烟，火焰长而无力。

用碳化焰焊接时，燃烧过程中过剩的乙炔分解为碳和氢，内焰中过量的炽热碳微粒能使氧化铁还原，因此碳化焰也称为还原焰。用碳化焰焊接钢件时，由于高温液体金属吸收火焰中的碳微粒（游离状态的碳渗入到熔池中去），使熔池产生沸腾现象，增加焊缝的含碳量，改变焊缝金属的性能，使焊缝常常具有高碳钢的性质，塑性降低，脆性增大。而过多的氢进入熔池，也容易使焊缝产生气孔和裂纹。

轻微的碳化焰常常用于焊接高速钢、高碳钢、铸铁及镁合金等。在火焰钎焊及钢件上堆焊硬质合金及耐热合金时，为使基本金属增碳，改善金属性能，也使用碳化焰。

3. 氧化焰

它是在内焰区域中有自由氧存在的气体火焰。氧化焰中氧气和乙炔的比值（O_2/C_2H_2）大于1.2，由于氧气的供应量较多，整个火焰氧化反应剧烈，而火焰各个部分（焰心、内焰和外焰）的长度都缩短了，内焰和外焰之间没有太明显的轮廓。

氧化焰的外表特征为焰心呈青白色，且短而尖；外焰也较短，略带淡紫色；整个火焰很直，燃烧时还发出"嘶嘶"的响声。

三种火焰中，氧化焰温度最高，约为 3600℃。

氧化焰的内焰和外焰中有游离状的氧（O_2）、二氧化碳（CO_2）及水蒸气（H_2O）存在，因此，整个火焰具有氧化性。用氧化焰焊接焊件时，焊缝中会产生许多气孔和金属氧化物，烧损金属中的元素，使焊缝性能变坏（发脆）。在焊接钢件时，氧化焰中过量的氧能与钢溶液化合，会出现严重的沸腾现象，产生气泡及大量火花飞溅。

在中性焰的基础上逐渐增加氧气，这时整个火焰将缩短，当听到有"嘶嘶"响声时即为氧化焰。焊接时不采用此火焰。

总而言之，焊接不同的材料，要使用不同性质的火焰，这样才能获得优良的焊缝。

3.1.2　气焊火焰的点燃、熄灭与调节

1. 气焊火焰的点燃

点燃焊接火焰时，先打开乙炔开关，放出乙炔管内的空气及微量的乙炔气，再拧开氧气开关放出氧气管内的空气及少量的氧气，两种气体进入混合室里混合之后，将焊嘴接近火源，点燃混合气体。点燃火焰之后，再根据焊接的需要，调节气体成分，获得所需要的火焰。点燃火焰时，如果只有微量的氧气，则乙炔就不能充分地燃烧，会产生黑色的碳丝。点火时，如发生连续"放炮"声或点不着，则可能是氧气压力过大或乙炔不纯（乙炔内含有空气）。这时应立即减少氧气的送给量或先放出不纯的乙炔，然后重新点火。

用火机点火时，手应偏向焊枪的一侧，同时要特别注意火焰的喷射方向，不得对准他人。更不能在电弧上点火，以防灼伤或影响他人工作。

2. 气焊火焰的熄灭

工作完毕或中途停止焊接时，必须熄灭火焰。正确的灭火过程是先关闭氧气后关闭乙炔。否则，会出现回火等现象。不论氧气还是乙炔开关，均不宜关得过紧（不漏气即可），否则不但影响下一次点火，还会造成磨损，影响焊枪的使用寿命。

3. 气焊火焰的调节

刚点燃的火焰多为碳化焰。焊接前，应根据所焊材料的种类和性质，选择所用焊接火焰的性质，然后点燃火焰进行调节。

调节标准的中性焰，简单地说，就是把点燃的碳化焰，逐渐增加氧气，直到焰心有明显轮廓时，即为标准中性焰。如果再增加氧气或减少乙炔，就能得到氧化焰。

在焊接过程中，由于减压器的作用，氧气供给量一般不变化，但是乙炔供给量经常自行增减（指发生器供乙炔的），引起火焰性质的改变，使标准中性焰常常自动地变为碳化焰或氧化焰。由中性焰变为碳化焰，比较容易发现；但中性焰变为氧化焰，则难以察觉出来。所以在整个焊接过程中，要注意观察火焰性质的变化并及时进行调节，保证火焰性质不变。

调节中性焰或氧化焰功率的方法：要降低火焰功率，应先减少氧气，后减少乙炔；要提高火焰功率，则应先增加乙炔，后增加氧气。而调节碳化焰功率的方法则与此顺序相反。

3.2 气焊焊接技术实操

用气焊焊接铜管时要具备以下条件：铜管焊接时，两管之间要有适当的嵌合间隙；焊接金属表面要洁净，并去除油污；焊料、火候要适当；另外，操作者要有熟练的技术。

3.2.1 套插铜管的间隙和深度

钎焊焊接铜管时，接缝间隙对连接部位的强度有影响。间隙过小，焊料不能很好地进入间隙内，造成焊接质量不佳，强度不够或虚焊；间隙过大，则妨碍熔化焊料的作用，焊料使用量增多，并且由于焊料难以均匀地渗入，会出现气孔，导致漏气。配管钎焊部分的插入长度过短，则强度降低。两管插入深度及内外部的间隙，如图3-3所示。

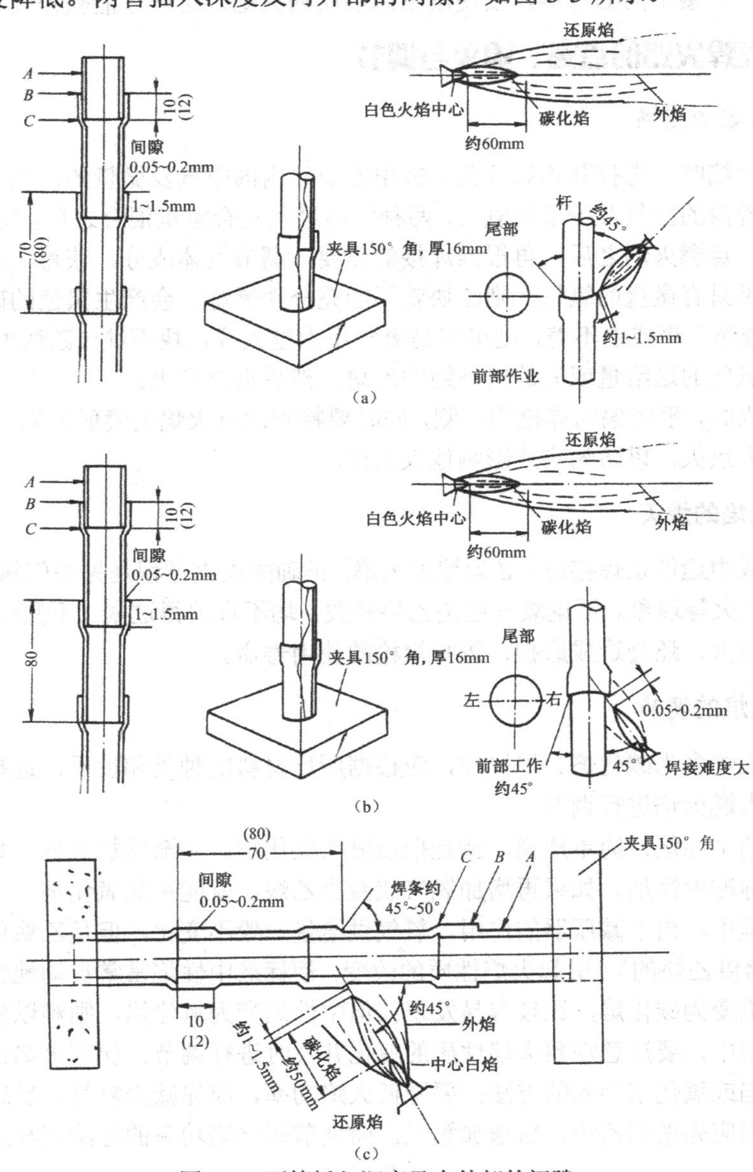

图3-3 两管插入深度及内外部的间隙

铜管外径、插入深度与配管间隙如表 3-1 所示。

表 3-1　铜管外径、插入深度与配管间隙

序　号	铜管外径/mm	最小插入深度/mm	配管间隙（单边）/mm
1	ϕ5～8	6	0.05～0.035
2	ϕ8～12	7	0.05～0.035
3	ϕ12～16	8	0.05～0.045
4	ϕ16～25	10	0.05～0.055
5	ϕ25～35	12	0.05～0.055

毛细管与干燥过滤器焊接时，一般插入的毛细管端面距过滤器端面为 5mm，毛细管的插入深度为 20−5=15（mm）。

若毛细管插入过深，则会触及过滤器，造成制冷量不足；若毛细管插入过浅，则焊接时焊料会流进毛细管端部，引起堵塞。毛细管插入尺寸标准如图 3-4 所示。

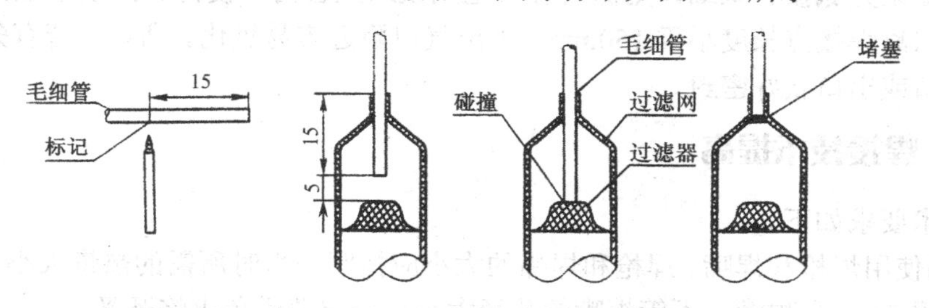

图 3-4　毛细管插入尺寸标准

为保证毛细管插入合适，可在限定尺寸处用色笔标上记号或加工上定位凸包。毛细管应用专门的毛细管剪断开，而不能使用任意的剪刀，否则断口易变形或出毛刺，不利于焊接。为充分发挥干燥过滤器的作用，毛细管位置应该在干燥过滤器的前端，毛细管的端面至少应该带有 15° 的倾斜角。

3.2.2 焊接时的清洁方法

① 焊接铜管接头一定要清洁光亮，不可有油污、涂料、氧化层，否则会影响焊料的流动，造成焊接不良，产生气孔或假焊，如图 3-5 所示。

② 焊接铜管接头不可有毛刺、锈蚀或凸凹不平，否则会影响焊接质量，造成制冷剂的泄漏，如图 3-6 所示。为保证接头清洁光亮，在焊接前可用干布对接头进行擦拭（必要时可沾少许酒精），用铁锉去除毛刺，同时要注意不可用油污的手或油污的手套污染铜管的接头。

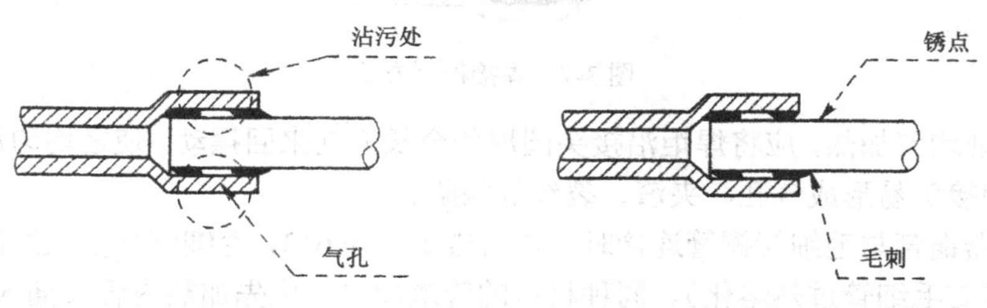

图 3-5　焊口内有污物　　图 3-6　焊口内有毛刺和锈点

3.2.3 焊接温度与火焰

用气焊进行施焊应采用中性焰。焊接温度要比被焊物的熔点温度低，一般在600～800℃之间。当气焊火焰将铜管烤成暗红色或鲜红色时，焊料即可熔化。温度过高或过低均会造成焊接不佳。强火焊接会造成铜管氧化烧损或使铜管变形，从而影响焊接强度。相反，用弱火加热（慢加热）会使熔点低的金属和熔点高的金属分层。

3.2.4 充氮保护施焊方法

如果制冷系统内出现灰尘或锈蚀，则将加速制冷剂同润滑油等的化学反应，使电动机绝缘劣化。如果压缩机吸入变质的润滑油，将造成运动部分卡住或烧坏。

用气焊方式连接配管时，管内产生因加热而形成的氧化铜，这种氧化层在空调器运转过程中进入压缩机内，产生危害。因此，气焊配管时，一定要使氮气流过气焊接缝处，防止焊管内部氧化，氮气的流量控制在表面上略微能感觉到即可。施焊后，立刻停止供氮。

充氮时如果充氮接管太细，则氮气会将空气吸入配管内，使得保护效果差；如果出气口较大且出气口离焊接点长度小于150mm，则出气口附近容易氧化。所以，若有条件，应按不同情形将进口或出口做好密封。

3.2.5 焊接技术提高

焊接技术要求如下。

① 正确使用焊枪和焊嘴。焊枪和焊嘴的大小应按照钎焊时所需的热量大小来选择，火焰钎焊通常选用5～6号焊嘴。不管焊嘴的孔径大小，一定要避免火焰开叉。

② 由于铜管被加热到接近钎料熔化温度时，表面氧化加剧，内部生成的氧化层粉末在制冷剂的冲刷下，容易堵塞毛细管、过滤器、换向阀等，并易使压缩机汽缸圆面“拉毛”，缩短压缩机寿命，严重时会使换向阀阀门、压缩机活塞等零件卡住，使空调器无法工作。因此，在接头装配之后，钎焊之前，应在系统内部充以0.05MPa的氮气，以有效地减少氧化层的产生，起到隔绝空气，保护钎焊区的作用。

③ 钎焊加热时，为防止空气中的水分从钎焊隙进入管内，其火焰方向应与管子的阶梯方向相同。焊接检测方法如图3-7所示。

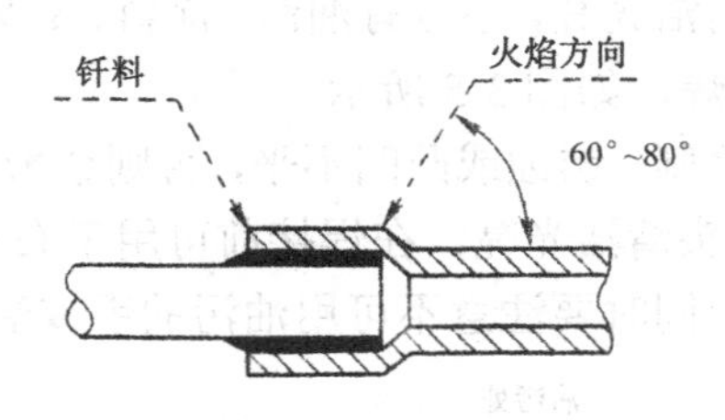

图3-7 焊接检测方法

④ 为保证均匀加热，应将焊炬沿接头圆周和全长方向来回摆动，使之均匀加热到接近施焊温度。否则接头易形成气孔、夹渣、裂纹等缺陷。

⑤ 过滤器铜管与毛细管铜管连接时，其加热比例为6:3，毛细管与干燥过滤器的加热比例为2:8（以防毛细管过热熔化）。同种材料的管道焊接，应先加热内管（插入的管道），后加热外管，使钎料和外管温度略高于内管温度。如果内管温度高，外管温度低，则液态钎料会离开钎焊面而流向热源处。

⑥ 接头施焊。当焊接铜管头时，通常用乙炔火焰或液化气进行焊接。焊接时，首先要用带乙炔或液化气的中性火焰，将焊件加热到呈桃红色时，再将涂有钎剂的焊条置于火焰下，用外焰将焊条熔化，并使熔化的焊条渗到结合的间隙里，直到焊缝表面平整即可。

⑦ 蒸发器铜管接头的焊接方法。蒸发器铜管的焊接主要有接头焊、堵头焊及补漏焊。在焊接之前，首先要将焊口局部用细砂纸打磨干净，露出光泽。在管路对接时，应按制冷特殊要求用涨管器进行提前处理，然后同样用细砂纸清除表层污物，露出光泽。最后根据焊缝所处的环境位置，尽可能改变为最佳焊接角度，采取相对应的焊接方式进行操作。

首先将焊炬的火焰调节为中性火焰，中性火焰的内心（焰心）呈蓝白色，轮廓清楚，内焰微微可见，外焰呈橘黄色，然后左手拿焊丝（包括铜焊条、银焊条及焊剂），右手拿焊炬。一般采用左焊法，焰心距铜管表面应保持在 5～10mm 之间，与焊面夹角为 70° 左右。焊接时，先将焊口预热至暗红色（预热的方法是上下移动火焰），焊丝的头端要在外焰中。当达到焊接温度时，把焊丝送入焊口处熔化一滴，这滴铜水和接口黏合后，接着焊丝和焊炬要有节奏地连续送入熔池中，沿着铜管圆周接缝或堵头缝隙处均匀焊接，如图 3-8 所示。

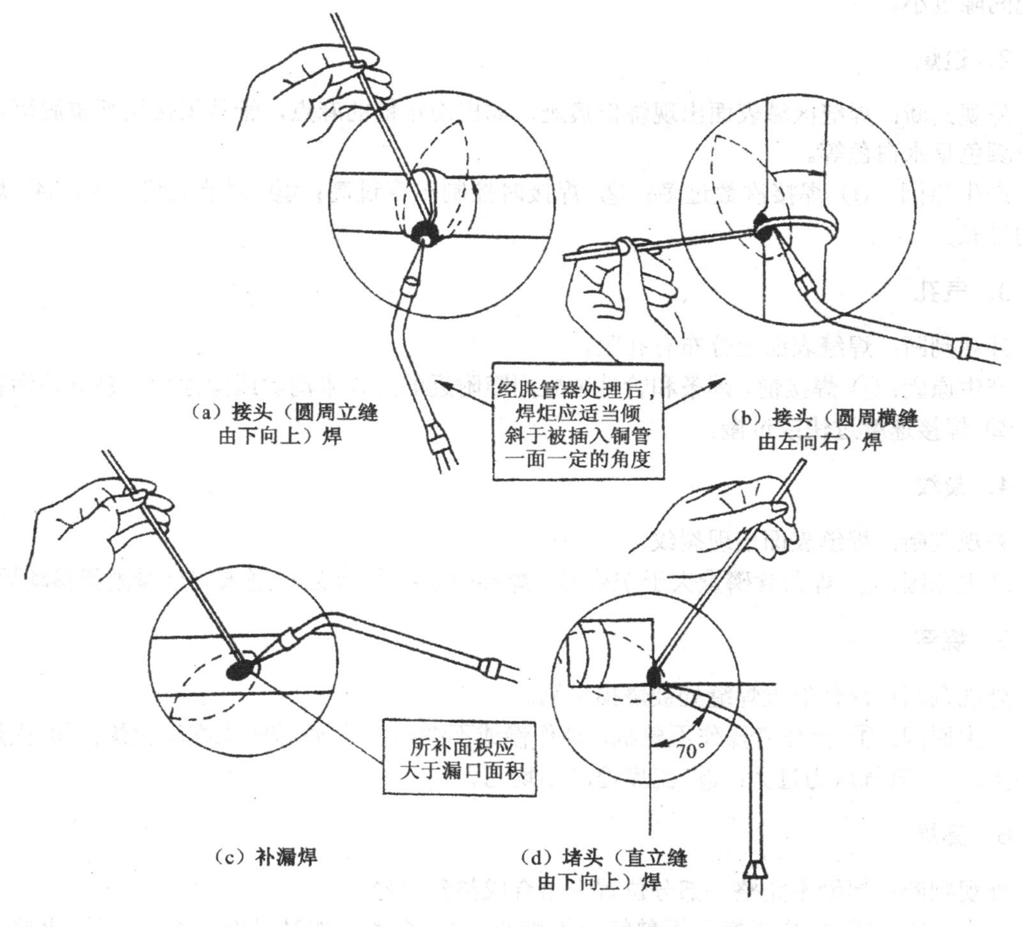

图 3-8　蒸发器铜管接头的焊接技术

焊接的速度要均匀，快慢要由火焰温度来决定，既不能过慢烧穿产生焊瘤，阻塞管内，也不能过快熔深不够产生夹渣及气孔。目前市售的专用银焊条使用非常方便，价格也很低廉，是维修者的首选材料。

3.2.6 氧气焊焊接缺陷与原因分析

焊接时当焊料没有完全凝固时，绝对不可使铜管摇动或振动，否则焊接部分会产生裂缝，使铜管泄漏。焊接接口温度不够造成的焊接缺陷如图3-9所示。

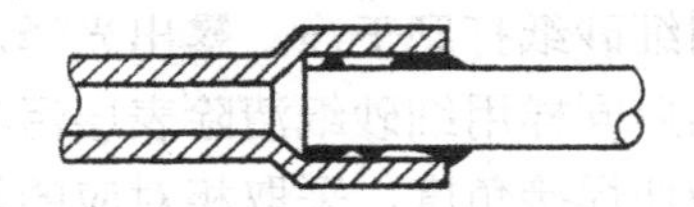

图3-9　焊接接口温度不够造成的焊接缺陷

1．虚焊

外观判断：焊缝区域形成夹层，部分焊肉呈滴状分布在焊缝表面。

产生原因：① 操作者操作不熟练或不细心；② 焊接前没有将管件装配间隙边缘的毛刺或污垢清除干净；③ 温度控制不均匀；④ 焊接时氧气压力不够或不纯造成火焰差；⑤ 管件装配间隙过小。

2．过烧

外观判断：焊缝区域表面出现烧伤痕迹，如出现粗糙的麻点，管件氧化层严重脱落，紫铜管颜色呈水白色等。

产生原因：① 焊接次数过多；② 焊接时控制温度过高；③ 调节火焰过大；④ 焊接时间过长。

3．气孔

外观判断：焊缝表面上分布有孔眼。

产生原因：① 焊接前，焊条和管件装配间隙附近的脏物未清除或除净后又被其他污物弄脏；② 焊接速度过快或过慢。

4．裂纹

外观判断：焊缝表面出现裂纹。

产生原因：① 焊条含磷量大于7%；② 焊接中断；③ 焊后焊缝未完全凝固就移动焊件。

5．烧穿

外观判断：焊件靠近焊缝处被烧损穿洞。

产生原因：① 操作者操作不熟练，动作慢或不细心；② 焊接时未摆动火焰；③ 火焰调节不当；④ 氧气压力过大；⑤ 温度控制不均匀。

6．漏焊

外观判断：焊缝不完整，部分位置未熔合成整条焊缝。

产生原因：① 操作者操作不熟练或不细心；② 焊条施加时温度不均匀；③ 火焰调节不当。

7．咬边

外观判断：焊缝边缘被火焰烧成腐蚀状，但又未完全烧穿，管壁本身被烧损。

产生原因：① 操作者操作不熟练；② 火焰预热位置不当；③ 火焰调节不当；④ 温度控制不均匀；⑤ 操作者操作时手不稳。

8．焊瘤

外观判断：焊缝处的钎料超出焊缝平面形成眼泪状。

产生原因：① 温度控制不均匀；② 焊条施加量过多或施加位置不当；③ 焊接时焊件摆放位置不平。

3.2.7　氧气焊焊接安全注意事项

氧气是一种助燃气体，性质极为活泼。当氧气装满钢瓶时，压力为 15.0MPa，在使用中如不谨慎，就有发生爆炸的危险。因此，使用氧气焊焊接时要注意以下事项。

注意

① 首先将氧气瓶竖立放妥，维修人员应站在气瓶出口的侧面，稍打开瓶阀，将手轮旋转约 1/4 圈，放出一些氧气吹洗瓶口 2～3s，以防污物、尘埃或水分带入减压器，随后立即关闭瓶阀。然后装上减压器，此时减压器的调节螺钉应处在松开状态，慢慢开启瓶阀，观察高压表是否正常，各部分有无漏气。最后接上氧气皮管并用铁丝扎牢，拧紧调节螺钉，调节到工作压力。

② 焊炬在点火前，必须检查它的射吸能力是否合格，如不合格应禁止使用。

③ 检查连接处、阀门是否漏气，如漏气应禁止使用，以防造成火灾事故。

④ 检查气路部分是否通畅。若有阻塞现象，必须清理通畅后才能使用。

⑤ 焊嘴不许沾染油脂，以防爆炸。

⑥ 氧气瓶内的氧气不能用完，应留有 0.01MPa 以上压力的余气，以便充气时检查。

⑦ 氧气瓶在电焊场所使用时，若地面是铁板，气瓶下面要垫木板绝缘，以防气瓶带电。

⑧ 氧气瓶与乙炔并列使用时，两个减压器不能成相对位置，以免气流射出时，冲击另一只减压器而造成事故。

⑨ 氧气瓶应每三年进行一次全面检查（22.5MPa 的水压试验）。

⑩ 氧气瓶严禁沾染油脂，运输时绝对不能与易燃物和油类放在一起，应专车搬运。

⑪ 氧气瓶离开火源距离应在 10m 以上，离开热源如暖片管（片）距离应大于 15m。夏天在室外不能在阳光下暴晒，以防爆炸。

⑫ 点火前一般应先开乙炔气阀，再开氧气阀调节所需火焰。在使用完毕后，应先关闭乙炔气阀，后关闭氧气阀。

⑬ 焊接操作点火时，要以火等气为原则。右手拿焊炬，左手先开液化石油气阀门，并根据把线的长短驱净管内的空气，同时微开氧气阀门，以防点火时，焊枪有黑色炭丝冒出。点燃时，焊枪嘴不准对着人，也不准对着被焊件旁的电控部件。阀门要缓开。待火焰为中性焰并稳定后，再施焊。焊接时，火焰先对准接口上端，待铜管焊接处通红（约 700℃），左手迅速添加银焊条。焊出的铜接口应焊料均匀，光滑，试压不漏。如检测漏压，则说明在焊接时火焰温度不够就去点银焊条，造成焊口内部产生假焊和气孔。关焊炬时，应先关氧气阀门，然后迅速关液化气阀门。如使用的焊炬阀门关不灭液化石油气微火，则说明阀门漏气，可采用再反开氧气阀门冲气的方法，熄灭焊炬火焰。

本章小结

制冷设备维修工、制冷工、家用电器维修工要求熟练掌握气焊焊接技术，此技术考核占实操的30%。气焊是一门很强的焊接技术，在制冷设备维修中涉及铜管与铜管、铜管与铁管之间的焊接，掌握这方面的知识是维修人员最基本的要求。

习题3

1. 焊接铜管采用什么火焰?
2. 焊接火焰怎样点燃?
3. 焊接火焰怎样灭火?
4. 阐述铜管的焊接方法。
5. 阐述铜管焊接安全注意事项。

第4章　新型空调器的安装

4.1　安装维修空调器的常用工具

对于空调器维修人员，工具好比士兵手中的武器。武器的优劣直接影响着战斗力，而维修工具的齐备好坏与否，直接影响着维修空调器的质量。俗话说：“六分工具，四分手艺”，说的就是维修工具的重要性。维修空调器常用工具如下：

① 一字槽螺钉旋具1把，十字槽螺钉旋具1把，用于拧一字槽螺钉和十字槽螺钉。

② 活扳手8英寸、10英寸各1把，用于打开连接管螺母、阀门螺母，拧紧低压螺丝奶头（纳子）等。

③ 4～10mm内六角扳手1套，用于打开和关闭室外机上低压液体和低压气体阀门。

④ 安全带1套，用于在3层以上建筑维修分体空调器室外机，保障生命安全。

⑤ 50cm长套筒扳手1只，用于卸下压缩机底脚固定M8螺母。

⑥ 棘轮扳手1只，用于打开老式空调器外四方形阀杆的截门，此扳手开关截门速度快。

⑦ 指针式万用表1块，用于测量空调器压缩机阻值，检查风扇电动机、电容器、电控板故障。

⑧ 钳形电流表1块，用于直观测量压缩机的启动和运转电流。

⑨ 兆欧表1块，用于遥测压缩机绝缘电阻值。

⑩ 单联2.5MPa压力表1块，用于测量空调器低压系统压力。

⑪ 双联压力表1块，用于同时测量低压气体压力和低压液体压力。

⑫ 公制、英制胀管器各1套，用于制作公制、英制喇叭口。

⑬ 手动割刀1把，用于切断ϕ3～25mm铜管。

⑭ 便携式焊具1套，用于上门维修焊接铜管和更换压缩机焊接焊口。

⑮ 真空泵1台，用于空调器系统抽真空。采用压缩机自身抽真空效果差，且易损伤压缩机，用制冷剂排空气浪费较大。

⑯ 快热烙铁1把，用于焊接控制板上的易损件。

⑰ 便携式R411B瓶（5kg）1个，用于空调器加R411B之用。

⑱ 水平尺1把，用于调节空调器调整支架水平度，避免空调器室外机安装不平而产生振动噪声，以及室内机挂板安装不平，使冷凝水流不出去。

⑲ 点温计1只，用于测量制冷系统各部位温度。

⑳ 普通温度计1只，用于测量空调器室内机进出风温差，判断制冷、制热效果。

㉑ 公制、英制加R411B橡胶管2根，用于加R411B制冷剂。

㉒ 钥匙1把，分体式空调器再加制冷剂时会因顶针过长，把室外机加气嘴顶针顶进去后而不能弹回，用此专用钥匙轻轻反拧一下即可。

㉓ 双高水钻1把，用于安装分体式空调器时钻过墙孔眼。

㉔ 电锤1把，用于安装空调器室外机固定支架。

㉕ 自动套管扳手1对，用于安装室外机4个固定螺钉，可省时、省力，保证安全。

㉖ 空调器装卸扳手1对。空调器装卸扳手如图4-1所示。

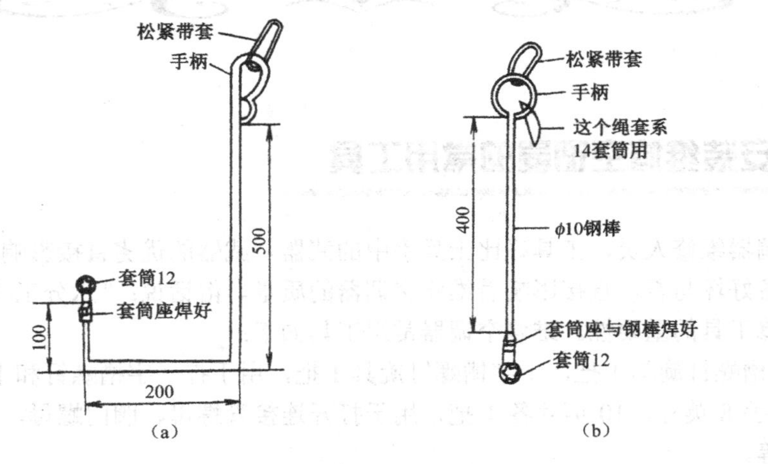

图4-1 空调器装卸扳手（单位mm）

图4-1（a）所示扳手用ϕ10mm钢筋弯成，左端部焊上套筒，专门用于卸下室外机连接支架下侧的螺母。根据经验，室外机2匹（1匹=735W）左右机组，一般用M8螺钉，使用的扳手套筒为ϕ12mm的；2.5匹以上室外机组，一般用M10螺钉，使用的套筒为ϕ14mm的。该扳手做好后，在手柄处拴一条松紧带套，使用时套在操作人员的手腕上，可以防止工具落下伤人。

图4-1（b）所示的扳手是专门用于卸下连接支架上侧的螺母的，套筒座与扳手的选择和连接与下侧扳手相同。该扳手做好后，同样在手柄处拴上一条松紧带套，使用时套在手腕上，防止工具落下伤人。图4-1所示两个扳手配合使用，既省时省力，又比较安全。

4.1.1 使用方法

1. 万用表的使用方法

维修空调器电气故障离不开万用表，它可以测量交直流电压、电阻，以及检测控制板上的二极管、晶体管、电容和电感等。万用表的准确度分为7个等级：0.1、0.2、0.5、1.0、1.5、2.5和5.0级，数值越小准确度越高。

（1）万用表使用前的检查与调整

万用表测量前应检查外观完好无破损，以免因破损而使操作者触电。各挡位接触良好，指针偏转灵活且自然指在零位，如不在零位要用一字旋具先进行机械调零。红色表笔接在“+”插孔，黑色表笔接在“−”插孔。MF-30型万用表的外形及面板如图4-2所示。

万用表在测量电阻时，必须进行欧姆调零，而且每换一个挡位，都应重新进行欧姆调零。如果调整“零欧姆调节”旋钮不能使指针指向0Ω，不可使劲拧旋钮，应更换新电池。

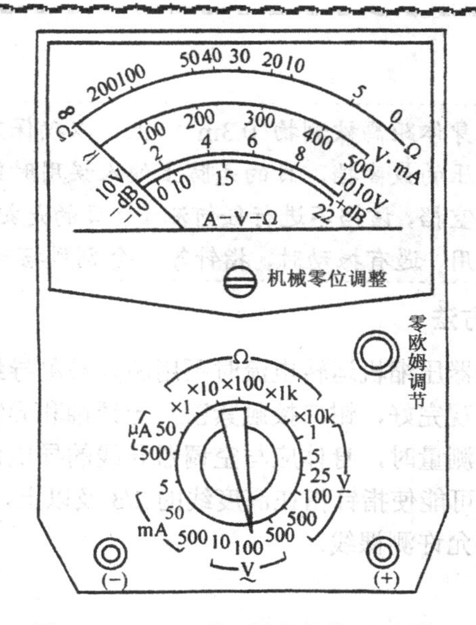

图 4-2　MF-30 型万用表的外形及面板

（2）用万用表测量电阻的方法

测电阻时，首先将选择开关指向欧姆挡，然后，将两个表笔金属部分短接，同时调整“零欧姆调节”旋钮，使指针指向 0Ω。测量前应将被测电气元件与电源及其他元件的连线断开，当确认该电气元件无电流时，才能进行测量。因测量电阻的欧姆挡是表内电池供电的，如果带电测量，就相当于接入一个外加电源，不但会使测量结果不准确，而且可能还会烧坏表头。测量时，表笔应与被测电阻两端接触良好，两手不得触及表笔及被测元件的金属部分，否则测量的电阻值不准确。

（3）用万用表测量交直流电压的方法

测量交直流电压时，万用表的量程的选择应大于被测电压值，指针指在满刻度 2/3 左右最准确。如果估计不出电压，则可先选择最大量程测量。测直流电压时，表笔的“+”、“−”应对应直流电压的正、负极。如不清楚被测电压的极性，可先点测，以防指针反打，损坏万用表。测交流电压时，应将两支表笔并联在被测线路或电气设备两端，测量者应与带电体保持 0.3m 以上的安全距离。测量时切忌把转换开关放在电阻挡上测交流电压，切忌测交流电压时转换挡位。否则，轻则损坏表头，造成指针打弯，万用表内部元件或游丝、偏转线圈烧毁，重则危及人身安全。万用表测量元器件后或暂时不用时，应将转换开关置于交流电压最高挡或空挡位。万用表 6 个月以上不用，应将电池从表后盖中取出，以免电解液外溢腐蚀表内元器件，并把万用表放在一个干燥、清洁、温度适宜的环境（0～40℃）中。

（4）万用表使用中的安全注意事项

俗话说：“没有规矩，不成方圆”，因此，使用万用表也一定要遵循必要的安全规定。万用表属于精密仪表，一定不能放在振动较大的桌子上，更要严防剧烈振动。比如，在自行车后架上颠簸等，都会损坏万用表。在测量 380V 或 220V 电压时，切忌两手同时触及表笔的金属部分，若违背规则，轻则全身触电抖动，重则危及人身安全。尤其在测量强电时，更要加强自我安全意识。

注意

表笔不与插孔脱离，人身体距离被测物 0.3m 以上，以确保万无一失。万用表使用完毕后应将选择开关放到交流电压的最高挡，目的是防止他人误用时毁坏万用表。有的万用表在转换开关上专门设置了一个空挡，该挡不进行任何测量，目的是把表头偏转线圈的两端短路，利用表头中磁场产生阻尼作用，遇有振动时，指针等不会剧烈摆动，保护万用表的偏转机构。

2. 钳形电流表的使用方法

钳形电流表在测量空调器压缩机运转电流时不用断开被测导线，非常方便、直观、实用。在使用前，钳形电流表应外观完好，钳口接触紧密，无锈蚀和异物，护套绝缘无破损，手柄压把干燥、清洁，无裂损。测量时，身体应与空调器导线的导电体保持 0.3m 以上安全距离，防止触电。测出的电流应尽可能使指针指在满度线的 2/3 及以上，若指针过偏，则退表换挡。测量中不允许带电换挡，不允许测裸线。

3. 兆欧表的使用方法

在使用兆欧表摇测空调器压缩机前，首先应检查表的外观是否完好，并做开短路实验。测量时，E 线接压缩机外壳，L 线待表的速度达到 120r/min 后，再搭接于压缩机的三个接线端子上，连续摇测 1min，指针稳定后再读数值。撤掉 L 线后，再停止摇测。摇测出的压缩机绝缘电阻值应大于 2MΩ。

4. 试电笔的使用方法

试电笔的特点是价格低廉，携带和使用方便，其形状像一支钢笔。现在，大多数组合旋具也制成试电笔。试电笔的结构如图 4-3 所示。其中，1 是工作部分触头，由钢或铝制成；2 是电阻器，为碳素圆柱体，用于降低电压；3 是氖灯，由充氖气的玻璃管及其内的两个电极组成；4 是金属笔卡，便于随身携带，同时，也是接地线 E；5 是弹簧，用于压紧氖灯并做导电的连接器；6 是由绝缘塑料制成的笔杆。试电笔在测量整体式空调器 220V 电压时，可视氖灯的亮度大小来判断电压的高低，氖灯越亮则电压越高，反之，电压低。在测量柜式空调器三相四线制的低压电路系统时，如正常，则试电笔触及相线时氖灯亮，触及零线时不亮。当空调器一相发生对地故障时，由于三相电流不平衡，在零线上可能出现电压。用试电笔测零线，可见氖灯发亮，据此可以判断电源出现故障。试电笔测量空调器漏电的方法如图 4-3 所示。

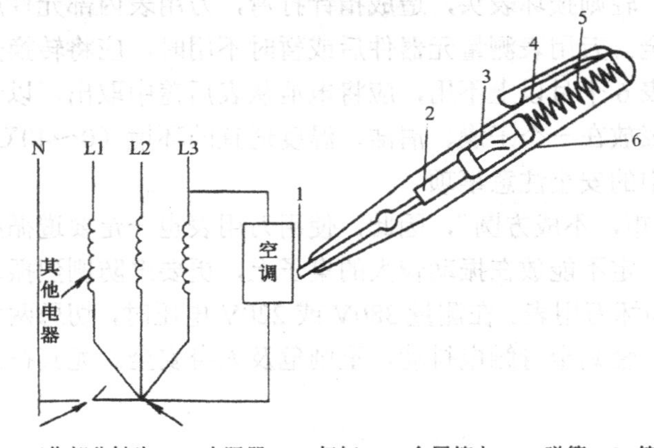

1—工作部分触头；2—电阻器；3—氖灯；4—金属笔卡；5—弹簧；6—笔杆

图 4-3　试电笔测量空调器漏电的方法

5．一字、十字槽螺钉旋具的使用方法

在带电操作时，使用一字、十字槽螺钉旋具，手要握紧槽螺钉旋具手柄，不得触及其金属部分。在拧锈蚀螺钉时，应先用左手握住槽螺钉旋具把柄，右手用小锤子轻轻敲螺钉顶部，震动锈蚀螺钉，锈蚀螺钉松动后即可较容易地拧下，否则，将把螺钉顶槽拧成滑扣，且螺钉不易旋出。

6．手动割管器的使用方法

在安装维修空调器时，如铜管过长需截去多余部分，应使用割管器，不允许使用钢锯，以免管口产生铜屑落入管内造成系统脏堵故障。使用手动割管器时，先把铜管放入割管器刀刃中，然后将割刀的调整滚轮适当旋紧。手动割管器操作方法如图 4-4 所示。

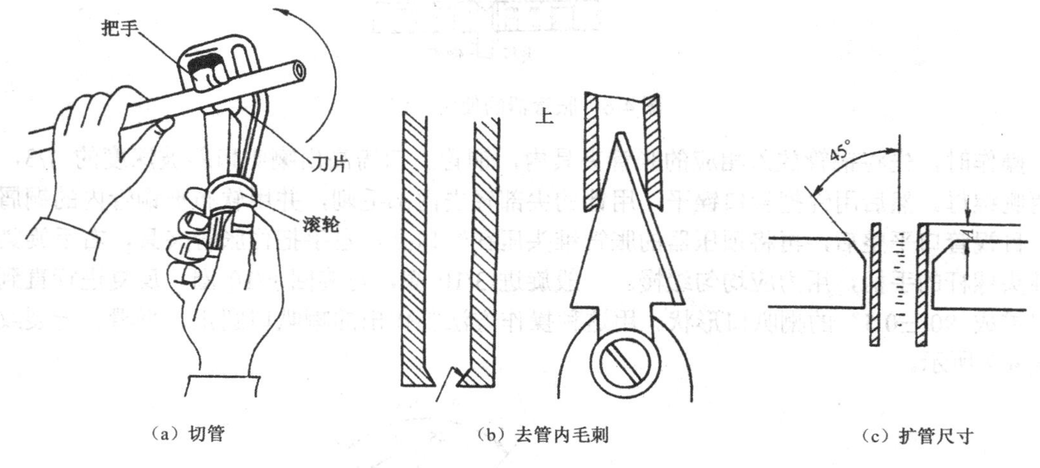

图 4-4　手动割管器操作方法

操作时割刀应与铜管垂直夹住，左手把住铜管，右手旋转转柄，用力要均匀。转柄慢慢旋转，手柄滚轮随之旋转，边旋边转，直至切断。如果操作时进刀用力过猛，会使较薄的管口变斜变瘪，形成倾斜的粗糙管口，如图 4-5 所示。

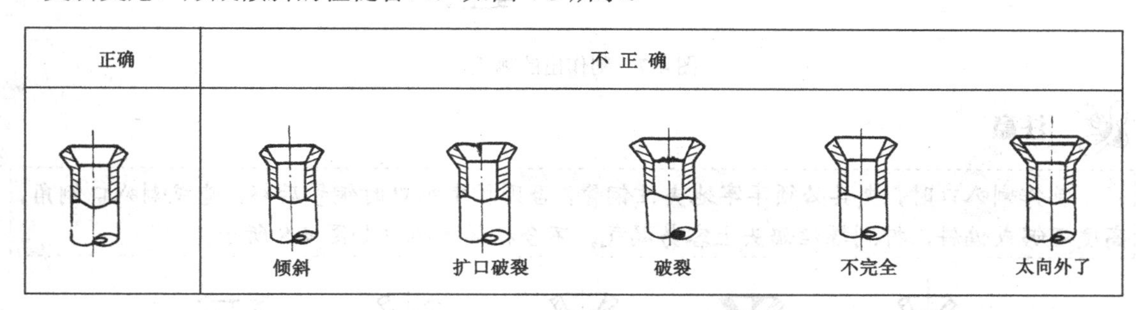

图 4-5　倾斜的粗糙管口

变斜的管口在用胀管器制作喇叭口时，会形成椭圆，拧在低压气体、低压液体螺丝奶头上，会产生漏气现象。

7．胀管器的使用方法

胀管器是铜管扩喇叭口的专用工具。胀管器的使用方法如图 4-6 所示。

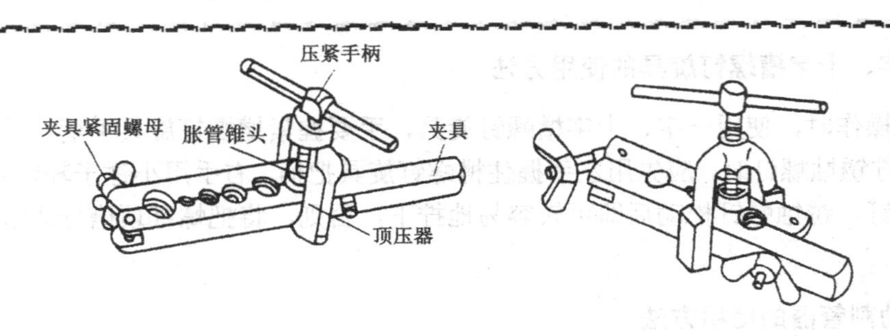

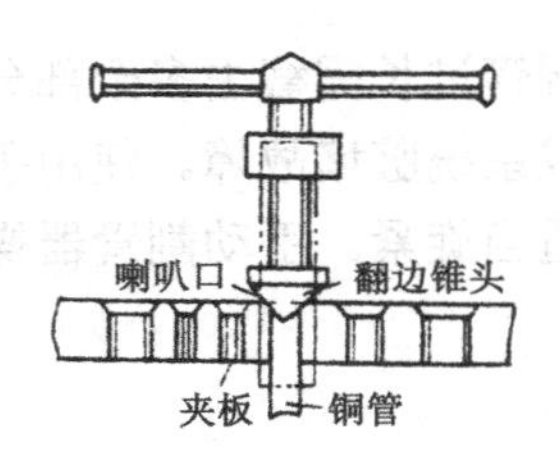

图 4-6　胀管器的使用方法

操作时，先将铜管放入相应的胀管夹具内，铜管上口需高出喇叭口斜坡深度的 1/3，紧固两侧螺母。然后用锉把管口锉平，用锉的尖部轻去内部毛刺，并用软布把铜管内的铜屑沾出。目视管口平整后，再将顶压器的胀管锥头压在管口上，左手把住胀管夹具，右手旋紧胀管锥头螺杆的手柄，用力应均匀缓慢。一般旋进 3/10 圈，再旋回 6/10 圈，反复进行直到将管口扩成 90°±0.5° 的喇叭口形状。用这种操作方法制作出的喇叭口圆正、平滑、无裂纹，如图 4-7 所示。

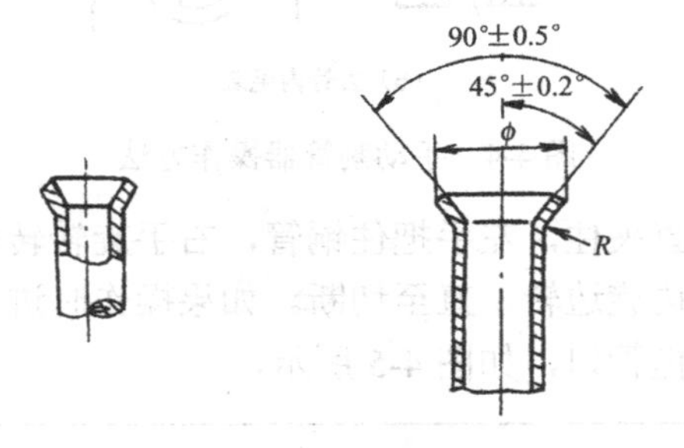

图 4-7　制作出的喇叭口

注意

制作喇叭口时，夹具必须牢牢地夹住铜管，否则扩喇叭口时铜管后移，造成喇叭口倒角，高度不够或偏斜，拧到螺丝奶头上容易漏气。不合格的喇叭口如图 4-8 所示。

破裂了

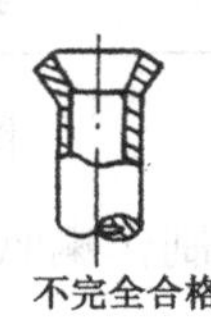

图 4-8　不合格的喇叭口

8．活扳手的使用方法

在拧紧螺母时，8 英寸、10 英寸活扳手的扳手嘴一定要和螺母卡紧，用力均匀，并根据螺母紧固的力矩要求拧紧螺母。倘若力矩过大，超过螺母的承受能力，则螺母会滑扣。在拧松螺母时，两个扳手嘴也一定要和螺母卡紧，要用“寸力”。

9．单联压力真空表的使用方法

单联压力真空表结构简单，价格低廉，适合修理整体式空调器。单联压力真空表外形及表盘如图 4-9 所示。

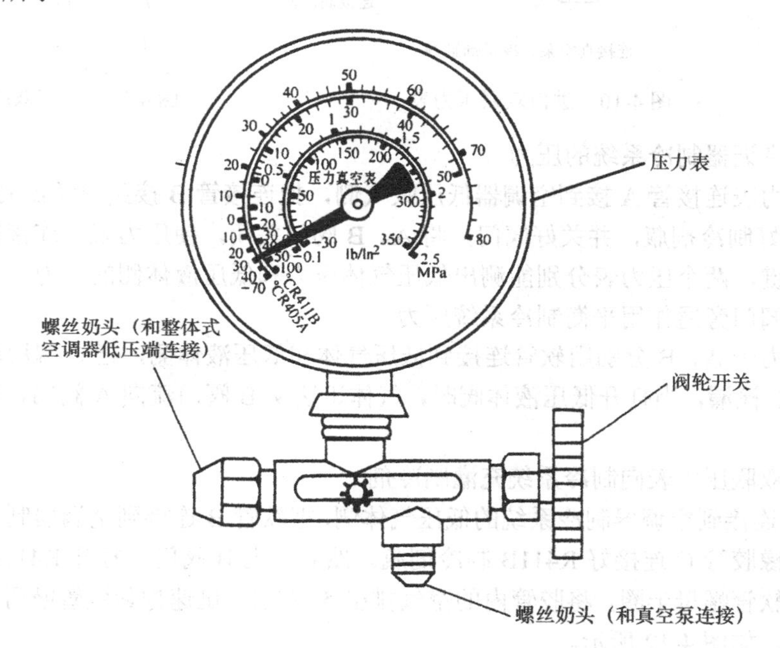

图 4-9 单联压力真空表外形及表盘

表盘上从里向外第一圈刻度为压力数值，其单位是磅每平方英寸（$1b/in^2$，1b=0.453592kg)；第二圈刻度也是压力数值，其单位是兆帕（MPa）；第三圈刻度是 R411B 的蒸发温度，其单位是℃；最外圈是 R405A 的蒸发温度，其单位是℃。在维修整体式空调器试压、加制冷剂时，使用单联压力真空表既方便又直观。

10．双联压力多路真空表的使用方法

双联压力多路真空表是修理分体式空调器最常用及最理想的多功能专用工具，有进口、国产两种。

进口双联压力表如图 4-10 所示。进口双联压力表的特点是把阀开关装在双联阀上端，价格高。

国产双联压力表如图 4-11 所示。国产双联压力表的特点是把阀开关装在双联表的两侧，左侧为真空压力表，用来检测抽真空时的真空压力；右侧为高压压力表，用来检测充注制冷剂时高压气体排气压力。国产双联压力表还有两个控制阀、3 根软管接头以及软管等，它主要有下列几种用途。

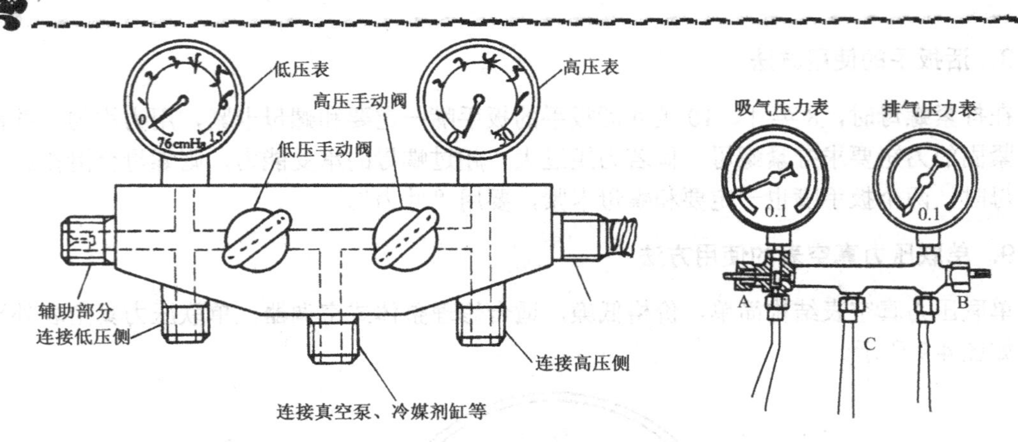

图4-10　进口双联压力表　　　图4-11　国产双联压力表

（1）测量空调器制冷系统的压力

把双联压力表连接管A接到空调器低压吸气侧，把连接管B接到空调器的低压液体侧，把C软管连接好制冷剂瓶，并关好阀门，将A、B阀门关闭，使压力表和连接管接通。设定空调器制冷按键，两个压力表分别能测出低压气体压力和低压液体侧的压力。

（2）利用阀门旁通作用平衡制冷系统压力

把双联压力表A、B分别用软管连接到低压气体和低压液体侧，把C端用软管连接好氮气瓶。经加压、检漏，当打开低压液体阀时，气体迅速从B阀门流向A阀门，使系统压力迅速平衡。

（3）利用双联压力表向制冷系统充灌制冷剂

把软管A连接到空调器制冷系统的低压气体侧，把软管B连接到空调器制冷系统的低压液体侧，把软橡胶管C连接好R411B制冷剂瓶。然后关上B阀门，打开R411B气瓶阀门，松开低压气体软管螺母半圈，将胶管内的空气排出5s左右，迅速拧紧胶管螺母，制冷剂便加入制冷系统内，如图4-12所示。

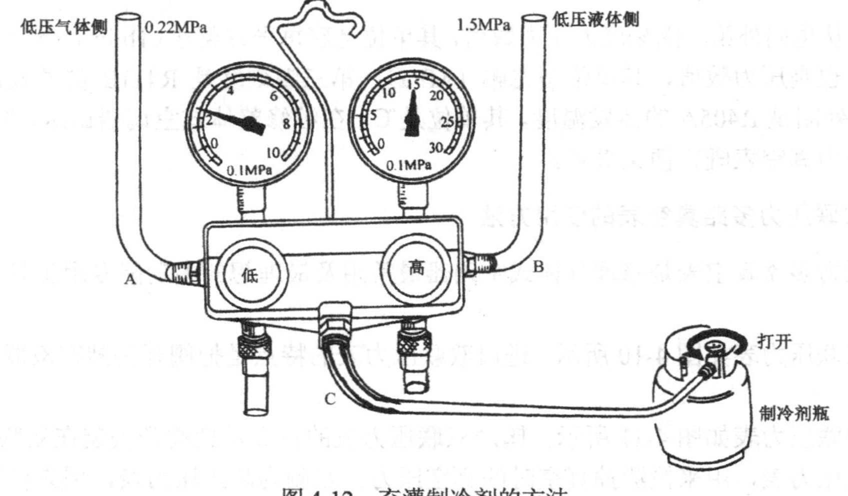

图4-12　充灌制冷剂的方法

4.1.2 使用安全注意事项

1. 制冷剂钢瓶

钢瓶在灌装制冷剂时，不得超过钢瓶容积的80%。存放时，钢瓶应直立并放阴凉处。这样杂质就留在瓶底，再给制冷系统加制冷剂时，不至于把杂质加入制冷系统。如果天气较凉，制冷剂加不进去，则最好用温度不超过50℃的温水给钢瓶加温，切忌用明火给钢瓶加温。

2. 便携式焊炬

使用便携式焊炬时，氧气瓶和液化石油气瓶应直立。在开氧气瓶阀前，应释放减压阀顶针，使减压阀出口压力为零。打开氧气阀门时，人的身体要闪开减压阀正面，不得用有空调冷冻油的扳手开氧气瓶阀门。点火时要以火等气为原则，焊枪不准对着人，焊接时必须戴护目镜，以免损伤眼睛。

3. 水钻、电钻、电锤

水钻、电钻、电锤都属于手持式电动工具，有一、二、三类之分。一类手持电动工具外壳为金属结构，安全性差。由于使用这些工具时双手必须握紧，一旦工具漏电，很难摆脱，所以使用人员在使用这类工具（如水钻、电钻、电锤）前，必须检查其外观是否良好；插上电源后，不要用手直接拿电动工具，应用手背感觉一下工具外壳是否漏电。如若有漏电感觉，由于是手背触摸，人体的反应可以使操作者迅速摆脱；如若没有漏电感觉，在使用时，最好把电动工具插在带有漏电保护器的插座上，以防工具漏电造成人身伤害。

4. 安全带

目前，空调器的用户大多把分体式空调器室外机安装在高层楼的阳台外，因而维修工作往往是高空作业。而且有的空调器安装人员只考虑眼前安装方便，忽略了日后的维修，更有甚者，一些空调器的室外机是在维修加固楼房时，利用外围搭架子的便利安装的，使空调器室外机损坏后，上下左右都无法去维修等，这一系列的问题给维修带来了一定难度。所以维修人员在三层楼以上维修空调器室外机时，必须系安全带。安全带在用前，应首先检查质量是否良好，有无糟朽、断裂、老化、腐蚀、断股等现象，卡钩应灵活，卡环安装应牢固，保险装置应作用可靠。安全带使用时，另一端应牢固系好。如若没有安全带，可用一条较粗的麻绳系住自己的腰部替代安全带。安全带实际上是维修人员的一条生命带，维修时切记。

4.2 新型分体壁挂式空调器的安装

安装分体式空调器工艺要求高，技术要点多，劳动强度大。而且，安装质量是保证空调器使用的重要环节，有一句安装行业流行的话：“四分机子，六分装”，就形象地说明了空调器使用效果和寿命与安装质量的关系。

分体式空调器的安装应注意以下10个环节，任何一个环节安装不当，都会影响空调器的使用效果和寿命。

4.2.1 安装前的准备

安装前必须对室内、室外机进行检查。这样可以将机器的故障在安装前予以解决，以提高安装的合格率，避免重复安装和换机损失。具体检查要求如下。

① 检查室内机组塑料外壳和装饰面板是否受损，室外机组的金属壳体是否碰伤凸起，室内外机表面是否划伤、生锈。拧松密封螺母，看是否有气体排出，如无气体排出，则说明室内机内漏，不能安装。

② 在检查室外机时，首先打开二、三通阀的阀帽及接头螺母，用内六角扳手试打开二、三通阀的阀芯，看是否有制冷剂排出；再用连接管上的螺母试拧二、三通阀上的螺母，看是否有滑扣现象；最后应记住，检查后一定要将二、三通阀复原。

4.2.2 安装位置的选择

分体式空调器的室内、室外机安装位置的选择应符合下列具体要求。

1. 室内机安装位置的要求

① 室内机与室外机的安装位置应尽量靠近，相距以不超过5m为宜，最大不超过12m。距离超过5m时，每增加1m，需补充R411B制冷剂20g。室内机与室外机之间的高度差一般不超过 6m，要尽量使室外机的安装位置低于室内机的安装位置，这样有利于制冷剂和冷冻油的良好循环。

② 室内机的位置要选择在不影响出风口送风的地方，同时，应把室内机装饰性功能考虑进去，还应考虑日后方便维修。

③ 室内机的位置应选择在距离电视机1m以外的地方，以避免空调器工作时，电视机图像受干扰。另外，室内机的安装也不要靠近日光灯，以及有高功率无线电装置、高频设备的地方，以免这些设备干扰室内机上微电脑的正常工作。

2. 室外机安装位置的要求

室外机应安装在空气易于流通的地方，并避开热源、灰尘、烟雾和易燃气体，防止阳光直射。出风口应远离障碍物，以免扩大噪声，排出的热风或噪声不应干扰邻居。室外机的安装位置要求如图4-13所示。

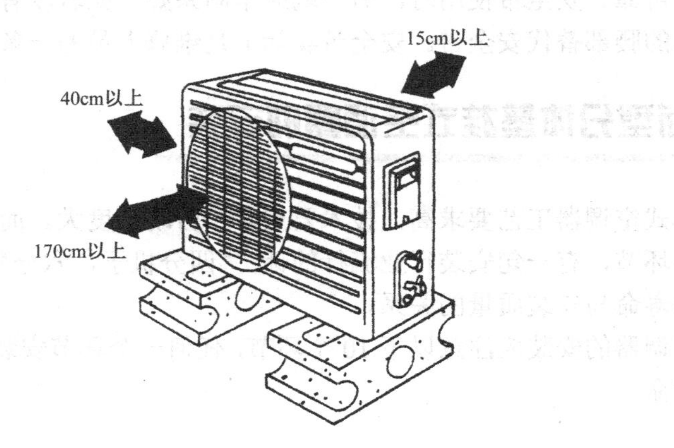

图4-13 室外机的安装位置要求

4.2.3 室内机的安装方法

室内机是靠挂板固定在墙上的，安装前，要根据过墙孔的走向确定好挂板的位置，以保证穿墙管线与室内机合理连接。安装时，首先把挂板水平贴在墙上（为了让冷凝水能顺利流出，出水口一侧要低 0.2cm 以上；但也不可太低，如果超过 0.5cm，会影响整体美观），如图 4-14 所示。先用旋具（螺丝刀）在墙上画出挂板固定位置，再用六个螺钉钉牢。常用的固定方法是用冲击钻钻出六个墙壁孔，再放进塑料胀塞或木塞，旋入螺钉将挂板固定；也可以根据墙体情况用膨胀螺栓固定挂板。挂板安好后可双手用力向下拉一拉，检查安装是否牢固。一般挂板应能承受 35kg 重量。

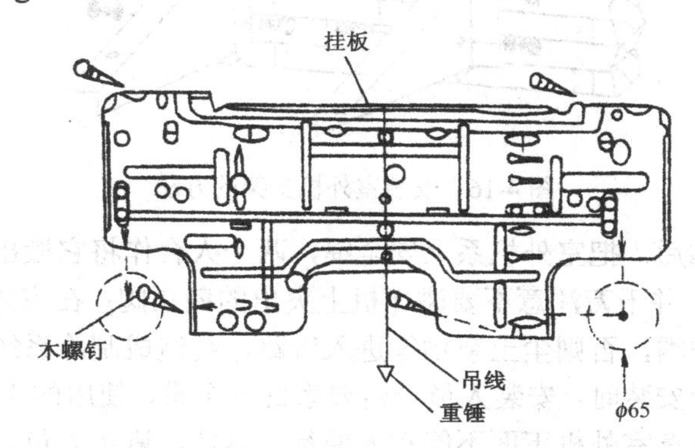

图 4-14 室内机挂板的固定方法

4.2.4 室外机的安装方法

1. 钻过墙孔的方法

室内机与室外机的连接管路、电线要穿墙而过，所以安装室外机之前必须钻过墙孔。为保持墙壁的牢固和美观，专业安装人员都用水钻钻孔。钻孔前，要观察了解墙壁钻孔位置是否有暗埋的电线，是否有钢筋构件，以免造成事故或进钻困难。从室内向室外钻孔时，水钻要抬高约 5°，使钻好的过墙孔里高外低，便于冷凝水流出，下雨时流水也不能流进室内，如图 4-15 所示。

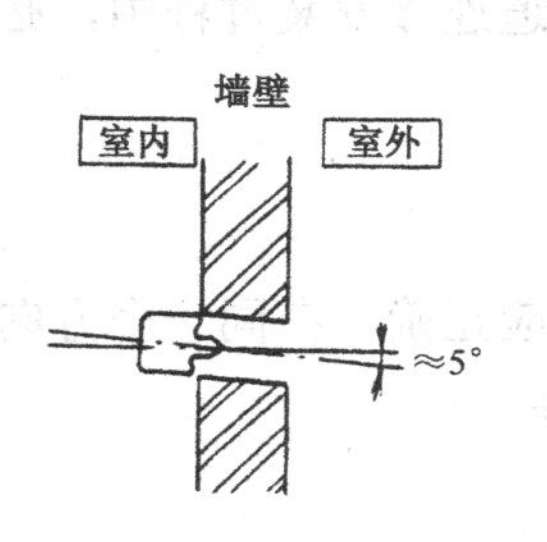

图 4-15 钻过墙孔的方法

用水钻钻孔要掌握好冷却水的注水量，注水量过大，水会沿墙壁飞溅，周围被砖灰浆弄脏后很难擦净；注水量过小，容易烧坏钻头。合适的情况是，注进钻头的水正好被钻头的热量蒸发和被墙体吸收，这要在实践中逐渐掌握。钻孔时进钻宁慢勿快，如果钻头抖动剧烈，双手把握不住，说明该更换钻头了。

2. 固定室外机支架的方法

分体式空调器室外机是安装在专用支架上的。安装室外机支架时，应先组装好支架，量出室外机底座两个安装孔的横向距离，根据量出的距离和支架的相应孔距等选好位置，将膨胀螺栓打入墙体。支架用 4 个直径ϕ10mm 以上的膨胀螺栓紧固在承重墙上，拧紧螺母后不得有松动或滑扣现象，同时在螺母上再加拧一个螺母防松。安装室外机支架的方法如图 4-16 所示。

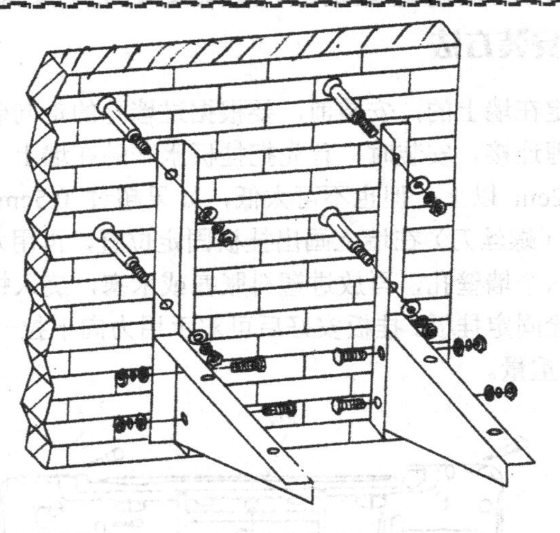

图4-16　安装室外机支架的方法

检查支架平正牢靠后，把室外机系上安全绳，两个人合作将它搬出就位。室外机搬动时倾斜角不应大于45°，并千万注意不要碰坏机上突出的截止阀；在室外机没有就位之前，更不要拧下截止阀的保护帽，否则尘土杂物等进入管路，会造成制冷系统故障。

室外机在3楼以上安装时，安装人员一定要系好安全带，使用的工具（如扳手），最好栓上安全绳或腕套，并注意室外机下面不能有人通行、滞留，避免人员、物品不慎坠落，造成事故。

4.2.5　连接室内外机管路的方法

分体式空调器室内机和室外机组成完整的系统是靠连接管螺丝奶头与锁母连接实现的，连接管路长短和连接方式的选择对壁挂式分体式空调器的使用寿命影响是很大的。另外，还有一个关键的问题必须注意，在安装低压气体管、低压液体管时，不得将外界的灰尘、杂物、空气和水带入管内，否则空调器制冷系统将不能正常工作。在管道连接安装过程中，必须按下列要求进行。

1. 展开连接管的方法

连接管在安装之前呈盘管状，安装时需先展开。展开的方法应正确，在同一个方向弯折不能超过3～4次，否则将会使管道硬化，并出现裂损，造成泄漏。

2. 连接室内机配管的方法

将室内机低压气体管、低压液体管接头处的连接螺母（锁母）取下，对准连接管的扩口中心，用手指用力拧紧锁母，然后用力矩扳手旋紧锥形锁母，直拧到不漏气为宜，如图4-17所示。

3. 连接室外机管路的方法

操作前，分别将管路端口堵头和截止阀密封帽卸下，将喇叭口接触部位擦干净后，抹上少许黄油。用手调整管路，对准配管的中心，如图4-18所示。

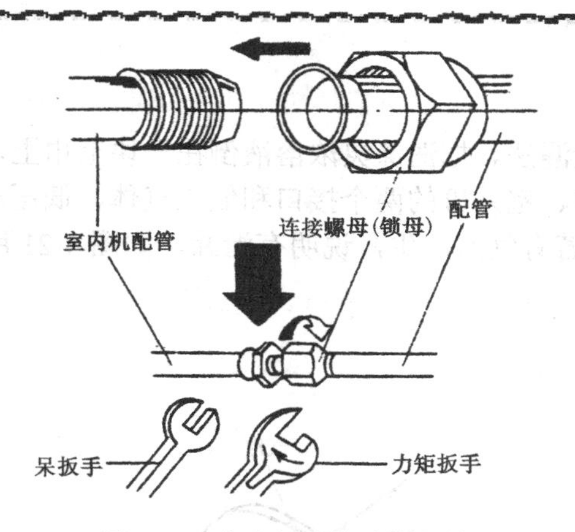

图 4-17　室内机配管连接方法

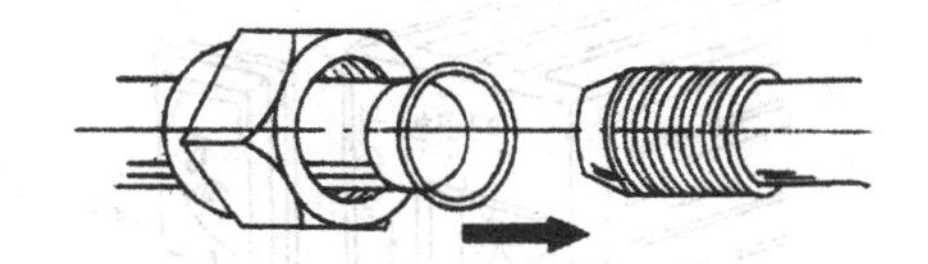

图 4-18　室外机管路连接方法

先用手指用力拧紧连接螺母（锁母），然后用力矩扳手拧紧，直拧到不漏气为宜，如图 4-19 所示。

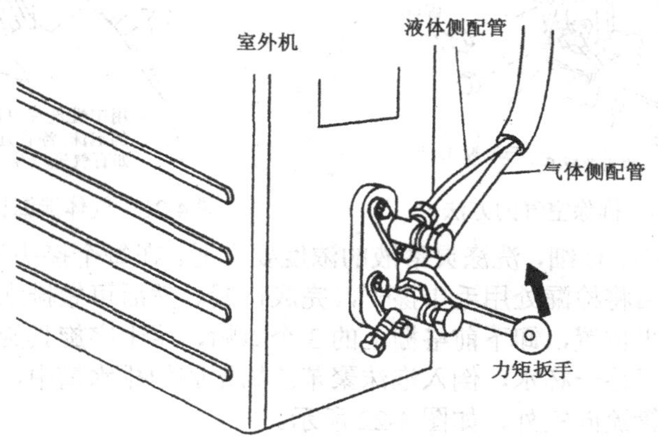

图 4-19　连接室外机低压气体管示意图

在这里要提醒安装人员的是，在连接室内外机管路时，所使用的扳手应规范，最好是有一把呆扳手和一把力矩扳手。呆扳手不会将锁母边角损坏，而力矩扳手可掌握力矩值，不至于因用力过大而损坏喇叭口，也不至于因用力过小密封不严而泄漏。

4.2.6　排除室内机及管路空气的方法

排除室内机空气是安装过程中非常重要的一个环节。因为连接管及蒸发器内留存大量空气，同时空气中又含有水分和杂质，这些水分和杂质留在空调器系统内会造成压力增高，电流增大，噪声增加，耗电量增大等，使制冷（制热）量下降，同时还可能造成冰堵和脏堵等故障。

排除空气时应先将低压气体阀锁母松开 1/2 圈，用内六角扳手逆时针旋转约 90°，保持 15s 左右后关上，这时从低压气体阀锁母处应有空气排出。当排出的空气渐渐减少时，再打开低压气体截止阀。按上述操作反复 2～3 次，即可把室内机及管路空气排净。排气时间 15s 是一个参考值，实际操作时还须用手去感觉喷出的气体是否变得稍凉来掌握适当的排气时间。如排气时间过长，则会造成制冷剂系统中的制冷剂过量流失，从而影响空调器制冷效果；如排气时间过短，则室内机及管道中的空气没有排净，也会影响制冷效果。管路中空气排净后，应立即拧紧低压气体阀锁母，用内六角扳手把液体截止阀、气体截止阀逆时针方向全部打开，并拧上阀端密封保护帽，如图 4-20 所示。

4.2.7　检查气体泄漏及排水试验

比较简便的气体泄漏检查方法是洗涤灵检漏法。把洗涤灵浓溶液倒在一块毛巾上，搓出泡沫，分别涂在可能泄漏的室内机的两个接口、室外机的两个接口和低压气体、低压液体截止阀的阀芯处，观察2min不得有气泡出现。若有气泡产生，说明有泄漏，如图4-21所示。

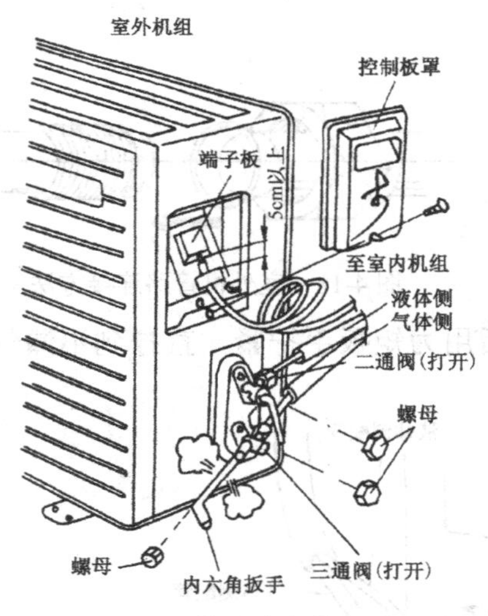

图4-20　排除空气的方法

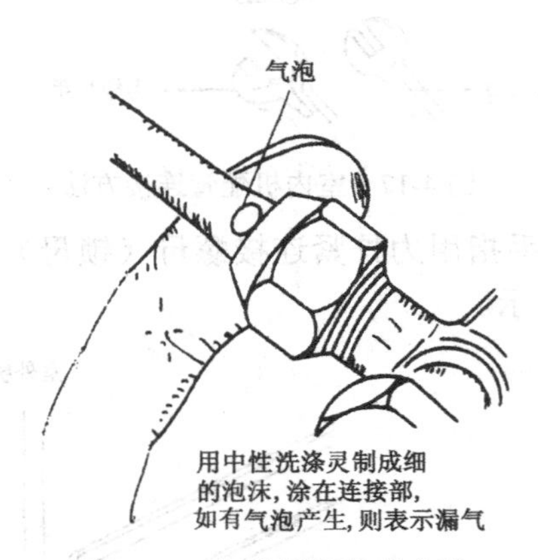

图4-21　气体泄漏检查方法

检漏时一定要耐心、仔细，洗涤灵溶液的浓度要合适。在每个接头处都看不到气泡冒出，确实保证没有泄漏点后将检漏处用毛巾擦干，完成检漏。然后可做排水实验，其方法是用手指将导风板调节到水平位置，卸下前格栅上的3个罩帽，用十字旋具旋下3个自攻螺钉。卸下室内机外壳，用杯子盛一杯水，倒入泡沫聚苯乙烯塑胶的排水槽中，观察水是否能畅通地从排水槽顺着泄水软管流向室外，如图4-22所示。

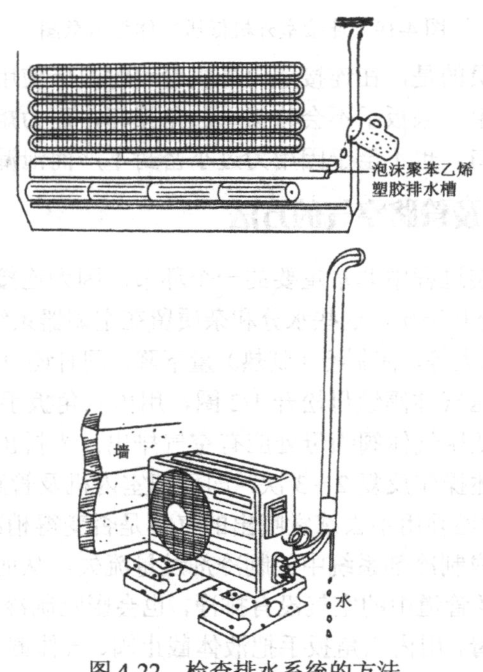

图4-22　检查排水系统的方法

如果水能畅通地流出，室内机也无溢流水滴落，则认为排水系统良好。

4.2.8　室内外机控制线的连接

接线时，先卸下室内机右侧板的电气盒外盖，卸下电源连接线压板，把电源连线铜芯插入到端子板尽头并紧固连接好，再按照机上贴的电路图连接室内外机之间的接线。接线分布一定要与室外机相吻合，否则室外机不工作或工作后不受遥控器控制。

4.2.9　整理管道

连接管接近低压气体截止阀和低压液体截止阀，此处注意不要暴露在空气中，以免损失冷量。包扎时应将保温套包扎到截止阀根部，多余的电源线和信号线应顺管路包扎好，并用随机配备的尼龙扎带将其固定在墙上。将配管的过墙孔用密封胶泥填满，以免雨水、风及老鼠进入，如图 4-23 所示。

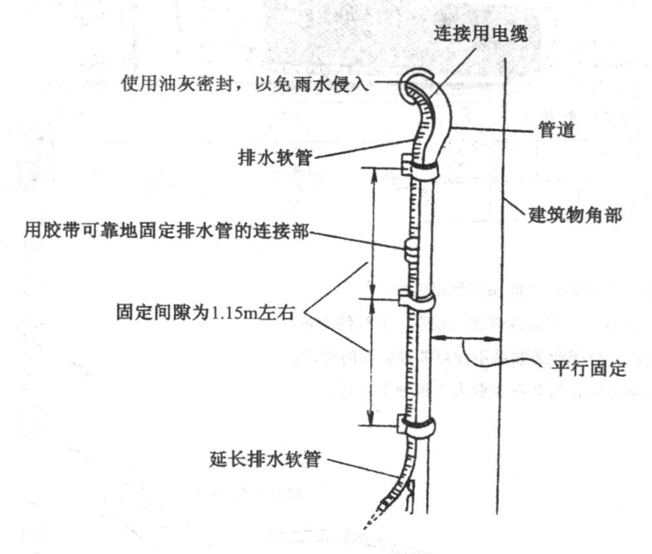

图 4-23　室外的管路

4.2.10　试运转及性能评定

① 通电试运转。这时，测量工作电压应为 AC 220(1±10%)V，测量系统压力应为 0.5MPa，测工作电流应比铭牌上的额定电流值低 0.2A。在空调器运转 15min 或再长一些时间后，室内应有明显凉爽的感觉。

② 用耳听。空调器室内外机组应没有异常噪声（气流的流动声不是噪声）。

③ 测量进出空气温度差。夏季室内机进气温度与出气温度差应大于 8℃，冬季温度差大于 15℃。

检测各参数合格后，安装工作结束，一台分体式空调器就可以投入正常的使用了。分体式空调器安装整体图如图 4-24 所示。

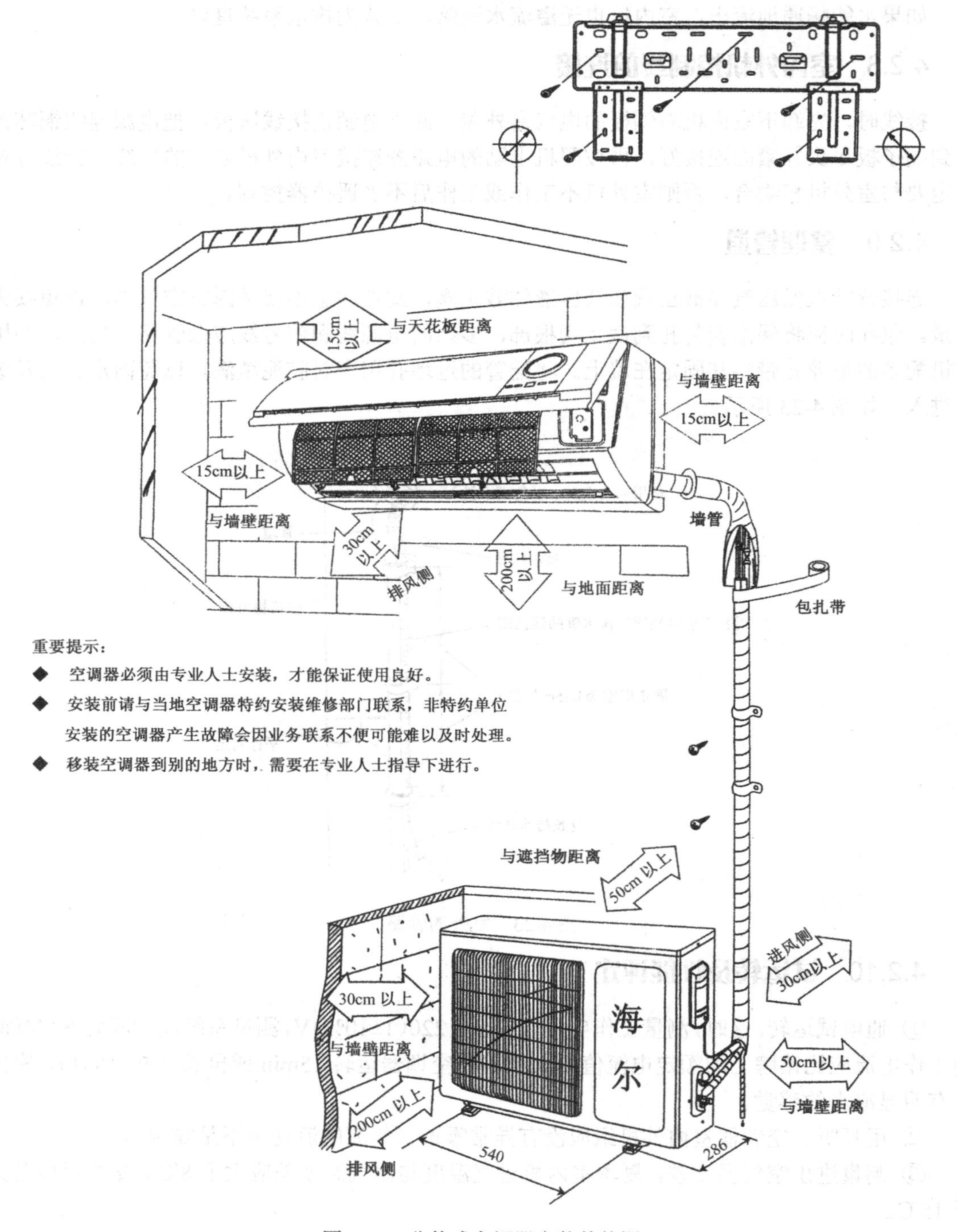

图 4-24　分体式空调器安装整体图

4.3　新型柜式空调器的安装

柜式空调器也可称为柜机，是把室内机安装在房间地面上的一种空调换热设备。

4.3.1　结构特点

分体柜式空调器把产生噪声比较大的压缩机、三通阀及轴流风扇连同冷凝器、控制板、毛细管（电子膨胀阀）等合为一体，独立构成室外机，具有类似分体壁挂式空调器的各种优点。柜式空调器的液晶显示屏控制面板和内部制冷制热微电脑控制板等部件装在室内机上，柜机的室内机有造型美观的进风格栅，立体感强。柜式空调器与分体壁挂机相比具有制冷快、制冷量大的特点，适合家庭、客厅、医院、检查科室、办公室和各种面积较大的饭馆等场合使用。柜式空调器的结构同分体机一样，也是 4 个接口、两个阀芯，安装不好时，泄漏故障的发生率较高，这一点应引起安装人员的注意。

4.3.2　安装前的准备

柜式空调器安装前要充分考虑适用面积以及保温隔热情况，以保证应有的制冷、制热效果。由于柜式空调器制冷量大，输入功率和启动电流都比较大，对供电线路要求高，主干线与柜式空调器之间必须采用独立供电线路。另外，为了使用安全，在供电端必须安装漏电保护器。

4.3.3　安装位置的要求

1. 室内机安装位置的要求

室内机安装位置应能使其进出的气流不受阻且能循环到室内各处，同时还应能防止水汽、油污、易燃气体及泄漏气体滞留。选择地面应结实平坦，不平坦时必须垫平。选择位置时还应考虑留出以后维修的空间，以及安装时制冷系统管路进出方便等，如图 4-25 所示。

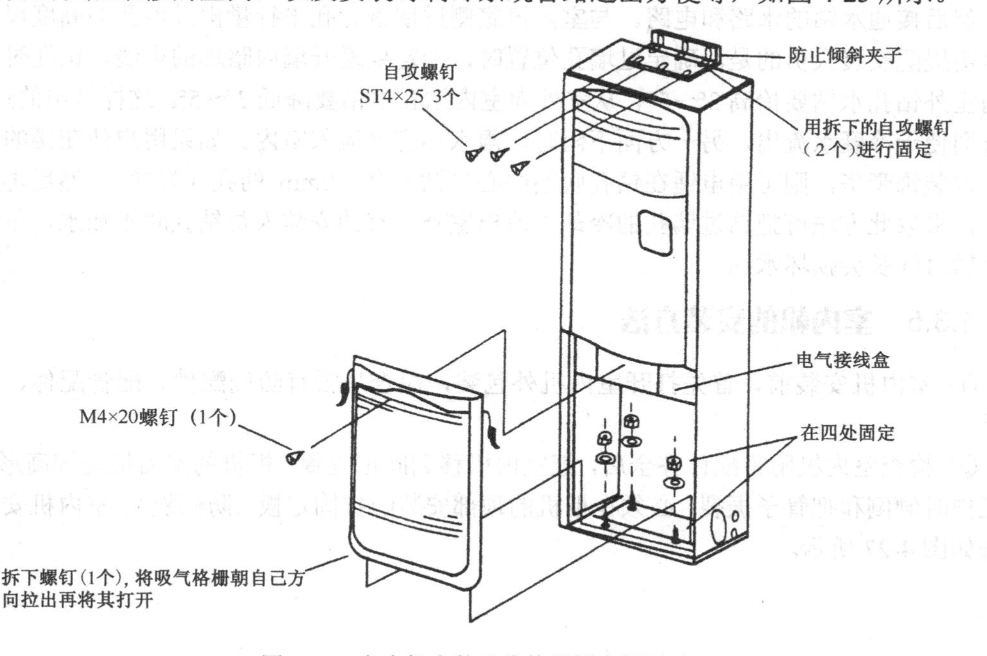

图 4-25　室内机安装及维修周围空间尺寸

2. 室外机安装位置的要求

柜式空调器一般制冷量都在 5000 kcal（5.8 kW）以上，室外机前面要求有较大的出风距离，还应便于接通室内装置的管路和电源线，避免易燃气体滞留，避免机组噪声对邻居的骚扰。选择安装位置时，应尽可能使室内机高于室外机，以利于制冷剂和冷冻油的循环。否则，不但影响制冷效果，还有可能使压缩机抱轴。室外机安装及维修周围空间尺寸如图4-26所示。

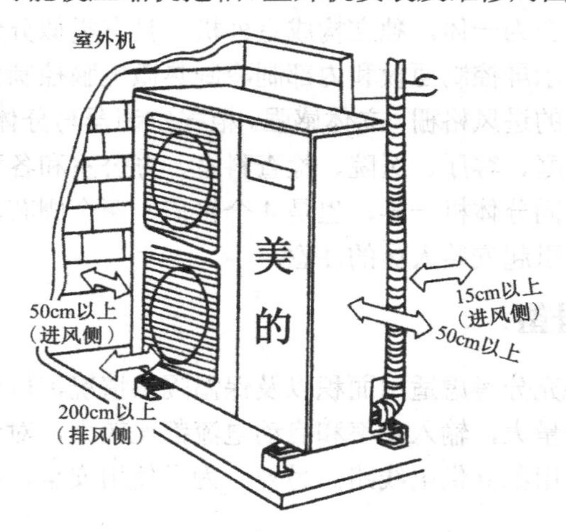

图4-26 室外机安装及维修周围空间尺寸

当几个室外机装于同一处时，应避免机组之间热气流产生短路，降低热交换的效率。室外机安装在楼顶时，应避免强风直吹室外机排风口。

4.3.4 钻过墙孔的方法

室内、室外机安装位置确定以后，就可以钻过墙孔。钻孔前要把周围的物品搬开以免碰坏，然后接通水钻的水路和电路。与室内机底侧过墙铜管孔平行量出过墙孔的高度尺寸。在这里需提醒安装人员的是，确定过墙孔位置时，一定要避开墙内暗埋的电线。钻孔时，从室内向室外钻孔水钻要抬高3°～5°，从室外向室内钻孔水钻要降低3°～5°。这样打出的过墙孔，一方面便于冷凝水流出，另一方面下雨时，雨水不容易流入室内。如果用户住在楼的高层，且室内装饰豪华，则可用电锤在钻孔底圆中心先钻一个ϕ10mm 的孔（打通），然后再用水钻钻孔，采取此方法可把钻过墙孔的冷却水流出室外。有的安装人员钻孔时不加水，不可取，这样做时间长会损坏水钻。

4.3.5 室内机的安装方法

① 室内机安装前，首先打开室内机外包装，检查是否有防倒配件、配管配件、布线配件等。

② 检查室内机附带配件齐全后，把室内机移到固定位置。柜机的室内机是细高形，为防止工作时倾倒和把管子振裂，必须在柜机的顶部安装防护固定板（防倾板）。室内机安装固定方法如图4-27所示。

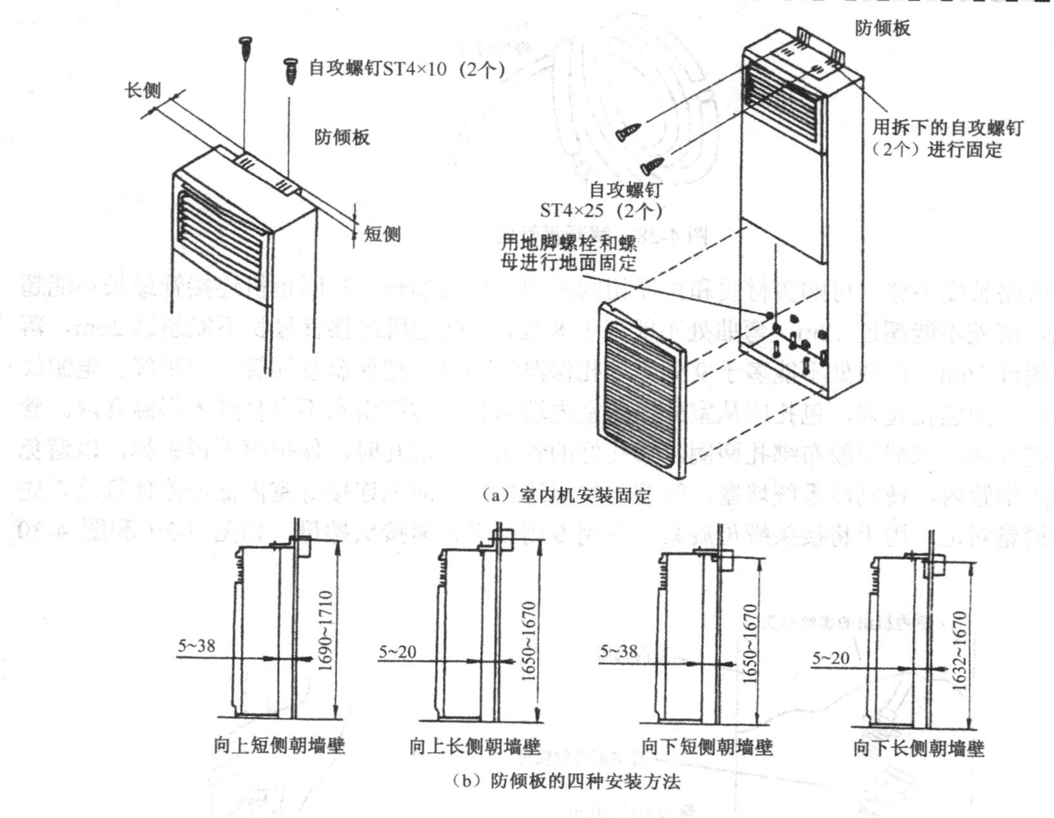

（a）室内机安装固定

（b）防倾板的四种安装方法

图 4-27 室内机安装固定方法

4.3.6 室外机的安装方法

室外机应用原包装运到安装地点，搬运过程中不要倾斜 45°以上，更不得倒置。室外机的安装有下列三种情况。

① 把室外机直接放在地上。安装的地面要求平整坚固，室外机与地面要垂直。用膨胀螺栓把室外机固定在地面上时，固定应牢固，以免室外机振动把喇叭口振裂，制冷剂漏光。

② 把室外机安装在高层的室外，安装难度较大。先根据柜式空调器匹数选择相应的承重支架和膨胀螺栓，再用钢卷尺量好室外机螺栓孔的横向距离，用电锤打入膨胀螺栓后把支架固定好。然后，把绳子一头系好室外机，另一头系在室内固定处，四个人配合把室外机放到支架上，并用螺栓固定好。

③ 把室外机安装在楼的顶层。在这里想提醒安装人员的是，室外机排风口不要面向季风方向；固定室外机时，切忌在楼顶打眼，以防房屋漏雨，最好的办法是用槽钢制作一个底架并固定。

4.3.7 制冷剂管路的安装和绑扎

柜式空调器随机附带的制冷剂管路盘成圆圈形，展开时，应把管路放在平整的地面上，用脚尖轻踩的同时双手慢慢解开盘管，如图 4-28 所示。

图 4-28　解开盘管的方法

若管路长度不够，可购买材质和直径相同的铜管焊接加长。3 匹柜机连接管最长不能超过 20m，落差不能超过 12m，弯曲处不能多于 8 处。5 匹柜机连接管最长不能超过 26m，落差不能超过 16m，弯曲处不能多于 9 处。绑扎保温管路时，把保温套铜管、控制线、电源线及出水管一同包扎起来，包扎应从室外端向室内端绑扎，这样雨水不容易进入保温套内。管路包扎完成后，末端用胶布绑扎两圈。绑扎好的管路穿过墙孔时，保护帽不得去掉，以避免杂质进入铜管内，使制冷系统堵塞。管路与机组连接时，应先连接好室内低压液体管路。先将管路调整对位，用手将接头螺母旋紧，再用专用扳手拧紧接头螺母，如图 4-29 和图 4-30 所示。

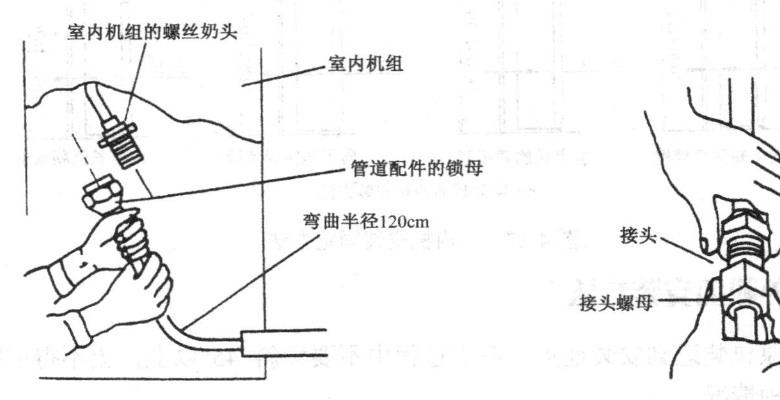

图 4-29　室内机管路的连接调整　　　　图 4-30　接头螺母的旋拧

连接室外机时，要把多余的铜管盘绕起来，然后先接低压气体管，后接低压液体管。

4.3.8　排除柜机内部及管路空气的方法

1．使用空调器自身排除空气的方法

柜式空调器室内外机管路连接好后，应排除系统管路中的空气。这是安装人员必须掌握的关键操作。操作方法是：打开低压液体管截止阀 1/2 圈，听到低压气体锁母处发出“嘶、嘶”声后立即关上，待“嘶、嘶”声快消失时，再打开低压液体截止阀约 1/2 圈，立即关上；反复 3～4 次，即可将空气排净，此时拧紧低压气体管锁母。具体排空操作次数和时间长短应视空调器的匹数大小及接管的长短灵活掌握。最后将两个截止阀完全打开，拧上二次密封外帽，排除室内机及管路内空气，操作完成。

2．使用机外 R411B 环保型制冷剂排除空气的方法

若在排空时，室外制冷剂漏光，可采用机外排空法。先找到漏点并焊好，用加气管带顶针的一端连接好低压气体口的工艺口，再松开低压液体锁母 1～2 圈，打开 R411B 制冷剂瓶

阀门，这时低压液体锁母处有“嘶、嘶”的空气排出声。1～2min 后关上制冷剂瓶阀门，拧紧低压液体阀门锁母，卸下加液装置，再将两个截止阀门全部打开，拧上二次密封保护帽和加液阀口上的二次密封保护帽，至此外排空气完成。若打开制冷剂瓶阀门后，低压液体锁母处没有空气排出，则可能是加液单向顶针阀的顶针没有顶开，应调整加液管顶针，如图 4-31 所示。

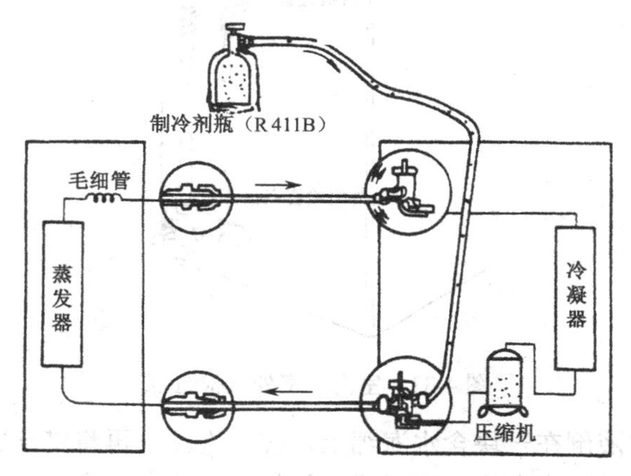

图 4-31　外加制冷剂排除空气的方法

4.3.9　连接控制线及电源线

柜式空调器控制线的连接方式有四种：①单冷单相 220V/50Hz；②冷暖单相 220V/50Hz；③单冷三相 380V/50Hz；④冷暖两用型三相 380V/50Hz。

接线方法是：先卸下前侧板，打穿室外过墙孔，套好过线方圈。从室外机 5 位接线板上引出连接线，穿过室外机、室内机过线孔，接到室内机 5 位接线板上并用固定夹固定，如图 4-32 所示。

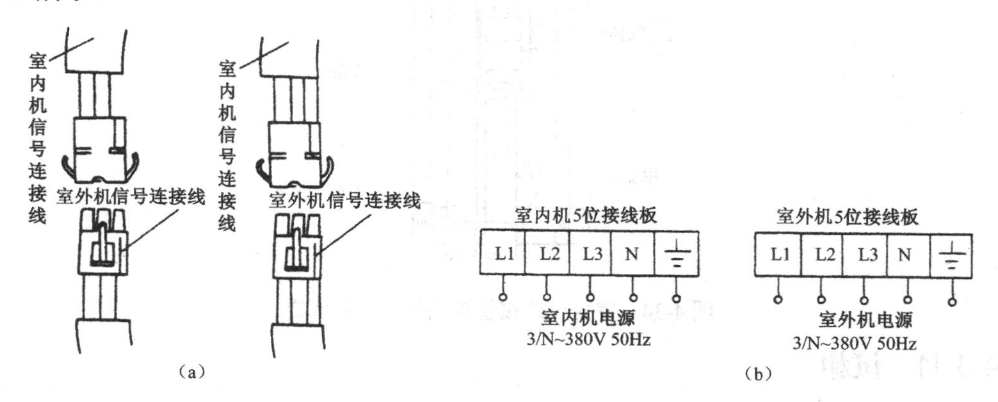

图 4-32　室内外机接线方法

要严格按电气盒外壳上的电气原理图接线，分清相线、零线和保护地线，裸露部分不能超过 0.75mm，且不能有毛刺露出。铜线与接线端子的接触面积应尽量大一些，连接要牢固可靠，用手轻拽不得掉下。线路接好检查无误后可以试机，试机时如有电源指示但室内外机均不启动，说明安装人员把 380V 相序接错。把三根相线任意调换两根，空调器不运转故障即可排除。试机完好，最后用固定夹将调换的控制线固定。

4.3.10 检漏

柜机安装、接线、排除空气等工作完成后，要对室内两个连接处、室外两个连接处的锁母及阀门、工艺口进行检漏，如图4-33所示。

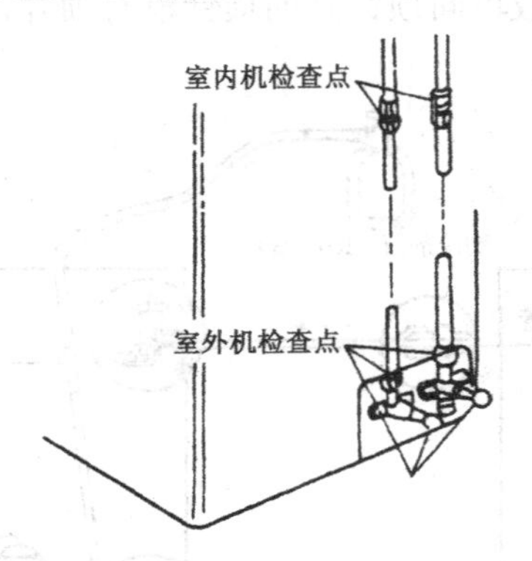

图4-33　室内、室外机检查点

先将家用洗涤灵溶液倒在一块含水海绵上，搓出泡沫，再将带泡的洗涤灵逐个涂在四个锁母和两个阀门处。若有气泡产生，则说明接好的导线头有漏点，应用扳手再次拧紧。检漏时，一定要仔细、耐心，保证每个锁母和阀门处都看不到气泡冒出。没有泄漏点后，再将检漏处擦干，用保温材料包扎好，使有喇叭口的接头部位不露出，最后将管路用夹条固定在柜机箱体内，如图4-34所示。

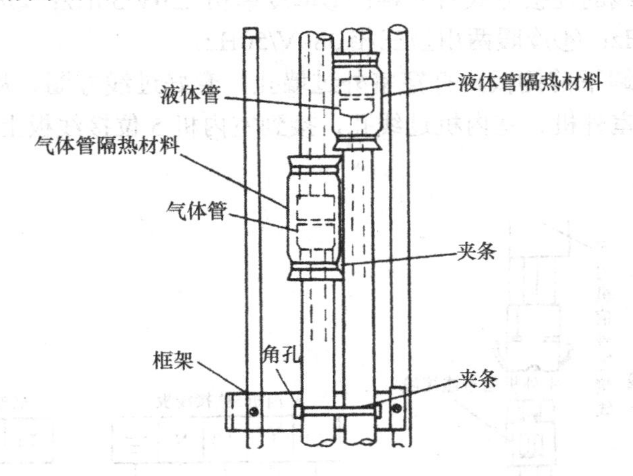

图4-34　室内机连接管接头处隔热和固定

4.3.11 试机

柜式空调器试机前，要再次检查低压气体阀门和低压液体阀门是否全部打开；电源线和控制线是否按要求正确连接；室内机和室外机安装是否牢固；管路是否调整好；过墙孔是否用橡皮泥密封等。上述检查确认良好后，接通电源，用手打开液晶屏幕显示开关。环境温度在24℃以上时，设定制冷状态；环境温度在18℃以下时，设定制热状态。若有电源指示但室内外机均不运转，则说明380V/50Hz电源相序接反，调换任意两根相线即可。运行时，室内外机都不应有异常擦碰震动声。空调器运转15min后，在制冷状态下室内机应有冷气吹出，约20min后，室外水管应有冷凝水流出。另外，如果低压气管阀门处有结露现象，则说明空调器制冷系统制冷剂压力在 0.35～0.5MPa 之间。

若是冷、暖两用型空调器，还应把室外机排水接头安装好，如图 4-35 所示。

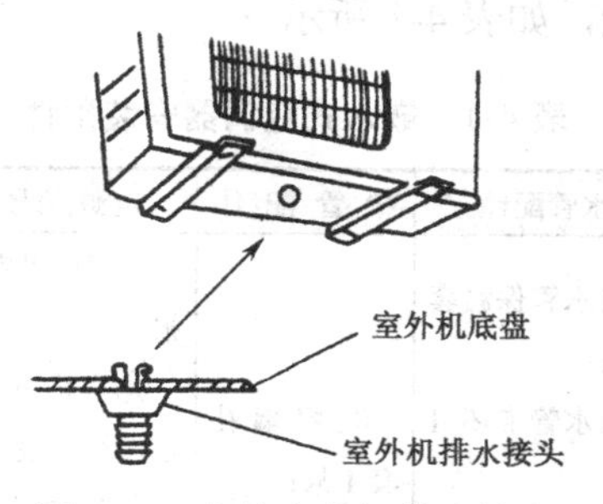

图 4-35　安装室外机排水接头

空调器制热时，室外机形成的冷凝水及除霜时产生的除霜水应通过排水管排放到不影响邻居的地方。安装排水管，先把室外排水接头卡进装好在底盘的ϕ25mm 孔中，然后把排水管接到排水接头上，即可把冷凝水、除霜水引出。

至此，一台柜式空调器安装完毕。

4.4 新型嵌入式空调器的安装

嵌入式空调器把室内机嵌入天花板内靠近屋顶处而不外露，优点是不占地面，节省空间，而且送风角度广，布风均匀，十分适合中高收入家庭、宾馆、饭店、会议室、医院及检查室等场所，适用面积 30～120m^2 的房间。嵌入式空调器相对于分体壁挂式、柜式空调器而言，安装和维修难度较大，安装过程有 10 个环节，如图 4-36 所示。

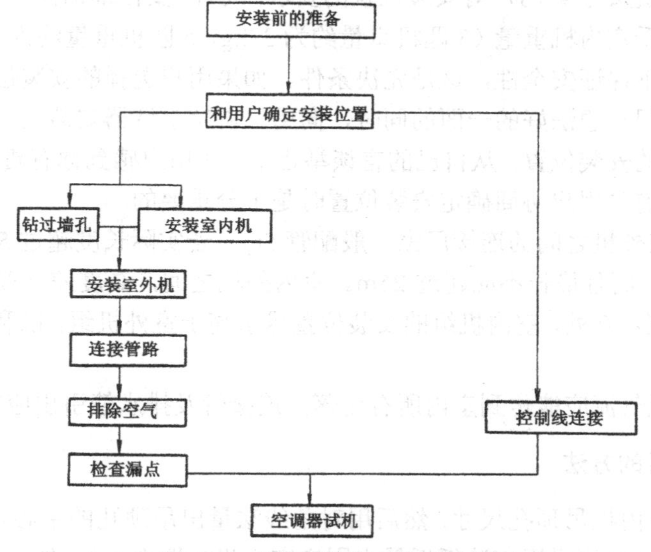

图 4-36　嵌入式空调器安装过程

1. 安装前的准备

① 检查安装配件是否齐全，如表4-1所示。

表4-1　嵌入式空调器安装配件

安装配件	配管及配件	排水管配件	护管配件	电源/信号线组	遥控器及安装架	其　他
①膨胀吊钩4套；②安装吊钩4套；③安装纸板1张；④螺钉M6×12共4个	⑤连接管组件1套：液侧配管ϕ9.53mm，气侧配管ϕ6mm；⑥包扎带6卷；⑦隔音/绝热管2条	⑧出水管保温套管1条；⑨出水管卡环1套；⑩束紧带20条；⑪出水接管1个；⑫密封圈1个	⑬穿墙孔套1只；⑭穿墙孔盖1只	⑮室内机电源线1根；⑯室内外机电源连接线1根；⑰室内外机强电信号连接线1根；⑱室内外机弱电信号连接线1根（单冷三相机无）	⑲遥控器1个；⑳安装架1个；㉑自攻螺钉ST2.9×10-C-H共2个；㉒七号碱性电池2只	㉓使用说明书1本；㉔安装说明1张；㉕用户服务指南1本

② 认真阅读和研究安装说明书。安装嵌入式空调器之前应先熟悉其结构、性能、电气控制原理和整机安装过程，还要了解安装位置建筑的基本结构，充分考虑嵌入式空调器的型号和适用面积。一般应使装机容量达到180～200W/m^2，以保证空调器正常工作时的制冷、制热效果。嵌入式空调器制冷量较大，对供电线路要求较高，从供电主配线至室外机，必须使用专用供电线路及漏电开关。

2. 与用户协商确定安装位置

① 安装前，首先要了解用户对安装位置的要求；同时，要仔细询问用户屋顶结构的强度，判断其是否足以承受室内机重量（3匹机重量约为39kg，5匹机重量约为50kg），是否能在长期吊装振动的条件下保证安全性，这是先决条件。如果用户选择的安装位置不符合安装和安全要求，应在肯定用户想法好的一面的同时，向用户讲解空调器安装及安全使用的知识，帮助用户选择更合理的安装位置。从自己的言谈举止中，让用户感到你有责任感，对用户负责，懂技术，这在安装前与用户协商确定安装位置时是十分重要的。

② 室内机与室外机之间的连接厂家一般配管5m。若实际长度超过5m，则每超过1m，需加制冷剂约21g，而且最长不应超过25m。室内外机之间，高度差一般不要超过15m，连接管路弯曲处数最多10处，室内机组的安装位置尽量高于室外机组，以利于制冷剂和冷冻油良好循环。

③ 室内机送风气流应能传到室内所有角落，连接管及排水管引出应容易且维修方便。

3. 安装室内机的方法

① 首先量出室内机吊顶孔尺寸，然后用对角线法量出吊顶孔的中心点。按中心点量出固定室内机的4个点（也可采用安装纸板量出固定室内机的四个点），然后用M8×12膨胀螺栓固定，如图4-37所示。

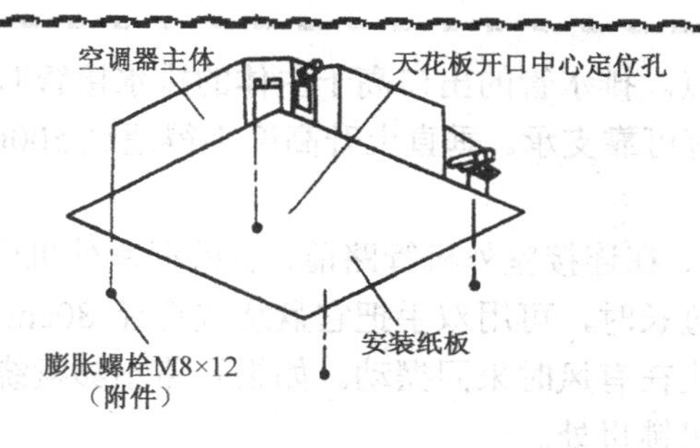

图 4-37　室内机的固定

② 4 个膨胀螺栓固定后，找正室内机安装孔尺寸，两个人配合把室内机固定在屋顶。固定过程中，应用水平尺测量四角水平，天花板四边的间隔要均匀，主体的下底面要凹进天花板底边 5～10mm，使面板紧贴天花板面。

③ 室内机安装位置和水平调整好后，紧固安装螺钉上的螺母，把空调器固定住，以免产生振动，造成水位开关误动作等故障。

4. 钻过墙孔

钻过墙孔的方法与安装柜式空调器时的钻孔方法相同，不再赘述。

5. 安装室外机的方法

嵌入式空调器室外机的安装与柜式空调器室外机的安装要求相同。

6. 制冷管路的连接方法

① 嵌入式空调器的室内机和室外机能够组成一个完整的制冷（制热）系统，是靠连接管锁母与螺丝奶头来实现的。在连接管路前，先要把盘管平直，然后把管路与电源控制线一起绑扎。绑扎时，应分别用隔音、保温套、压边严密绑扎，以免因凝露而滴水，造成天花板浸湿。

② 连接管加长时，须将原管中间切断，用规格、材质相同的铜管两端涨口后，与原管焊为一体。焊接时有条件的要采取氮气保护焊，以免铜管内部产生铜灰，造成制冷系统堵塞。

③ 管路绑扎完成后，在连接前先仔细检查铜管两端的喇叭口是否完好，不应有变形和裂纹。连接室内机前，拧开室内机配管上的保护螺帽，应听到机内氮气放出的“呲”的一声。如果没有氮气放出声，则表明室内机有漏点，不能使用。

管路连接时必须先用手将铜管锥形螺母拧在配管螺纹上，再用力矩扳手拧紧螺母，直到扳手发出“咔嗒”声为止。对于ϕ6mm 铜管，扳手力矩应为 18N·m；对于ϕ9.5mm 铜管，扳手力矩应为 40N·m；对于ϕ12mm 铜管，扳手力矩应为 52N·m。千万不能在螺母螺纹没有对齐“认扣”时，就用扳手拧紧螺母。那种蛮干的做法，会造成管口严重损坏，一旦螺纹乱扣，就只能报废。

没有力矩扳手时，只能用活扳手（或开口扳手）拧紧螺母，这就要凭经验掌握用力的大小。安装人员要明确认识到：用力过大、过小都是有害的，掌握管路连接时的拧紧力度，是成功安装空调器的关键。

在连接排水管时，必须将排水管套至排水接管根部，并用卡环卡牢，以免漏水。为确保不漏水，接头处还可采用紧配合的方式连接并适量加胶。为避免停机时冷凝水倒流入空调器内部，排水管应向外侧以 1:20 以上的斜度倾斜，避免排水管出现突起、挠曲及存水等问题，每隔2m应设置一个支承点。排水管的出口高于主体的排水接管时，为实现垂直上升，弯曲部分的管路应为刚性，并有可靠支承。垂直上升高度不得超过500mm，否则可能因冷凝水倒流造成溢水。

④ 室内机管路接好后，在连接室外机管路前，应根据室外机的安装位置，将多余的管路调整到靠墙的一侧。管路过长时，可用双手把它盘绕成直径80cm左右的圆环，并用铁线将它捆在室外机支架上，防止在有风时来回摆动。如果管路不够盘绕成环形，可以弯成U形，防止雨水沿管路流到室外机锁母处。

调整后，整个管路走向应漂亮美观。先用手上好低压气体管锁母，并用扳手以40N·m力矩拧紧。再用手上好低压液体管锁母，并用扳手以18N·m力矩拧紧。低压液体管比较细，容易调整。

7. 排除室内机及管路内空气的方法

空调器的室内、室外机连接好后，要排除系统管道中的空气。用原机组室外机内制冷剂来排除室内机的空气。

① 把室外机的低压液体管锁母拧紧。

② 将暂时拧上的低压气体管锁母松开半圈。通常的做法是用室外机中的制冷剂来排除室内机的空气。

③ 用活扳手拧两个低压截止阀外的阀端密封保护帽，用六角形扳手打开低压液体截止阀，当听到汽化的制冷剂泄出的“嘶”声后，过15s立即关闭截止阀，这时应有气体从已松开的低压气体管锁母处排出；等“嘶”声渐渐消失后，重新将液体截止阀打开半圈，15s后关上，这样重复2～3次，即可将室内机和管路内的空气排净。排气时间的长短和重复操作的次数，要因空调器制冷量的大小和管路长短而定。

④ 管路中空气排净后，立即拧紧低压气体管锁母。

⑤ 用六角形扳手把液体和气体两个截止阀逆时针方向全部打开，然后拧上阀端的密封保护帽。

8. 连接控制线的方法和要求

① 嵌入式空调器电源线必须接漏电保护器的下端。接好的导线线头裸露部分不能太长，也不能有毛刺露出。铜线与接线端子的接触面积应尽量大些，连接要牢固可靠。室内外机分别接地。根据现场情况，考虑采取防鼠措施，以避免老鼠咬断电源线、控制线，造成短路故障或火灾。

② 如果控制线需要加长，则必须采用同规格的符合安全要求的连接线。接头处必须牢固，防止虚焊，做好绝缘。

③ 接好的电源线、控制线及信号线，布置应整齐合理，不互相干扰，不能与连接管和阀体接触，防止管路振动把控制线磨破造成短路故障。

④ 电源线、控制线经二次检查无误后才可接通电源试机。

9. 检查漏点

空调器室内、室外机连接完成后，制冷剂已经充满制冷管路。为保证制冷系统正常工作，要对所有的管路接头、阀门及锁母进行检漏。

（1）电子检漏仪检漏法

电子检漏仪也称卤素检漏仪，由离子管、加热丝、变压器、风扇、微安表等组成，如图4-38所示。

电子检漏仪是根据卤素原子在电场的作用下极易形成离子流的原理来检漏的，如图4-39所示。

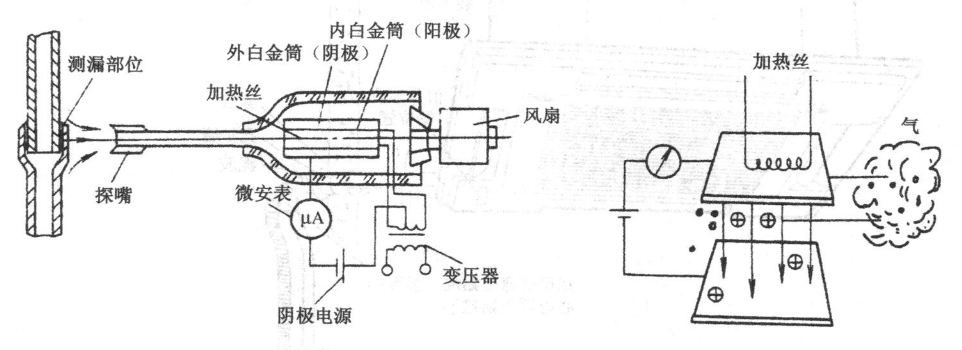

图4-38 电子检漏仪的结构　　　图4-39 电子检漏仪工作原理

使用电子检漏仪时，先打开电源开关调到工作状态，把探嘴放在管路接头部位。当有制冷剂泄漏时，电子检漏仪的微安表有电流指示，同时报警喇叭和指示灯发出声、光报警，提示维修人员此处有泄漏点。

（2）家用洗涤灵检漏法

把家用洗涤灵溶液倒在一块海绵上，搓出泡沫，将带泡的洗涤灵逐个涂在要检查的管路接头处，如果看到有不断增大的气泡出现，则表明这里有泄漏点。

检漏时，一定要耐心、仔细，洗涤灵溶液的浓度要合适。在确实保证每个接头处都看不到气泡冒出时，再将检漏处擦干，包扎好。此检漏方法经济、方便、快捷。

10．试机与二次检查

空调器试机前，要再次检查线路是否接好，连接线是否正确对位，低压气体阀和低压液体阀是否打开，室内外机安装是否牢固，管路是否固定好，过墙孔是否用橡皮泥密封，排水管是否能正常排水，各接口是否绑扎严紧等。上述检查无误后，即可合上电源，用控制器开机，并将空调器设置在制冷状态下运行。运行时，室内、室外机及周边设施，如天花板等，都不应有异常擦碰声。15min后，打开进风格栅，检查是否有渗透或漏水，特别要检查排水塞处。若排水良好，制冷良好，则最后用温度计测量室内机进风口和出风口的温度。如果温差在8℃以上，那么一台嵌入式空调器就安装完成了，如图4-40所示。

另外，有几件事要提醒安装人员注意。

注意

在安装过程中最好不使用用户的茶杯喝水，避免用户反感。

在和用户交谈时，与空调安装技术无关的话不讲。

使用和移动用户的物品时，事先应征求用户同意，对用户其他的房间切忌东张西望。安装完毕，应把卫生打扫干净。

洗手时，最好不使用用户的毛巾擦手。

总之，应让用户感觉空调器安装得牢固美观，质量优良，安装人员技术过硬，形象好，文化素质高，使用户满意。

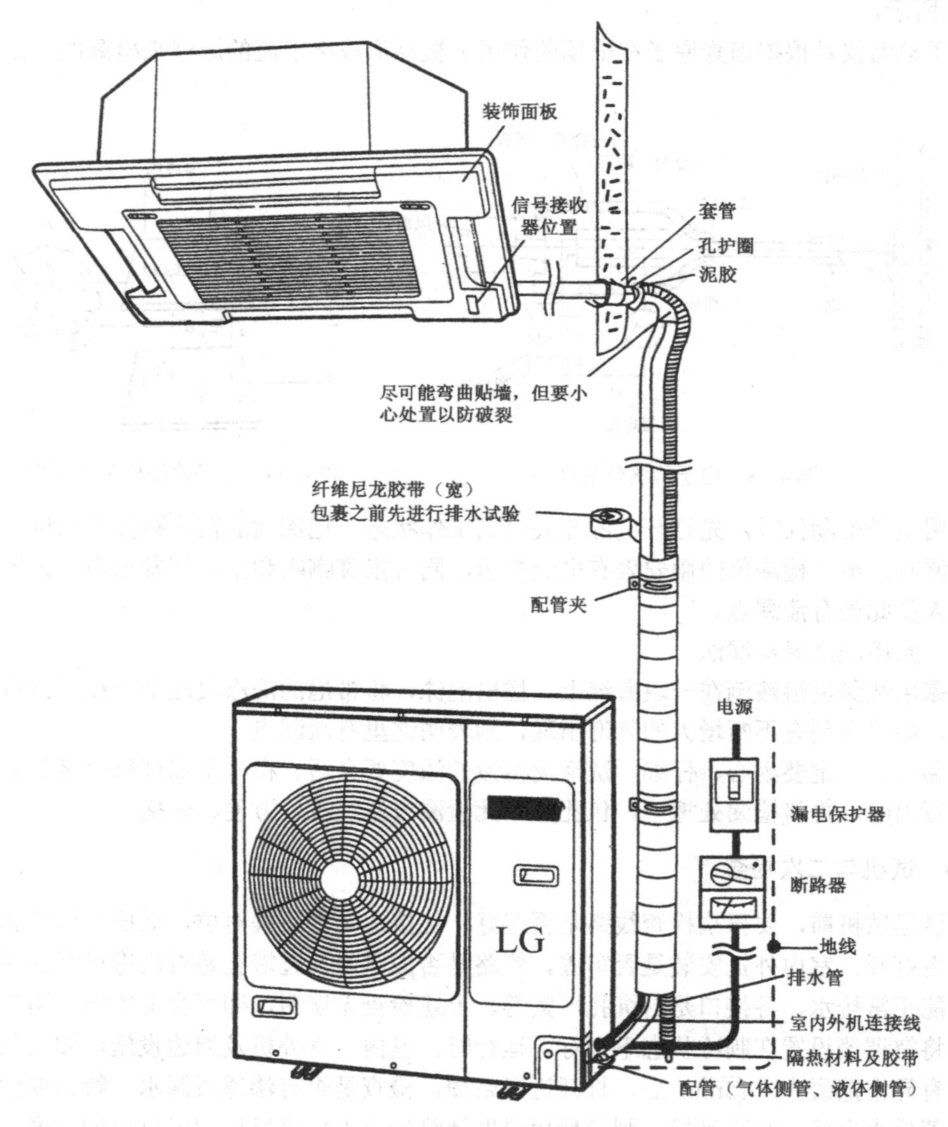

图4-40　嵌入式空调器整体安装图

4.5 新型空调器的移装技巧

用户装修、改建房屋，搬迁时，空调器需要搬迁移位。分体式空调器必须将室内机及管路内的制冷剂回收，才能将机组卸开，重新安装到新地点，有时还要补充制冷剂和检漏。

4.5.1 移机的必备工具

① 一字、十字旋具各一把。

② 8寸、10寸活扳手各一把，用于搬迁室内机、室外机连接管。

③ 内六角扳手（4～10mm）一套，用于关闭室外机上低压液体阀门和低压气体阀门。

④ 安全带一套，用于三层以上楼房的室外机拆卸；10m 长尼龙绳一根，用于高层住户系室外机之用。

4.5.2　移机方法

1. 制冷剂回收

移机的第一步是将管路内的制冷剂回收到室外机中。首先接通电源，用遥控器开机，设定制冷状态。待压缩机运转 5min 后，用扳手拧下室外机液体管、气体管接口上的二次密封帽。用内六角扳手，先关低压液体管（细）的截止阀门，待 50s 后看到低压液体管外表结露，再关闭低压气体管（粗）的截止阀门，同时用遥控器关机。拔下 220V 电源插头，回收制冷剂工作结束，如图 4-41 所示。

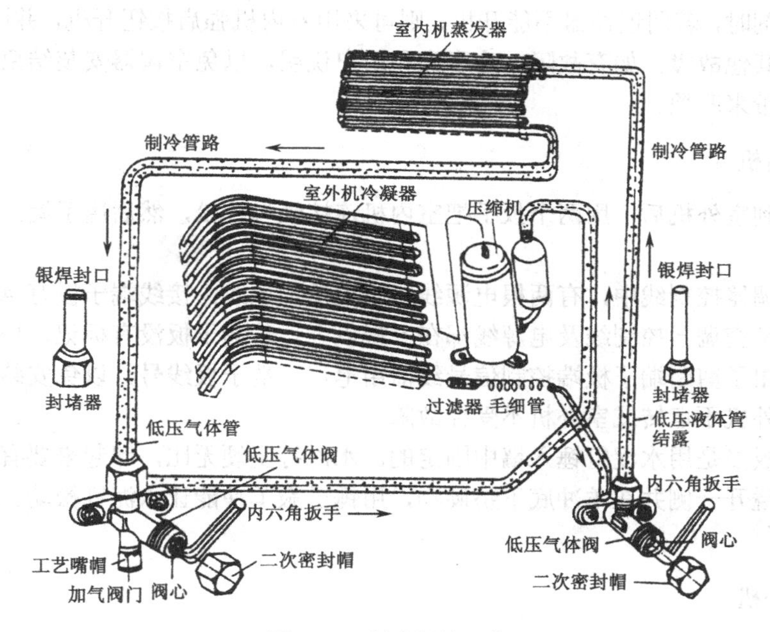

图 4-41　制冷剂的回收

注意

回收制冷剂时，要根据制冷管路的长短准确控制时间。时间太短，制冷剂不能完全收回；时间太长，由于低压液体截止阀已关闭，压缩机排气阻力增大，工作电流增大，发热严重，同时，由于制冷剂不再循环流动，冷凝器散热下降，压缩机也无低温制冷剂冷却，所以容易损坏压缩机或降低其使用寿命。

控制制冷剂回收时间的方法有如下两种：

① 表压法：将低压气体旁通阀连接一个单联表，当表压为 0MPa 时，表明制冷剂已基本回收干净。此方法适合初学者使用。

② 经验法：一般 5m 的制冷管路回收 48s 即可将制冷剂收净，有的文章介绍为 3min 不可取。收制冷剂时间长，压缩机负荷增大，用耳听声音变得沉闷，空气容易从低压气体截止阀连接处进入。

另外，要提醒初学者注意：

注意

杂牌空调器截止阀质量较差，只有当阀门完全打开或完全关闭时才不漏气。回收制冷剂时，关闭低压气体截止阀动作要迅速，阀门不可停留在半开半闭状态，否则会有空气进入制冷系统。

回收制冷剂时，若看到低压液体管结露，则说明截止阀阀门漏气。这时停止回收制冷剂，按空调器低压液体管的外径，制作一个密封堵。方法是：一端做好螺丝奶头口，另一端先按空调器公制或英制要求配好螺丝奶头放入管内。螺丝奶头放入后，把上端锤扁用银焊焊好。封堵制作好后，这时再回收制冷剂，待制冷剂收净同步停机。用扳手拧下漏气截止阀螺丝奶头，迅速拧好封堵。动作要快，以防室外机贮存的制冷剂漏光，给以后带来抽真空的麻烦。

回收制冷剂时，若用遥控器不能开机，则可采用室内机强启按钮开机，并同时观察室内、室外机是否有其他故障。如有故障，应事先和用户说明，以免空调器安装结束后，分辨不清责任，给结账带来麻烦。

2．卸室内机

制冷剂收到室外机后，用两个扳手把室内机连接锁母拧松，然后用手旋出锁母，用旋具卸下控制线。

单冷型空调器控制线中，有两根电源线、一根保护地线。接线端子板有A、B、1、2标记。冷暖两用型空调器控制线及电源线都在5根以上。若端子板没有标记，控制线又是后配的，最好在用钳子剪断端子板端控制信号线前用笔记下端子板线号，以免安装时，把信号线接错，造成室外机不运转或室外机不受控故障。

室内机挂板多是用水泥钉锤入墙中固定的。水泥钉坚硬无比，卸起来要有一定技巧。方法是：用羊冲撬开一侧并在羊冲底下垫硬物，用锤子敲羊冲能让水泥钉松动。这样卸挂板较容易。

3．卸室外机

卸室外机需两个人操作。先用尼龙绳一端系好室外机中部，另一端系在阳台牢固处；然后用旋具从室外机上卸下控制线，再上好二次密封帽。一般使用10年以上的空调器，经过风吹雨淋加之锈蚀，4个固定螺栓很难用扳手拧下。在楼房高层用钢锯把螺栓锯断也有一定难度。最好的办法是一个人扶室外机，另一个人用扳手拧支架螺栓，连支架一起卸下。在楼房高层拆卸时，操作人员要系好安全带，脚要踩实。若有大风，则必须带安全帽，避免楼上玻璃破碎砸伤自己。使用的扳手要用绳子系在手腕上，同时和用户商量让用户去劝请行人避开，以免砸伤行人。操作时要谨慎，任何物件（即使是一只螺母）都不得掉下去，否则后果不堪设想。这种教训非常多，不得有一点马虎。

膨胀螺栓拧下后，放在窗台里边，两个人站稳，先把室外机往外移出螺栓，并配合好连架子一起抬到窗台上。这时再卸固定室外机支架的4个螺栓。室外机卸下后，把管子一端拉平，从另一端抽出管路。铜管从过墙孔中抽出时要小心，严禁折压硬拉。转弯处拉不出时应用软物轻轻将铜管压直后再卸出。卸管时必须用塑料带封好管路两端喇叭口，以免杂物进入管内。杂物混入制冷系统堵塞过滤器和毛细管，会带来不必要的修理麻烦。最后把铜管按原来形状弯盘绕成直径 1m 的圈。

4.5.3　空调器的重新安装

1．装机、试机

拆迁过的空调器安装比新空调器的安装技术要求高。这是因为在拆迁过程中铜管的喇叭口可能变形或损伤，有的管口已产生裂缝；管路几经弯曲有可能弯瘪；低压气体截止阀、低压液体截止阀内部阻气橡胶圈可能损坏。另外，制冷系统制冷剂泄漏后过滤器内的分子筛吸水能力也会降低。

拆机安装时，确定安装位置，钻过墙孔，固定室内外机组和新空调器的安装步骤顺序相同。不同的是，在连接管路前要先把旧管捋平直，切开弯折处的保温套，查看管子是否有弯瘪现象。若瘪得不严重，可用胀管器撑起；弯瘪严重的，必须用割刀切去弯瘪处，再用银焊焊接好，否则会出现二次截流故障。确定管路良好后，检查喇叭口是否有裂纹。有裂纹时必须重新制作喇叭口，制作出的喇叭口应圆正，平滑，无裂纹。

注意

制作喇叭口时，夹具必须牢牢夹住铜管，否则胀口时，铜管容易后移，造成喇叭口高度不够、偏斜或倒角等缺陷，拧到螺丝奶头上容易漏气。

喇叭口制作完成后，再检查控制线是否有短路、断路现象，若有，用快热烙铁焊好并绝缘。确定管路、控制线、出水管良好后，把它们仍合并在一起进行绑扎。空调器安装在二层以上楼房时须提前绑扎管路，安装在一层及平房的可在安装完成后再绑扎管路。绑扎时，应从室外出管的 10cm 处开始，使用这种压边法雨水不容易进入保温套。

管路包扎良好后，在出墙喇叭口端应绑扎一个塑料袋，以免脏物进入制冷系统，使制冷系统堵塞。过墙时，应两个人配合缓慢穿出。若遇到管路粗，墙孔细、弯曲等阻碍，不要生拉硬拽，以免管路拉伤、弯瘪或把控制线拉断。管路穿出后，先连接低压气体管（粗），再连接低压液体管（细），并按标记连接好控制线。

接着，排除管路、室内机内的空气，用洗涤灵进行检漏。检漏时应认真、细心，观察有无气泡冒起，特别对重新制作的喇叭口连接处要反复多次观察，看有无微漏的小气泡缓慢出现。验明系统确实无泄漏后，旋紧阀门保护帽，即可开机试运行。

2．补充制冷剂

整个迁移工作只要操作无误，就能保证开机后制冷良好，一般无须补加制冷剂。但对于使用中有微漏的空调器，或在移机过程中截门漏气的空调器，制冷剂会有所减少。在移机过程中若管路加长，也须及时补充制冷剂。在压缩机运转情况下，必须采用低压侧气体加注法，否则制冷剂很难加入。加气前，先用 8 寸扳手旋下室外机低压气体三通截止阀维修口上的工艺嘴帽，根据公、英制要求选择加气管。用加气管带顶针端，把加气阀门上的顶针顶开与制冷系统连通，另一端接三通表。用另外一根加气管一端接三通单联表，另外一端虚接制冷剂钢瓶，并用系统的制冷剂排出连接管路的空气。空气排除干净后，拧紧加气管螺母，打开制冷剂瓶阀门。钢瓶应直立，制冷剂缓慢加入。在加气过程中禁止用自来水清洗冷凝器。若用自来水清洗，则冷凝器压力会迅速下降，使高温、高压气体制冷剂变成液体制冷剂。这时表压急剧下降，用钳形表测电流偏小，低压液体管结霜，造成制冷剂较多的假象。当制冷剂系

统压力达到0.45MPa表压力时，制冷剂已充足。10min后，室外出水管会有冷凝水流出，低压气体管（粗管）截止阀处会结露。当确认空调器制冷良好后，卸下低压气体维修工艺口加气管，旋紧外帽，充注制冷剂完成。

3．压力平衡检漏

迁移的空调器须进行二次检漏。按遥控器停止键（OFF），空调停机5min后，待压力平衡，将家用洗涤灵溶液倒在一块海绵上，搓出泡沫，将带泡的洗涤灵逐个涂在室内机两个接头、室外机两个截门及连接处，看是否有小气泡冒出。有气泡冒出表明管路有泄漏，应及时排除。

检漏时，一定要耐心、仔细，洗涤灵溶液的浓度要合适。在确实保证每个接头处都看不到气泡冒出，没有漏点后，再将检漏处用棉布擦干，包扎好。至此，一台分体式空调器迁移完毕。

4.5.4 制冷剂的追加量

小分体连接管长度大于5m时，需要按表4-2所示追加制冷剂。

表4-2 小分体连接管长度与制冷剂追加量

管长/m	5	7	10
制冷剂追加量/g	不加	32	80

一拖二房间空调器两室内机连接管长度之和大于10m时，需按表4-3所示注入制冷剂，每加长1m追加制冷剂16g。

表4-3 一拖二房间空调器两室内机连接管长度之和与制冷剂追加量

管长/m	10	15	20
制冷剂追加量/g	不加	80	160

2匹（50GW、50LW、56LW、62LW）挂机、柜机连接管长度大于5m时，每加长1m追加制冷剂18g，如表4-4所示。

表4-4 2匹挂机、柜机连接管长度与制冷剂追加量

管长/m	5	10	15
制冷剂追加量/g	不加	90	180

3匹、5匹空调器配管长度及追加制冷剂量如表4-5所示。

表 4-5　3 匹、5 匹空调器配管长度及追加制冷剂量

单位：kg

型号 \ 项目	基准冷媒填充量	1m 配管冷媒追加量	工厂出库时填充量	
			室内机	室外机
KF-71LW KFR-71LW	2.6	0.06	内含压力	2.9
KFR-13W KFRd-13W	3.1			3.4
KF-71W	2.6			32.9
KF-13W	3.1			3.4
KF-71LWA	1.155	0.025	内含压力	1.28
KFR-71LWA	3.285	0.035		3.46
KF-71WA	1.155	0.025		1.28
KF-13WA	3.285	0.035		3.46

根据制冷剂配管长度，有必要进行制冷剂追加填充。制冷剂的追加填充量根据机种不同而异，如表 4-5 所示。

注意

工厂出库时冷媒填充量如表 4-5 所示。现场配管超过 5m 时，应根据配管长度来计算追加量并追加冷媒。

所谓内含压力，表示充入少量冷媒，以防空气进入系统。

（1）追加冷媒量的计算案例 1

以 KFR-71LW 为例，配管长度为 50m 时，追加冷媒量为：

$$(50-5)\times 0.06 = 2.7\ \text{kg}$$

（2）追加冷媒量的计算案例 2

以 KFR-71LWA 为例，配管长度为 25m 时，追加冷媒量为：

$$(25-5)\times 0.025 = 0.5\ \text{kg}$$

4.5.5　迁移综合故障的排除

【例 4-1】春兰牌 KFR-20GW 空调器移机后不制冷。

用压力表测系统压力为 0.18MPa，充注制冷剂表压达到 0.30MPa 时，压缩机过热，过电流保护器跳开，压缩机停止运转。用户找了几个维修人员修理，均未如愿。

凭经验分析，该空调器曾卸下放置过，导致阀门关闭不严，制冷系统管路中进入了空气，空气中的水分造成管路腐蚀，腐蚀残渣造成过滤器半堵。更换过滤器后，通电试机，空调器不制冷故障排除。

【例 4-2】京电牌 KFR-35GW 空调器移机后，室内机结冰。

从表面上看，室内机结冰是由于制冷系统缺制冷剂。但当按遥控器 OFF 键时，却发现室内机虽然停止，室外机却继续运转，经检查是移机人员把控制线接错了。当晚上用户不使用空调器时，按了遥控器的 OFF 键，室内机停了，室外机还长时间继续制冷，造成室内蒸发器

结冰。把控制线位置调换后，故障排除。

【例4-3】一台东宝牌KFR-25GW/812空调器移机后，用遥控器开机，室内、室外机均不运转。

室内机上的黄色故障灯闪烁，卸下室内机外壳，测量电控板上的熔丝管、压敏电阻良好；测量变压器第一次有交流220V电压输入，第二次有交流13V输出；测量整流管有直流电压输出；测量7812三端稳压器有直流12V输出；测量7805三端稳压器有+5V输出；测量控制板通往室外控制线有输出信号，说明空调器不运转与室内机控制板无关。卸下室外机外壳，测量端子板没有信号过来，说明故障点在控制线路中。

把室内机控制线卸下拉出，发现控制线在过墙时，有4根信号线拉断了。把控制信号线用快热烙铁重新焊好，并用塑料套管封好断线处，再用塑料胶布包扎好。重新装好控制线，通电试机验证，故障排除，黄色故障灯不再闪烁。

本章小结

本章共分5个重点：

①安装与维修空调器人员常用工具及基本方法。

②分体式空调器安装位置的选择，安装位置的要求，室内外机安装技巧，安装完后，试运转及性能的评定等。

③柜式空调器的安装对安装与维修人员提出了更高的要求。柜机价格较高，制冷量在5kW以上，室外机较重，固定有一定的困难，要求维修人员要具备较高的安装维修知识。

④嵌入式空调器安装于屋顶下方，安装人员在安装前应先熟悉其结构、性能、电气控制原理、整机安装过程，还要了解安装位置建筑的基本结构，充分考虑嵌入式空调器的型号和适用面积，以保证空调器正常工作的制冷、制热效果。

⑤分体式空调器移机。安装维修人员应主要掌握回收制冷剂的时间，一般5m管路用时48s为宜。回收制冷剂时间长了，压缩机负荷增大，空气容易从低压气体截止阀连接处进入，从而降低压缩机的使用寿命。

习题4

1. 简述万用表的使用安全注意事项。
2. 兆欧表的使用方法如何？
3. 胀管器的使用方法如何？
4. 简述空调器安装完成后，试运转及性能评定方法。
5. 简述空调器移机回收制冷剂的方法。
6. 简述空调器追加制冷剂的方法。

第5章　新型空调器各系统故障检测及排除

5.1　制冷系统的故障检测及排除

5.1.1　观察法检测

1．压力检测法

压力检测法是采用压力表观察空调器运行时，压缩机吸、排气侧的压力，用表的压力值和对应的温度值，来分析判断故障的所在部位。在正常情况下，压缩机吸、排气侧的工作压力和对应的温度值如表 5-1 所示。

表 5-1　压缩机吸、排气侧的工作压力和对应的温度值

制冷剂	环境温度/℃	低压侧		高压侧	
		吸气压力/MPa	蒸发温度/℃	排气压力/MPa	冷凝温度/℃
R22	30	0.40～0.45	3～4	1.20～1.40	30～35
	35	0.45～0.50	4～6	1.40～1.70	35～45
	40	0.55	8	1.70～2.0	50

由表 5-1 所示压缩机吸、排气侧的工作压力和对应的温度值可知，压力对应的温度值不仅与环境温度值有关，而且还与空调器的冷凝方式有关。空调器通常都采用风冷却方式，风冷凝进风温度越高，排气压力越高，冷凝温度就越高，反之则越低。吸气压力与排气压力关系不大，但与房间负荷等有着密切的关系。房间冷负荷大，吸气压力就会上升，对应的蒸发温度（正常蒸发温度在 5～7℃之间）也升高，反之则低。如果压力或温度超过或低于表的压力值，则视为不正常现象，应进行综合分析判断，并找出故障原因。

2．进、出风温度温差检测法

进、出风温度温差检测法是主要用于检测蒸发器的进、出风口的温度差，检测风温差的方法。

用两只玻璃管温度计挂在蒸发器的进、出风口处，其差值在 8～13℃之间时，制冷性能良好。但温差随机型、风机大小不同而不同。选择的风机大，风量大，温差就小；选用的风

机小，风量小，温差就大。风量的大小还直接影响到噪声的大小。在检测不同机型蒸发器组的进、出风温度时，也应与被测空调器的技术指标相结合。

3．吸气管结露检测法

吸气管结露检测法主要用于观察压缩机吸气管的结露程度。正常工作情况下，往复式压缩机回气管至压缩机吸气管端应全部结露，旋转式压缩机回气管至压缩机一旁的储液器应全部结露，这时应视灌注制冷剂量适中。一旦不结露或蒸发器结霜，则判断制冷剂不足或毛细管、膨胀阀微堵。反之，若结露至半边压缩机壳体，则说明充制冷剂过量。

4．视液镜检测法

视液镜检测法通过制冷系统输液管路上装备的视液镜观察制冷剂的流动状态来分析判断制冷系统是否有故障。若液体制冷剂通过视液镜观察无气泡出现，则判断为制冷剂充足；若进口出现气泡，则说明制冷剂略缺；若气泡连续不断，则判断制冷剂不足；如装满液体的玻璃甚至压缩机半边壳体都结露，则说明充制冷剂过量；若通过视液镜看不到液体，则表明制冷剂全部泄漏。

5．滴水检测法

滴水检测法主要用于观察空调器在制冷工况下，室内机组（蒸发器）排出的冷凝水情况。在夏季，若空调器滴水连续不断，则说明正常。若长时间只滴一点水或不滴水，则说明制冷剂不足或有其他故障，但要区别在周围环境的含湿量变化较大的情况下，房间制冷较好时，滴水情况的不同（这种方法确定误差较大，只能作为参考）。

6．故障指示灯代码检测法

故障指示灯代码检测法主要根据故障指示灯的亮灭、闪烁、代码判断故障。窗式空调器采用电脑板控制，分体式空调器室内电控板采用微电脑控制。控制系统和电保护器将会自动切断电源，空调器停止工作，同时故障指示灯亮或闪烁，提醒维修人员空调器的故障部位。当故障排除后，再次开机时，指示灯熄灭，代码消失。

5.1.2 倾听法检测

1．噪声检测法

噪声检测法主要通过倾听压缩机和风机等的运转声音来判断故障。压缩机和风机等运转噪声正常时，距离嵌入式风机 2m 处几乎听不到空调器风机运转声，这时噪声大约在 35～40dB；距离分体式空调器 2.5m 处几乎听不到室内机运转声，这时噪声大约在 40～45dB。噪声值一旦超出这个范围或更高，则判断压缩机和风机等为超噪声运行。如表现为振动强烈，则还应进一步检查引起噪声过大的原因。

2．气流声检测法

气流声检测法主要通过倾听制冷剂通过节流元件（毛细管或电子膨胀阀）节流后的流动声来判断故障。制冷系统充灌制冷剂正常时，气液混合体（液体约占 90%）流动声低沉。当制冷剂缺少时，制冷系统内多为气体，气流声相应变大（或明显增大）。由此，可判断出故障的所在部位。

3．换向阀换向时的气流声检测法

换向阀换向时的气流声检测法主要通过倾听热泵型空调器的电磁四通换向阀动作声来判断有无故障。如果电磁阀线圈通电后能听到“嗒”一声换向声，并含有“嚓”一声，则说明换向正常；如果听不到换向声，或只有“嗒”的一声，而无气流声，则说明换向未成功，应判断换向阀有故障。

5.1.3　触摸法检测

1．检测压缩机吸、排气管的冷热程度

在正常工况下，触摸压缩机的吸气管会感到发凉结露（约 15℃）。一旦无凉感，无凝露或出现温感，则说明不正常，可能是制冷剂泄漏或堵塞。

在正常工况下，夏季触摸压缩机的排气管能忍受约 10s 时间（70～100℃）。反之，排气管过烫或温度超过 130℃（滴水发响），则为故障。应重点检查换热器是否外堵，压缩机内是否缺油，室外风机是否停转，系统是否含有空气等，这些情况将会导致冷冻油结炭而损坏压缩机。一旦触摸排气管温热、高热或变凉，则说明出现故障，可能制冷剂全泄漏，或压缩机无效率等。

2．检测压缩机壳体冷热程度

压缩机壳体冷热程度随机型有所不同，旋转式压缩机因壳体内为高压高温，其温度高于往复式压缩机（壳体内为低压低温）。机壳温度随安装位置不同也会不同，吸气管周围有凉感（约 20℃），其他部位温度约在 60～80℃之间，用手触摸能忍受数 10s 以上时间均属正常，反之为不正常，这种情况应结合空调器的制冷量和环境温度的高低进行综合判断。

5.1.4　嗅气法检测

在空调器制冷运行过程中，如果嗅到周围空间有烧焦气味，则说明制冷系统或电气系统的零部件有烧毁的预兆。应沿着烧焦气味源，重点检测压缩机电动机绕组、风机电动机、电磁阀线圈，以及接触器等电气元件是否烧毁。

5.1.5　制冷系统泄漏的故障排除

目前，窗式、分体式、柜式、嵌入式空调器的制冷系统基本相同，都由压缩机、冷凝器、四通换向阀、节流器、蒸发器等 5 个部件组成，其可能的泄漏故障点多达上百处。下面以分体式空调器为例，详细介绍系统泄漏故障的排除方法。空调器制冷系统泄漏点如图 5-1 所示。

1．蒸发器泄漏的故障排除

由图 5-1 可知，蒸发器两侧焊口较多，漏点也较多。空调器蒸发器出现泄漏，主要原因是空调器在生产线上焊接时，铜管烧红不够（温度没有达到 600～700℃），就把焊条放在焊口处，使铜管和焊条没有充分熔合在一起，造成假焊。若是新安装的空调器出现泄漏，则一般由空调器厂家安装人员负责更换新的。若不是新安装的空调器发现蒸发器泄漏，则最好把蒸发器卸下重新焊接，以免热传递把蒸发器塑料外壳烤变形，无法向用户交待。拆卸的具体方法如下：

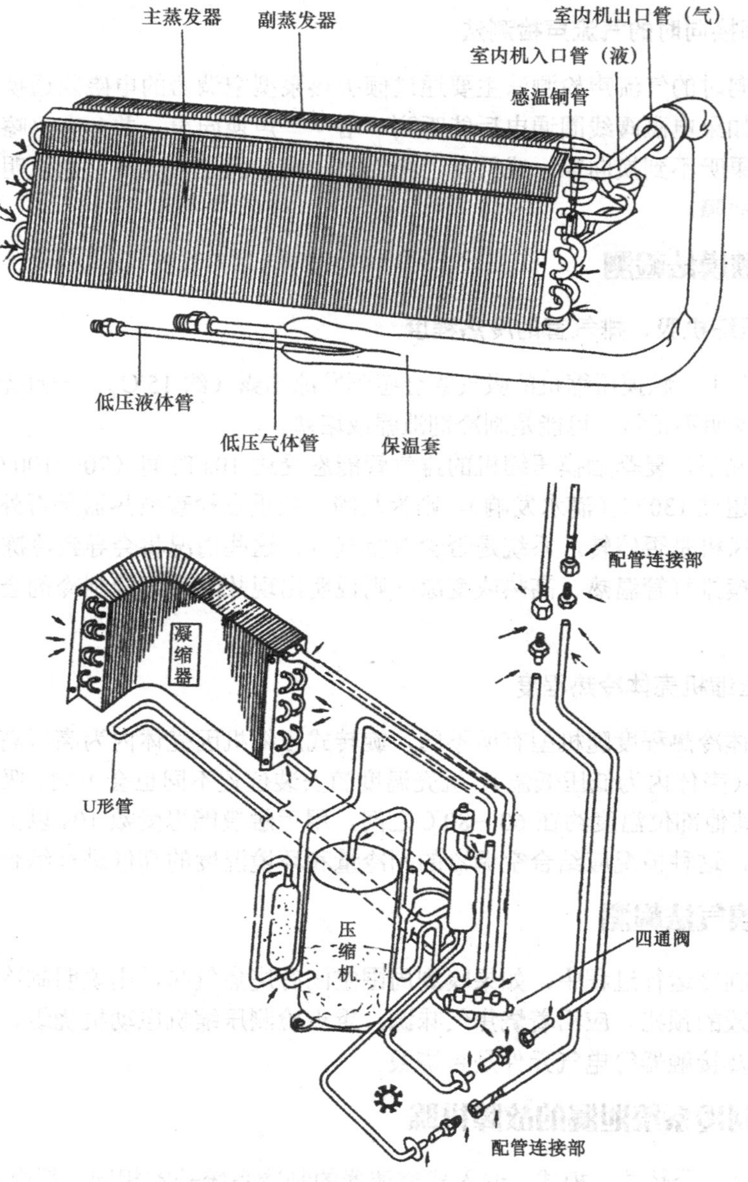

检漏点（用箭头标出了可能出现的泄漏点）

图5-1　空调器制冷系统泄漏点

①找准漏点，做好标记。

②若制冷系统内还有制冷剂，须先回收制冷剂，把制冷剂收存在室外机内。

③用两个8寸或10寸扳手卸下室内机连接锁母、室内机右侧的电气盒，卸下蒸发器后侧固定管路、夹板，拆去室内蒸发器左右的定位螺钉。

④　左手从室内机后侧轻轻抬起管路约20°，使蒸发器前移。用右手拉出蒸发器5cm后，用双手将蒸发器旋转90°顺着管道拉出，双手切忌把翅片碰倒。蒸发器卸下后，放到平整洁净的地方，并用干布把泄漏点的油迹擦干净，用银焊焊好。打压检查确定不漏后，按拆卸的相反顺序，装回室内机塑料框架上。

2. 室内机连接处泄漏的故障排除

空调器运转正常，而室内机无冷气吹出，说明制冷系统有故障；若发现室内机连接处有油迹，则说明此处泄漏。首先用 8 寸、10 寸两个扳手，给连接处的锁母一个力矩，并用洗涤灵搓出泡沫状，检查是否有气泡吹出。若没有，可以从低压气体截门旁通嘴加入 F22 气体，以低压 0.5MPa 为准，并停机用洗涤灵再检查锁母处，看 3～5min 后是否还有气泡产生。若没有气泡，则说明连接处漏气的故障排除。

若用洗涤灵检漏有 F22 气泡产生，则说明喇叭口有裂纹或损坏，必须重新制作喇叭口。制作前，首先接通电源，用遥控器设定制冷状态，让压缩机运转 5min，然后先把低压液体截门关上，47s 后再把低压气体截门关上。同时，用手触摸遥控器的 OFF 键，让空调器停止运转。用 10 寸的两个扳手拧下室内机连接处的锁母，检查喇叭口损坏程度及泄漏的原因。

制作喇叭口时，先用绞刀将原损坏的喇叭口去掉，如图 5-2 所示，然后用锥刀或绞刀清除管子边缘由于切割而产生的毛刺。

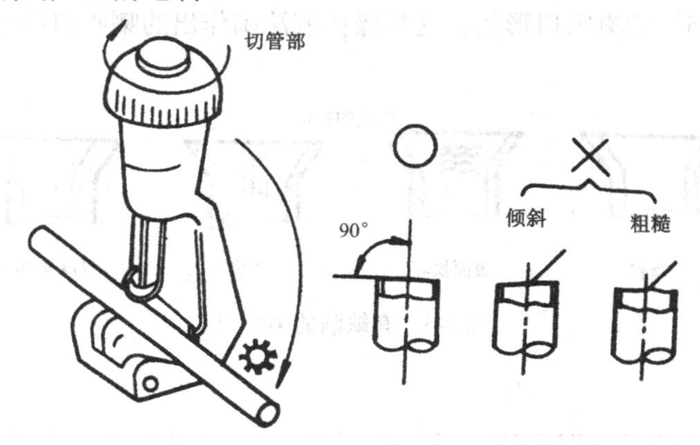

图 5-2　用绞刀将原损坏的喇叭口去掉

如图 5-3 所示，在清除毛刺时，要注意将管子端口朝下，然后用专用胀管器将铜管放入相同的胀管夹具内并紧固两侧螺母。铜管上口需高出喇叭口斜坡深度的 1/3，用锉刀把铜管口锉平，并用尖刀去掉管口内部的毛刺，用软布把铜管内的铜屑沾出，以免铜屑混入制冷系统造成过滤器堵塞，使故障扩大，如图 5-4 所示。

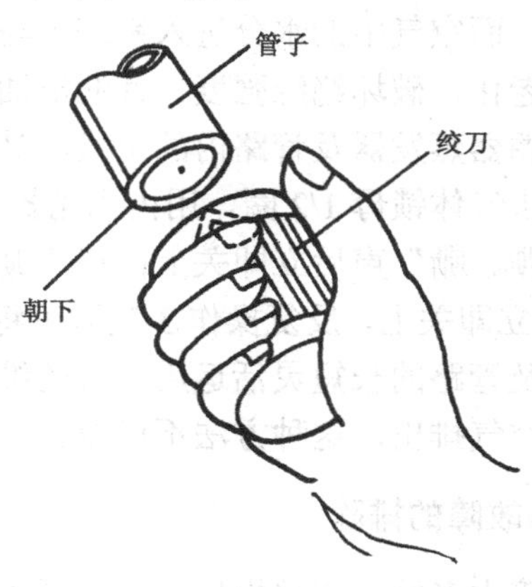

图 5-3　管子端口朝下

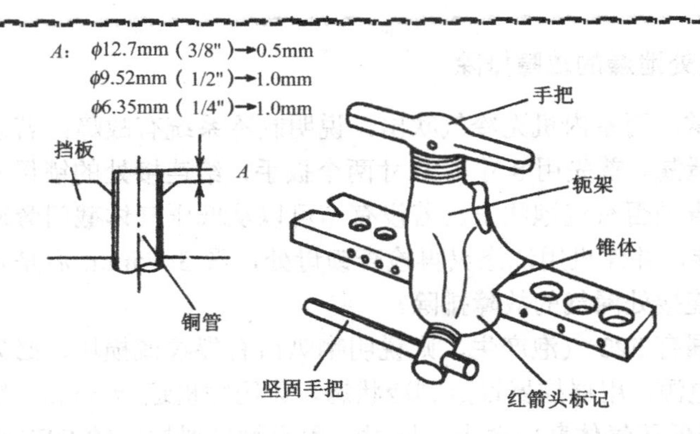

图 5-4　将铜管放入相同的胀管夹具内并紧固两侧螺母

目视管口平整后，再将顶管器的扩管锥头压在管口上，左手把住胀管夹具，右手旋紧螺杆的胀管锥头手柄，力矩要掌握均匀，最好缓慢旋进 3/5 圈，再旋回 2/5 圈，反复进行直到将管口扩成 90°±0.5° 的喇叭口形状。这种操作方法制作出的喇叭口圆正、平滑，无裂纹，如图 5-5 所示。

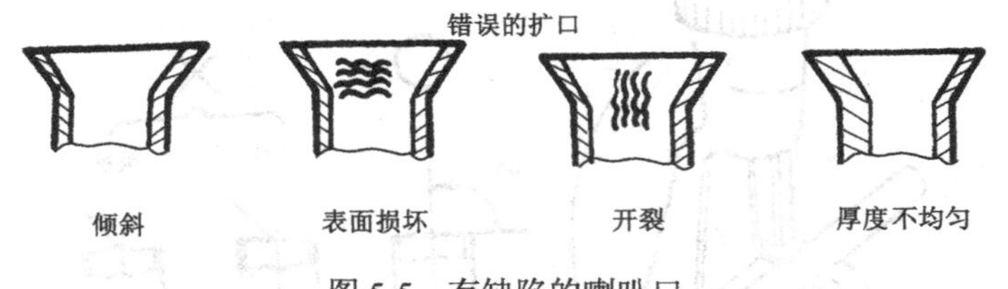

图 5-5　有缺陷的喇叭口

注意

胀喇叭口时，夹具必须牢牢地夹住铜管，否则胀口时，铜管容易后移，造成喇叭口高度不够或偏斜，上到螺丝奶头上容易泄漏制冷剂。

喇叭口制作好后，把锁母用手对准螺丝扣拧好，然后再用扳手交叉按力矩要求拧好。管路连接好后，如何排除蒸发器及连接管内的空气，是初学者必须掌握的一个环节。如果排空不好，系统内混入大量的空气，会使整个制冷系统工作不正常：制冷量减少，电流增大，压力升高，压缩机寿命缩短等。而空气中的水分进入系统内与制冷剂产生化学反应，会加大系统的腐蚀性，促使漆包线圈老化，破坏绝缘强度，使润滑油的闪点增加，缩短压缩机的使用寿命。所以，排除分体式空调器蒸发器及管路内的空气，是维修人员必须掌握的关键环节。

排除的方法是：松开低压气体锁母 1/2 圈，用内六角扳手打开低压液体截止阀约 1/2 圈，从低压气体螺丝奶头发出“嘶、嘶”声后立即关上；待“嘶、嘶”声快消失时，再打开低压液体截止阀约 1/2 圈，15s 后立即关上，反复操作 3 次即可将空气排净。具体操作次数和时间的长短，应视蒸发器的大小及管路的长短灵活运用。有的维修人员在排空时，不松开低压气体锁母，而从旁通工艺嘴将空气排出，这种方法不可取。

3．室外机截止阀心泄漏故障的排除

室外机截止阀心泄漏故障大多发生在移机后，由于开关截门轴来回旋进或旋出，加之橡胶圈年久老化，把轴外密封橡胶圈磨损，造成截止阀泄漏。

可将洗涤灵搓出气泡检漏。如发现有泄漏，可采取在二次密封螺母内增加一个石棉垫圈

的方法排除。若泄漏处能听到“嘶、嘶”的响声，则可从室外机低压气体锁母处放掉制冷剂，使剩余制冷剂压力为 0.1MPa 为宜，以防止系统进入空气带来抽真空的麻烦。

操作的具体方法为：用尖嘴钳卸下截止阀门限位卡环，再用内六角扳手旋出截止阀螺杆，左手堵住漏气处，右手迅速在螺杆的螺扣和密封圈处缠绕 4 圈生料带，并迅速旋入截止阀螺杆，装好卡环。再在二次密封丝扣上缠绕 2～3 圈生料带，拧紧二次密封螺母，从低压气体截止旁通阀加气处加 F22 气体，待表压为 0.3MPa 时，用遥控器开机并同时加 F22 气体至压力为 0.45MPa 为宜。

加气时，要缓慢加入，不要操之过急，以免 F22 气体加多，增加维修成本。F22 气体按要求加足后，让空调器停止运转 3～5min。制冷系统内部气体平衡，待压力升高后，用洗涤灵在二次密封外帽处检漏。检漏时，要认真仔细，若不漏，则说明在截止阀螺杆盘绕的生料带密封性好，漏气故障排除。

4．室外压缩机 U 形管泄漏故障的排除

室外压缩机 U 形排气管泄漏较普遍。主要的原因是铜管壁较薄，材质较差，铜管弯成 U 形后，出现较小的裂纹，压缩机在做功时产生的震动促使裂纹加大。这种泄漏故障的特征是气体泄漏干净，当室内机无冷风吹出时，检查发现泄漏点，如图 5-6 所示。

排除的方法是把漏点油迹用软布擦干净，用银焊把铜管裂纹泄漏处焊好。焊接前，最好采用一个大于外径的铜管（长度 2cm），用钢锯锯开，包裹在裂纹处，以防止再次振动，造成此处再泄漏；也可以采用一根质量较好的 U 形管，切忌把 U 形管去掉，如图 5-7 所示。

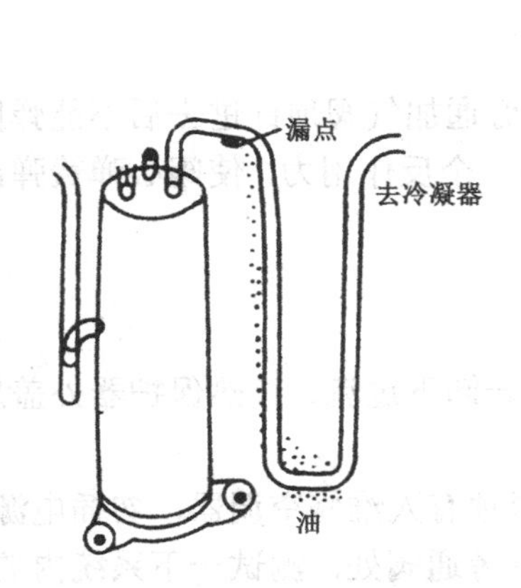

图 5-6　室外压缩机 U 形管泄漏点

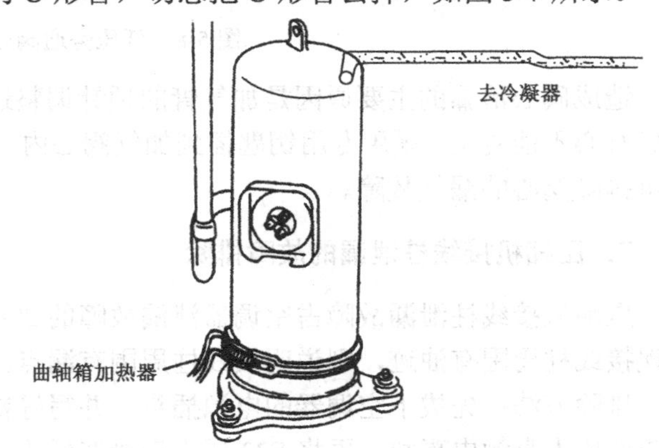

图 5-7　去掉 U 形管的错误做法

若去掉 U 形管，则会使压缩机排出的高温、高压制冷剂气体直接进入冷凝器，从而使冷凝器散热性能降低，制冷能力下降。同时，压缩机做功时振动较大，这一点维修人员一定要记住。U 形管焊好后，从低压气体截止阀旁通工艺嘴处加 F22 气体，试压检漏。若在焊口处没有气泡溢出，则证明 U 形管泄漏故障排除。

5．室外机毛细管振动磨漏的故障排除

空调器出现不制冷故障除上述原因外，还有可能是因为压缩机做功时产生振动，使两个铜管产生振动摩擦，时间久了管壁磨漏，使制冷剂漏光。

【例 5-1】一台格力 KFR-32 分体式空调器不制冷，检查确认毛细管磨漏，使制冷剂漏光。

排除方法：用钢锯把 ϕ6mm 的紫铜管锯开，包裹在毛细管泄漏处，然后用银焊焊好。也

可采用更换同内径、同规格的毛细管的方法。更换焊接前，确保周围 1.5m 内没有易燃、易爆物。焊接毛细管时，在其后面要用铁板遮挡。焊接时，火焰不要过大，用中性焰为好；温度达到 600℃左右时，迅速把银焊条放入焊口，焊条和铜管熔化在一起后，焊枪迅速离开，否则会把毛细管烧断。这要靠维修人员在焊接时慢慢品味，逐渐积累经验，掌握焊接技术。

6. 低压旁通阀心泄漏的故障排除

分体式空调器制冷系统缺少制冷剂时，必须从低压旁通阀加注制冷剂。其原理是用带顶针的加气管，用顶针把低压加气阀杆顶开，使钢瓶内的制冷剂气体和空调器制冷管道内的气体接通。低压旁通阀心的结构如图 5-8 所示。

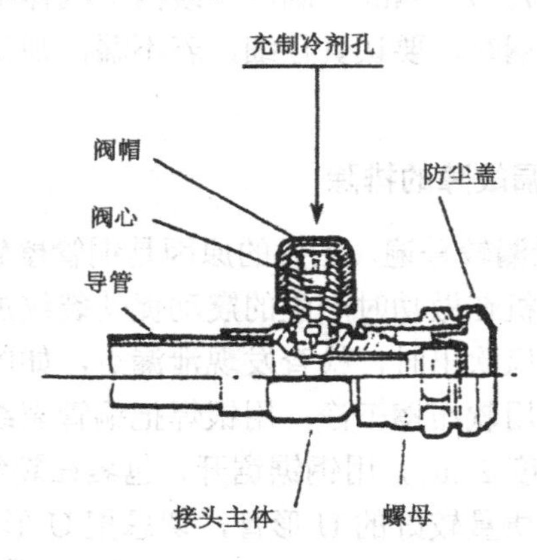

图 5-8 低压旁通阀心的结构

造成阀心泄漏的主要原因是加气管的顶针调整过长，使旁通加气阀顶针进去后不能弹回，造成阀心不能复位。采用专用钥匙插到加气阀心内，给阀心一个反作用力，使阀心弹簧弹出，即可排除阀心的漏气故障。

7. 压缩机接线柱泄漏的故障排除

压缩机接线柱泄漏故障占空调器泄漏故障的 2%以上。若卸下过流、过热保护器外盖后，发现接线柱周围有油迹，则说明接线柱周围有漏点。

排除方法：先拔下空调器的电源插头，并写好警示“楼顶有人维修空调器，勿插电源”，以防造成人身触电事故。再将 F22 压力表接在低压气体加气旁通阀处，测试一下系统内的压力，如系统内压力为零，可将系统充入 F22 使系统压力达到 0.3MPa，以防系统内无压力。系统内无压力时，用洗涤灵检漏，洗涤灵会通过漏点进入压缩机油内，造成压缩机抱轴事故。若压力表测试系统内有压力，则可将洗涤灵搓成泡沫，检查接线柱周围的漏点部位，并在漏点处用一字螺丝刀做出漏点标记，用干布沾酒精把接线柱周围的油迹擦干净，用砂纸把接线柱周围打磨出新渣，再用钢锯条在新渣处划叉字印迹，如图 5-9 所示。然后，放掉制冷系统的气体，接好真空泵，将系统抽空。当系统内的压力达到−0.1MPa 时，用 C31A,B 双管胶按 1∶1 比例配制，涂抹在接线柱漏制冷剂处。制冷系统内处于真空状态，使 C31 胶堵漏点力更强，与铁的粘接更牢固。漏

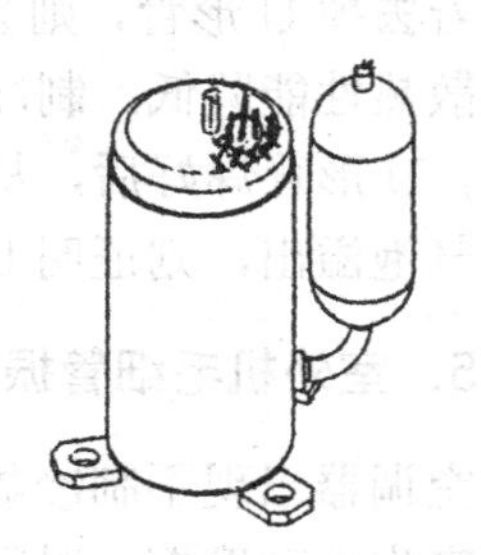

图 5-9 用钢锯条在新渣处划叉字印迹

点粘接完毕，还需用 100W 灯泡在胶粘处烘烤 30min，目的是使胶更容易渗透到漏点中去。

注意

烘烤 C31 胶时灯泡距离不宜太近，以 20cm 为宜，否则容易把胶烤化，流到压缩机周围，使粘胶效果下降。

压缩机接线柱用胶粘好 2h 后，可打压、检漏，若接线柱粘胶处没有气泡产生，说明压缩机接线柱粘接良好，泄漏故障排除。抽空，加制冷剂，试机，空调器恢复制冷。

8. 管路凹瘪泄漏的故障排除

管路凹瘪泄漏多出现在家庭装修或拆、移机后。有的装修工人不懂制冷管路内有制冷剂，随便弯曲管路。由于管路外有保温套，铜管弯瘪后不容易被发现。管路出现凹瘪后，制冷剂漏掉，再次开机加制冷剂时，制冷系统会出现二次截流症状。

【例 5-2】 一台 KFR-32GW 分体式空调器不制冷，用压力表试压力时，表压显示负压，气体加到 0.45MPa 后，压缩机噪声加大，室内机无冷气吹出。卸下室内机外壳，手摸蒸发器不凉，剥开室内机管路保温套，发现低压液体管凹瘪，造成二次截流。

在二次凹瘪截流处用刀割去报废铜管，采用外套管对接的方法，用银焊焊好后，重新打压，检漏，抽空，加制冷剂。用遥控器开机，空调器仍继续出现上述症状，由此判断，管路中还有二次截流处。继续剥开室外管路保温套，果然室外管路低压气体管某处也出现凹瘪。把室外管路修整焊接后，再次开机，管路凹瘪处泄漏故障排除，空调器恢复制冷。

9. 四通换向阀泄漏的故障排除

冷暖型空调器的四通换向阀（以下简称换向阀）下有 3 根铜管，在铜管的夹角处泄漏的故障较多。检查中若发现夹角处有油迹，则说明有泄漏点。

修理的方法是先用毛巾把油迹擦干净，并用洗涤灵检漏，在漏点处用钢针做好标记。放掉制冷剂，用湿毛巾把换向阀包裹冷却。焊接时，要掌握好火焰，对准漏点，当夹角处达到焊接温度时，迅速点燃银焊条焊接。操作时手法要快，动作要利落，争取一次焊接成功。对于初级制冷维修工，在遇到换向阀夹角泄漏故障时，最好采用胶粘法。因尼龙阀心滑块距离漏点夹角较近，加之仰焊有一定技术难度，操作不当会把阀心烘烤变形，造成换向阀滑块串气，使原来微漏的小故障，变成整个换向阀报废的大故障。

换向阀夹角泄漏的胶粘方法和压缩机接线柱泄漏的胶粘方法相同，须经过试压、检漏，最后抽空，加制冷剂，恢复制冷。

5.1.6　制冷系统堵塞及压缩机不做功的故障排除

在维修工作中经常会遇到制冷系统的堵塞故障，堵塞故障一般分为冰堵、脏堵、油堵和焊堵。堵塞故障的共同特点为：手摸冷凝器不热，蒸发器不凉；用电流表检测压缩机运转电流小；用压力表接好旁通阀，表压指针为负压；耳听室外压缩机声音轻，蒸发器无过液声。

1. 堵塞故障的判断和排除

（1）冰堵故障的判断

冰堵的判断方法：制冷系统在刚开始制冷时工作正常，但过一段时间后便不能制冷，若这种故障具有一定的周期性，则可判断为冰堵。冰堵故障具有恢复性，而脏堵一般堵在毛细管的管壁内部或过滤器的过滤网处，造成的原因是系统中的锈沫杂质及维修焊接时所产生的氧化皮阻挡了制冷剂通过。脏堵的特征是系统内的高、低压力平衡很慢，一般需30min以上。

油堵一般也堵在毛细管的管壁内，此时接好三通表，测量系统中的压力也为负值。若用压力表测量系统中的压力，一直维持在0MPa的位置，则说明制冷系统的毛细管或过滤器处于半堵状态。

（2）冰堵故障的排除

冰堵故障产生的原因如下：

① 充入的制冷剂不纯净。

② 拆卸空调器时没有把室外机的截止阀关闭，使制冷系统在潮湿的环境中长时间暴露，没有及时安装。

③ 用户使用不当。

【例5-3】一台KFR-26GWX2空调器装在临街面的一个饭馆中，由于受到安装位置的限制，只能把制冷管路放在地上，并用木壳做外罩保护管道。由于该用户每天都要用水刷地，刷地的脏水又必须流到室外，致使管路浸泡损坏。因客人出入频繁，把低压气体管踩坏，使制冷剂漏光。制冷剂漏光后，制冷系统低压管路形成负压，把地上的脏水吸入制冷系统内造成冰堵，如图5-10所示。

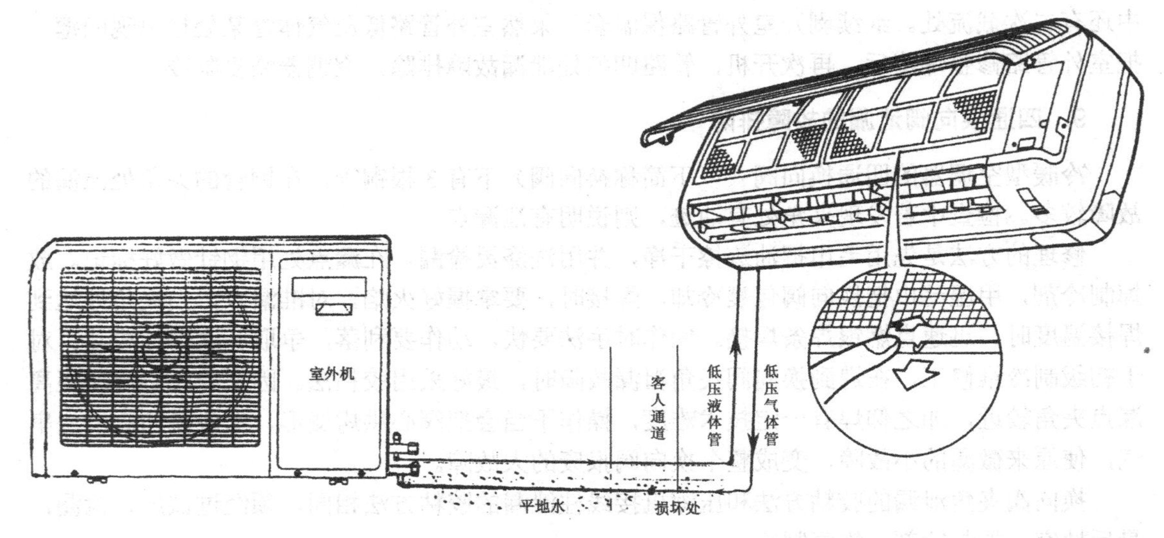

图5-10　脏水吸入制冷系统内造成冰堵

打开低压气体管螺母后，有水从管道中流出，使整个空调器几乎报废。

排除的方法有两种，一种是彻底更换整个制冷管路，这种方法既快捷又省时省工；另一种方法是在原基础上补焊修复。征求用户意见后，采取了后一种方法，把整个管路拆下，焊好管路损坏处，用乙醇清洗管路内的水分。拆下蒸发器、冷凝器，串接真空泵，用四氯化碳溶液反复清洗三四遍。把压缩机焊下，倒置空出机内的冷冻油，然后从压缩机高压出口和低压吸气口，分别加满煤油并倒出，反复3次，再把压缩机倒置10h，把残留在压缩机内的煤油空出，并把煤油挥发掉，目的是把压缩机内的水分洗出来，最后加入25号冷冻油。开始时可以多加一点，油加好后，采用强启法让压缩机运转1h，把压缩机内多余的油排出，并利用压缩机自身热量把机内的水分蒸发出来。测试电流合格后，重新焊好高、低压连接管，更换新的过滤器，经过试压、检漏、抽空，加 F22 气体，空调器恢复正常。

在维修中当遇到空调器制冷系统混入水分不多，冰堵不严重时，也可采用把制冷剂放掉，重新抽空，并用气焊的碳化焰烘烤蒸发器、冷凝器，驱赶制冷系统内的水分，通过真空泵排出的方法。待制冷系统内的水分干净后，停止抽空，用气焊把过滤器换掉，然后从低压旁通加气阀加制冷剂试机，冰堵故障排除。

注意

这里提醒初学者注意：在修理中，禁止向制冷系统内充注甲醇消除冰堵。甲醇溶液确实可以降低冰堵，排除微弱的冰堵，但甲醇、水和 F22 制冷剂混合会产生化学反应，生成氢氟酯、盐酸等腐蚀制冷系统管路，造成过滤器堵塞，6 个月左右便会完全破坏压缩机内电动机线圈的绝缘性能。

（3）过滤器脏堵的排除方法

脏堵分为毛细管堵塞和过滤器堵塞两种。造成过滤器堵塞的杂质主要有三种：来源于制冷零部件残存的污物；维修时管路内部氧化产生铜皮脱落；拆空调器时截止阀橡胶圈损坏，制冷剂漏光，使系统中的过滤网锈蚀。

【例 5-4】一台旧春兰 KFR-32GW 分体式空调器安装后在排出室内机的空气时，制冷系统内已无制冷剂，用真空泵抽空后，加 F22 制冷剂，用遥控器开机，当表压达到 0.25MPa 时，压缩机过热烫手，导致过流、过热保护器动作，压缩机停止运转。怀疑制冷系统内有空气，放掉制冷剂再次抽真空并试机时，上述故障重现。

用户找了几个维修人员，有的判断是压缩机缺油，可是加注润滑油后，抽空，加制冷剂，故障仍然存在；有的判断是压缩机漆包线脱落，造成压缩机过热、过流，更换新压缩机后，当制冷系统表压力为 0.2MPa 时，压缩机仍过热，重复上述故障现象。笔者凭经验分析，可能是空调器拆卸后阀门不严，使制冷剂漏光，加之长期存放，导致系统内进入空气，空气中的水分造成管路腐蚀，出现绿锈及残渣，造成过滤器 2/3 堵塞，这种堵塞故障较难判断。

把室外机拆下，用强启法让压缩机运转，手堵连接管时，吸气手感良好，排气口用手堵不住排出的气体。更换新过滤器后，经过打压、抽空、加氟，用遥控器开机验证，压缩机过热故障排除，空调器恢复制冷。

此例堵塞故障说明，初学制冷的维修人员，对故障产生的前因后果要学会综合分析，并逐渐锻炼独立思考、独立分析、独立解决问题的能力。

（4）毛细管脏堵的故障排除

毛细管是分体式空调器的节流机构，一旦堵塞，空调器会不制冷，堵塞后的症状是毛细管结霜。若加氟后“霜”能退去，则为缺氟；若加氟后“霜”不能退去，则为堵塞。

确定毛细管堵塞后，首先找出堵塞的位置。可采取剪刀旋转法将毛细管剪断，用铁丝疏通堵塞处，注意不要将制冷剂溅到自己身上，以免造成冻伤。毛细管输通后，用一根内径等于毛细管外径的铜管，套在截断处的毛细管外面，使毛细管的两头顶紧，在套管的两端用银焊焊好。注意焊接时切忌将焊料流入毛细管内。最后打压、检漏、加氟、试机，毛细管脏堵故障排除。

毛细管脏堵故障的第二种排除方法是：确定毛细管堵塞后，首先放掉制冷剂，用一根长度和内径相同的毛细管替代堵塞的毛细管。毛细管两端在焊接前，应先锉成35°的斜面，目的是使制冷剂流动更加通畅。焊接时，火焰对准焊口，目视铜管达到600～700℃，迅速点燃银焊条，用这种方法焊接出的焊料均匀光滑，试压不漏。

（5）换向阀滑块堵塞的故障排除

换向阀需通过电磁阀线圈的通电与断电来改变制冷剂流向，实现制冷、制热的转换。它有4根铜管与外部管路连接，其中上边管路A与压缩机排气管连接，底下中间铜管B和压缩机吸气管连接。剩下的两根铜管右端管C和冷凝器进入管连接，左端管D和蒸发器出管连接，如图5-11所示。

换向阀是热泵型空调器中特有的零件，它的堵塞故障主要有两种：

① 空调器制冷时，控制阀心将右方的毛细管与中间的公共毛细管的通道关闭，左方毛细管与中间的公共毛细管通道连接，中间公共毛细管与换向阀低压吸气管相连。由于系统中有杂质或冷冻油变质产生的碳化物把毛细管堵塞，使控制阀尼龙滑块换向困难，堵在制冷通道处。

② 空调器在制热时，电磁线圈得电，控制阀塞在电磁吸引力的作用下向右移动，关闭左侧毛细管与公共毛细管的通道，打开右侧毛细管与公共毛细管的通道。由于系统中有杂质或冷冻油变质，把毛细管堵塞，使控制尼龙滑块不换向，堵在制热通道处，如图5-12所示。

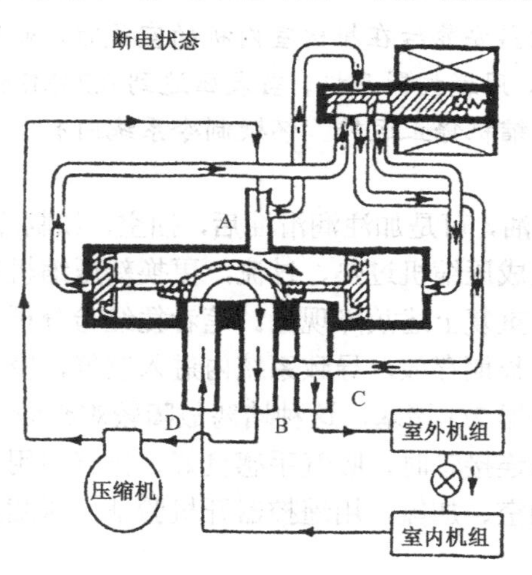

图5-11 制冷时换向阀工作示意图

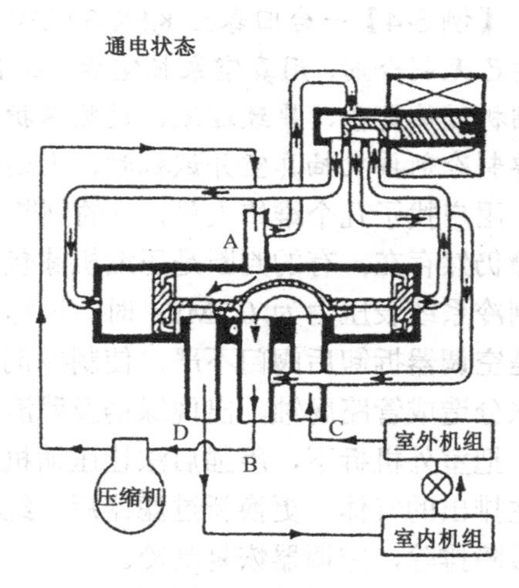

图5-12 制热时换向阀工作示意图

出现上述故障可采用电压刺激法。排除的方法是用一个220V插座引到空调器室外机上侧，拔下空调器电源插头及换向阀的两根端子线，用双手握住两根导线的绝缘部位，把导体部分插入220V电源内，用220V市电直接对换向阀加电。目的是利用强冲击去推动阀心移动，重复四五次通断，当能听到"嗒嗒"声时，说明阀心滑块产生移位。采用这种电压刺激法，也可用空调器室外机接线端子的电源。方法是用遥控器开机，设定制冷状态，3min后室外机接线端子有电，利用室外机接线端子上的220V市电，直接对换向阀加电。采用此方法时，身体与带电体应保持30cm以上距离，并注意安全。

若采用电压刺激法后，换向阀由于变形仍卡在制冷通道处，则可在征得用户同意后，把换向阀去掉，具体操作如下。

用气焊先焊接四通阀上端铜管，再分别焊接下面 3 根铜管的焊口，用两个 U 形管分别和压缩机的吸气管连接，经过打压、检漏、抽空，加 F22 制冷剂，空调器恢复制冷。采取这种方法改装的管路，空调器制冷量不受任何影响，只不过失去了制热功能，但这对修理价值较低的空调器也是一个再利用的方法。

若换向阀内的尼龙滑块变形损坏，采取改装的方法用户有异议，则必须更换四通阀。方法是卸下换向阀线圈，并把换向阀的 4 根管位置摆正到位，保持水平状态，方向和角度与原来一样，管路不得有扭曲现象。焊接时，要用中性火焰，先焊四通换向阀上端的高压管焊口，并用湿毛巾把换向阀外部包裹住，待焊好高压管，再焊下面 3 根管中间的吸气管。在焊接底侧管时有一定的难度，火焰要掌握好，看准焊口，手法要快，争取先焊铜管的 3/5，并迅速给换向阀外部更换湿毛巾降温，以防止热传递把阀心尼龙滑块烘烤变形。

此时注意毛巾不要太湿，以免水滴通过未焊接的接口进入制冷系统内。待换向阀冷却后，再焊余下的 2/5 焊口。焊完后立刻回烤整个焊口，以保证焊接牢固不漏气。待中间低压吸气管焊口冷却后，再焊剩下的冷凝器进口和蒸发器的出口焊口。整个焊接过程最好在 15min 内完成。初学者应争取焊接一根成功一根，避免 4 根铜管焊完后，试压 4 根焊口都出现冒泡的结果。反复补焊极容易把尼龙阀心烘烤变形，造成试机后四通阀滑块串气。这要靠初学者边学习，边体会，边总结。

（6）单向阀的故障排除

单向阀的主要作用有两点：

① 应用于热泵型空调器上，当空调器制冷运行时，制冷剂将钢球顶开，使管路畅通，旁通的制热毛细管不起作用，毛细管处于短路状态；当空调器制热运行时，制冷剂流动方向相反，它将钢球紧压在阀座上，从而封闭管路，防止制冷剂从单向阀倒流。

② 应用于压缩机的回气管路上，目的是阻止制冷剂倒流。

单向阀被堵塞后使制冷剂不能循环。例如，一台 KFR-32GW 分体式空调器制冷差，用压力表在低压气体加气阀试压 0.3MPa，加 F22 制冷剂到表压为 0.45MPa，压缩机噪声加大。更换过滤器，经过焊接、试压、抽空，加 F22 制冷剂，通电试机，蒸发器 2/3 不凉。

放掉制冷剂，用气焊焊接单向阀，并用割刀断开内部，发现单向阀内油污较多。更换单向阀后，经过试压、检漏、抽空，加 F22 制冷剂，通电试机，空调器恢复制冷。此故障说明制冷系统过脏，不但会堵塞过滤器网，而且还会使单向阀堵塞。维修人员在判断过滤器有故障后，同时还需要用强启法让压缩机运转，并用大拇指堵住单向阀出口，气压堵不住为良好，否则单向阀有故障。

（7）限压阀的故障排除

限压阀是一种压力安全自动阀，主要用于二匹以上空调器的冷暖系统中。限压阀两端管口一端接压缩机排气端，另一端接压缩机吸气端。其工作原理是：当冷凝压力上升时，弹性膜片克服弹簧压力向上运动，将阀球打开，高压制冷剂由旁通管路进入压缩机的低压端；当冷凝压力下降时，弹性膜片向下运动将球阀关闭。其目的是使制冷系统冷凝器控制在规定的压力。

限压阀的故障分析：制冷系统混入水分后，会使限压阀弹簧锈蚀，造成弹簧不能自动调节压力。

【例 5-5】一台分体式空调器早晚制冷良好，中午制冷效果差，测量电压正常。

检查冷凝器并用气体吹洗，但制冷效果没有改变，手摸限压阀体没有温度变化，初步认定限压阀在中午时阀垫压力较高，不能自动调节压力。更换限压阀后，通电试机验证，中午制冷效果差的故障排除。

2．压缩机不做功的故障排除

电动机线圈良好，启动运转正常，也无异常声音，但压缩机不做功。估计是压缩机内部机件损坏，不能压缩制冷剂，造成压缩机缸垫击穿，滑块间隙过大，滑块压簧损坏等故障。

【例 5-6】一台三洋二匹分体式空调器不制冷，室内、室外机运转良好，手摸排气管不烫，吸气管不凉，初步判断为压缩机内部机件故障。为判断准确，先放掉制冷剂，用气焊焊接压缩机的高、低压管。若采用原控制电路启动压缩机，会出现低压保护。采用强启法让压缩机运转，并用大拇指堵住排气口和吸气口，压缩机均无吸、排气能力，说明压缩机内部机件确实损坏。

排除方法：拆下压缩机的3个固定螺钉，倒出机内冷冻油，用油杯测量倒出的油量，作为修好压缩机后加油时的依据，然后用铣床将压缩机铣开。如不具有铣床条件，可用钢锯在压缩机底部2cm处沿压缩机周边锯开。操作时把压缩机捆绑在台钳上，边锯边转，不得在一处锯透。接近压缩机锯透时，用扁铲从锯缝处撬开。采取这样的方法，可避免锯出的铁渣进入压缩机线圈内，损坏漆包线。

压缩机锯开后，先用煤油把压缩机内的杂质清洗干净，然后用专用扳手拆卸压缩泵配件，并用一个干净盒子盛配件。拆时，初学者最好准备一支笔，边拆边记录机件的方位及前后顺序。有句俗话，“好记性不如烂笔头”，记录可避免装配时机件多出或找不到装配的地方。在拆压缩泵过程中，发现叶片弹簧损坏。弹簧损坏后，造成叶片不能上下移动，滚子转动时汽缸内没有压力差。更换弹簧后，重新组装好压缩泵。安装时，滑块和滚子要抹冷冻油，锯开的焊缝用氩弧焊焊好。

焊前把压缩机外壳上、下两部分，按原来锯开的方位对好。缝隙不要超过2mm，否则焊接时会有焊渣进入机壳内。如不具备氢弧焊条件，也可采用电焊。焊接时用ϕ3.2mm 的低碳钢焊条，先在焊缝上均匀地点焊4处，并把压缩机倾斜45°。焊接5cm转动一次，并把焊接的接口处理好，要求焊缝表面均匀，形似鱼鳞排翅，并打压、检漏。确定焊口不漏后，用煤油清洗压缩机在焊接时内部产生的氧化皮，倒置一个晚上，然后从高、低压管分别加冷冻油，可比原来倒出的油量多加一点。

采用强启法，让压缩机运转1h，目的是把压缩机内多加的油排出。另外，锯开压缩机时内部会有湿空气产生，还可以用压缩机自身发出的热量，把压缩机内的湿空气带出。确认压缩机运转良好，电流正常后，重新把压缩机安装到原机座上，并垫好弹簧和橡胶垫，再经过焊接，试压，检漏，抽真空，加制冷剂，恢复制冷。

抽真空的方法：拧开低压气体管旁通加气外螺母，用橡胶软管带顶针端按要求连接好（此橡胶软管带顶针端有公制和英制两种），放出制冷系统试压氮气。当制冷系统的压力为0MPa时，把橡胶软管另一端连接到双联压力表的“LO”端的螺钉上。用另外一根胶管分别和真空泵、双联压力表中间螺钉连接好，如图5-13所示。

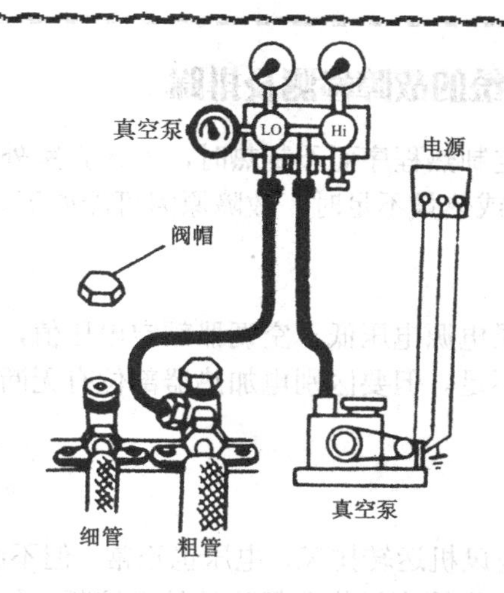

图 5-13　用一根胶管分别和真空泵、双联压力表中间螺钉连接好

真空泵胶管连接好后，接通真空泵电源对系统抽真空。当系统内的真空度达到−0.1MPa 时，拔下真空泵电源插头，让真空泵停止抽真空，并把压力表“LO”阀门关上。卸下真空泵连接管，接好 F22 制冷剂瓶，拧开制冷剂瓶上阀门的开关，拧松双联压力表中间的连接螺钉，排出从制冷剂瓶到压力表管路内的空气；然后拧开压力表低压“LO”阀门，使制冷剂进入制冷系统。当系统内的制冷剂压力达到 0.3MPa 时，用遥控器开机，设定制冷状态，让空调器运转。当系统压力为 0.45MPa 时，关闭制冷剂瓶阀门，停止加制冷剂。观察低压气体管有结露现象时，卸下加气胶管，并把外帽拧好，停机待系统内的压力平衡后，用洗涤灵检漏。若没有气泡产生，说明不漏，至此一台分体式空调器压缩机不做功的故障排除，空调器恢复制冷。

5.2 制热系统的故障检测及排除

电热型、热泵型和热泵辅助电热型空调器，是当前广泛采用的冷热两用型空调器中的 3 种形式。由制热原理可知，电热型空调器在制热时压缩机是不工作的，只有室内机风机运转，由电加热器通电发热向房间送热风；热泵型空调器是通过换向阀的换向改变高、低压管路，实现制热功能的；而热泵辅助电热型空调器既利用热泵型的制热转换原理，又有电热型的制热优点。制热系统故障主要表现为空调器不制热或制热不足等。

5.2.1 热泵型制热系统的故障检测及排除

1. 观察法

热泵型空调器在冬季制热时，如果开机不制热，检查压缩机、风机运转，室内只排风无暖气，则判断换向阀未换向，还仍然停留在制冷流动的位置。此故障可采用电压刺激法排除。

2. 触摸法

当出现上述不制热故障时，如触摸换向阀体无温感和振动，则判断是由换向阀不工作造成的。若换向阀工作正常，但不制热或制热量不足，检查制冷时的冷凝器变为蒸发器结冰，则是由室外环境温度过低或除霜装置损坏造成的。如除霜有故障，应按技术要求更换除霜装置。

5.2.2　电热型制热系统的故障检测及排除

电热型空调器在冬季设定制热程序而不制热时，若检查室外压缩机、风机不运转（为正常），且室内风机运转无热风或热量不足时，故障原因可能如下。

1．电源电压过低

当设定制热状态时，如果电源电压低于空调器额定电压值，电加热器（管、丝）发热量就不足，空调器制热量也会不足。但要区别电加热器部位有无断路故障。如电压低于170V，用户可购买稳压器。

2．断路故障

当设定在制热状态，室内风机运转排风，电压也正常，但不制热时，多数是由电加热器、保险丝及引接线断路造成的。先检查加热器保险丝是否熔断，如熔断应查明原因后再更换；若无熔断，先检查电加热器有关的连接线是否断线、开路，因加热器功率较大，容易造成有关连线断线、开路。上述检查完好，再用万用表电阻挡检查电加热器本身是否熔断，若是多组电加热器并联，熔断其中一根，则发热量不足，应视其断损部位进行修复。

3．交流接触器失灵

当出现不制热故障时，如该空调器采用交流接触器使风扇电动机与电加热器连锁（即风扇不运转，电加热器均不能通电工作），在风扇运转正常，电加热器本身正常的情况下，应重点检查交流接触器线圈是否烧损或触点接触是否不良等。

4．温控器或主控开关失灵

在窗式空调器中，主控开关旋至制热挡不制热时（若制冷正常），可用导线短接温控器开关触点验证，若短接后加热能正常发热，则证明温控器损坏。经短路验证无效，则重点检查主控开关（选择开关）中与制热有关的触点是否导通。

5.3　通风系统的故障检测及排除

5.3.1　观察法检测

1．风机的运转方向

空调器风机有顺时针方向运转的，也有逆时针方向运转的，确切的判断方法应以风机标注的箭头指示方向为准。若无箭头表示，则可通过试转方法鉴别，也可通过观察轴流风叶扭转角的朝向，来辨认其转向。风叶反转时风量很小（无风），正转时风量大。采用单相供电的风扇电动机，在出厂时转向已定（不会倒转）；只有三相电源的风机有正、反转之别，遇到反转时，将三相电源中的两相对换即可恢复。

2．风机的转速是否正常

风机的转速有明显下降，除了电源电压偏低的原因外，也可能是轴承内有油垢或缺油。遇到这种情况，应先检测供电电压是否正常，再检查轴承是否微卡。对于用皮带轮传动的风机，有时因传动皮带松弛（丢转），皮带与皮动轮之间打滑等原因，也会引起转速下降。停机后按压传动皮带中心点，其垂度不应大于 25mm。如果过松，则应更换新皮带；若张紧度正常，则是风机绕组或电容器损坏，需根据故障情况进行排除。

3. 风叶是否打滑

风机能正常运转而吹不出风，多数是由风叶紧固螺钉松动，脱离了轴的半圆面，使风叶打滑引起的。应将风叶固定孔对准轴的半圆面，并拧紧固定螺钉。

5.3.2 倾听法检测

1. 风机运转碰撞声

风机正常时不应有异常的碰撞声，一旦出现明显的碰撞声，一般由 3 种情况引起：一是风叶与风圈变形；二是风叶与电动机连接的紧固螺钉松动移位；三是风叶变形或电动机轴被碰击弯曲等。应视故障所处部位进行修复。

2. 风机运转噪声

风机运转时的噪声，一般多来自电磁声和轴承摩擦声。正常时距风机 2m 远几乎听不到噪声，此时噪声约为 45dB（分贝）。使用 5 年后风机噪声略微偏高是正常现象。若噪声突然加大，则说明轴承已严重磨损。

5.3.3 触摸法检测

1. 拨动法检测风叶

停机后拨动风叶，若风叶与电动机轴之间摆动很大，说明有两种情况：一是风叶与电动机轴紧固螺钉松动；二是轴承磨损，有间隙。应视松动情况和间隙大小分别修复。

2. 手感法检测机温

此方法通过用手触摸风机壳体的温度来判断故障所在。空调器的风机一般为封闭型，电动机产生的热量由风机外壳散热，靠风扇冷却。风机绕组使用的绝缘材料不同，耐温不同，绝缘材料多采用 A、B、E 三级，其工作温度分别为 105℃、120℃和 130℃，外壳温度通过风冷却后低于 100℃，手摸剧热发烫，但不应滴水发出响声。一旦滴水发出响声而且很快蒸发，则说明风机已过载运行或已出现故障。

3. 手感法检测风量

手感法检测风量大小，是在空调器运行中手感出风口的风量。如发现出风量较正常偏小，一般由两种情况引起：一是室内侧空气过滤网被灰尘堵塞；二是冷凝器散热片间被灰尘堵塞，应分别清理排除。

4. 风机抖动法检测

风机运转时触摸风机，若较正常抖动厉害，多数由风叶平衡差所产生的离心引起，或由风机电动机轴承严重磨损等引起。应视不同情况进行检修。

5.3.4 嗅气法检测

空调器通风系统正常运行中不应有异常气味，异常气味通常有烧焦气味和污浊气味两种。

1．烧焦气味

烧焦气味多半是风扇电动机超负荷，电动机绕组升温发热，其绝缘材料被烧焦的气味。烧焦气味从出风口吹出，遇到这种情况应立即停机检查。

2．污浊气味

在空调器正常运行中嗅到的污浊气味，多数是由室内装修材料引起的。除及时清洗空气过滤网外，还应采用换气方法或打开门窗通风，消除污浊的气味。

5.3.5 室内风机故障的排除

1．室内风机叶片裂损的排除

叶片裂损或断裂，风机叶轮噪声便会加大。

排除方法：以尼龙注塑风机为例，先把叶轮卸下，洗净断裂处；然后用洗涤灵空瓶剪成5mm长条状，把200W电烙铁通电烧热，把风叶断裂处烫化，用洗涤灵瓶剪成的长条当焊料，进行塑焊。焊好待自然冷却后，用铁锉或砂纸将焊缝打磨平整，塑焊后的风机叶轮一般不影响使用性能。

2．室内机叶轮与电动机不同心的排除

固定叶轮的一端螺钉松动，造成贯流风机叶轮与电动机不同心，使风机运转时噪声变大。

【例5-7】一台三菱KFR-22GW分体式空调器不制冷，通电后用遥控器开机，设定制冷状态，室内贯流风机不运转，而室外压缩机运转。卸下室内机外壳，检查风机上侧固定螺钉松脱，造成叶轮中心轴与电动机轴不同心，风机不运转。把电动机的螺钉用螺丝刀紧固。初学维修空调的人员不要急于通电试机，用左手轻轻给叶轮一个力矩，并用耳听叶轮是否有碰擦声，如图5-14所示。

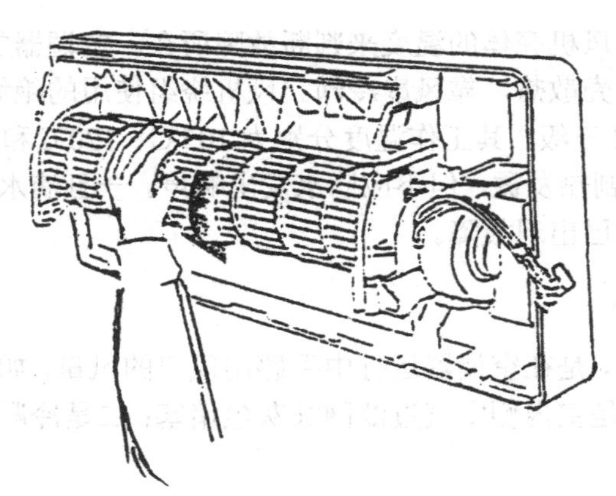

图5-14 确定叶轮是否有碰擦声

确定叶轮无碰擦声后，再通电试机。

3．风机叶轮打滑的排除

风机叶轮打滑，使风机吹不出风来，这种故障多数是风叶紧固螺钉松动，脱离了电动机轴的半圆面，造成风机叶轮打滑，使风机叶轮不能运转。用螺丝刀拧紧电动机轴的半圆面紧固螺钉，即可排除风机叶轮打滑故障。

4. 手感风量小且抖动厉害的排除

手感风量小一般是由叶片上粘附的灰尘太多或有塑料物滚入造成的；抖动厉害一般由叶轮与固定螺钉开裂造成。

【例 5-8】一台 KFD－70LW 分体柜式空调器开机后手感风量小，室内机抖动厉害。卸下室内机外壳和水槽，发现灰尘太多，用刷子清洗叶片灰尘，开机验证，风量小的故障排除，但叶轮抖动声加大。继续检查发现左侧叶轮轴裂损。用砂纸将裂损处打磨干净，用 C31A、B 胶按 1:1 配制均匀涂在裂损处，待 2h 固化后组装复原，风力小及抖动厉害故障排除。

5. 室内风机轴碗损坏的排除

贯流叶轮两端轴碗润滑油磨干或损坏，运转时会发出“吱吱”声，具体排除步骤如下。

步骤

① 拧下右侧的固定螺钉，如图 5-15 所示。

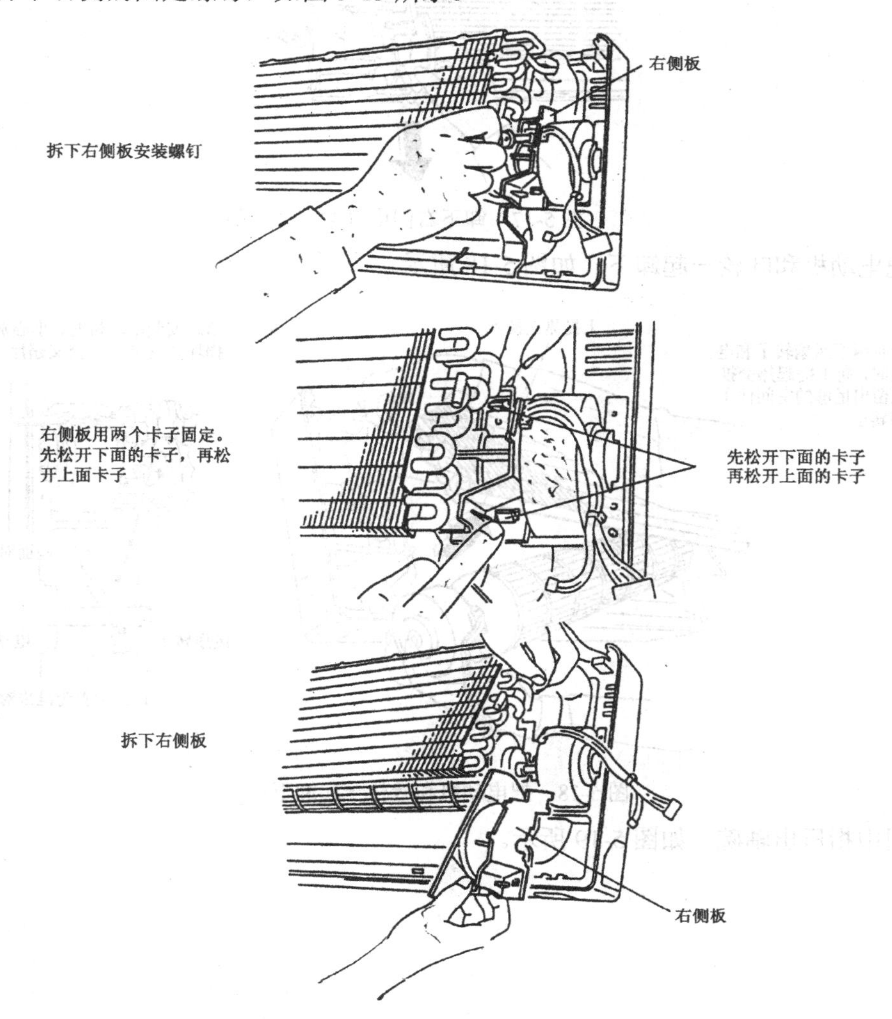

图 5-15　拧下右侧的固定螺钉

② 拧下左侧的固定螺钉，如图5-16所示。

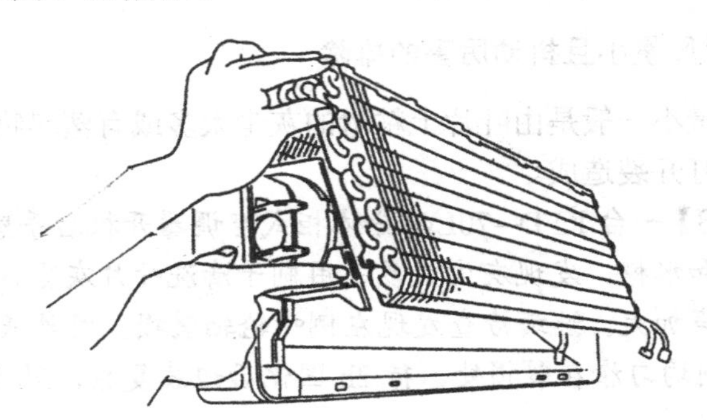

图5-16 拧下左侧的固定螺钉

③ 卸下右侧电气盒，如图5-17所示。

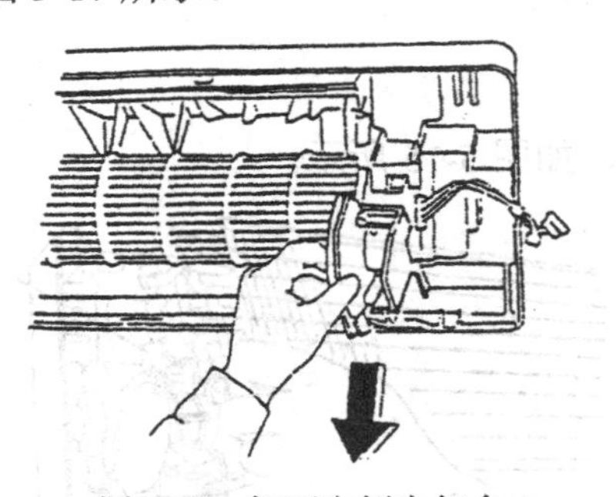

图5-17 卸下右侧电气盒

④ 把电动机和叶轮一起卸下，如图5-18所示。

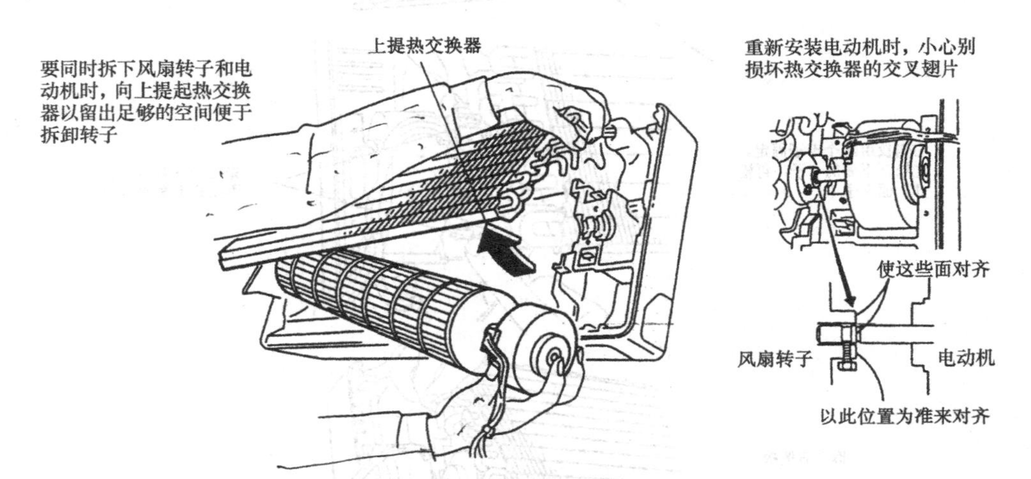

图5-18 把电动机和叶轮一起卸下

⑤ 用中指压出轴碗，如图5-19所示。

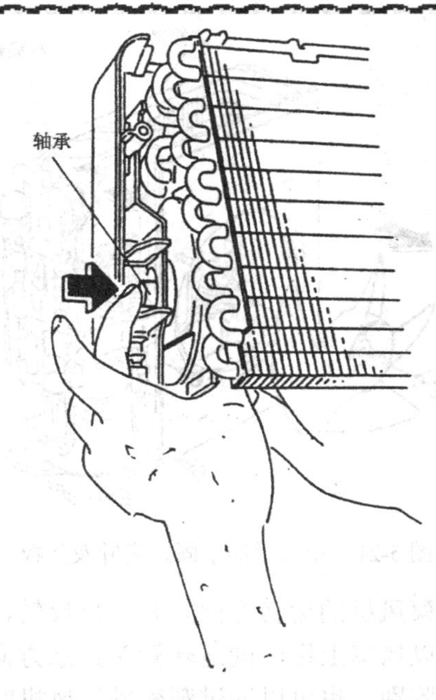

图 5-19　用中指压出轴碗

⑥ 用大拇指和食指取出风轮轴碗，如图 5-20 所示。

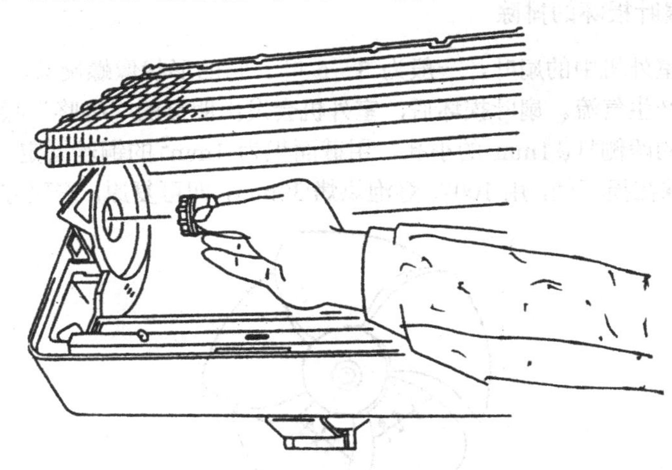

图 5-20　用大拇指和食指取出风轮轴碗

⑦ 检查轴碗的润滑油是否磨干，可先用煤油清洗，抹上高速黄油。若检查轴碗磨损严重或损坏，则必须更换新的。在组装时，应按照拆卸风机叶轮的相反顺序进行。

5.3.6 室外风机故障的排除

1. 室外轴流风机损坏的排除

室外轴流风机损坏后，使冷凝器不能散热，从而会造成压缩机过热，过流保护器跳开。更换前先卸下送风格栅上的 4 个螺钉，用扳手卸下固定扇叶及垫板，如图 5-21 所示。

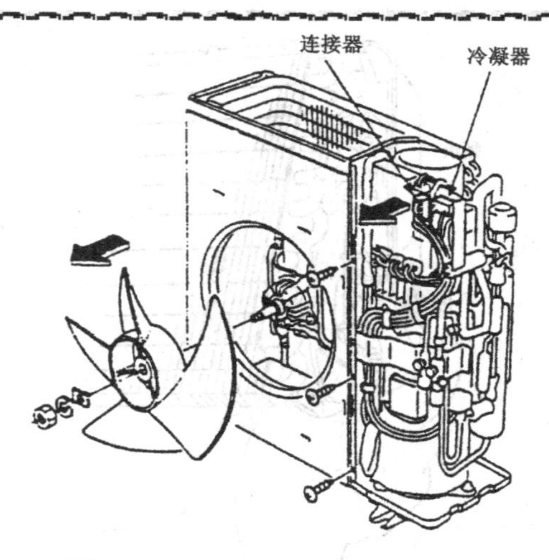

图 5-21　用扳手卸下固定扇叶及垫板

更换后，先试机运转，观察风机的运转方向。若风机反转，则说明电动机线或电容器插件接反。判断风机运转的方向以风扇上标注的运转箭头指示方向为准，若无箭头标识，则可以通过点试风机运转方向进行鉴别，也可以通过观察轴流风机叶轮扭转角的朝向来辨别其转向：把手放在叶轮格栅外侧，扇叶反转时，风量小，扇叶正转时，风量大。

2. 室外轴流扇叶损坏的排除

分体式空调器室外机中的扇叶，一般为 3～5 叶。它的形状像螺旋桨，电动机运转时，带动扇叶沿轴线方向产生气流。扇叶损坏后，室外机会发出明显的“咚咚”噪声。修理方法是：用电钻在扇叶损坏的两侧打ϕ1mm 的小孔，用截面积为 1mm^2 的铜丝固定，然后用 C31A、B 胶按 1:1 配制，涂抹在损坏处，用 100W 灯泡烘烤 30min，即可复原。修理方法如图 5-22 所示。

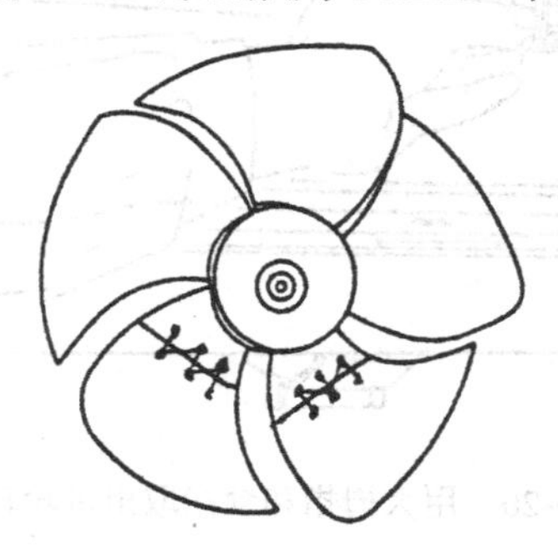

图 5-22　室外轴流扇叶的修理方法

若风机扇叶运转良好，冷凝器异常热，则应检查冷凝器是否过脏，过脏会造成风系统短路。修复方法是用气体吹洗，吹洗时气压不得高于 0.02MPa，否则会把翅片吹倒；再用水冲洗，注意不得把水溅到电气部件上。

5.4　电气系统的故障检测及排除

空调器中的电气系统主要分为两大类：窗式机的电气控制系统多用旋钮操作，而壁挂机和柜式机多用遥控器操作。这两类电气系统在检测时要注意区别对待。

5.4.1　电源部分的故障

1．电源波动或电压过低

当空调器电源波动或电压低于额定电压值的 10%时，多数空调压缩机无法正常启动，应待电源电压恢复后使用，或安装 2000V・A 以上的稳压电源，以防烧毁压缩机。

2．保险丝熔断

当供电线路中的保险熔丝（管）熔断时，应先查明熔断原因，再更换符合容量的保险熔丝（管）。柜机保险熔丝管较多。窗式机和壁挂机的运转电流一般多在 3～6A 之间，启动电流在 20A 左右，柜式机比窗式机电流大，要注意区别。

3．导线过细过长

空调器一般都设专线供电，采用的电源导线应符合要求。如果电源导线过细过长，即使额定电压达到要求，也会因电压降过大而导致压缩机不能正常启动运行。应首先检查导线截面积，最小不得低于 $2.5mm^2$。如果确属导线过细过长，则应彻底更换。

4．选择开关失灵

选择开关失灵主要指选择开关中的触点虚接、失灵或控制导线断路。可用万用表电阻挡检测选择开关及接线的通断情况，进行排除。

5.4.2　温控器及过载保护器的故障

1．温控器内部开关触点断开

温控器感温剂泄漏，将会导致开关触点断开。可用导线连接外接线插片短路验证，如果短路后机器运转正常，应更换新温控器。

2．过载保护器失效

过载保护器电加热丝烧断或双金属片变直、触点虚焊，都会造成压缩机不能启动。可用万用表电阻挡检测通断情况，进行排除。

3．压缩机绕组烧毁

压缩机绕组烧毁，表现为启动电流过大，导致过载保护器动作（跳机）。这种情况可通过用万用表 $R\times1$ 挡检测压缩机绕组阻值（电动机绕组的总阻值应等于启动与运行绕组的阻值之和）来确定。

4．制冷（热）正常但不停机

空调器在制冷或制热正常时一直不停机，大多因为温控器触点粘连或室内机空气温度传感器失灵，导致电路始终接通。应通过检测温控器内触点是否粘连和传感器电阻来确定。但要注意区别因制冷剂泄漏，充冷过量，系统内含有空气，压缩机效率差等原因引起的制冷（热）效率差，而造成的不停机。

5．能制热但不能制冷

能制热却不能制冷一般多由以下原因造成：一是温控器设置不当，应将温控器拨至最大“制冷”挡；二是环境温度过低；三是换向阀本身故障。出现该类故障时，需视具体情况检测确定。

6．电子温控器失灵

如果调节温控器无动作，则应先检测热敏电阻是否损坏。若热敏电阻损坏，则应更换；如果热敏电阻完好，则应再顺次检测温控器的其他部位，逐一确定故障部位。

5.4.3 关键电子元器件的故障

1．运转电容器损坏

运转电容器开路、短路，都能导致压缩机或风扇电动机不能正常启动运转，可用代换法验证后进行排除。

2．换向阀故障的确定

能制冷而不能制热：热泵型空调器能制冷而不能制热，多数属于换向阀本身故障。该故障需通过着重倾听换向阀换向声音是否正常来确定。

5.4.4 微电脑控制系统的故障

空调器中的微电脑控制板一般都是低压供电，检修微电脑控制系统的故障时，首先检测变压器的输出电压是否正常，而后开机观察其控制是否按规定程序进行。检测的原则一般是先室内，后室外；先两头，后中央；先风机，后压缩机。检测前应认真听取和询问用户故障产生原因，并结合随机电路图、控制原理图，做出准确的分析，切忌盲目拆卸电控部分，以免把故障扩大。

在检测室内机的电控板时，为了防止在不能确定故障部位的情况下损坏压缩机，最好先将室外机连接线切断，用万用表检测控制板上低压电源值是否正常。如果正常，可利用遥控器使空调器工作在通风状态并切换风速，看风机运转是否正常，听继电器是否有切换时的“嘀嗒”声。若能听到切换声，则说明控制电路工作正常；若风机不转，则应检测风扇电动机的有关连线是否正确，启动电容器是否漏电等。若听不到继电器动作声音，则应检查控制部分。风机运转正常后，将空调器转为制冷运行，并不断改变设定温度，观察压缩机继电器是否正常。若正常，可接上室外机看压缩机是否启动运行。

1．线路连接引起故障

可能发生连接线松脱、不牢或接插件接触不良，电路控制板上元器件脱焊、虚焊等，造成空调器工作不正常或部件不正常。

2．元器件质量差引起故障

电路控制板上个别元器件性能可能不好，参数达不到性能要求，造成空调器不能正常工作。

3．干扰故障

使用环境不当，如安装位置不正确，电网电压波动较大，电压偏低、偏高，以及有外界电磁干扰等，均可造成空调器工作不正常。应按顺序检测并分别排除。

5.5　微电脑板通检方法

5.5.1　检修前的准备

动手维修之前，首先应掌握各电子电路的工作原理，从总体上理解电路中各大区域的作用，然后尽可能做到掌握电路每一个元件的作用。只有这样，才能在看到故障现象之后迅速地把问题集中在某一个区域中，再参照厂家提供的电路图或者实物进行细致分析，做到心中有数。只有对电路中各部分的工作状态、输入/输出信号形式等都能详尽地掌握，才能顺藤摸瓜，由表及里，迅速缩小故障范围，再结合显示的故障代码及电路实际状态的测量，最终判断部位。同一种故障，可能有多种表现，应从容应对。

丰富的实践经验对维修是很重要的，这样不但能够迅速地排除疑难故障，更能够通过归纳总结和理性分析，从更深层次上分析故障，分析电路，提高解决空调器故障能力。但是必须坚决反对仅凭经验不动脑筋的做法，以及知其然而不知其所以然的蛮干做法。

维修人员除了具有基本的电路知识和实践经验，还要掌握正确的维修方法。好的办法能简单有效地判断出故障所在；坏的办法带来的是时间浪费、元器件的浪费，而且还极有可能扩大故障，用户也会不满意。

5.5.2　微电脑控制电路常用的检测方法

1．直观检查空调器微电脑板方法

遇到空调器发生故障，很多维修人员习惯于立即用万用表测量电压、电流等，这并不是一种很好的办法，仔细观察一下往往有助于故障的解决。仔细观察故障代码，以及是否有元件明显地烧焦、变形；有无元件脱壳、爆裂；线路板有无断裂；有无异常的气味等。观察得越仔细，越有助于故障的解决，做到首先解决显而易见的故障。

2．指针式万用表测量方法

空调器维修人员最常用的测试仪器是指针式万用表，熟练地使用指针式万用表把人们不能感知的电路参数转换为万用表的示数，是维修技术人员的基本功。

空调器正常工作时，几乎电路中每一点都有自己较稳定的电压、电流、电阻值，特别是晶体二极管、晶体三极管的各极，集成电路各引脚等测试点。通过万用表测量出故障机某些测试点的电压值，再和正常工作状态下的电压值相比较，就能容易判断出故障所在。用万用表测电压直观准确，这已成为大多数维修技术人员习惯的手段。

下面介绍用万用表检查常用元器件的方法。

（1）微电脑板固定电阻器检测法

固定电阻器（简称电阻）是变频微电脑板控制电路中应用最多的元件之一。

检测时，把万用表的开关转到适当的量程欧姆挡，先要调零点，即将两根表棒金属部分相碰，调节调零旋钮，使表头指针满度（指向零欧姆）后才能使用。从 $R\times1$ 挡换至 $R\times10$ 挡

或其他挡，必须重新调零，否则测量的参数不准确。检查电阻时应注意下列几点。

注意

① 被检测的电阻必须从电路上焊下来（至少要焊开一个头），以免电路中的其他元件在测试时产生误差。

② 由于人体具有一定的电阻（一般女人 1.7kΩ，男人 1.5kΩ），测试时手不要触及表棒及电阻的导线部分。

③ 根据被测电阻标称值的大小来选定量程。由于欧姆挡刻度的非线性关系，它的中间一段分度较为精细，因此必须使指针指示值尽可能落在刻度盘的中间位置，以提高测试精度，如 100Ω的电阻可用 R×1k 挡测试。

④ 万用表的读数应与电阻的标称值相符合（允许有一定的误差），若测量读数为零，则表示电阻已短路；若测量读数为∞，则表示电阻内部断路，不能使用了，应更换电阻。

（2）继电器线圈检测方法

测试继电器线圈与测量电阻方法差不多，必须注意如下两点。

注意

① 先把引出线上的头部漆皮去掉，如果表针不动，说明线圈已断线。

② 空调器的继电器线圈两端电压为+12V，如低于+9V，则说明三端稳压器有故障。

（3）电容器检测方法

电容器常见的故障有击穿、漏电和失灵。利用电容器充放电的原理，用欧姆挡的最高量程，如 R×1k 挡或 R×10k 挡来测试。当两根表棒与电容器两端相碰时，表针先顺时针偏转一个角度，很快又回到∞位置；交换表棒再碰一次，表针又摆动一下后复原，说明该电容器完好。

另外，测试时表针摆动角度的大小，与电容量的大小有关，容量越大，摆动越大。如果在测试中，表针摆动一下后回不到∞，而指在某一个数值上，那么这个数值就是电容器的漏电电阻值。一般电容器的漏电电阻值是非常大的，约为几十至几百兆欧。除了电解电容器以外，漏电电阻值若小于几兆欧，就不能使用了。若表针指在零点回不来，则表示该电容器已被击穿短路。

由于电解电容器的引出线有正负之分，在检测时，应将红表笔接到电容器的负极（因为万用表使用电阻挡时，红表笔与电池负极连接），黑表笔接电容的正极，这样测出的漏电电阻数值才是正确的；反接时，一般漏电电阻值比正接时小。利用这一点，可以判断正负极不明的电解电容器。

对于可变电容器（单、双连电容器），可用上述方法判断其是否碰片、漏电。用表棒分别与可变电容器的定片和动片引出端相连，同时把电容器可调轴来回转动几下，表针应在∞位置不动，否则有碰片存在，应修理。其中电容器漏电可能是受潮引起的，烘干后仍可使用。

（4）二极管检测方法

用万用表检查二极管一般用 R×100 挡或 R×1k 挡进行。由于二极管具有单向导电性，它的正向电阻与反向电阻是不相等的，两者相差越大越好。常用的小功率检波二极管，反向电阻值比正向电阻值大数百倍以上。

用红表笔接二极管的正极，黑表笔接负极，测得的是反向电阻，此值应大于几百千欧；反之，为正向电阻。对于锗二极管，正向电阻值一般在 200～1 000Ω左右；对于硅二极管，正向电阻值一般在几百至几千欧姆。

如果两次测得的阻值都是无穷大，说明该二极管内部开路；如果都是零，表示该二极管内部短路；如果两者差别不大，说明二极管失效。

（5）三极管检测方法

已知三极管的型号和管脚排列，就可用下面方法检测其好坏。

① 检测穿透电流 I_{CEO}。NPN 型管用红表笔接 e 极，黑表笔接 c 极；PNP 型管用红表笔接 c 极，黑表笔接 e 极。量程选用 R×100 或 R×1k 挡，要求测得的数字越大越好。对于中小功率锗管，此值应大于数千欧；对于硅管，应大于数百千欧，才能使用。阻值太小，表明 I_{CEO} 很大，管子的性能不好；表针漂移不定，表明管子的稳定性很差；阻值接近于零，表明管子已击穿损坏。

② 判别 PNP、NPN 型和引脚 e、b、c 极。根据 PN 结正向电阻小，反向电阻大的原理，可以先将万用表（R×100 或 R×1k 挡）的红表笔放在三极管的任何一只引脚上，黑表笔依次放在另外两只管脚上进行测量。将红表笔放在某一只引脚时，用黑表笔依次测量其他两只引脚，若电阻值均很小，则这只三极管为 PNP 型，且红表笔接的是基极。同理，将红表笔接在某一引脚上，用黑表笔测量其他两只引脚，若测得的电阻值均很大，则此三极管为 NPN 型，红表笔所接的是基极。

在判别了三极管的类型和基极之后，接下来区别发射极和集电极。通常晶体管的正向电流放大系数（即发射极正向接，集电极反向接时的电流放大系数）大于 15，而反向电流放大系数（即把 c 极当成 e 极，把 e 极当成 c 极情况下的电流放大系数）小于 15。根据这一原理，可以在已知基极的基础上找出发射极和集电极，以判定 PNP 型管。可用欧姆表红表笔接假定的 c 极，黑表笔接假定的 e 极，用拇指和食指捏住已知的 b 极和假定的 c 极，若假设正确，则正向电流放大系数必大，I_C 也大，测量出的电阻必小（相当于发射极正向接，集电极反向接）；若假设不正确，则反向电流放大系数必小，I_C 也小，测量出的电阻必大（相当于发射极反向接，集电极正向接）。

对于 NPN 型管，则以黑表笔接假定的 c 极，其余同上。

注意

> 用万用表的欧姆挡测量晶体管时，应该用 R×100 挡或 R×1k 挡，切忌用 R×1 挡或 R×10k 挡。用 R×1 挡测试，流过晶体管的电流太大；用 R×10k 挡测试，管子承受的电压过高。

③ 微电脑板加热法。有些空调器微电脑板故障是由电路中有接触不良点引起的，表现为故障时有时无，有的故障则在机器工作一段时间元器件发热后才出现。检修时，要设法使故障重现。接触不良的故障检修办法是用镊子夹住有怀疑的元件，然后轻轻晃动，观察故障的变化情况。如果晃动某个元件时故障反应很强烈，就可以认为是本元件或本元件周围有接触不良现象。对热稳定性不良故障，应对怀疑元件吹风或用电烙铁对其加热，加快故障重现时间，然后用镊子夹住 95%酒精棉球给元件降温，看哪一个元件温度变化时对故障影响最大。

5.5.3 微电脑板检测注意事项

维修人员在检修过程中一定要注意安全，包括维修人员人身安全和被检修空调器安全。有些区域有高电压、大电流，可能影响维修人员的人身安全；有些能够发热的工具等对人也有一定的危险。

注意

① 遇到保险熔丝（管）熔断或某些其他安全元件明显烧伤现象时，在未能查出故障原因之前，不能轻易更换损坏元件，更不能随意改变安全元件的数值。

② 更换元器件时，尽量选用同型号元件；必须代换时，要注意元器件性能参数保持一致。

③ 工作在大信号状态的电路，不能轻易使用短路法，严防过流过压。

④ 不能轻易改动线路，尽量不用应急办法，使变频空调器运行。

⑤ 检修过程中如出现异常响声、冒烟、打火、异常发光时，要及时切断电源，避免连带损坏更多的元件。

⑥ 焊接电路板时，注意切断电源，以免焊接过程中造成短路。

⑦ 桌面保持清洁，绝对不允许金属掉到微电脑线路板上，避免电路短路。

本章小结

本章介绍制冷系统、制热系统、通风系统、电气系统的常见故障及维修、检测、判断方法。在检修前应认真听取和询问用户故障原因，并结合随机电路图、控制原理图做出准确的分析；在检修时，应遵循先室内后室外，先两头后中央，先风机后压缩机，切忌盲目拆卸电控部分，把故障扩大的原则。最后一节介绍了空调器电控板的通检方法及维修安全注意事项。

习题5

1．阐述制冷系统压力检测方法。

2．阐述制冷系统毛细管堵塞、冰堵与脏堵的区别。

3．阐述四通换向阀的工作原理。

4．阐述空调器电源部分的常见故障。

5．阐述空调器通检安全注意事项。

第6章　新型空调器控制器件的工作特点及故障检测

空调器的微电脑控制电路较为复杂，既有强电又有弱电。维修人员只有在掌握了电工基础、电子电路、数字电路、模拟电路等知识之后，才能有效快捷地处理控制电路的各种故障。

本章以微电脑控制电路原理与检测方法为主线，分别介绍器件的原理与检测方法，帮助维修人员不断学习，开拓思路，积累更多的维修经验，在处理电气控制电路时，能够得心应手。

6.1　设备器件

压缩机是空调器制冷系统的动力核心，通过其内部电动机的转动，将制冷剂由低温低压气体压缩成高温高压气体，实现制冷剂在系统内的流动。压缩机按结构可分为往复式、旋转式和涡旋式压缩机，按提供的电源可分为单相（220V/50Hz）、三相（380V/50Hz）及变频压缩机。

6.1.1　压缩机

1．单相压缩机

如图6-1所示，单相压缩机内的电动机有两个绕组——启动绕组和运转绕组，启动绕组比运转绕组电阻值大。两个绕组接出3个接线端子：C代表公用端；R代表运转端；S代表启动端。

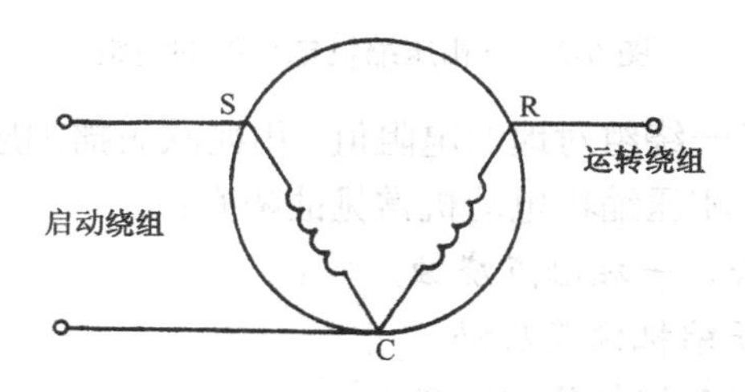

图6-1　单相压缩机内的电动机

由图6-1可知，$R_{SR}=R_{CS}+R_{CR}$，又知$R_{CS}>R_{CR}$，所以，从外部判定3个端子时，可把万用表的选择开关调整到$R\times1$电阻挡，先找出3个接线端子之间阻值最大的两个端子，它们一定是R和S，而另一个是公用端C。再分别测量公用端C与另外两个端子之间的电阻值，阻值大的端子为启动端 S，阻值小的为运转端 R。这是维修人员必须掌握的最基本的测量判定 3 个接线端子的方法。

压缩机电动机故障率较高，一般有如下三种故障。

（1）短路

绕组短路是由于绕组的绝缘变坏而产生的。出现这种故障后，有时电动机还可以继续运转，但速度较慢而电流较大。用万用表测出绕组的阻值，如果小于已知的正常阻值，即可判断有短路故障。

（2）断路

内部接线端焊接头焊接不牢或松脱断线，绝缘变坏，绕组烧断都会造成断路。断路故障会使电动机完全不能启动。用万用表检测时，如果两接线端之间不导通，即电阻值为无穷大时，此绕组断路无疑。不过有一点务必提醒维修人员，就是在现场修理中，怀疑压缩机电动机绕组断路但同时发现压缩机外壳温度较高时，有可能是绕组内部的可恢复性热保护器起跳。这时应等其冷却后再测量一下，如果恢复正常，应找出发热原因，排除故障，保护好压缩机。

（3）绕组与外壳击穿

绕组与外壳击穿为绕组受潮或绝缘老化所致。这种故障会使外壳带电，极不安全。测量可采用兆欧表，绕组与外壳（去漆皮，露出金属本色）之间的电阻值应大于 5MΩ。

2．三相压缩机

三相压缩机有 380V/50Hz 和交流变频压缩机之分。其中，三相 380V/50Hz 压缩机主要用于柜式空调器。

三相压缩机电动机一般有 3 个同样的绕组，3 个绕组的电阻值也是相同的，即 $R_{AB}=R_{AC}=R_{BC}$，如图 6-2 所示。

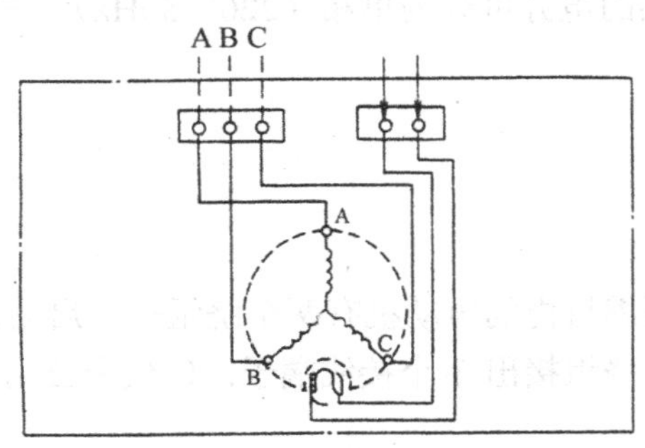

图 6-2　三相压缩机电动机的绕组

三相压缩机电动机的任一绕组对地的电阻值，用兆欧表摇测应大于 2MΩ，否则应重新盘绕线圈或更换新压缩机。三相压缩机电动机常见故障有：

① 电源接触器两相吸合，一相触点烧蚀。

② 电源电压偏低，使压缩机频繁启停。

③ 三相供电不平衡，使压缩机缺相运行。

在实际维修中，还应特别注意三相涡旋式压缩机的正反转。

三相压缩机目前有三种启动方式，如图 6-3 所示。

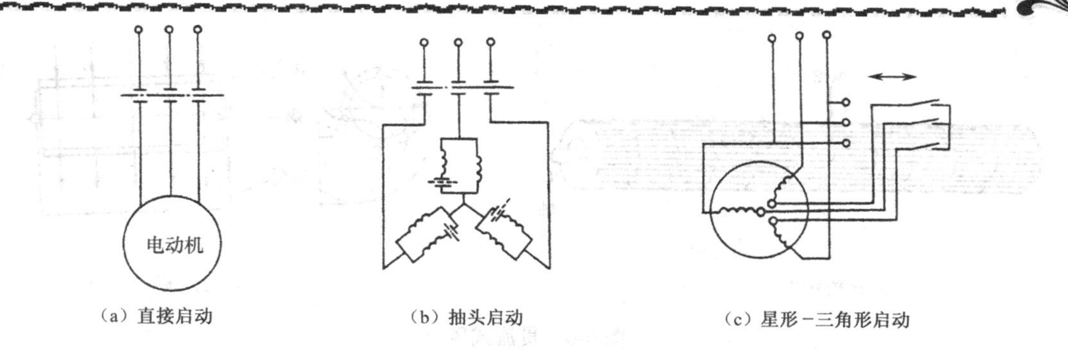

图 6-3　三相压缩机的三种启动方式

6.1.2　风扇电动机

1. 风扇电动机的结构形式

分体式空调器使用的风扇电动机（简称风机）有轴流式、离心式和贯流式 3 种。

（1）轴流式风机

轴流式风机用于室外机，由 3～6 枚叶片组成，如图 6-4 所示。叶片采用注塑工艺加工成型，材料为玻璃纤维增强的 ABS 工程塑料。轴流式风机利用叶片高速旋转产生的升力，推动空气并使之沿着与转轴相平行的方向连续流动，具有静压低，风量大的特点。分体式空调器一般采用其吸风工作方式，如图 6-4 所示。

（2）离心式风机

离心式风机用于柜机内，由风轮和蜗壳组成，如图 6-5 所示，风轮和蜗壳均采用 ABS 工程塑料注塑加工成型。离心式风机利用风轮高速旋转产生的离心力，增加空气的压力，并使之沿轴向进入风轮，沿径向离开风轮，然后经蜗壳切向离开风机，具有静压高，效率高的特点。分体柜式空调器可采用其排风或吸风两种工作方式。

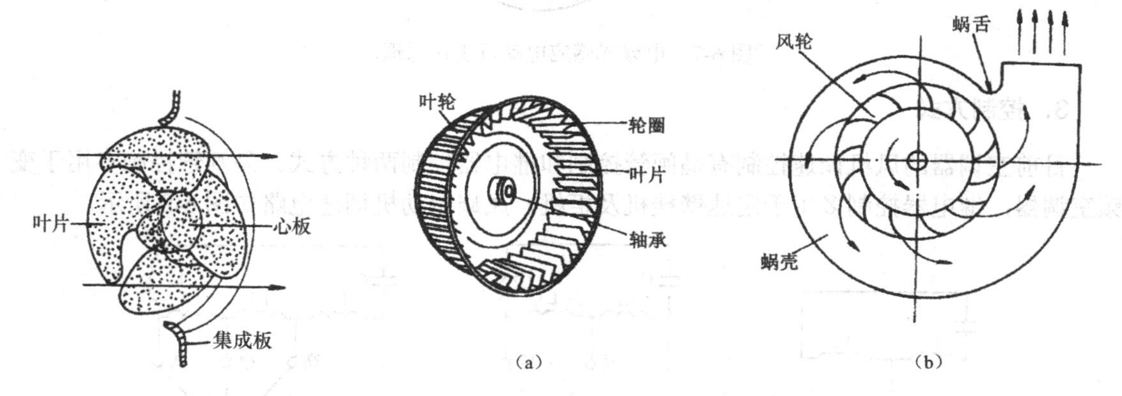

图 6-4　轴流式风机结构

图 6-5　离心式风机结构

（3）贯流式风机

贯流式风机用于分体壁挂机，由细而长的多翼风轮、蜗壳及蜗舌组成。风轮采用铝条冲制铆合成一体，也可采用注塑加工成型，然后拼装为一体，如图 6-6 所示。贯流风轮转动后，在蜗舌附近形成气流。气流沿着与风轮轴线垂直的方向，从风轮的一侧流入横贯风轮，然后从风轮的另一侧流出。贯流式风机具有风轮直径小，结构紧凑，气流均匀，动压较高的特点，可使室内机厚度大大变薄。分体式空调器采用其吸风工作方式。

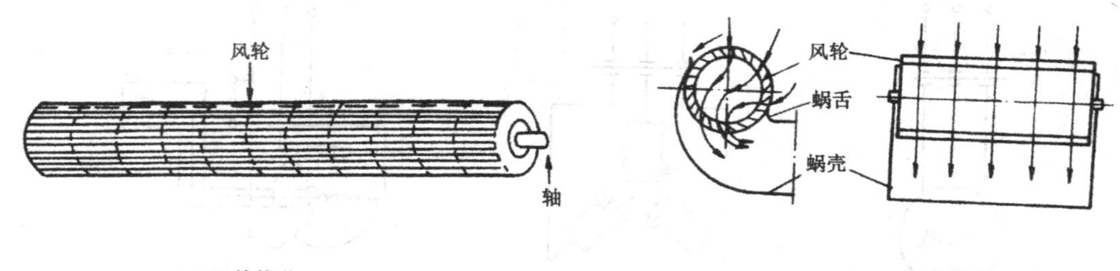

（a）风轮外形　（b）工作原理

图6-6　贯流式风机

2．风扇电动机的工作原理

上述3种风机多采用电容感应式电动机。电容感应式电动机有两个绕组，即启动绕组和运转绕组。两个绕组在空间位置上相位相差90°。在启动绕组中串联了一个容量较大的交流电容器。当运转绕组和启动绕组通过单相交流电时，由于电容器的作用使启动绕组中的电流在时间上比运转绕组中的电流超前90°，先期达到最大值，使定子在转子之间的气隙中产生了一个旋转磁场。在旋转磁场作用下，电动机转子中产生感应电流，该电流和旋转磁场相互作用而产生电磁转矩，使电动机旋转起来。电动机正常运转之后，电容器早已充满电，使通过启动绕组的电流减小到微乎其微的程度，由于转子的惯性而使电动机不停旋转，如图6-7所示。

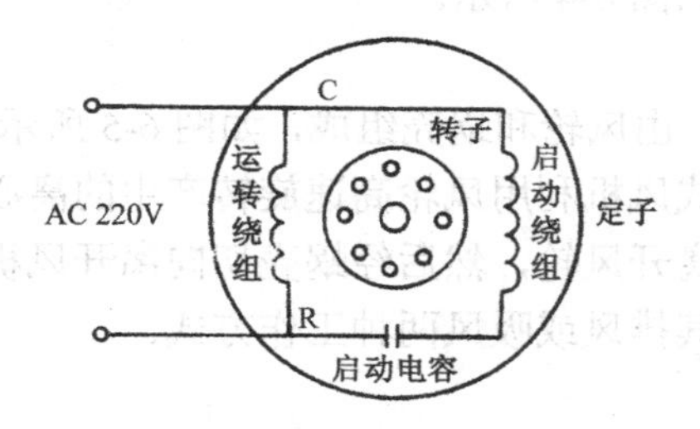

图6-7　电容式感应电动机工作原理

3．控制方式

目前空调器的风机调速控制有晶闸管控制和继电器控制两种方式。晶闸管控制多用于变频空调器，继电器控制多用于定速壁挂机及柜机。风扇电动机调速电路如图6-8所示。

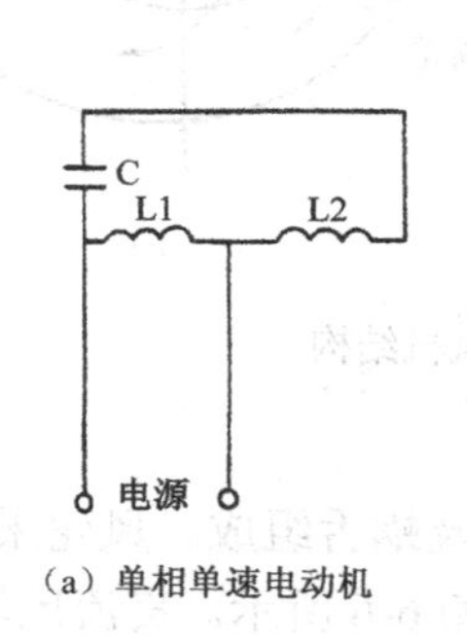

（a）单相单速电动机

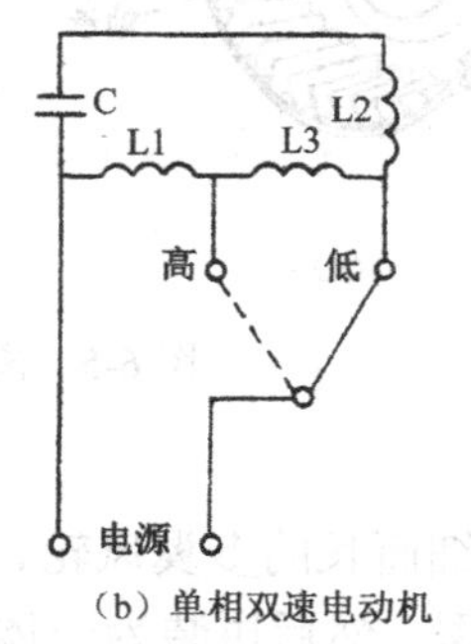

（b）单相双速电动机

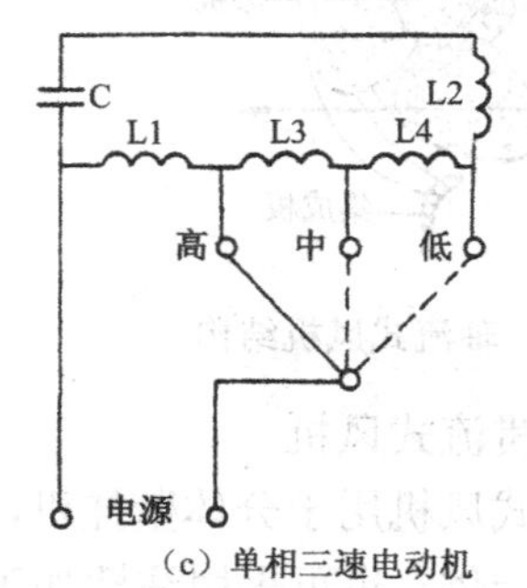

（c）单相三速电动机

图6-8　风扇电动机调速电路

4. 接线的测量方法

风扇电动机绕组的测量比压缩机难度大，下面以三速电动机为例，介绍风机接线的测量方法。先把万用表的选择开关调到 $R\times1$ 挡，分别测量 5 根线之间的电阻，把阻值最大的两根线拧在一起；再测量它与另外 3 根线之间的阻值，阻值大的为低速，阻值小的为高速，余下的这根线为中速；把阻值最大的两根线接电容器，若反转，对调接线即可。

5. 风扇电动机故障检测方法

① 绕组开路。用万用表 $R\times10$ 挡测量风扇电动机接插件，任意两点之间电阻值为无穷大时，即表示内部绕组开路。

② 绕组短路。测量绕组电阻值为零，电动机已经完全不能工作，可判定绕组短路。

③ 匝间短路。测量电阻值比正常阻值小，且电动机壳体发烫，工作电流偏大，可判定绕组有匝间短路。短路严重时，电动机过热保护装置将起跳，断开主电路，以策安全。风扇电动机保护装置如图 6-9 所示。

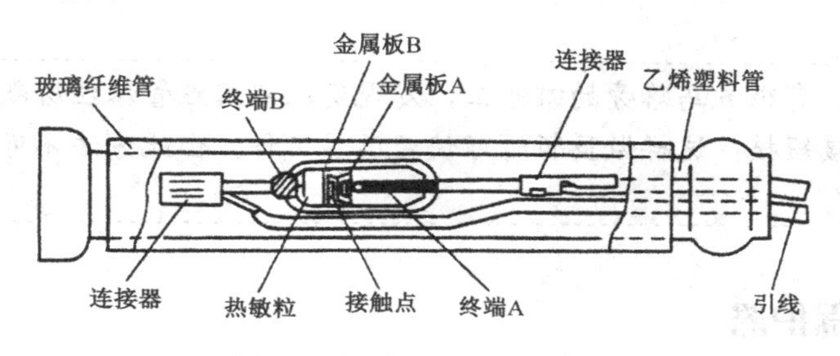

图 6-9　风扇电动机保护装置

④ 漏电。绕组与壳体之间有漏电现象，用兆欧表测量接线端子与外壳间绝缘电阻值小于 2MΩ。如果阻值小于 1MΩ，一般漏电保护器会跳闸。

6.1.3 变压器

1. 工作原理

通过变压器，可以利用电磁感应作用将交流电压或电流转换成所需要的值。变压器工作时接入交流电源的线圈称为一次绕组，接负载的线圈称为二次绕组。一次绕组流过变化的电流时，会在二次绕组产生感应电动势。在空调器电路中变压器一次绕组侧一般接 220V 或 380V 交流电压，二次绕组侧接所需电压，而且二次绕组侧的电压可以通过增加或减少二次绕组圈数来改变，如图 6-10 所示。

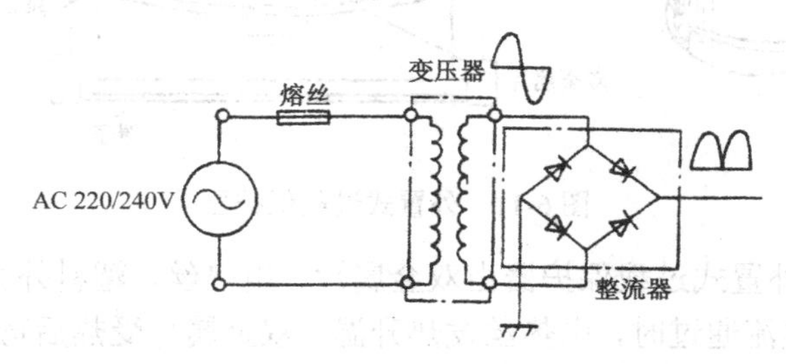

图 6-10　变压器在微电脑板上的应用电路

2. 作用

变压器在空调器中主要用于将交流380V/50Hz或220V/50Hz电源电压变为工作需要的交流电压。

3. 故障测量方法

变压器出现故障后测量方法有以下两种。

① 电压测量法。通电测量变压器输入端是否有交流220V电压输入，输出端是否有14V左右交流电压输出，无输出可判定变压器损坏。

② 电阻测量法。断电，用钳子拔下变压器的输入、输出接插件，测量变压器的电阻值，输入端一般应在几百欧姆，输出端一般应在十几欧姆。变压器出现故障后，空调器整机无电源显示，用遥控器不能开机运行。应注意的是，有些变压器内置了PTC保护功能，遇到这类情况，有时20min后空调器可恢复使用。

注意

在实际维修时，有很多马路旁的维修工，发现变压器熔丝管熔丝熔断，就将变压器熔丝管去掉，用铜丝直接短接。这样做虽暂时可使变压器工作，但此方法不可取，往往把故障变成了隐患。

6.1.4 过载保护器

1. 工作原理

过载保护器主要用于保护压缩机电动机绕组不会因电流过大或温度过高而烧坏，它分为内置式和外置式两种。内置式过载保护器装于压缩机内部，能直接感受压缩机电动机绕组的温度，检测灵敏度较高。但这种保护器如果坏了，需解剖压缩机外壳，经过焊接等工序更换后才可恢复使用。外置式过载保护器通过感受压缩机外部的温度来决定压缩机是否进行工作，维修比较简单，如图6-11所示。

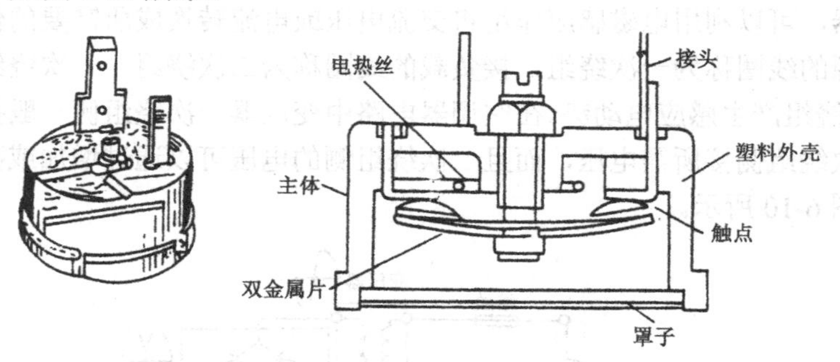

图6-11 外置式过载保护器

由图6-11可知，外置式过载保护器由双金属片、电热丝、塑料外壳等组成，串联在电动机电路上。当过大的电流通过时，电热丝发热升温，双金属片受热后弯曲变形，使触点脱开，切断电路，达到防止电流过大的目的。电热丝失电冷却后，双金属片复原。这种保护器装在压缩机的电控盒内，直接感受压缩机外部温度。

2．常见故障

过载保护器常见故障有动、静触点烧蚀，电热丝烧断，双金属片内应力改变使触点断开，不能复位等。

3．故障测量方法

卸下过载保护器，在过载保护器没有动作的良好情况下，用万用表的 $R\times1$ 挡测量两个接线端子之间应该是导通的，万用表指示的电阻值应为零；若指针不动，则表明过载保护器已经损坏。

注意

有很多维修工发现过载保护器损坏后，不采取正确的措施，而是将过载保护器上两个接线端子用铜丝短接，让空调器在没有保护的情况下工作，这样做容易烧坏压缩机，甚至引起火灾。

6.1.5　压缩机外部电加热器

1．作用

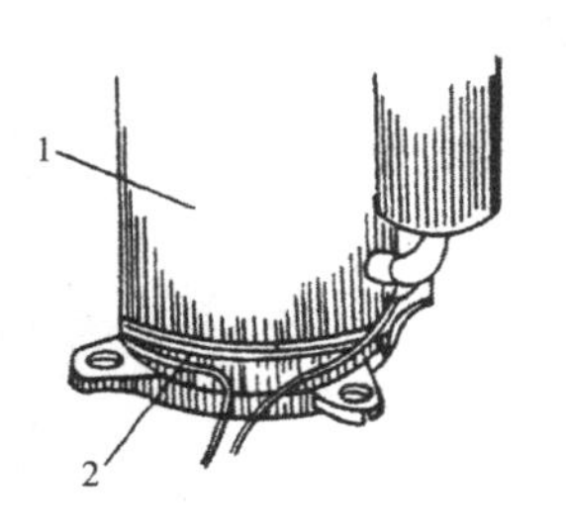

1—压缩机；2—电加热器

图 6-12　电加热器安装位置

空调器在冬季制热时，由于外部环境较冷，使压缩机内的润滑油和制冷剂混溶，在这种状态下压缩机难以启动，甚至可能损坏，所以要在压缩机外部进行电加热。电加热器安装位置如图 6-12 所示。

外部电加热器的作用是在低温时从外部加热，把压缩机润滑油内含有的制冷剂驱赶出去，避免由于液体制冷剂稀释润滑油引起轴承径向润滑不良而烧损。绿色制冷剂在低温状态下与润滑油会双层分离，如不采取此措施，也可造成轴承部分供油不足甚至烧坏轴套，使压缩机报废。

2．工作原理

电加热器额定工作电压 220V，功率 30W。在室外环境温度小于 5℃，室外盘管温度小于 6℃，且压缩机关机时，继电器吸合，电加热器开启加热。当室外盘管温度大于 15℃或压缩机开机时，加热继电器断开，加热停止。电加热器内部结构如图 6-13 所示。

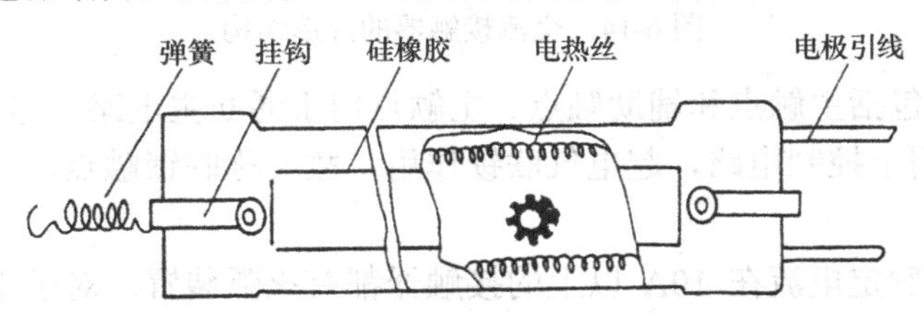

图 6-13　电加热器内部结构

3．检测方法

① 测量电加热器电极引线不通，说明电加热器损坏，需更换。

② 测量电加热器电极引线与压缩机外壳，如已接通说明电热丝对地短路。这种故障一般表现为加热器一加热，漏电保护器就跳闸（经常是鼠害造成的）。

6.1.6　交流接触器

1．作用

交流接触器是一种用来频繁地接通或断开交流主电路及大容量控制电路的自动切换电器。在柜式空调器中，交流接触器主要用于控制压缩机、室外风机等。它具有低电平释放保护功能，是柜机自动控制线路中使用最广泛的电气元件。交流接触器的外形结构如图 6-16 所示。

2．组成

由图 6-14 可知，交流接触器由以下 4 个部分组成。

① 电磁机构，由线圈、动铁心（衔铁）和静铁心组成。有些接触器采用衔铁直线运动的双 E 型直动式电磁机构，有些接触器采用衔铁绕轴运动的折合式电磁机构。

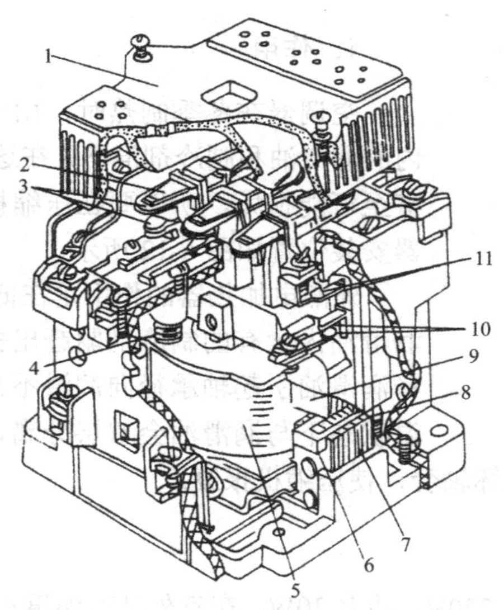

1—灭弧罩；2—触点压力弹簧片；3—主触点；　4—反作用弹簧；5—线圈；6—短路环；7—静铁心；8—弹簧；9—动铁心；10—辅助常开触点；11—辅助常闭触点

图 6-14　交流接触器的外形结构

② 触点系统，包括主触点和辅助触点。主触点用于通断主电路，通常为 3 对（3 极）常开触点。辅助触点用于控制电路，起电气联锁作用，故又称联锁触点，一般有常开、常闭各两对。

③ 灭弧装置。额定电流在 10A 以上的接触器都有灭弧装置。对于小容量的接触器，常用双断口触头灭弧、电动力灭弧、相间弧板隔弧及陶土灭弧罩灭弧；对于大容量的接触器，采用纵缝灭弧罩及栅片灭弧。

④ 其他部件，包括反作用弹簧、缓冲弹簧、触点压力弹簧片、传动机构及外壳等。

3. 工作原理

当线圈通电后，线圈电流产生磁场，使静铁芯产生电磁吸力将衔铁吸合。衔铁带动触点动作，使常闭触点闭合。当线圈断电时，电磁吸力消失，衔铁在反作用弹簧力的作用下释放，各触点随之复位。

4. 检测方法

把万用表的转换开关调到欧姆挡，测量电磁线圈阻值，通常电阻值为几百欧。用万用表测量对应上下触点，用手按下测试按钮，触点应接通，否则触点接触不好，可用砂纸打磨后继续使用。

交流接触器触点打火会造成触点粘连，这会使整机一通电压缩机即运转，应更换触点。另外，触点接触不好会造成接触电流过大，整机出现过电流保护，还可造成缺相，极易烧坏压缩机。

6.1.7 漏电保护器

1. 原理

图 6-15 所示是供单相电源使用的漏电保护器接线图。图 6-16 所示是供三相三线制电源使用的漏电保护器接线图。

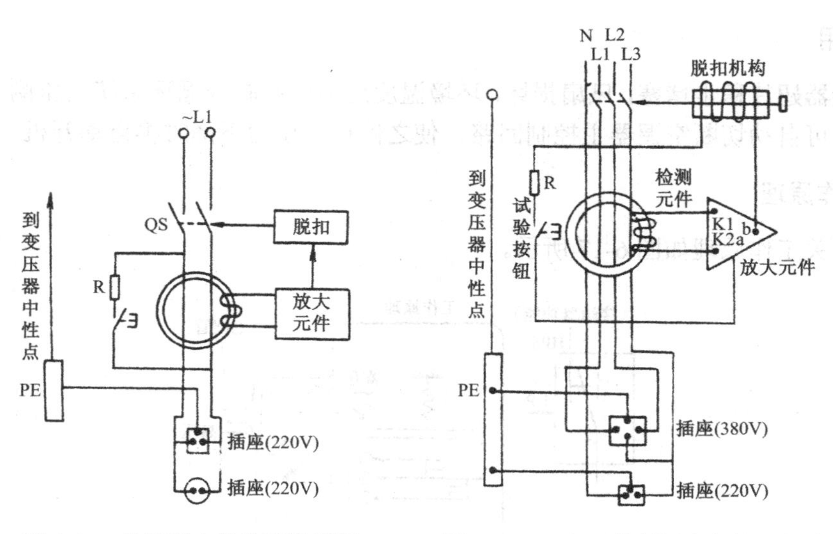

图 6-15　单相漏电保护器接线图　　图 6-16　三相三线制漏电保护器接线图

由图 6-16 可知，电源 L1、L2、L3、N 穿过互感器的环形铁芯构成一次侧。二次线圈和放大元件与主开关脱扣器的脱扣线圈相线相连。在电气设备正常工作情况下，一次侧电流的矢量和为零，在铁芯中的磁通矢量和也为零，二次侧线圈中没有感应电流，放大元件的 K1、K2 间无电压，a、b 间处于截止状态。电气设备发生漏电或人身体触电时，一次侧电流矢量和不为零（多出了一个漏电电流），在铁芯中的磁通的矢量和也不为零；当感应电流达到整定值时，放大元件 K1、K2 之间有电压，a、b 间导通，脱扣器线圈得电动作，主开关跳闸，切断故障电路，从而起到保护人和设备的作用。

2．选用

① 两极电压：220V 用于单相供电，三相 U_e（380V）用于三相三线电路供电，四线 U_e（380/220V）用于三相四线电路供电。

② 在正常工作下，能使保护器必须动作的漏电电流 $I_e>I_{e线}$。

③ 对人有保护作用的动作电流值 $I_e<30mA$。

④ 从出现事故到电源被切断时间应小于 0.1s。

⑤ 对线路有保护作用的 $I_{e线}<50mA$。

3．安装要求

① 在购买漏电保护器时，要到正规商店去购买，这样一般在质量上有保证，而且在使用中如出现问题，可以更换或保修。

② 检查外观是否完好，规格与负载是否相符。

③ 安装时首先要分清上下口，分清哪个是 L 端子，哪个是 N 端子。

④ 分支保护线路独立，N 线自己设，不许跨接相连混用。

⑤ 不得取消设备原有保护接地或接零。

⑥ 禁止在高温、潮湿、粉尘、振动、腐蚀性气体、强磁场场所安装漏电保护器。

⑦ 在室外安装漏电保护器时应防止雨、雪、水，避免溅、砸、撞等。

6.1.8 高压开关

1．作用

当冷凝器翅片积尘堵塞，风扇损坏，环境温度过高引起制冷循环系统高压侧压力过高时，高压开关即可自动切断空调器主控制回路，使之停机，压力下降时再自动开机。

2．工作原理

高压开关工作原理如图 6-17 所示。

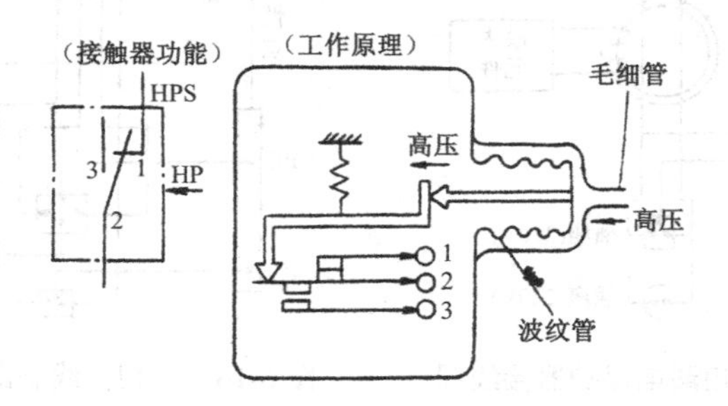

图 6-17 高压开关工作原理

由图 6-17 可知，在机体内有一个波纹管和一个毛细管。毛细管连接于制冷循环的高压侧（压缩机的出口侧），用于检测高压。当高压侧的压力过高时波纹管受压，进而压迫工作板，打开接触点，关断压缩机，如充灌过量或系统含有空气等关闭压缩机。高压开关的工作压力是根据安全标准设立的，它由冷凝器的冷却方式决定。安全标准规定压力开关的工作压力应该低于制冷循环高压侧的设计压力，因此，不允许改变工作点。

3．检测方法

用万用表的电阻挡测量高压开关的接线端子，正常时应不通，如导通，则说明高压开关处于工作状态，制冷系统压力过高。这时一定要立即检查故障原因，并排除故障。

6.1.9　四通阀线圈

1．原理

四通阀通过控制电磁线圈电流的通断，启闭左或右阀塞，使左或右毛细管控制阀体两侧的压力形成压力差。阀体中的滑块在压力差的作用下向左侧或右侧移动，从而改变制冷剂的流向，达到系统制冷或制热转换的目的。

2．检测方法

① 用万用表的电阻挡测量四通阀线圈，电阻值应约为680Ω。若测量线圈电阻值为零，则判定线圈短路；若测量线圈电阻值为无穷大，则说明线圈断路。

② 开机状态下，用万用表电阻挡测量四通阀线圈两端电压。如果有交流220V电压，而四通阀不换向，则判定四通阀体中的滑块卡住或左右毛细管堵塞；如果两端无交流220V电压，则判定四通阀线圈控制电路有故障。

6.1.10　电磁单向阀

1．原理

电磁单向阀线圈是由漆包线绕制的一种电感元件，能在通电状态下形成电磁场，使单向阀内部阀心动作，接通管路，在短时间内起到系统导通及卸压作用。

2．检测方法

用万用表测量单向阀线圈阻值应为680Ω左右，如果线圈阻值为无穷大，说明线圈断路。单向阀不能动作会造成系统过压或启动困难。

6.1.11　换气电动机

1．作用

空调器上的换气电动机目前多采用直流电动机，其作用是由电动机转动扇叶，使室内外空气形成压力差，达到换气的目的，提高室内的空气质量。

2．故障判断及处理方法

（1）不能换气

① 测量直流12V电压是否送入换气电动机，如果没有，应检查供电电路。

② 测量驱动块控制端是否有微电脑控制板的信号，如有，说明驱动块损坏，应更换驱动块。

③ 测量换气电动机绕组的电阻值，通常应为900～1000Ω，如不在正常范围内，则更换电动机。

（2）换气量不足

① 检查换气电动机空气进口是否堵塞，如有，清除即可。

② 检查扇叶是否损坏，如有，则更换扇叶。

③ 检查电动机绕组是否局部断路，如有，则更换电动机。

6.1.12 同步电动机

1. 原理

同步电动机主要用于柜式空调器室内机导风板导风，其工作电压为交流220V。当微电脑控制板发出导风信号后，微电脑控制板上的继电器吸合，直接给同步电动机提供电源，使其进入导风状态。

2. 检测方法

如果同步电动机不工作，可用万用表交流250V电压挡检测连接插件是否有交流220V电压。如无，则判定微电脑控制板有故障；如有，则判定同步电动机损坏。

6.1.13 负离子发生器

1. 作用

负离子发生器产生的负离子与细菌结合后能使细菌发生结构的改变或能量的转移，导致细菌死亡，不再形成菌种，起到清洁空气的作用。

2. 检测方法

负离子发生器工作时，其束状的碳纤化合物上的高压电产生的大量负离子，有两种方法可以检测到。一种方法是使用专用的负离子检测板。当负离子发生器正常工作时，检测板上的灯会闪烁，证明负离子发生正常。另一种方法是用试电笔检测。当负离子发生器工作时，试电笔中的氖泡便会闪烁，说明负离子发生正常。

 **注意**

用以上两种方法检测负离子发生器时，检测工具应尽可能接近负离子发生器。负离子发生器的工作电压为交流220V，可直接用万用表检测负离子发生器两端的电压。

6.1.14 高压静电除尘器

1. 作用

高压静电除尘器具有强力除尘，净化空气，保持空气清新的卓越功效，其除尘和集尘效率达80%。

2. 故障检测

测量高压静电除尘器时，可卸下室内机外壳，拔下除尘器插件，用万用表的电阻挡测量其电阻值。如不是绝缘（阻值很大）的状态，则说明电路有故障；否则，除尘器有故障。

6.1.15 电磁旁通阀

1．作用

电磁旁通阀主要用于柜式空调器制冷系统中。通电后阀心被电磁力向上吸动，阀门打开；断电后阀心在自重和压簧力的作用下使阀门关闭。电磁旁通阀主要作用如下：

① 高温减负荷运行。空调器在超高温环境下运行时，压缩机处于严重超负荷状态。当负荷超过设定值时，旁通阀导通，把部分高温高压制冷剂蒸气送入压缩机吸气管，从而降低了压缩机负荷，改善了压缩机的运行条件。

② 炎夏用于除湿。在炎夏空调器除湿时，电磁旁通阀可将系统中的部分制冷剂直接送入压缩机吸气管，以减小蒸发器管内制冷剂的流量，从而降低蒸发器的制冷量，使大部分制冷剂用于除湿。

③ 冬季用于除霜。电磁旁通阀用于除霜时，进液口接压缩机排气管，出液口接室外换热器进气口。电磁旁通阀打开后，可把压缩机排出的高温高压蒸气直接送入室外换热器帮助除霜，提高了空调器除霜效率，弥补了除霜不净的缺点。

2．检测

① 电磁旁通阀不导通，用手摸进出铜管温度应相同。如果两端有温差，可用万用表的交流电压挡测旁通阀线圈。如两个接线端子无交流 220V 电压，可判定电磁旁通阀内漏；如有电压，则说明电磁旁通阀良好。

② 用万用表的电阻挡测量电磁旁通阀线圈电阻值应在 450～600Ω之间。如果测得的阻值为无穷大，可判定线圈断路；如果测量的阻值过小，则说明线圈短路。

6.1.16 薄膜按键开关

薄膜按键开关是 20 世纪末发展起来的新一代电子开关，它外形美观，色彩鲜艳，安装连接方便，具有防火、防油、防尘，以及防有害气体腐蚀等优点。目前大多数空调器均采用此开关。

1．组成

薄膜按键开关由多层薄膜或薄板粘合而成，外观为薄片状，厚度为 0.9～2.6mm，在其表面上设置了若干个密封层。

2．特点

当手指没有触摸按键时，隔离层把顶层与底层两个导电触点分开，开关处于断开状态。当手指轻触按键开关时，开关内部薄膜轻微变形，使顶层触点与底层触点接触，开关处于接通状态。薄膜按键开关是一种较先进的无自锁的按键开关。

3．检测

把万用表的选择开关调整到电阻挡，测量按键端线。按下按键时，如指针指零，说明按键开关良好；如指针指无穷大，说明按键开关内部断路，应更换。

6.1.17 密封接线柱

封闭式压缩机把压缩机与电动机装在一个封闭的泵壳内，所以，需要设置电动机与电源的密封接线柱（密封端子）。

空调器上使用的封闭式压缩机，其使用温度变化范围大，泵壳内压力高，还要承受震动和运输过程中的冲击，故密封接线柱（密封端子）必须满足这些特殊的要求。密封接线柱（密封端子）装在机壳上的方法，大致分为软钎焊式、焊接式两种。端子的电极数为3根、4根、5根等（5根中有两根为过热保护）。密封接线柱按照压缩机的容量、安装部位的形状和接线方法分别加以分类使用。

1. 组成

密封接线柱由接头、接线柱、绝缘层、罩子四部分组成，如图6-18所示。

由图6-18可知，罩子像凸缘的帽状，接线柱外部接电源，内部接电动机引线，把电源引入压缩机内。接线柱标准直径在 2.3～3.2mm 之间，材质为铁、铬或在中心部位插入铜芯，以加大电流容量。

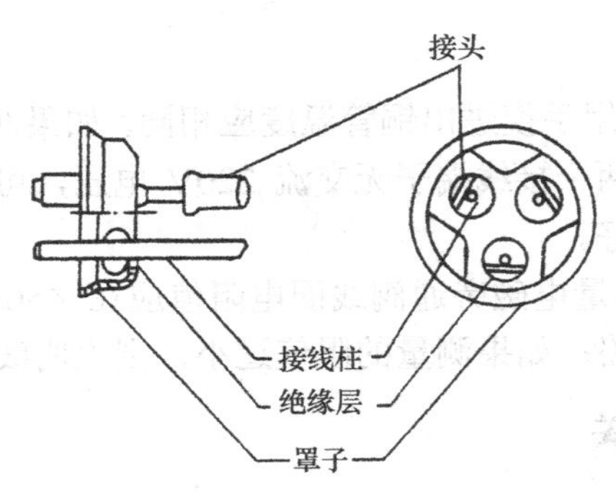

图6-18 密封接线柱的结构

绝缘层材料为玻璃或陶瓷。它既用来固定接线柱，又是电绝缘体，还是密封填料。它应能充分承受剧烈的温度变化和机壳内压力的振动，应有良好的密封性，应有与罩子和接线柱接近的膨胀系数，能与罩子和接线柱保持牢固的熔接密封状态。

2. 对密封接线柱的要求

① 绝缘电阻值。对于端子单体，使用 500V 兆欧表测量罩子与引线间应保持 2MΩ以上的绝缘电阻值。

② 绝缘强度。在罩子和接线柱间施加 50Hz/2500V 的正弦交流电压 1s，不得发生击穿等异常现象。

③ 耐压要求。密封接线柱能充分承受压缩机的内部压力，且不应出现端子变形，绝缘层变形，接线柱松动和向外部泄漏现象（表压约 2.2MPa）。

④ 热冲击性。为了耐受压缩机内的制冷剂液引起的急剧冷却和端子焊接时的热冲击性，把端子在液氮和沸腾水中交替浸没数次，应不出现泄漏等异常现象；将端子从室温升到 360℃，加热 16s 左右，再冷却至室温，应不出现泄漏等异常现象。

⑤ 耐油、耐制冷剂性。将端子放入溶解了制冷剂的空调器机油混合液中进行密封后，在100℃温度下加热 100h，不能有电气绝缘功能降低和气密性下降的现象。

⑥ 焊接强度。抗拉强度在 5MPa 以上。

6.1.18　步进电动机

步进电动机在空调器中主要用来控制分体壁挂式空调器的风栅，使风向能自动循环控制，使气流分布均匀。

步进电动机是一种运行精度高，控制特性好的执行部件，它受电脉冲驱动，每接收一组脉冲，转子就移动一个位置。移动的步距可以很小。

1．特点

① 系统控制惯性小，速度较快。

② 抗电磁干扰能力强。

③ 转动的角度和速度控制准确，调速范围宽，定位精度高。

2．控制原理

步进电动机供电相序及电路如图 6-19 所示。

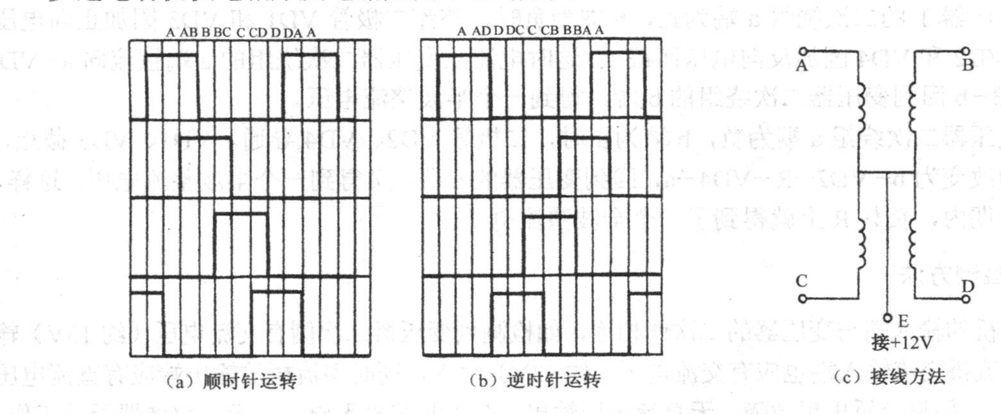

(a) 顺时针运转　(b) 逆时针运转　(c) 接线方法

图 6-19　步进电动机供电相序及电路

(1) 控制电路测量

将电动机插件插到控制板上，测量电动机电源电压及电源线与各相之间（E 端与 A,B 端等）的相电压（额定电压为 12V 的电动机相电压约为 4.2V，额定电压为 5V 的电动机相电压约为 1.6V），若电源电压或相电压有异常，则说明控制电路损坏，应更换控制板。

(2) 绕组测量

拔下电动机插件，用万用表测量每相绕组的电阻值（额定电压为 12V 的电动机每相电阻值为 260～400Ω，额定电压为 5V 的电动机每相电阻值为 80～100Ω），若某相电阻值太大或太小，则说明该电动机绕组已损坏。

(3) 电动机传动部分卡住或严重打齿

用旋轴手柄使电动机输出轴慢慢旋转，观察齿轮运转情况：若有卡点，说明该电动机传动部分有杂物，清洗后可排除；若旋转中有跳齿或空转现象，则可判定该电动机严重打齿。

6.1.19　整流桥

空调器的供电是交流 380V/50Hz 或 220V/50Hz 市电，但空调器的电子控制电路却需要

+18V、+12V、+5V 直流电压，这个问题必须通过整流来解决。

1. 构成

单向桥式整流电路由 4 个晶体二极管接成电桥形式，故称为桥式整流，如图 6-42 所示。

由图 6-20 可知，VD1、VD2、VD3、VD4 构成电桥的 4 个桥臂，电桥一个对角线接电源变压器的二次绕组，另一对角线接负载 R。

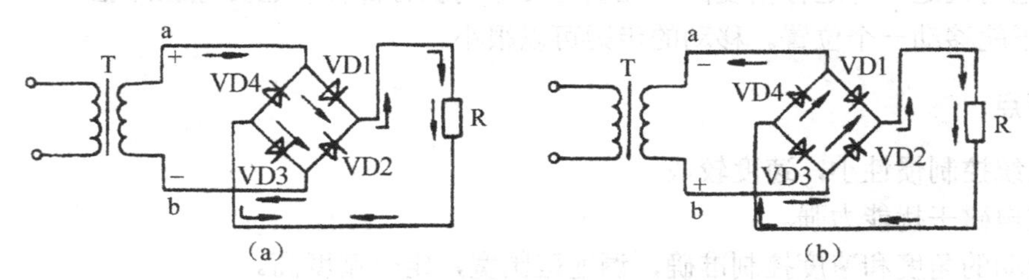

图 6-20 桥式整流电路

2. 工作原理

当变压器 T 的二次绕组 a 端为正，b 端为负时，整流二极管 VD1 和 VD3 因加正向电压而导通，VD2 和 VD4 因加反向电压而截止，这时电流从变压器二次绕组的 a 端按流向 a—VDl—R—VD3—b 回到变压器二次绕组的 b 端，得到一个半波整流电压。

当变压器二次绕组 a 端为负，b 端为正时，二极管 VD2、VD4 导通，VD1、VD3 截止，电流流向改变为 b—VD2—R—VD4—a，回到变压器的 a 端，又得到一个半波整流电压。这样，在一个周期内，负载 R 上就得到了一个全波整流电压。

3. 检测方法

整流桥的输入端与变压器的二次侧相连，如检测到变压器二次侧有交流电压（约 13V）输出，则整流桥交流输入端也应有交流电压（约 13V）输入，同时整流桥的输出端应有直流电压（约 16V）。如整流桥出现故障，无直流电压输出，会引起整机无电源显示，空调器无法工作。

6.2 电子器件

6.2.1 电阻

电阻值用欧姆（Ω）做单位，常用单位还有千欧（kΩ）、兆欧（MΩ），三者之间的换算关系是：$1M\Omega=10^3k\Omega$，$1k\Omega=10^3\Omega$。

1. 固定电阻

（1）结构

电阻由电阻体、基体（骨架）、引线等构成。按电阻体材料可分为碳膜电阻、金属膜电阻、线绕电阻、氧化膜电阻等。

（2）图形符号

电阻的电路图形符号如图 6-21 所示。

（3）用途

在电路中，电阻常用于降低电压，限制电流，组成分压器和分流器等。

（4）检测方法

① 测量前，把万用表转换开关调到电阻挡，挡位选择应尽量使指针在刻度线中间范围，此时测出的电阻值较准确。

② 测量中，每换一个挡位，都应该重新调零。

③ 测量时，应断开其他关联连线，双手不要同时触及被测电阻的两个引出线，以免造成测量误差。

2．热敏电阻

（1）结构

热敏电阻体采用单晶或多晶的半导体材料制成，是一种半导体电阻器。

（2）基本特性

热敏电阻的电阻值随温度变化而变化，是一种热电变换元件。

（3）图形符号

热敏电阻的电路图形符号如图 6-22 所示。

图 6-21　电阻的电路图形符号　　图 6-22　热敏电阻的电路图形符号

（4）用途

热敏电阻主要用于对温度的感应和测量，使电路对温度进行控制和补偿。

（5）种类

热敏电阻按阻值随温度变化的特性分为两种：正温度系数型，随温度升高而阻值增大；负温度系数型，随温度升高而阻值减小。

（6）检测

热敏电阻可用万用表电阻挡检测。检测时应注意，热敏电阻的标称值是指它在常温（25℃）时的电阻值，当温度变化时，其阻值随之而变，并满足关系式

$$R=R_{25℃}+a\,(t-25℃)$$

式中　a——温度系数；

t——工作温度，单位为℃；

$R_{25℃}$——标称值，单位为Ω。

若达不到标称值，说明电阻值漂移，维修时可采用激活法或更换法修复。

3．压敏电阻

（1）作用

压敏电阻是电氧化亚铝及碳化硅烧结体，在空调器的控制电路中，主要起过电压保护作用。

压敏电阻并接在熔丝管的后侧两端，用来保护印制电路板上的元件，防止来自电源线上的反常高压，以及雷电感应的电流破坏元器件。

（2）特性

压敏电阻的导电性能是非线性的，当压敏电阻两端所加电压低于其标称电压值时，其内

部阻抗非常大，接近于开路状态，只有极微小的漏电电流通过，功耗甚微，对空调器外电路无影响；当外加电压高于标称电压值时，电阻变小迅速放电，响应时间在纳秒级。它承受电流的能力非常惊人，而且不会产生续流和放电延迟现象。

（3）原理

压敏电阻是一种在某一电压范围内导电性能随电压的增加而急剧增大的一种敏感元件。

（4）压敏电阻符号命名

压敏电阻通常称为浪涌吸收器，图 6-23(a)所示为国际规定压敏电阻的图形符号，图 6-23(b)所示为国内常用压敏电阻图形符号，图 6-23(c)和图 6-23(d)所示分别为日本和其他国家所采用的压敏电阻图形符号。

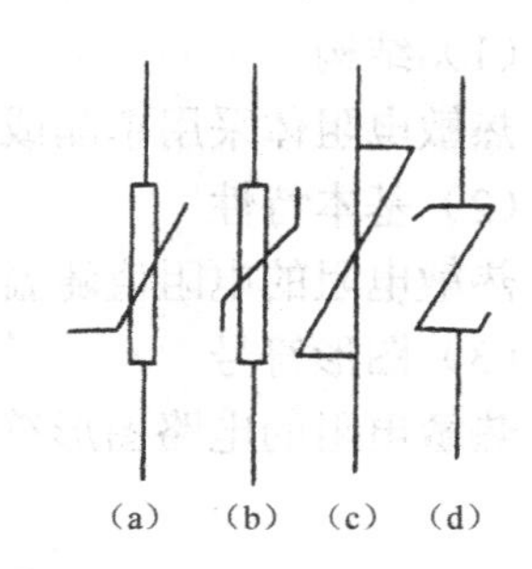

图 6-23　压敏电阻图形符号

（5）直观判断

① 压敏电阻如果损坏，从外观上可以看出，通常会开裂或发黑。

② 压敏电阻如损坏，熔丝管熔丝必断。

（6）检测方法

用万用表 $R\times1$ 或 $R\times1\text{k}$ 挡测量压敏电阻两脚电阻值，如果阻值为无穷大，则压敏电阻良好；如果阻值为零，则可判定损坏。如果压敏电阻漏电，可通过排除外围元件来确定。

注意

压敏电阻是一个不可修复的元件，如果损坏要及时更换。有的维修人员发现压敏电阻击穿，就用钳子把压敏电阻去掉，这样做不可取，万一电压瞬间过高容易烧坏控制板。

6.2.2　二极管

1．普通二极管

（1）结构和符号

二极管由一个 PN 结、电极引线和密封管壳构成。二极管的结构及电路图形符号如图 6-24 所示。

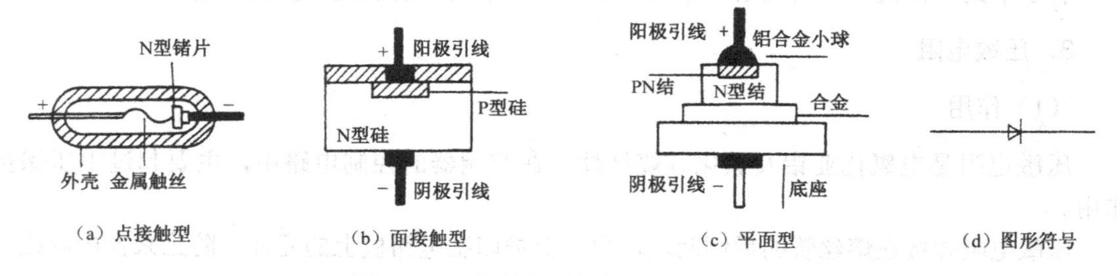

图 6-24　二极管的结构及电路图形符号

（2）二极管特点

在二极管正极加正电压，负极加负电压，称二极管外加正向电压，这时二极管有电流流过，处于导通状态；在二极管正极加负电压，负极加正电压，称二极管外加反向电压，这时二极管无电流流过，处于截止状态。这种特性就是二极管的单向导电性。

（3）二极管伏-安特性

① 正向特性曲线。正向电压很低时，流过二极管的电流非常小，通常称这个区域为死区。硅二极管的死区电压约为0.5V，锗二极管的死区电压约为0.2V。在实际应用中，当二极管外加正向电压小于死区电压值时，认为二极管正向电流为零，不导通；当二极管外加正向电压大于死区电压值后，正向电流明显增加，二极管处于导通状态，而且此时管子两端电压降变化不大，硅管为0.6～0.7V，锗管为0.2～0.3V。

② 反向特性曲线。当二极管外加反向电压时，只有微弱的反向饱和电流（很小，nA级）流过二极管，二极管处于截止状态；二极管外加反向电压增大到一定数值后，反向电流突然增大，这种现象称为二极管反向击穿。这种情况若不加以限制，容易造成二极管损坏。

（4）用途

由于二极管具有单向导电的特性，电路中常用它进行整流或检波等。

（5）检测

① 用万用表判别二极管极性，方法是将万用表置R×100或R×1k欧姆挡，表笔分别接二极管两极，测出其正反向电阻值。其中测出电阻值小的一次，黑表笔所接为二极管正极，红表笔所接为二极管负极。

② 用万用表判别二极管的好坏，方法是若两次测出的阻值都小，说明二极管单向导电性能不好；若两次测出的阻值都为0，说明二极管内部短路；若两次测出的阻值都为无穷大，说明二极管内部断路。

2．稳压二极管

（1）稳压原理

从对二极管的伏-安特性分析可知，二极管外加的反向电压增大到一定值时，反向电流会突然增大，二极管将反向击穿。但只要这时的反向电流不超过二极管的允许值，也就是仅发生电击穿而不产生热击穿，管子是不会损坏的。同时，反向电流大范围变化时，管子两端的电压变化却很小。二极管反向击穿时的这种伏-安特性就是稳压二极管的工作原理。

（2）结构和符号

稳压二极管结构与普通二极管基本相同。由于硅管的热稳定性比锗管好，所以，稳压二极管都采用硅管。由于稳压二极管是利用二极管反向击穿区域工作的，所以负极应接在电路中的高电位端。稳压二极管在电路中的图形符号如图6-25所示。

3．发光二极管

（1）结构和符号

发光二极管是由半导体材料磷化镓等制成的一种晶体二极管。其电路图形符号如图6-26所示。

图6-25 稳压二极管的电路图形符号

图6-26 发光二极管的电路图形符号

（2）基本特性

在外加正向电压达到发光二极管的导通电压（一般为1.7～2.5V）时，发光二极管有电流流过并随之发光。按发出光的类型，发光二极管可分为发激光二极管、发红外光二极管、发可见光（红、绿、黄）二极管、双色发光二极管。发光二极管工作电流值为5～10mA（不能超过25mA），所以在发光二极管的电路中一定要串联限流电阻。

（3）检测

将万用表转换开关置于R×10k欧姆挡，两表笔分别接发光二极管两极，测量其正反向电阻值。一般正向电阻值小于50kΩ，反向电阻值大于210kΩ为正常。

4. 光电二极管

（1）结构和符号

光电二极管内部结构与普通二极管同，但在封保护外壳时上部采用透光材料，使外界光线可照射到管芯上。光电二极管的电路图形符号如图6-27所示。

（2）基本特性

光电二极管无光照时反向电阻值很大，有光照时反向电阻值随光照的增强而减小，是一种能把光照强弱变化转换成电信号的晶体二极管。

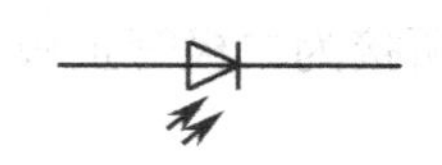

图6-27 光电二极管的电路图形符号

（3）检测

光电二极管可用万用表电阻挡检测。光电二极管的正向电阻值不随光照而变化，约为几千欧；其反向电阻值在无光照时大于200kΩ，有光照时电阻值减小，光线越强，阻值越小，最小仅为几百欧。去除光照时，反向阻值立即恢复原来的数值。

6.2.3 晶体管

（1）基本特性

晶体管是所有元器件中最重要的器件，其基本特性是电流放大作用。

（2）晶体管的主要参数

晶体管的主要参数有电流放大倍数β、穿透电流I_{CEO}、最大集电极电流I_{CM}、集电极最大耗散功率P_{CM}、耐压值BV_{ceo}等。在功率比较大，电压比较高的电路中，要特别注意P_{CM}、BV_{ceo}两参数的选择。当晶体管的管壳温度较高时（烫手的程度），可用散热片散热。

（3）晶体管的检测

检测晶体管时首先要区分e、b、c三个引脚。第一步先确定基极b。万用表拨在R×1k或R×100挡，红表笔接一假定的基极，黑表笔分别接另外两管脚，如阻值都很小（或都很大），对调表笔后再测，两阻值都很大（或都很小）时，先前的假定就是正确的。找到基极后要确定管型，如黑表笔接b，红表笔接另外两脚时阻值都很小，该管即为NPN型；如果阻值大，则是PNP型。最后辨别e和c。以NPN型为例，先假定某脚为c，在假定c和b之间接一电阻（可用人体电阻），黑表笔接假定c，红表笔接假定e，读出此时的阻值R_1。再假定另一脚为c′，重复上述步骤，读出另一阻值R_2。如果$R_1<R_2$，则第一次假定的c是集电极；$R_1>R_2$，则第二次假定的c′是集电极。若是PNP型管，只需将两表笔对调即可。近年来使用的晶体管多为塑封管，外引脚排列无固定规律，管壳上也无辨认标记，甚至同一型号的管子引脚排列都不同，只能在使用时认真鉴别。

外引脚确定之后测量晶体管的β值。万用表拨到h_{FE}挡，晶体管插入相应的测试孔，注意管型、引脚不能插错，两表笔不能相碰，就能在表盘的 h_{FE} 刻度线上直接读出该管β值。β值并非越大越好，一般选用 30～300 倍中β值管为宜。

最后检查晶体管的穿透电流大小。现在普遍使用的是硅晶体管，穿透电流应极小。检查方法是：基极悬空，用 $R\times1$k 挡测量 c、e 之间的正反向电阻值，都应为无穷大。指针稍有摆动就应换新。

以下三种情况应更换晶体管：一是性能不良或老化变质，表现为 be 结或 bc 结反向电阻值变小，穿透电流变大或值过低；二是击穿短路性损坏，be 结或 bc 结正反向电阻值都趋于零；三是开路性损坏，be 结正反向电阻值均为无穷大。

6.2.4 晶闸管

晶闸管俗称可控硅，有单向晶闸管和双向晶闸管之分。

1. 单向晶闸管

单向晶闸管有阳极 A、阴极 K 和门极 G 三个电极，A 接高电位，K 接低电位。当 G 悬空或接地时，截止无电流流过，A、K 间相当于开路。G 极只要加一个微弱的正脉冲触发一下，晶闸管即导通，A、K 间相当于一个很小的电阻，使很强的电流由 A 流向 K。检测时，把万用表转换开关调到 $R\times1$ 挡，黑表笔接 A 极，红表笔接 K 极，阻值为无穷大，此时表笔不动，使 G 极与 A 极碰一下，A、K 间阻值变得很小并维持导通状态，说明该晶闸管完好。

2. 双向晶闸管

（1）结构

双向晶闸管是由 N–P–N–P–N 五层半导体构成的三端结构元件，引出的 3 个电极分别称为主电极 A1、A2 和门极 G。

（2）基本特性

无论触发信号和主电极之间的电压极性如何，只要同时存在触发信号（可正可负）和主电极间电压（可正可负），双向晶闸管均导通。

（3）用途

双向晶闸管能用小信号功率控制大输出功率，且具有正反两个方向都能控制导通的特性，是一种十分理想的无触点开关元件，在控温、调速、调光等方面得到了广泛的应用。

（4）检测方法

① 将万用表置于 $R\times1$k 挡，两表笔接 A1 和 A2 两端，调换位置各测一次。两次测出的电阻值都应为无穷大。

② 将万用表置于 $R\times1$ 挡，黑表笔接 A1，红表笔接 A2，将门极 G 与 A2 短接一下后离开，万用表应保持读数（如 30Ω）。调换两表笔，再次将门极 G 与 A2 短接一下后离开，万用表指示情况同上。如两次检测情况相同，表示晶闸管是好的。

③ 对功率较大或较小而质量较差的双向晶闸管，可将万用表黑表笔串接 1.5V 电池后再按②的方法测量判断。

6.2.5 电容器

电容器是储存电荷的元件，按频率特性可分为低频电容器和高频电容器，按介质可分为云母电容器、陶瓷电容器和电解电容器等。空调器控制电路使用的主要是陶瓷电容器。电容量和耐压值一般都标注在电容器的外壳上。

1．基本特性

电容器具有充放电能力和隔直流通交流特性，是一种能够储存电场能量的元件。电容器储存电荷的参数是电容量，电容器的容量一般直接标注在其表面上。电容器的容量会随温度变化而变化。对于耦合电容及旁路电容，如果维修时没有相同容量和耐压的配件，在安装位置允许的情况下，代换时容量可适当加大，耐压值选高的。有极性的电解电容器，具有单方向性质，将电解电容器接入电路中时，电容器正极应接电路高电位；极性接反，会使电容器击穿损坏。

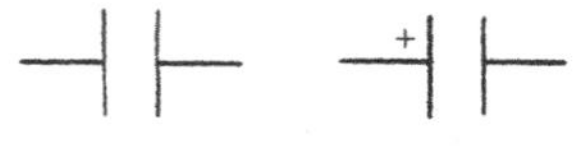

（a）无极性电容　（b）有极性电容

图6-28　电容器的图形符号

2．符号和单位

电容量常用的单位是微法（μF）和皮法（pF），它们与基本单位法拉（F）的换算关系是：$1F=10^6\mu F=10^{12}pF$。电容器的图形符号如图6-28所示。

3．用途

在电路中，电容器常用于调谐、耦合、滤波、隔直流和单相电动机分相等。

4．检测

检测空调器压缩机、风机上使用的启动、运转电容器时，首先用钳子拔下电容器插件，用螺钉旋具的金属部分将电容器的两极短路放电后，再用万用表的$R\times100$挡或$R\times1k$挡检测。如果表笔刚与电容器两接线端子连通时，指针迅速摆动，而后慢慢退回原处，则说明电容器的容量正常，充放电过程良好。这是因为万用表欧姆挡接入瞬间充电电流最大，以后随着充电电流的减小，指针逐渐退回原处。

（1）有极性电解电容器的漏电测量

根据所测电容器容量（如测1000μF、100μF、10μF电容器时，将万用表分别置于$R\times100$, $R\times1k$, $R\times10k$挡），将黑、红表笔分别接触被测电容器的正负极引线。从接通时刻起，万用表的指针会快速地摆动到一定数值（该数值由电容器的容量决定，一般容量大，摆幅大），然后指针渐渐退回到$R=\infty$的位置（退回原位与否取决于电容器的漏电情况）。如果指针退不到∞处，而是停止在某一位置，则指针所指示的阻值是漏电相应的电阻值，电阻值越小，漏电越大。

（2）无极性电容器漏电的测量

对于容量较小的无极性电容器，利用万用表可以判断其是否断路、短路，有无漏电，并估计其容量。将万用表置于$R\times1k$挡，用表笔接触电容器的引线（测量一次后表笔互换再测量一次），观察指针有无充电摆动，如有则说明电容器内部无断路。充电摆动后，若指针不能回到∞处，说明该电容器有漏电；若指针的指示电阻值为0，则说明该电容器内部已短路。

（3）滤波电容器

滤波电容器一般加入整流电路中，有正负极之分，所以其检测方法与电解电容器相同。特别注意的是，滤波电容等检测前应首先断电，然后对其进行放电，确定无电荷后，再测量。

6.2.6 反相器

1. 非门

反相器输入高电平时输出为低电平，而输入低电平时输出为高电平。反相器输入与输出间是反相关系，即非逻辑关系，在逻辑电路中也把它称为非门。

实用的反相器电路为保证输入低电平时晶体管能可靠地截止，通常将电路接成如图 6-29 所示的形式。由于增加了电阻 R2 和负电源 *V*ee，当输入低电平（0V）时，晶体管的基极将为负电位，发射结反向偏置，从而保证了晶体管 VT 可靠截止。

2. 与非门

如果把二极管和反相器连接起来，就构成了与非门，如图 6-30 所示。

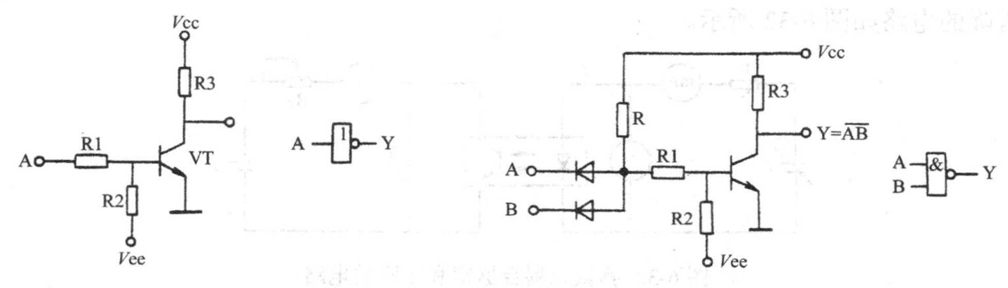

图 6-29　非门电路及逻辑符号　　图 6-30　与非门电路及逻辑符号

常用的反相器的型号有 ULN2003、MC1412，内部均为 7 个独立的反相器，可同时控制 7 路负载，这两种反相器可互换。

反相器的特点是当有高电平输入时，其输出为低电平；当有低电平输入时，其输出为高电平。以控制压缩机运行为例，当 CPU 发出压缩机运行指令时，CPU 输出高电平送到反相器，其输出为低电平，控制压缩机运行的继电器吸合，使压缩机通电运行。

6.2.7 光耦合器

1. 光耦合器的组成

光耦合器又称光隔离器或光耦，是由半导体光敏元件和发光二极管组成的一种器件。它的工作原理是：电信号加到输入端时，发光二极管发光，光耦合器中的光敏元件在此光辐射的作用下控制输出端的电流，从而实现电–光–电的转换。常用的光耦合器的内部电路如图 6-31 所示。

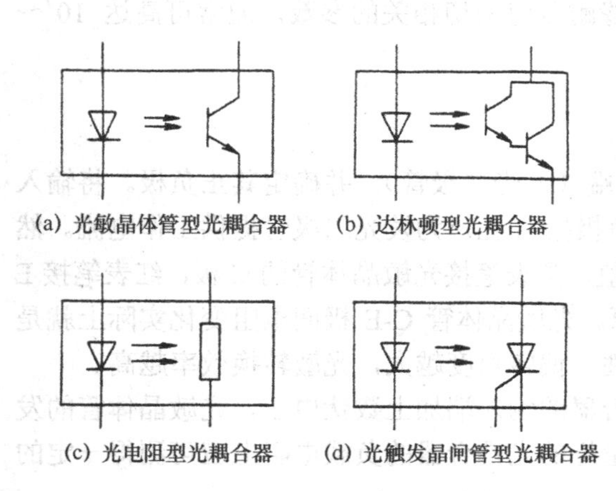
(a) 光敏晶体管型光耦合器　(b) 达林顿型光耦合器

(c) 光电阻型光耦合器　(d) 光触发晶闸管型光耦合器

图 6-31　常用的光耦合器的内部电路

2. 光耦合器的特点

光耦合器的特点是输入端与输出端绝缘，信号单向传递而无反馈影响，抗干扰能力强，响应快，工作稳定可靠，无接触振动引起的噪声。

3．光耦合器的主要技术参数

（1）光电流

向光耦合器的输入端注入一定的工作电流（I_1=10mA），使发光二极管发光，在输出端调节负载电阻（约500Ω）并加一定电压（通常为10V），输出端所产生的电流就是光电流。以光敏晶体管为光敏器件的光耦合器，光电流一般为几毫安。

（2）饱和压降

在输入端注入一定电流（I_1=20mA），输出端加一定电压（10V），调节负载电阻，使输出电流 I_2 饱和（如2mA），此时光耦合器两输出端之间的压降即为饱和压降。通常，光敏晶体管型光耦合器的饱和压降约为0.3V，达林顿型光耦合器的饱和压降约为0.6V。测量光耦合器饱和压降的电路如图6-32所示。

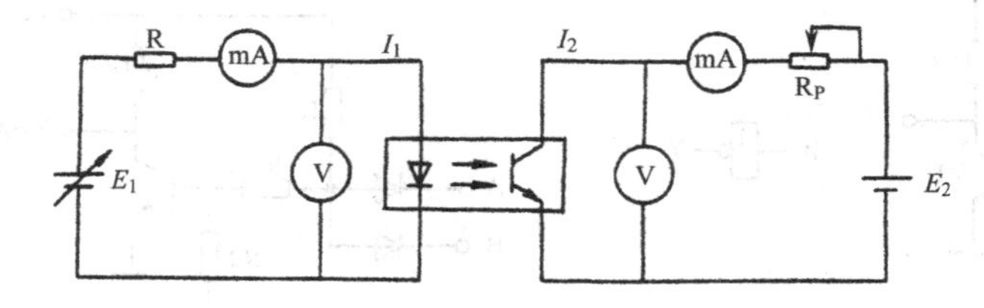

图6-32 测量光耦合器饱和压降的电路

（3）电流传输特性

在直流工作状态下，光耦合器的输出电流与输入电流之比称为电流传输比。电流传输比的大小，表明光耦合器传输信号能力的强弱。在相同输入电流的情况下，电流传输比越大，输出电流值就越大，推动负载能力也越强。电流传输比一般小于1，常用百分数表示。

（4）绝缘耐压值

输入端与输出端之间的绝缘耐压值与发光器件和光敏器件之间的距离有关。当距离增大时，绝缘耐压值提高，但电流传输比降低；反之情况相反。通常光耦合器的绝缘耐压值为几百伏。

（5）绝缘电阻

输入端与输出端之间的绝缘电阻值是与绝缘耐压值密切相关的参数，通常可高达 10^9～10^{13}Ω。

4．光耦合器的检测

① 首先用数字万用表的二极管挡找到输入端（发光二极管），并确定其正负极。将输入端接数字万用表的NPN插孔，正极接C孔，负极接E孔，为发光二极管提供工作电流。然后用指针式万用表的 R×1 挡测量输出端的电阻值。黑表笔接光敏晶体管的C极，红表笔接E极，万用表内1.5V电池作为光敏晶体管的电源。光敏晶体管C-E极间电阻变化实际上就是光电流的变化。指针的偏转可反映电流传输特性，偏转角度越大，光敏转换效率越高。

② 在如图6-32所示的电路中，如果光耦合器的输入端加上数伏电压，光敏晶体管的发射极对地串联一个数千欧的负载电阻，那么质量好的光耦合器的负载电阻上应可测得一定的直流电压。

6.2.8　555 定时器

555 定时器是一种将模拟功能与逻辑功能巧妙地结合在一起的中规模集成电路。电路功能灵活，适用范围广，只要外部配上五六个阻容元件，就可以组成单稳态电路、多谐振荡器或施密特触发器等多种电路，因而，555 定时器在检测、控制、定时报警等方面有广泛的应用。

555 定时器内部电路如图 6-33 所示。555 定时器包括电压比较器 A1 和 A2、RS 触发器、放电晶体管 VT1、复位晶体管 VT2，以及由 3 个阻值为 5kΩ的电阻组成的分压器。

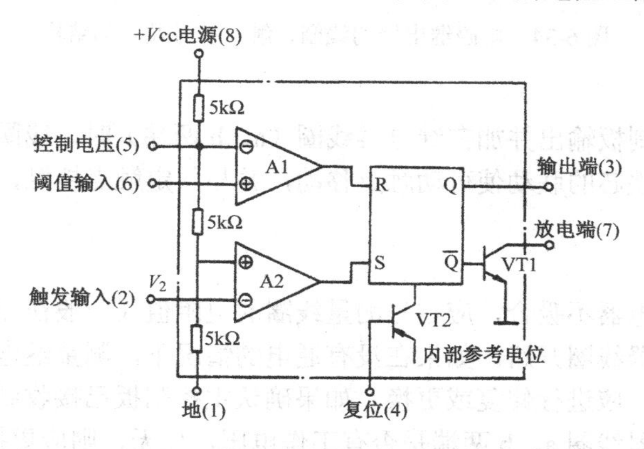

图 6-33　555 定时器内部电路

555 定时器的功能主要是由比较器的输出控制 RS 触发器进而控制放电晶体管 VT1 的状态来实现的。当比较器 A2 的输入电压 V_2 小于 Vcc/3（比较器的参考电压）时，A2 输出为 1，触发器被置位，放电晶体管 VT1 截止。当比较器的阈值输入端电位高于 2Vcc/3（比较器 A1 的参考电压）时，A1 输出为 1，触发器被复位，且放电晶体管 VT1 导通。此外，复位端为低电子（0）时，复位晶体管 VT2 导通，内部参考电位将强制触发器复位，放电晶体管 VT1 导通。

综合上述分析，555 定时器的基本功能如表 6-1 所示。

表 6-1　555 定时器的基本功能

输　入			输　出	
阈值输入	触发输入	复位	输出	放电晶体管 VT1
×	×	0	0	导通
小于 $2V_{cc}/3$	小于 $V_{cc}/3$	1	1	截止
小于 $2V_{cc}/3$	小于 $V_{cc}/3$	1	0	导通
小于 $2V_{cc}/3$	小于 $V_{cc}/3$	1	不变	不变

6.2.9　继电器

1. 电磁继电器

（1）构成

电磁继电器是一种电压控制开关，多用于电气控制系统上。它由一个线圈和一组带触点的簧片组成。电磁继电器的线圈、触点符号及外部结构如图6-34所示。

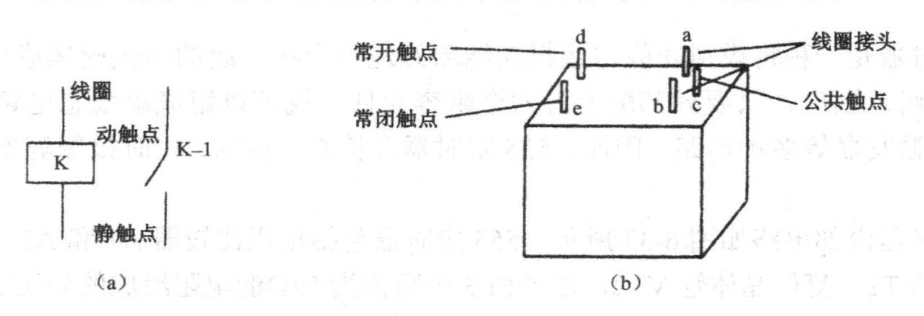

图6-34　电磁继电器的线圈、触点符号及外部结构

（2）工作原理

当交流电压从控制板输出并加在继电器线圈（a、b两端）时，线圈周围产生的磁场使可动铁心动作，而可动铁芯的联动使可动触点移动，并与固定触点接触，接通相应电路启动各部件，使空调器工作。

（3）检测方法

如果空调器的继电器不吸合，应首先测量线圈的电阻值（一般在200Ω左右），如阻值为无穷大，可判定继电器线圈开路。如果在没有通电的情况下，测量继电器触点仍导通，则表示该继电器触点粘连，应进行修复或更换。如果确认主控制板已接收到运转信号，但继电器未吸合，可检测继电器线圈a、b两端是否有工作电压，如无，则应更换主控制板。

6.2.10　三端稳压器

目前，国内生产的三端集成稳压器基本上分为普通稳压器和精密稳压器两类，每一类又可分为固定式和可调式两种形式。

1．外形及引脚功能

普通稳压器将稳压电源的恒压源、放大环节和调整管集成在一块芯片上，使用中只要输入电压比输出电压高3V以上，就可获得稳定的输出电压。普通稳压器外部有3个端子：输入端、输出端和公共地端，其外形及引脚功能如图6-35所示。

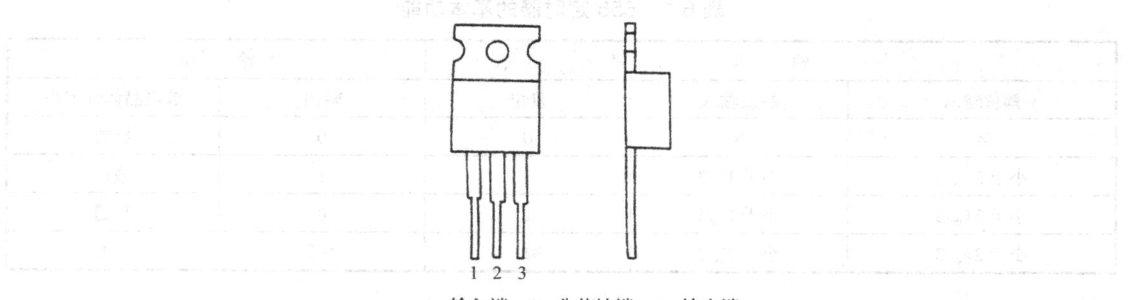

1—输入端；2—公共地端；3—输出端

图6-35　三端稳压器外形及引脚功能

2．检测方法

空调器主芯片的工作电压是由7805三端稳压器提供的，其引脚①、②为输入端，引脚②、③输出稳定的直流5V电压。如果输入电压低于5V，则引脚②、③便可能得不到稳定的5V电压，造成空调器主芯片和整机无法正常工作。在检修工作中，当检测到7805输入端有

电压输入而输出端无电压输出时，说明该部件已损坏，需更换。

6.2.11　石英晶体振荡器

石英晶体振荡器简称晶振，它具有体积小，稳定性好的特点，目前广泛应用于空调器的微电脑芯片的时钟电路中。

1. 工作原理

石英晶体具有压电效应，当把晶体薄片两侧的电极加上电压时，石英晶体就会产生变形；反之，如果外力使石英晶体变形，在两极金属片上又会产生电压。这种特性会使晶体在加上适当的交变电压时产生谐振，而且当所加的交变电压频率恰为晶体固有谐振频率时，其振幅最大。

2. 检测方法

① 用万用表电阻挡测量晶体振荡器输入/输出两引脚电阻值，正常时电阻值应为无穷大，否则判定晶体振荡器损坏。

② 在空调器正常运转情况下，用万用表测量输入引脚，应有 2.8V 左右的直流电压；如果无此电压，可判定晶体振荡器损坏。根据笔者经验，晶体振荡器短路熔丝管必炸。

6.2.12　功率模块

在变频空调器中，功率模块是主控制部件。变频压缩机运转的频率和输出功率，完全由功率模块所输出的电压和频率来控制。功率模块由三组（每组两个）大功率的开关晶体管组成，如图 6-36 所示。

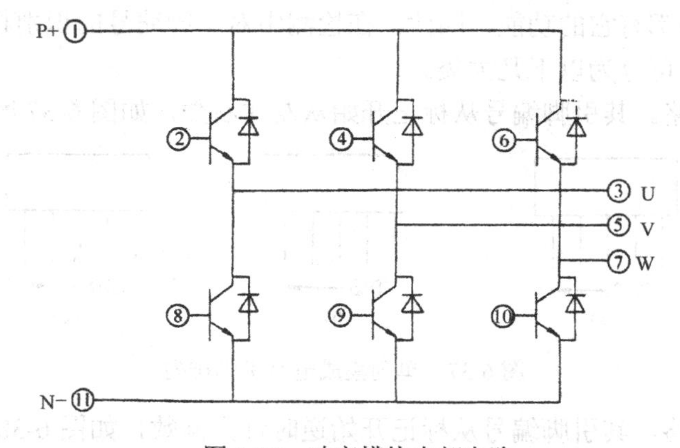

图 6-36　功率模块内部电路

功率模块的工作原理是将直流电压通过 3 组晶体管的开关作用，转变为驱动压缩机工作的三相交流电压。

在维修中，有时称②、④、⑥为上臂，⑧、⑨、⑩为下臂。正常工作时，功率模块输入端（P、N）的直流电压一般在 310V 左右，而输出端（U、V、W）的交流电压一般应高于 200V。如果功率模块输入端无直流 310V 电压，说明提供直流电压的整流滤波电路有故障；如果有直流 310V 电压输入，而功率模块 U、V、W 三相间输出的电压不均等或虽均等但低于 200V，则基本上可判断功率模块有故障或电脑板的控制信号有故障。

在各端未连接的情况下，可用指针式万用表测量U、V、W端与P或N端之间的阻值，以此来判断功率模块的好坏。方法是：红表笔接P端，用黑表笔分别测U、V、W端，阻值应相同；如其中任何一端与P之间的阻值与其他两端不同，则可判定模块已损坏。用黑表笔接N端，红表笔分别测U、V、W端，阻值也应相等；如不相等，则可判断功率模块损坏。损坏的功率模块应进行更换。更换功率模块时，切不可将新模块接近磁铁或带有静电的物体，特别是信号端子的插口，否则极易引起模块内部击穿损坏。

MP6501功率模块的数据如表6-2所示。

表6-2　MP6501功率模块的数据

		3脚-2脚 e b	3脚-1脚 e c	2脚-1脚 b c	5脚-4脚 e c	5脚-1脚 b c	4脚-1脚 b c	7脚-6脚 e b	7脚-1脚 e c	6脚-1脚 b c
上臂	正向	206Ω	5kΩ	5 kΩ	206Ω	5kΩ	5kΩ	206Ω	5kΩ	5kΩ
	反向	206Ω	150 kΩ	150kΩ	206Ω	150kΩ	150kΩ	206Ω	150kΩ	150kΩ
		11脚-8脚 e b	11脚-3脚 e c	8脚-3脚 b c	11脚-9脚 e b	11脚-5脚 e c	9脚-5脚 b c	11脚-10脚 e b	11脚-7脚 e c	10脚 7脚 b c
下臂	正向	206Ω	5kΩ	5kΩ	206Ω	5kΩ	5kΩ	206Ω	5kΩ	5kΩ
	反向	206Ω	150kΩ	150kΩ	206Ω	150kΩ	150kΩ	206Ω	150kΩ	150kΩ
1脚-11脚			正向：11kΩ		反向：120kΩ		用500型万用表，$R\times 1k$挡测量			

6.2.13　集成电路

集成电路内部有通过特殊工艺制造出的众多的电阻、半导体管等元器件，把这些元器件按一定的电路连接起来后封装成一个整体，能实现所需要的电路功能。集成电路的引脚数目较多，而且每个引脚都有它的功能，因此，在检测中对引脚编号的识别相当重要。集成电路按引脚排列的不同，可分为以下几大类。

① 单列集成电路。其引脚编号从标记开始从左往右数，如图6-37所示。

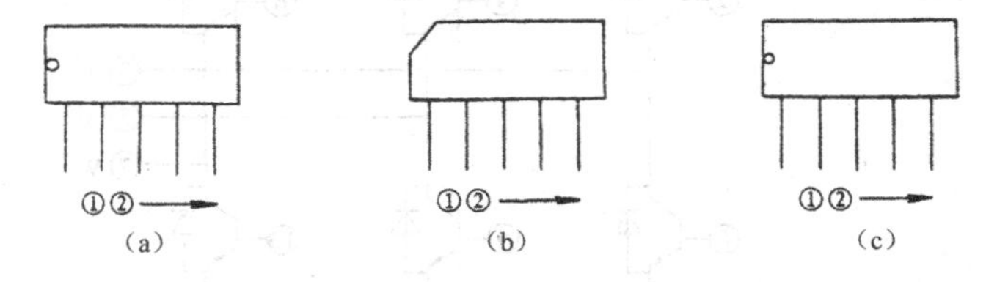

图6-37　单列集成电路引脚排列

② 双列集成电路。其引脚编号从标记开始逆时针方向数，如图6-38所示。

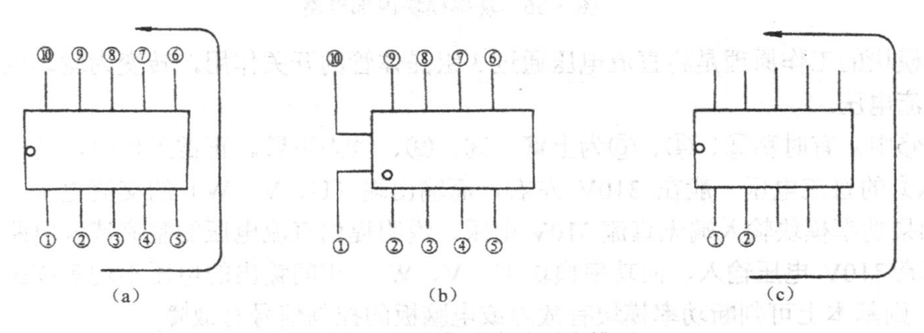

图6-38　双列集成电路引脚排列

③ 四列集成电路。同双列集成电路一样，其引脚编号从标记引出的第一根引脚开始，逆时针方向数，如图 6-39 所示。

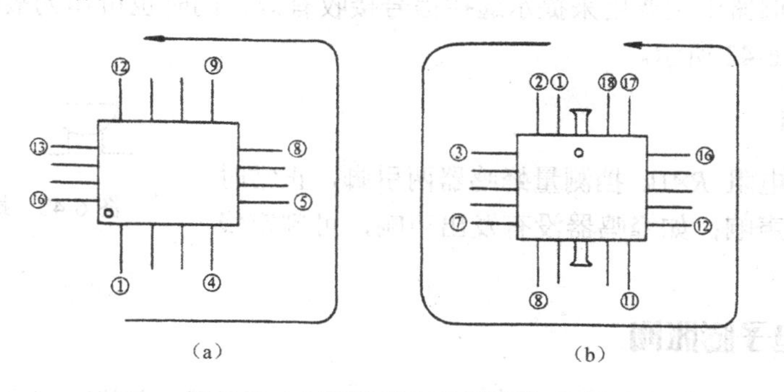

图 6-39　四列集成电路引脚排列

④ 多列集成电路。在集成块上有一个记号，表示出第一根引脚的位置，然后按逆时针方向数，确定其他各引脚的编号，如图 6-40 所示。

⑤ 圆顶封装集成电路。圆顶封装的集成电路采用金属外壳，外形像一个晶体管，如图 6-41 所示。识别时，将凸键向上放，以凸键为起点，顺时针方向数，可确定各引脚编号。

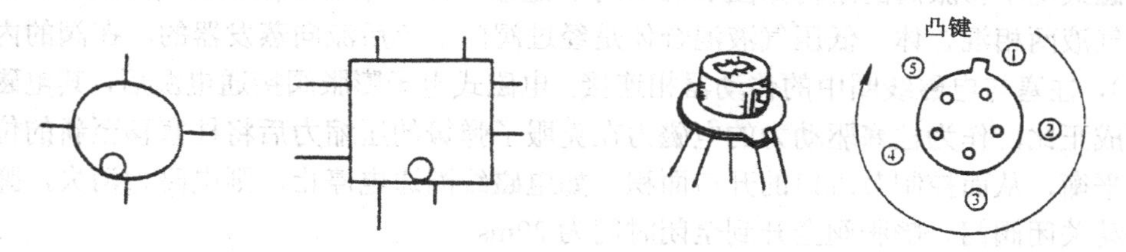

图 6-40　多列集成电路引脚排列　　　图 6-41　圆顶封装集成电路引脚排列

集成电路有无损坏，可用万用表测量各引脚之间的电阻和电压值来初步判断。正常时各引脚端之间应有不同的电阻值及输出电压，这要在具体测试时根据电路图灵活掌握。比较简便的方法是对照法，如测试结果与正常时测出的值不符，就说明内部有故障。

6.2.14　印制电路板的检测

微电脑控制板是空调器的控制中心，它的印制电路板有单层的和多层的。检查时，可用放大镜仔细观察导线连接处有无断裂，或用万用表检测导线有无断路或短路现象。

如果电路板不能正常工作，应首先用万用表检测 7812、7805 三端稳压器是否有正常的输出电压，然后检测各控制继电器是否有 12V 的直流输出。如果电路板上有元器件损坏，更换时应选规格型号一致的元器件。如果找不到完全合适的，应就高不就低，即选耐压值较高，额定功率较大，温升较小的元器件。

6.2.15　蜂鸣器

1．构成

蜂鸣器内部装有陶瓷片，这种陶瓷片是用钛、锆、铅氧化物配制后烧结而成的。

2．作用

蜂鸣器在空调器中主要用来提示遥控信号接收有效，同时也可作为故障报警之用。蜂鸣器图形符号如图6-42所示。

3．检测方法

图6-42　蜂鸣器图形符号

用万用表的电阻 $R\times1k$ 挡测量蜂鸣器两引脚，正常时蜂鸣器应能发出声响；如蜂鸣器没有发出声响，可判定蜂鸣器损坏。

6.2.16　电子膨胀阀

电子膨胀阀是20世纪末我国在空调器领域新开发的产品，它能适应高效制冷剂流量的快速变化，弥补了毛细管节流不能调节制冷剂的缺点，主要应用在变频空调器中。电子膨胀阀目前分电磁式和电动式两种类型。

1．电磁式电子膨胀阀

电磁式电子膨胀阀的结构如图6-43所示，进液口流入来自冷凝器的高压液体，出液口流出低压气液两相混合体。低压气液混合体是经过阀门节流后流向蒸发器的，在阀的内部（图中未示），柱塞与电磁线圈中的传动器相连接，电磁式电子膨胀阀接通电源后，其电磁力与通电电流成正比，作为柱塞驱动力的电磁力在克服了弹簧的压缩力后将柱塞移至新的位置而处于新的平衡，从而控制节流口的开口面积。如电磁线圈通电停止，则电磁力消失，弹簧压迫柱塞移动关闭阀门。膨胀阀全开到全闭时间为20ms。

2．电动式电子膨胀阀

电动式电子膨胀阀采用步进电动机驱动，有直动型和减速型之分。目前家用空调器多采用四相脉冲直动型电子膨胀阀，其结构如图6-44所示。

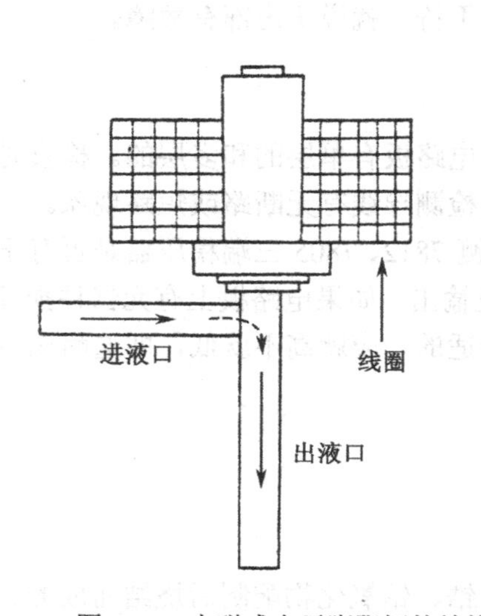

图6-43　电磁式电子膨胀阀的结构

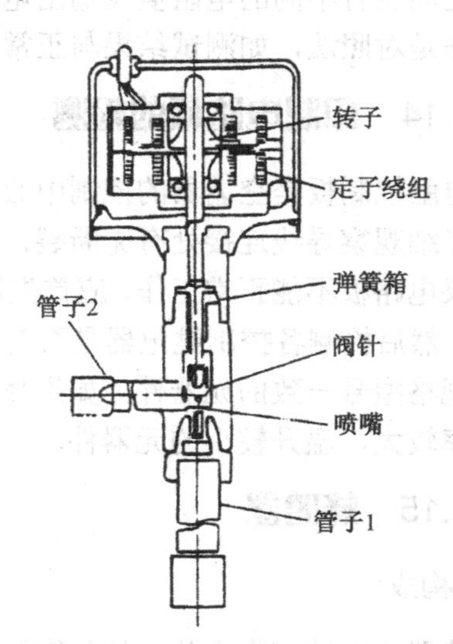

图6-44　电动式电子膨胀阀的结构

电动式电子膨胀阀工作时，控制脉冲电压按规定的逻辑关系作用到电子膨胀阀各相绕组上，使步进电动机带动针阀上升或下降，以控制制冷剂的流量。

3．传感器与微电脑控制

电子膨胀阀的工作是由两个传感器控制的，它们一个贴在蒸发器的出口管道上，一个贴在蒸发器的进口管道上。这两个传感器将温度信息转换为电信号送到微电脑进行处理，然后由微电脑主芯片发出适当的控制信号给电子膨胀阀，以调节阀门开度，如图 6-45 所示。

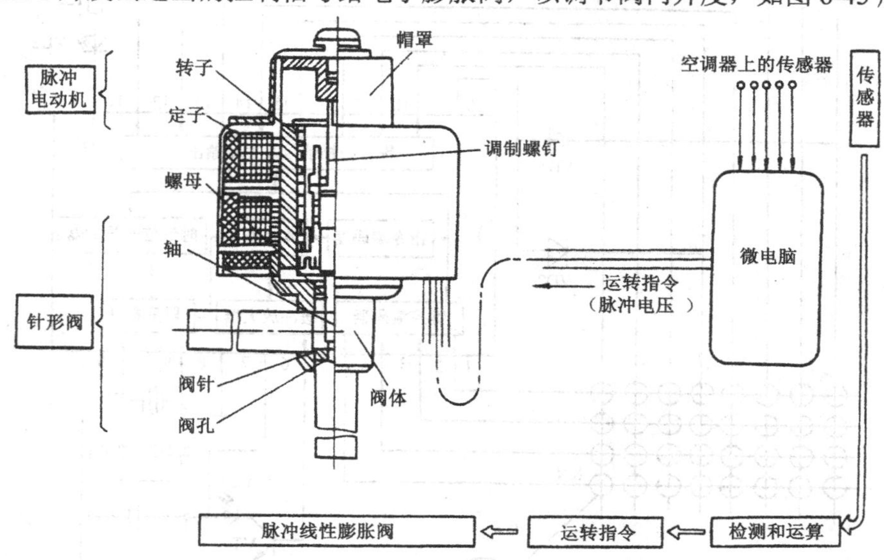

图 6-45　微电脑控制电子膨胀阀

6.3　遥控器

遥控器俗称“手机”。操作者按动遥控器上的按键可使其发出信号，这种信号是一连串的脉冲，它的载波是红外线。接收器收到遥控器发出的红外信号后，经过微电脑解码、比较等处理还原成指令，操作空调器的各个执行元件进行工作。遥控器可分为普通型遥控器、液晶显示遥控器和电话遥控器三种。

6.3.1　普通型遥控器

1．电路组成

普通型遥控器电路如图 6-46 所示。

2．电路分析

（1）电源电路

该电路由两节 7 号电池和电源滤波电容 C 组成。不触摸键时遥控器耗电约 1μA，触摸按键开机时耗电约为 20mA。

（2）功能输入/输出电路

输入电路由开关 K1～KN 组成，遥控器接通电源后，主芯片键位扫描信号从⑫、⑬脚输出，经 K1～KN 选通后，从主芯片①～④脚输入到键控编码器（假定按下功能键 K1，此时键位扫描脉冲信号由主芯片⑫脚输出，经开关K1送至主芯片，键位信号输入到主芯片①脚）。接收到由①～④脚输入的键位信号后由键控编码器的逻辑电路选通指令编码器的地址，使指令编码器输出事先编好的遥控指令码。遥控指令码经调制器、缓冲放大器，最终由主芯片⑤脚输出。

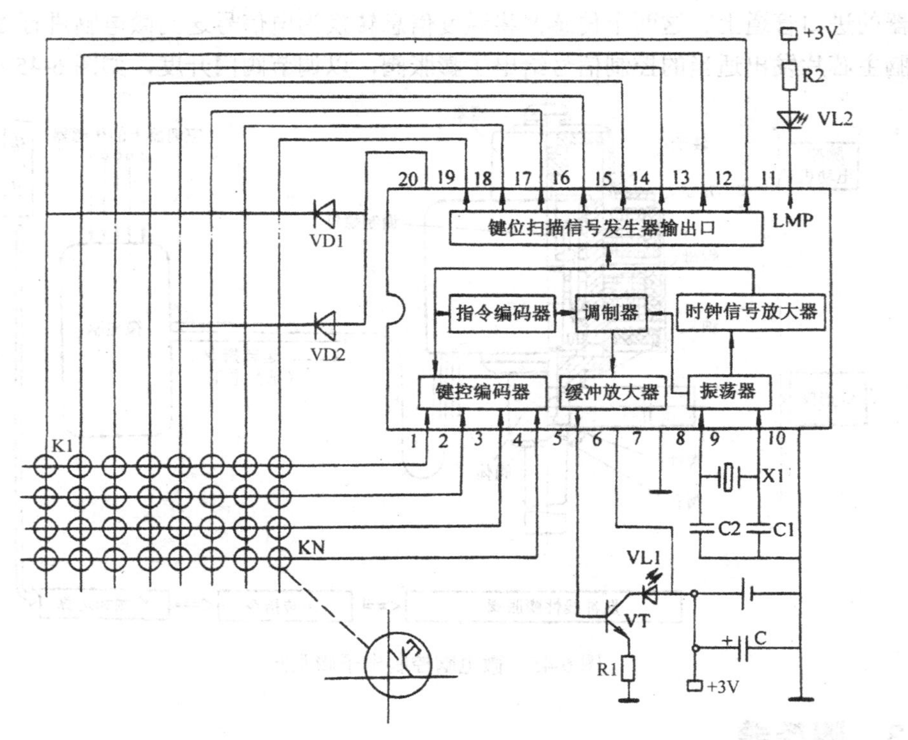

图6-46　普通型遥控器电路

（3）信号指示电路

该电路由发光二极管VL2和限流电阻R2组成。当接通电源主芯片⑪脚输出低电平时，+3V电压经电阻R2、二极管VL2到主芯片⑪脚，使发光二极管VL2发光。

（4）振荡电路

主芯片振荡频率由⑨、⑩脚外接晶振和电容C2、C1组成，晶振频率455kHz经内部分频产生约38.5kHz的载波信号。

（5）防误动作电路

它由主芯片⑳脚与二极管VD1与VD2构成，各空调器厂家是通过这些二极管的不同连接，组成不同的用户码，来防止控制空调器时引起其他电气设备误动作的。

（6）驱动电路

当按下遥控器某按键后，主芯片⑤脚输出的已调制信号经VT放大、VL1转变为红外信号发射出去。电路中，VT为驱动晶体管，VL1为红外发光二极管，R1为负载电阻。

3．故障检测方法

（1）电源电路的检测

若遥控器发射信号后，听不到蜂鸣器声，室内外机不运转，室内机无电源显示，则应首先测量电源插座是否有交流220V电压。如电压正常，可直接操作强启按钮开机。若室内外机能运转且制冷正常，说明故障点在遥控器上，可把遥控器后盖打开，用万用表的直流电压

挡测量电池电压是否在 2.3V 以上，如低于 2.3V，应更换新电池。

（2）晶体振荡器电路的检测

晶体振荡器损坏，遥控器不工作，无红外信号发射。可通过测量晶体振荡器与电容 C1、C2，判断晶体振荡器电路工作是否正常。

（3）发射电路的检测

发射电路有故障，首先把万用表的旋钮转换到 R×1k 挡，测量遥控器的红外发光二极管 VL1 正反向电阻值。若测量的正反向电阻值一样，说明红外发光二极管损坏，可更换同型号的红外发光二极管。如发光二极管 VL1 良好，用手按下遥控开关键，用万用表测量驱动晶体管 VT 基极应有输入电压，如无电压，可判定主芯片有故障。

（4）信号指示电路的检测

用万用表的直流电压挡，测量发光二极管 VL2 两端有无直流+3V 电压，如有，则说明发光二极管 VL2 损坏；如无，则说明故障在主芯片上。

6.3.2 液晶显示遥控器

1. 电路组成

某品牌空调器液晶显示遥控器电路如图 6-47 所示。

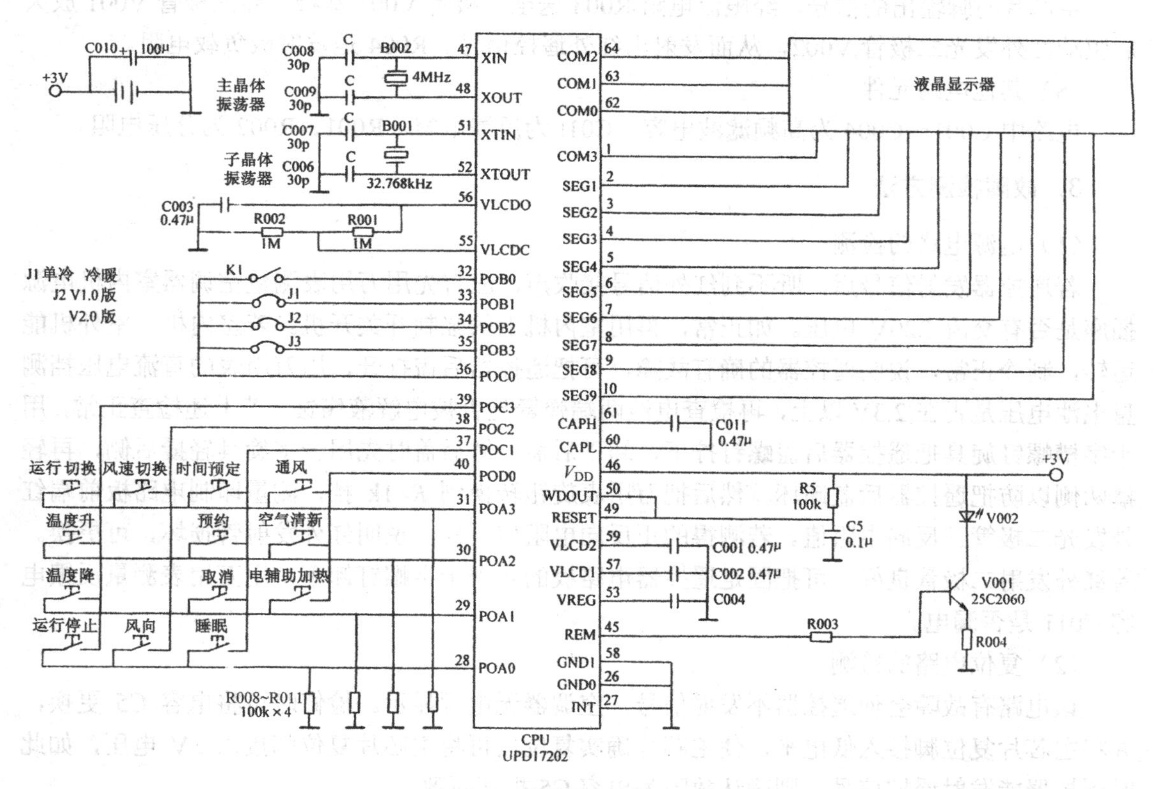

图 6-47　液晶显示遥控器电路

2. 控制电路分析

（1）电源电路

该电路由两节 7 号电池与滤波电容 C010 组成。

（2）晶体振荡器电路

由图6-55可知，主晶体振荡器频率为4MHz，子晶体振荡器频率为32.768kHz。晶体振荡器电路由B001、C006、C007、B002、C008、C009组成。

（3）复位电路

该电路由电容C5和电阻R5组成，初次通电时，电源通过R5给C5充电。由于电容两端电压不能突变，㊾脚为低电平，主芯片（UPD17202）进入复位状态。当充电结束后，㊾脚为高电平，主芯片退出复位状态。

（4）液晶显示电路

该电路由主芯片、导电橡胶条和液晶显示器组成。主芯片①～⑩脚及㊷～㊹脚输出的控制信号，通过导电橡胶条驱动液晶显示器达到显示图形的目的。

（5）功能选择电路

该电路由开关K1及短接线J1、J2、J3组成。

（6）功能开关选择电路

该电路由下拉电阻R008～R011、开关组成，其工作过程与普通遥控器相同。

（7）驱动电路

主芯片㊺脚输出的信号，经限流电阻R003送至三极管V001基极，经三极管V001放大后驱动红外发光二极管V002，从而发射出红外遥控信号。R004是发射极负载电阻。

（8）其他电路元件

电路中C001～C004为高频滤波电容，C011为反馈电容，R001、R002为分压电阻。

3. 故障检测方法

（1）电源电路的检测

若遥控器发射信号后，听不到红外信号接收声，应首先用万用表测量空调器室内机电源插座是否有交流220V电压。如正常，再用室内机上的强制开关开机。若室内机、室外机能运转，制冷正常，说明遥控器的确有故障，可把遥控器后盖打开，用万用表的直流电压挡测量电池电压是否在2.3V以上，再检查电池两端弹簧是否被电解液腐蚀。若上述检查正常，用十字槽螺钉旋具把遥控器后盖螺钉拧下，卸下后盖。卸后盖时先用一字旋具轻撬后侧，再轻撬两侧以防把遥控器后盖卸坏。然后把万用表旋钮转换到$R\times1k$挡，测量印制电路板前端红外发光二极管正反向电阻值。若测得的正反向电阻值一样，说明红外发射管损坏，可更换。若红外发射二极管良好，可把固定遥控器电路板的4个十字螺钉卸下，用万用表测量反馈电容C011是否漏电。

（2）复位电路的检测

该电路有故障会使遥控器不发射信号，空调器无电源显示。检修时可将电容C5更换，并将主芯片复位脚接入低电平，使主芯片确实复位后再将主芯片复位脚接入3V电压，如此时遥控器能发射遥控信号，则确认故障为电容C5损坏所致。

（3）振荡电路的检测

该产品由于采用了两个晶体振荡器，所以当两个晶体振荡器中任何一个发生故障时，都会造成遥控器无液晶显示，不发射遥控信号。检查时可用示波器测量主芯片晶体振荡器脚是否有振荡波形，若无，说明晶体振荡器电路损坏；若有，说明晶体振荡器电路正常。

（4）液晶显示电路的检测

该电路有故障时遥控器一般能正常发射信号，但无液晶显示。这时，可首先检查按键与印制板之间的接触面有无污物。有污物会造成遥控器显示屏乱字或字迹不清，用 95%的酒精清洗污物，3min 后装好，故障即可排除。

（5）键控矩阵电路的检测

键控矩阵电路主要由印制电路板和导电橡胶构成，其故障主要是导电橡胶表面和印制电路板面污物太多。检修时可用 95%的酒精清洗，再用清洁软布把表面处理干净。清洁过程中切忌用棉花，以免有棉丝贴在表面，造成新的接触不良。

（6）遥控板的检测

如印制电路板上的元件焊点松香过多，松香受潮后会使焊点间发生漏电、短路现象。处理的方法是把焊点上的松香去掉，再用 100W 灯泡烘烤电路板 30min 即可。

遥控器修好后，组装电路板和按键导电橡胶片时，螺钉要对正轻拧，否则会引起显示屏数字显示不全的故障。

注意

① 红外线（又称红外光）遥控是指利用波长 0.75～1.5μm 之间的近红外线（红光的波长为 0.75μm）来传递控制信号，实现控制目的。

② 红外线是不可见电磁辐射。红外发光二极管峰值波长为 0.8～0.94μm。由于光电二极管、光电晶体管峰值波长为 0.88～0.94μm，与红外发光二极管刚好相匹配，采用红外光作为遥控信号的载波可获得较高的传输效率和抗干扰性能。

③ 一般情况采用串行码分制控制电路对信号进行编码，不同的脉冲编码（不同的脉冲数目及组合）代表不同的指令。

6.3.3　电话遥控器

电话遥控器的特点是可通过电话远程操纵家里的空调器，弥补了到家中再开空调器，30min 后才能达到舒适温度的缺点。随着人们生活水平的提高，电话遥控空调器将是今后发展的主流。

1. 电路组成

电话遥控器接线如图 6-48 所示。某品牌空调器的电话遥控器电路如图 6-49 所示。

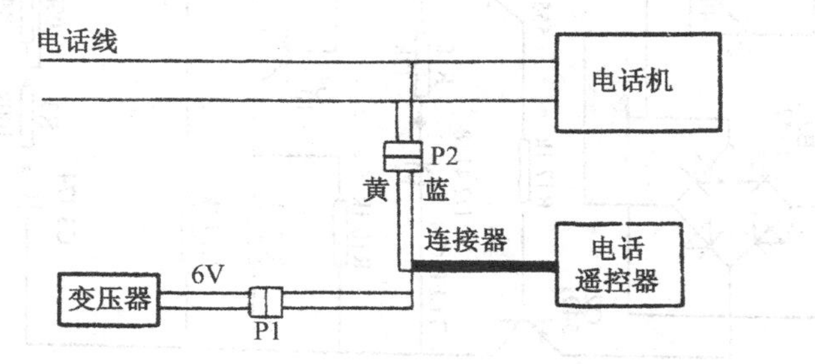

图 6-48　电话遥控器接线

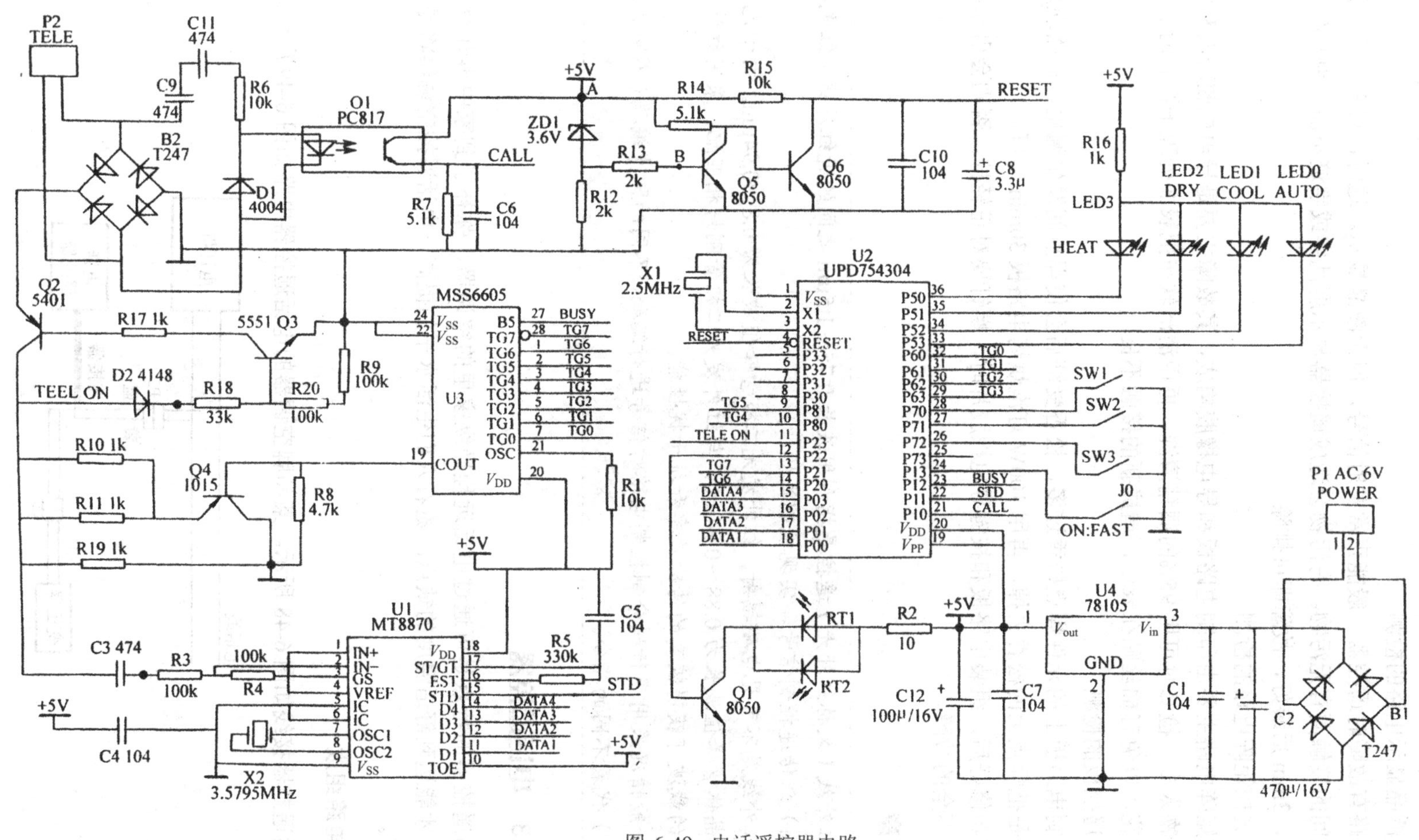

图 6-49　电话遥控器电路

2. 电路分析

由图 6-49 可知，P1 为电源变压器接插件，B1 为桥式整流组件。C2、C1 为滤波电容。U4 为三端稳压器，输出直流+5V 电压，为 UPD754304 主芯片提供+5V 工作电源。主芯片上的③、④脚为晶体振荡器外接端口，它的振荡频率为 2.5MHz，其作用是为 UPD754304 主芯片工作提供时钟脉冲。主芯片的⑤脚为复位电平检测脚，低电平时复位有效，高电平时正常工作。

当电路中 A 点电位低于 3.8V 时，ZDl 处于截止状态，B 点电位为 0V，Q5 处于截止状态，这时 Q6 因 V_{BE}>0.7V，饱和导通，输入主芯片第⑤脚的电位为低电平，进行复位。根据上述原理，每次上电，电源电压处于 0.7～3.8V 之间时，⑤脚为低电平自动进行上电的复位清零。如果电源电压偏低（低于 3.8V），则主芯片（UPD754304）⑤脚为低电平，强行复位，主芯片停止工作。

当电路中 *A* 点电位为 5V 电压时，ZDl 导通，*B* 点电位高于 0.7V，Q5 处于饱和状态，将 Q6 的基极电位钳制在低电位，使 Q6 处于截止状态。这时主芯片的第⑤脚为高电平，正常工作。

另外，P2 是远程电话接插件，TELE 是电话开机外接端口，㉑脚 CALL 为呼叫外接端口。

3. 故障检测方法

① 无电源显示时，首先用万用表测量电源变压器是否损坏。若良好，再测量桥式整流是否有直流电压输出，滤波电容 C2 和 C1 是否漏电，三端稳压器 U4 的③和②端是否有 6V 以上的输入，①和②端是否有 5V 直流电压输出等。

② 有电源显示但电话遥控器不工作时，首先测量复位电路上的晶体管 Q5、Q6 是否损坏，稳压二极管 ZDl 是否击穿，电容是否漏电，电阻是否开路。上述元件有故障，或复位电路工作不正常，均将导致电话遥控器不能正常工作。

③ 若上述元器件良好，而电话遥控器仍不工作，则应测量晶体振荡器电路。电话遥控器采用主晶体振荡器和子晶体振荡器两个晶体振荡器，无论子晶体振荡器与主晶体振荡器中哪一个发生故障，都会造成遥控器不发射遥控信号。检测时可用示波器测量主芯片③脚是否有 2.5MHz 的正弦波形，若有，说明晶体振荡器电路正常；否则晶体振荡器有故障。

4. 电话遥控器的语音提示及操作

电话遥控器的语音提示及操作如表 6-3 所示。

表 6-3 电话遥控器的语音提示及操作

序 号	语音提示及操作
00	欢迎使用空调电话遥控器
01	请输入密码
02	密码不对，请重新输入
03	设定空调器，请按 1；查询状态，请按 2；更改密码，请按 3
04	请输入新密码
05	现在正在……
06	关机，请按 0；设定模式，请按 1
07	请重新输入新密码
08	请输入设定模式

续表

序　号	语音提示及操作
09	自动，请按0；制冷，请按1；抽湿，请按2；制热，请按3
10	请输入设定温度
11	请输入设定风速
12	自动，请按0；低风，请按1；中风，请按2；高风，请按3
13	现在设定……
14	密码确认
15	重新设置，请按1；确认设置，请按#键
16	输入错误，再见
17	不对，请重新输入
18	谢谢使用空调电话遥控器，再见

6.3.4 遥控器的诊断检测方法

1. 遥控器不进电诊断检测方法

遥控器不进电诊断检测方法如图6-50所示。

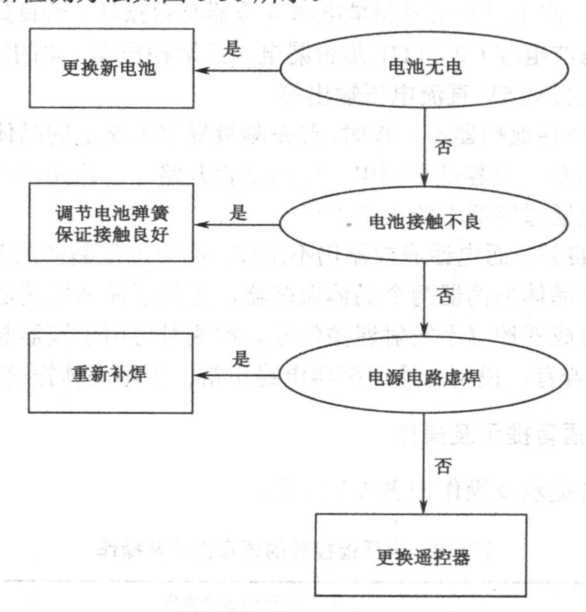

图6-50　遥控器不进电诊断检测方法

2. 遥控器不发射诊断检测方法

遥控器不发射诊断检测方法如图6-51所示。

3. 遥控器不显示或显示不全诊断检测方法

遥控器不显示或显示不全诊断检测方法如图6-52所示。

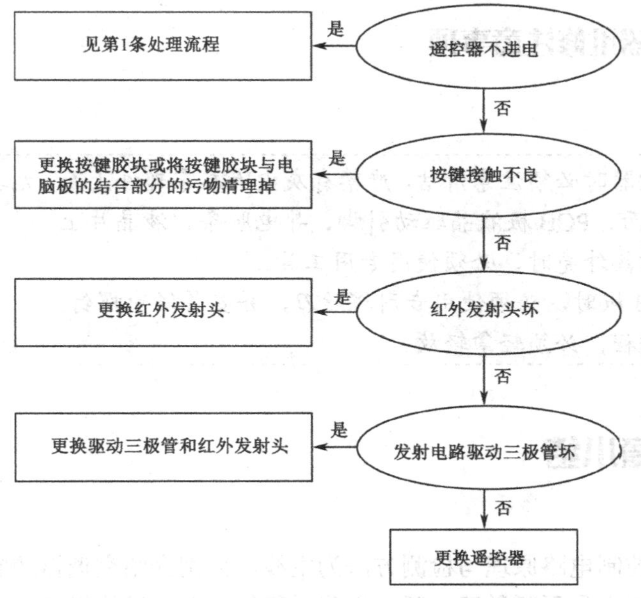

图 6-51　遥控器不发射诊断检测方法

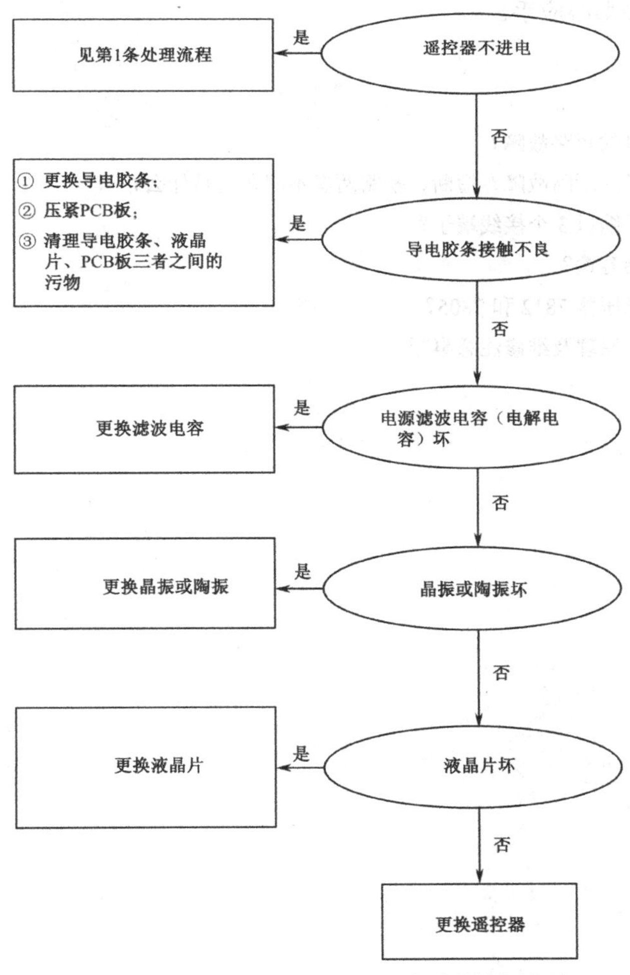

图 6-52　遥控器不显示或显示不全诊断检测方法

6.3.5　遥控器维修注意事项

注意

① 在拆开遥控器时必须注意清洁，严禁有灰尘附在零部件上面，尤其不能粘附在按键碳膜面、PCB板碳膜面、PCB板液晶驱动引脚、导电胶条、液晶片上。

② 在打开遥控器外壳时，必须使用专用工具。

③ 在拆下PCB板时，必须使用专用螺丝刀，并妥善保管螺钉。

④ 维修整个过程，必须轻拿轻放。

本章小结

本章以微电脑控制电路原理与检测方法为主线，分别介绍空调器控制器件的工作原理与检测方法，帮助维修人员不断学习，开拓思路，积累更多的维修经验，在维修制冷系统、控制系统部件时，能够得心应手。

习题6

1．怎样判断压缩机的短路故障？

2．怎样判断压缩机的断路故障？短断、断路两者不同之处是什么？

3．怎样判断单相压缩机3个接线端子？

4．怎样判断电容器容量？

5．怎样检测三端稳压器7812和7805？

6．阐述遥控器工作原理及维修注意事项。

第7章 新型空调器控制电路分析与检修

7.1 格力 KFR-38GW/K 美满如意空调器控制电路

7.1.1 系统基本控制功能

上电以后，压缩机无论在何种情况下，两次启动的时间间隔不少于 3min。若有记忆功能，第一次加电时，如果掉电前是关机，则压缩机无 3min 延时；如果掉电前是开机，则压缩机要 3min 延时；压缩机一旦启动，在 6min 内不会随着室温的变化而停机。

1．制冷模式

（1）制冷运行条件（$T_{环}$为环境温度，$T_{设}$为空调设定温度）

当 $T_{环} \geqslant T_{设}+1℃$时，进入制冷运行，此时压缩机、外风机运行，内风机按设定风速运行。

当 $T_{环} \leqslant T_{设}-1℃$时，压缩机、外风机停，内风机按设定风速运行。

当 $T_{设}-1℃<T_{环}<T_{设}+1℃$时，保持前面运行状态。

此模式下，四通阀不通电，温度设定范围为 16～30℃。显示器显示运行符号、制冷符号和设定温度。

（2）保护功能

当检测到系统防冻结保护时，则压缩机、外风机停止运行，内风机按设定风速运行。当防冻结解除且压缩机已停足 3min 时，恢复原状态运行。

（3）过电流保护

当连续 3s 检测到系统电流超过规定值，则主机进入仅风机运行状态，当 3min 过后，如果过电流解除，则整机恢复原运行状态。如连续出现 6 次过流保护（如压缩机连续工作超过 6min，则保护次数清零），则整机停，主机进入仅风机运行状态，需重新遥控关机后，才能正常开机。数码管显示故障代码“E5”，运行指示灯闪烁（灭 3s 闪烁 5 次）。

2．除湿模式

（1）除湿运行条件

当 $T_{环}>T_{设}+2℃$时，进入除湿制冷运行，压缩机、外风机运行，内风机按低风速运行。

当 $T_{设}-2℃ \leqslant T_{环} \leqslant T_{设}+2℃$时，进入除湿运行，此时内风机按低速运行，压缩机及外风机开 6min 后停机。4min 后压缩机、外风机重新开，除湿过程按以上循环运行。当 $T_{环}<T_{设}-2℃$时，

压缩机、室外风机停止运行，内风机按低风速运行。

此模式下，四通阀不通电，温度设定范围为16～30℃。显示器显示运行符号、制冷符号和设定温度。

（2）防冻结保护

在除湿制冷方式时，当检测到系统防冻结保护，则压缩机、外风机停止运行，内风机按低风速运行，当防冻结解除且压缩机已停足3min时，整机恢复原状态运行。

（3）其余保护

其余保护同制冷模式下的保护功能。

3．制热模式

（1）制热运行条件

当$T_{环} \leq T_{设}+2$℃时，进入制热运行，此时四通阀、压缩机、外风机同时投入运行，内风机最迟延时2min后运行。

当$T_{环} \geq T_{设}+4$℃时，压缩机、外风机停，四通阀仍一直得电，内风机按吹余热运行。

当$T_{设}+2℃<T_{环}<T_{设}+4$℃时，保持前面的运行状态。

此模式下，四通阀通电，温度设定范围为16～30℃。显示器显示运行符号、制热符号和设定温度。

（2）化霜条件及过程

采用智能化霜，自动根据结霜情况进行化霜。双8显示H1。

（3）保护功能

防高温保护：当检测到蒸发器管温超高时，外风机停止运行；当蒸发器管温恢复正常时，外风机恢复运行。

消噪保护：当用“运转／停止”关机时或模式转换时，换向阀延时2min关。

（4）过流保护

过流保护同制冷模式下的过流保护（但内风机按吹余热运行）。

4．送风模式

在此模式下，室内风机按设定风速运转，压缩机、室外风机、四通阀、电加热管均停止运转，温度设定范围为16～30℃，显示器显示运行符号和设定温度。

5．自动模式

在此模式下，系统根据环境温度的变化自动选择其运行模式（制冷、制热、送风）。显示器显示运行符号、实际运行模式符号及设定温度。模式转换有30s延时保护。保护功能同各个模式下的保护功能。

7.1.2 电脑板电路控制方法

1．定时功能

主板同时兼具普通定时功能和时刻定时功能，通过配备不同功能的遥控器，来选择定时功能。

（1）普通定时

定时开：在关机状态可以设定定时开功能，到达定时开时间后，控制器按原设定模式运行，定时间隔为0.5h，设定范围为0. 5～24h。

定时关：在开机状态下可设定定时关功能，定时时间到时系统关机，定时间隔为0.5h，设定范围为0. 5～24h。

（2）时刻定时

定时开：如果系统在运行状态时设定定时开，系统继续运行，如果系统在关机状态时设定定时开，当设定定时开时间到时，系统按预先设定的模式开始运行。

定时关：如果系统在关机状态设定定时关，当设定定时关时，系统保持待机状态，系统在开机状态设定定时关，当设定定时关时间到时，系统停止工作。

当系统在定时状态时，可以通过遥控开 / 关键设定开机和关机，也可以重新设定定时时间，系统按最后设定的状态运行。

当系统在运行状态时，同时设定定时开和定时关时，系统保持目前设定的工作状态，等到设定的定时关时间到时，系统停止工作。

当系统在停止状态时，同时设定定时开和定时关，系统保持停止状态，直到设定定时开时间到时，系统开始工作。

此后在每天定时开时间到时，按预先设定的模式运行，定时关时间到时系统停止工作。设定的定时关和定时开的时间相同时，执行关机命令。

2. 自动按键

当按一下该键时，按自动模式运行，内风机按自动风挡运行，内风机工作时扫风电动机工作，再按一下则关机。

3. 蜂鸣器

控制器在上电、按键或接收到遥控器信号时，蜂鸣器发出提示音。

4. 睡眠功能

该模式下根据不同的设定温度选择合适的睡眠曲线运行。

5. 超强功能

在制冷和制热模式下可以设定超强功能。

6. 干燥功能

在制冷和除湿模式下可以设定干燥功能。

7. 自动风速控制

此模式下，内风机根据环境温度的变化自动选择高、中、低三挡风速。

8. 上下扫风控制

上电后，上下扫风电动机先将导风板逆时针旋转至0位，关闭出风口。

开机后，如果没有设定扫风功能，制热状态下，上下导风叶片顺时针旋转至D位；其他状态下，上下导风叶片顺时针旋转至水平L位。

如果开机时同时设定扫风功能，则导风叶片在L至D之间摆动。导风叶片有7种扫风状态：L位、A位、B位、C位、D位、L至D位之间摆动、L至D任何位置停止（L~D之间的夹角是等角度）。

关机时导风板关闭至0位。扫风动作只有在设定扫风命令且内风机运行时才有效。

注：当遥控设置在L至B位、A至C位、B至D位时，导风板在L至D位之间摆动。

9．显示

（1）运行图案和模式图案显示

上电后显示图案全部显示一遍，待机状态运行指示图案显示红色。遥控开机时运行指示图案亮，同时显示当前设定的运行模式图案（模式灯有：制冷、制热、除湿）。如果关闭灯光键，则关闭已有显示。

（2）双8显示

空调首次上电开机，数码管默认显示当前设定温度（设定温度范围为16～30℃）。当接收到显示设定温度信号时，数码管显示设定温度；当接收到显示环境温度信号时，则数码管显示当前室内环境温度，如果遥控设定其他状态时，则显示维持不变。在显示环境温度时遥控接收到有效遥控信号，则显示5s设定温度，然后转回环境温度显示。环境温度感温包故障显示“F1”；室内管温感温包故障显示“F2”；跳线帽故障保护显示“C5”。

10．PG电动机堵转保护

开风机时，若电动机连续一段时间运行转速较低，电动机会自动保护而停止运行，并显示堵转。若当前为开机，则有双8数码管的显示堵转故障代码H6;如当前为关机，则不显示堵转故障信息。

11．掉电记忆功能

记忆内容：模式、上下扫风、灯光、设定温度、设定风速。

掉电后，重新上电能按记忆内容自动开机运行。最后一次遥控命令中没有设定定时功能，则系统记忆最后一次遥控命令，按最后一次遥控命令设定的方式工作。最后一次遥控命令中设有普通定时功能，在定时时间还没有到之前系统发生断电，重新上电时系统记忆最后一次遥控命令中的定时功能，定时时间重新从上电时开始计算；最后一次遥控命令中设有定时功能，但定时时间已经到，系统按设定的定时开或定时关进行动作后发生断电，重新上电时系统记忆掉电前的运行状态，不再进行定时动作。时刻定时不记忆。

7.1.3 故障代码及实训

格力KFR-38GW/K故障代码如表7-1所示。

表 7-1　格力 KFR-38GW/K 故障代码

序号	故障名称	室内机显示方式				空调状态	故障可能原因
		双8代码显示	指示灯显示（指示灯闪烁时亮 0.5s 灭 0.5s）				
			运行指示灯	制冷指示灯	制热指示灯		
1	室内环境温度传感器开、短路	F1		灭3s闪烁1次		按达温度点停机维修。制冷、抽湿：内风机运行，其余负载停止；制热：整机停止	①内环境温度传感器与控制板的连接端子松脱或接触不良；②控制板上有器件卧倒，导致短路；③室内环境温度传感器损坏；④主板坏
2	室内蒸发器温度传感器开、短路	F2		灭3s闪烁2次		按达温度点停机维修。制冷、抽湿：内风机运行，其余负载停止；制热：整机停止	①室内蒸发器温度传感器与控制板的连接端子松脱或接触不良；②控制板上有器件卧倒导致短路；③室内蒸发器温度传感器损坏；④主板坏
3	室外环境温度传感器开、短路	F3		灭3s闪烁3次		按达温度点停机维修。制冷、抽湿：压缩机停，内风机工作。制热：全停	①内环境温包与控制板的连接端子松脱或接触不良；②控制板上有器件卧倒导致短路；③室内环境温度传感器损坏；④主板坏
4	室外冷凝器温度传感器开、短路	F4		灭3s闪烁4次		按达温度点停机维修。制冷、抽湿：压缩机停，内风机工作。制热：全停	①室外冷凝器温度传感器与控制板的连接端子松脱或接触不良；②控制板上有器件卧倒导致短路；③室外冷凝器温度传感器损坏；④主板坏
5	室外排气温度传感器开、短路	F5		灭3s闪烁5次		按达温度点停机维修。制冷、抽湿：压缩机停，内风机工作。制热：全停	①室外排气温度传感器与控制板的连接端子松脱或接触不良；②控制板上有器件卧倒导致短路；③室外排气温度传感器损坏；④主板坏
6	PG 电动机（内风机不　）不运行	H6	灭3s闪烁11次			内风机、外风机、压缩机、电加热管等停止运行，四通阀需延迟 2min 停，导风板停在当前位置	①PG 电动机反馈端子接触不牢靠；②PG 电动机控制端接触不牢靠；③风叶未正确安装，转动不顺畅；④电动机未正确安装；⑤电动机已损坏；⑥控制板已损坏

续表

序号	故障名称	室内机显示方式				空调状态	故障可能原因
		双8代码显示	指示灯显示（指示灯闪烁时亮0.5s灭0.5s）				
			运行指示灯	制冷指示灯	制热指示灯		
7	跳线帽故障保护	C5	灭3s闪烁15次			遥控接收、按键均有效，但不做具体目标控制处理	①控制器上没有跳线帽； ②跳线帽没有正确牢靠插装； ③跳帽线已损坏； ④控制板已损坏
8	PG电动机（内风机）过零检测电路故障	U8	灭3s闪烁17次			遥控接收、按键均有效，但不做具体目标控制处理	控制板已损坏
9	系统高压保护	E1	灭3s闪烁1次（变频机）			制冷、抽湿：除内风机运转外均停止。制热：全停（变频机）；关闭所有负载，遥控和按键均无反应（定频柜机）	①检查主板和显示板连接是否良好； ②检查主板上OVC端子与整机上的高压开关是否接触良好； ③高压开关的线路是否有接线松脱，高压开关是否坏了或者接触不良； ④冷媒过量； ⑤机组热交换差（包括换热器脏和机散热环境不好）； ⑥环境温度过高； ⑦检查电源电压是否正常（三相电动机的过流保护搭在高压保护上的需考虑原因） ⑧检查室内、室外换热器进出风是否正常，是否有空气循环短路； ⑨检查室内外机过滤网或换热翅片是否有脏东西堵塞； ⑩系统管路有堵塞； ⑪检查室外机大小阀门是否完全打开； ⑫检查OVC输入是否为高电平
10	防冻结保护	E2	灭3s闪烁2次（变频机）			制冷、抽湿：压缩机、外风机停，内分机工作	①内机回风不良； ②风机转速异常； ③蒸发器脏堵； ④系统正常，但室内管温温度传感器阻值异常，或者没有接好

续表

序号	故障名称	室内机显示方式				空调状态	故障可能原因
		双 8 代码显示	指示灯显示（指示灯闪烁时亮 0.5s 灭 0.5s）				
			运行指示灯	制冷指示灯	制热指示灯		
11	压缩机低压保护	E3	灭 3s 闪烁 3 次（变频机）			整机停、压缩机停、内风机停、外风机停	①检查主板和显示板连接是否良好； ②检查主板上 LPP 端子与整机上的高压开关是否接触良好； ③高压开关的线路是否有接线松脱；高压开关是否坏了或者接触不良； ④冷媒不足或者是漏光了； ⑤检查 LPP 输入是否为高电平
12	压缩机排气高温保护	E4	灭 3s 闪烁 4 次（变频机）			制冷、抽湿：压缩机、外风机停，内风机工作。制热：全停	①系统正常，但有地方出现堵塞现象； ②室外电动机转速异常（制冷）； ③室外进风异常（制冷）； ④系统正常，但压缩机排气温度传感器阻值异常或者接触不良
13	过流保护	E5	灭 3s 闪烁 5 次（变频机）			制冷、抽湿：压缩机、外风机停，内风机工作。制热：全停	①电源电压不稳定，波动太大，正常为铭牌额定电压的 10%范围内； ②电源电压过低，负荷过大； ③使用钳形电流表测试主板上线的电流，如果电流没有大于过流保护值，则需进一步查控制器； ④室内外热交换器是否过脏，或进出风口被堵； ⑤风扇电动机是否运转风速不正常，风速过低或者不转； ⑥压缩机是否运转正常，有否异响、漏油、壳体温度过高等； ⑦系统内部堵塞（脏堵、冰堵、油堵、角阀未开全）
14	通信故障	E6	灭 3s 闪烁 6 次（变频机）			制冷、抽湿：压缩机、外风机停，内风机工作。制热：全停	①通信线有无可靠接触，有无松动或者接触不良，任何一条线接触不良都有可能导致通信故障 ②主板和显示板匹配是否有误，内外机板是否匹配有误； ③有无接错线； ④控制板坏

7.2　格力通用系列 KFR-26GW 空调器控制电路

7.2.1　格力 KFR-26GW 空调器微电脑控制电路

格力 KFR-26GW 空调器微电脑控制电路主要由主芯片，3 块反相驱动集成电路 ICU102（ULN2003N）、ICU103（ULN2003N）、ICU107（ULN2003N），555 时基集成电路 ICU106（NE555）及各种继电器等组成，如图 7-1 所示。

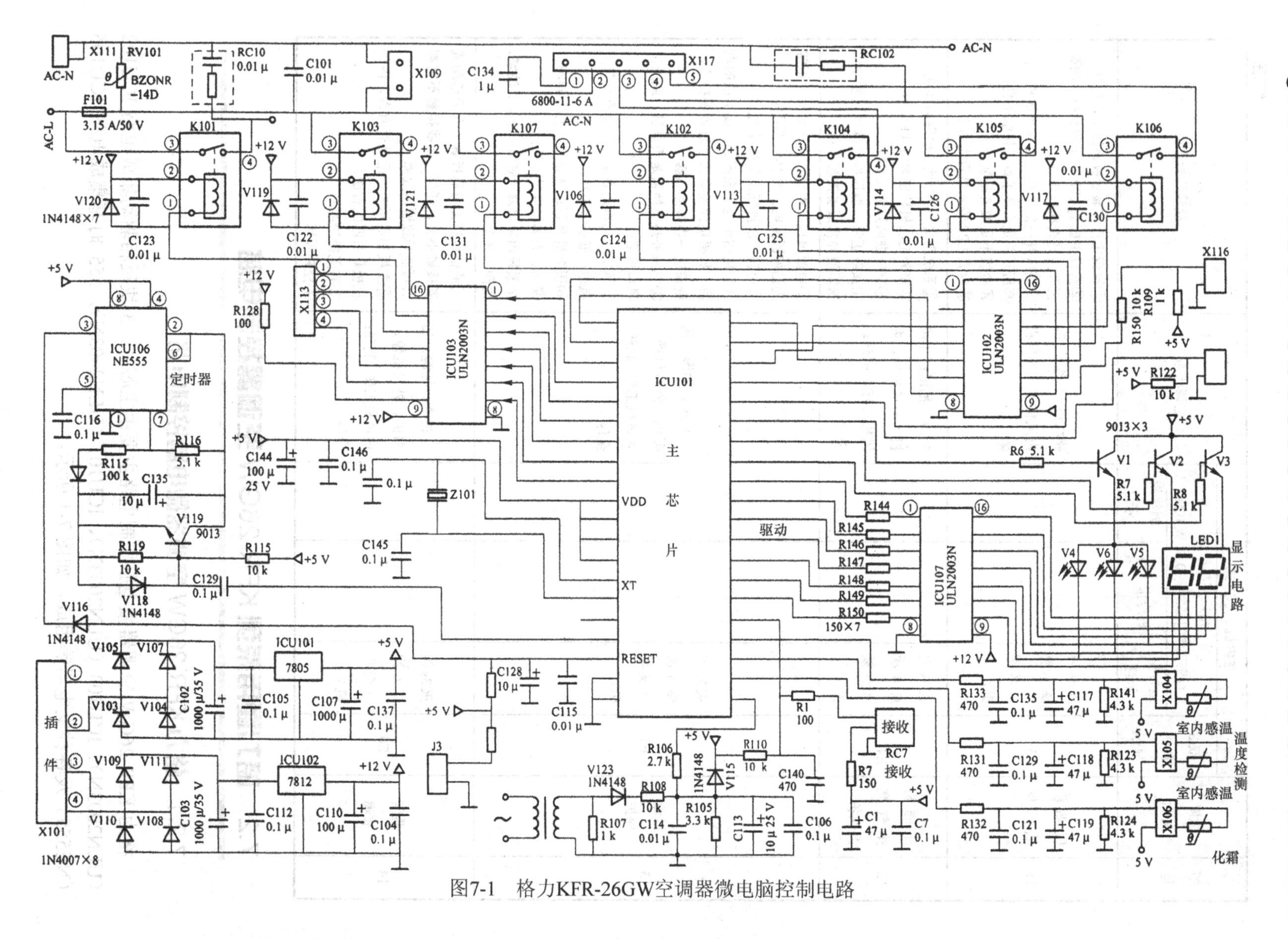

图7-1 格力KFR-26GW空调器微电脑控制电路

7.2.2　控制电路分析

1．电源电路

该电路由两块三端固定稳压集成电路 ICU101（7805）、ICU102（7812）及插件 X101 外接的电源变压器等组成，产生+12V 和+5V 直流电压供控制电路。

2．摇控接收电路

该电路以组件 RC7 为主构成，接收到遥控指令信号经 R1 提供给 ICU101。

3．显示电路。

V1 为 V4～V6 发光二极管共用电源控制开关管；V2、V3 是两位数码管 LED1 的位选择开关管，ICU107 的 10～16 脚为驱动控制信号输出端（低电平有效）。V1～V3 及 ICU107 均受主芯片 ICU101 相应引脚输出高电平的控制。

4．温度检测电路

该电路由 X104～X106 插件外接的传感器等组成，检测到的信号经 R141、R123、R124 将＋5V 电压分压后，提供给微电脑进行运算比较，从而输出启停指令。

5．通信电路

主芯片通过此电路，发出和传输通信信号即控制信号。空调器通信电路控制方式可分为两种，即单向通信和双向通信。单向通信是指室内主控板向室外发了控制信号后而不需室外机反馈控制信号，这类通信故障常见的有信号线开路、短路、继电器损坏等，检查时要检测信号线有无信号输出，线路是否中间开路，继电器线包和触点吸合是否良好，继电器是否脱焊等。

双向通信电路是需要室外机反馈控制结果、状态的通信回路。一般为串行双向通信电路。该类通信电路目前采用继电器输出信号，检测时可以通过“听”进行故障判断。如开机后有继电器吸合声，说明故障在室外，开机后无继电器吸合声，说明故障在室内通信电路上。

判断通信电路是否正常，最简便的办法是：转换室内机的运行模式，将制冷模式转换为制热模式，反复两次，听室外机有无四通阀线圈的吸合声，若有，通信电路正常，否则，存在通信故障。

6．蜂鸣器驱动电路

在空调器电控中，主芯片将各种输入信号进行运算后，控制其他电路驱动负载工作，完成空调的预定功能。而驱定电路是将主芯片输出的信号进行功率放大，控制负载工作，一般驱动电路包括 IC2（2003）功率放大器、继电器和相关元件组成的末级推动电路。

（1）蜂鸣器功能

蜂鸣器内部装有压电陶瓷片，它用锆、钛、铅氧化物配制后烧结而成，若在蜂鸣器上加入音频信号，就能产生机械振动并发出响声。蜂鸣器按引脚可分为两脚和三脚，蜂鸣器在空调器中主要用来提示遥控信号接收有效，同时也可作为故障报警之用。

（2）蜂鸣器驱动电路

一般主芯片CPU输出5V脉冲信号，并经过三极管放大后驱动蜂鸣器或经反相驱动器（2003）来驱动蜂鸣器，其电路一般较为简单。随着主芯片的技术发展，也有CPU直接驱动蜂鸣器。

因为蜂鸣驱动电路原理和其他电路一样，CPU发出的是脉冲信号，所以听见的是“嘟”声。蜂鸣器有两脚和三脚之分，因此驱动电路也不一样，此CPU输出4.19MHz脉冲信号（+5V）直接驱动蜂鸣器发声。还有CPU输出信号经三极管放大（+12）驱动蜂鸣器发声，后者一般有外围限流或偏置电阻、滤波电容、驱动三极管、三脚蜂鸣器等元件。该电路常发生电容漏电故障，致使蜂鸣发声嘶哑，甚至不会鸣叫，检查启振电容更换即可。

（3）蜂鸣器检测

蜂鸣器可用万用表电阻R×10k挡检测，即两表笔分别与蜂鸣器两引脚相碰，正常时蜂鸣器应发出声响，如蜂鸣器不发出声响说明蜂鸣器已损坏。

7. 定时器电路

该电路由ICU106及其外围的有关元器件等组成。

7.2.3　综合故障检修技巧

【例7-1】格力KFR-26GW空调器制冷2h后，室内温度显示一直处于30℃不下降。

分析与检修：上门检测当时的室外环境温度为36℃，用户的设定温度为25℃，压力和电流检测正常，蒸发器结露情况良好，出风口温度也正常。而室外机的下面，正好是饭堂的锅炉房，而其烟筒正好靠着外机的左侧面经过，建议用户将室外机移动一个换热良好的地方，移机后空调工作正常，故障排除。

经验与体会：在维修时，应该仔细观察，找出潜在的故障，要逐一排除故障原因，直到查出故障的根源，并排除故障。

【例7-2】格力KFR-26GW空调器室内机漏水。

分析与检修：检查室内机，发现冷凝水在接水盘满后溢流出来，检查为排水管被连接铜管在出墙处压住，从而引起排水管堵，将排水管平行放置，试水一切正常，故障排除。

经验与体会：造成这种故障的原因有很多，请按照如下的步骤进行检查。

①检查漏水部位。若是导风叶片上滴水，则判断为导风叶片方向不当所致（叶片偏转角度过大，会产生冷凝水），调整导风叶片的角度（在制冷状态下，导风叶片应与室内机成90°夹角为佳）。

②若不是导风叶片上产生冷凝水，则打开室内机外壳进一步判断。要检查排水末端是否能够排水通畅。

③从排水管末端向内吹气，若吹不动则为脏堵，将排水管内的脏物排除即可。

④将一杯水倒在蒸发器上，观察是否有如下现象：室内机排水保温软管接头处是否有水渗出，若有水渗出现象，则更换排水软管；若接水盘水位不下降，则说明排水管内低外高或管路扭曲，须整理排水管路。

【例7-3】格力KFR-26GW空调器共3台，制冷效果均差。

分析与检修：检测电源电压为215V，开机制冷开始一切正常，过了大约30min以后，外机停止工作；打开外机壳，发现压缩机外壳很烫手，分析是工作电流太大使压缩机过热保护，冷却压缩机后，对电流和电压进行监控，开机启动，电压和电流很正常，约 20min 后，电流开始加大。电压开始降低，不到 2min 后压缩机停机保护，怀疑用户电源有故障，查其上线为 2.5mm^2 的铜线，下线为 4mm^2 的多股电缆。用 4mm^2 的铜线直接开机，开机后一切正常，且能降温，判断是电源线过热导致压降过大，电流增大，导致保护停机不制冷，同时发现如果同时开 3 台机的话，同时停机不制冷，因此可能是其外电缆存在老化现象，征求用户同意的前提下，更换了外电源，试机后一切正常。

经验与体会：维修人员在检修空调器故障时，先检测用户电源是否有故障，尽可能让用户满意，仔细分析故障的症结所在，找出解决的方法。

【例 7-4】 格力 KFR-26GW 空调器机组移机后制冷效果差，降温缓慢。

分析与检修：现场检测电控系统良好，测制冷系统压力为 0.3MPa，但表针抖动得厉害，由此判定制冷系统有空气，把空气排出补制冷剂后，故障被排除。

经验与体会：遇到制冷效果差、降温缓慢时，首先用压力表和连接管测量一下，低压气体压力应为 0.45MPa 左右，如测得的低压压力偏低，表针波动较大，则说明制冷系统里面的空气未排干净。比较简单的解决办法是让空调器停机，然后迅速从低压气体阀接口处放出带有空气的制冷剂气体。这种方法可将空气带出，直到放出的气体用手感觉很凉为止。最后再连接好加气管、压力表和瓶，按规定补加制冷剂的压力值后，即可排除故障。

对冷暖机来说，还有一种排除空气的新方法：首先把室内机外壳卸下，用遥控器设定制热状态，将一根冰棍放在室温传感器上，模拟冬天环境，让空调器制热运行。空调器制热后，蒸发器当做冷凝器，冷凝器当做蒸发器，因此蒸发器内是液态制冷剂，3min 后把室外机的两个截止阀关上，用扳手把低压气体螺母拧松，放出室内蒸发器的高温气体后，用内六角扳手打开低压液体截止阀，用冷凝器液态制冷剂排除蒸发器内及管路的空气，直到用手摸从低压气体端放出的绿色制冷剂较凉时，迅速把低压锁母拧紧。

【例 7-5】 格力 KFR-26GW 空调器不制冷，用户找了多家维修中心均未如愿。

分析与检修：上门现场检测电源电压良好，测量制冷系统压力正常，卸下室内机外板，测量变压器初级、次级输入和输出正常，把万用表的旋钮转到直流电压挡，测整流有直流电压输出，测量空调电容器容量良好，经全面检测发现 7812 三端稳压器只有+8V 电压输出，更换 7812 三端稳压器后，试机故障排除。

经验与体会：空调器微电脑板控制元件的修理是一种技术性极强的工作，要求修理员要具有丰富的电路知识而且还必须掌握正确的修理方法。

丰富的实践经验对修理是很重要的，这样不但能够迅速地排除很多故障，更能够通过归纳总结，再加上理性分析，从更深层次上理解故障，理解电路，提高解决故障的能力。

7.3　美的 KFR-32GW/CYF 分体式健康型空调器控制电路

美的 KFR-32GW/CYF 是美的空调器事业部新开发的绿色健康型空调器，主控板采用进口专用芯片，它的市场占有率较高，深受消费者欢迎。下面分析其控制电路特点、工作原理及控制元件常见故障检测方法。

7.3.1 控制电路组成

美的新型 KFR-32GW/CYF 分体式健康型空调器控制电路如图 7-2 所示。

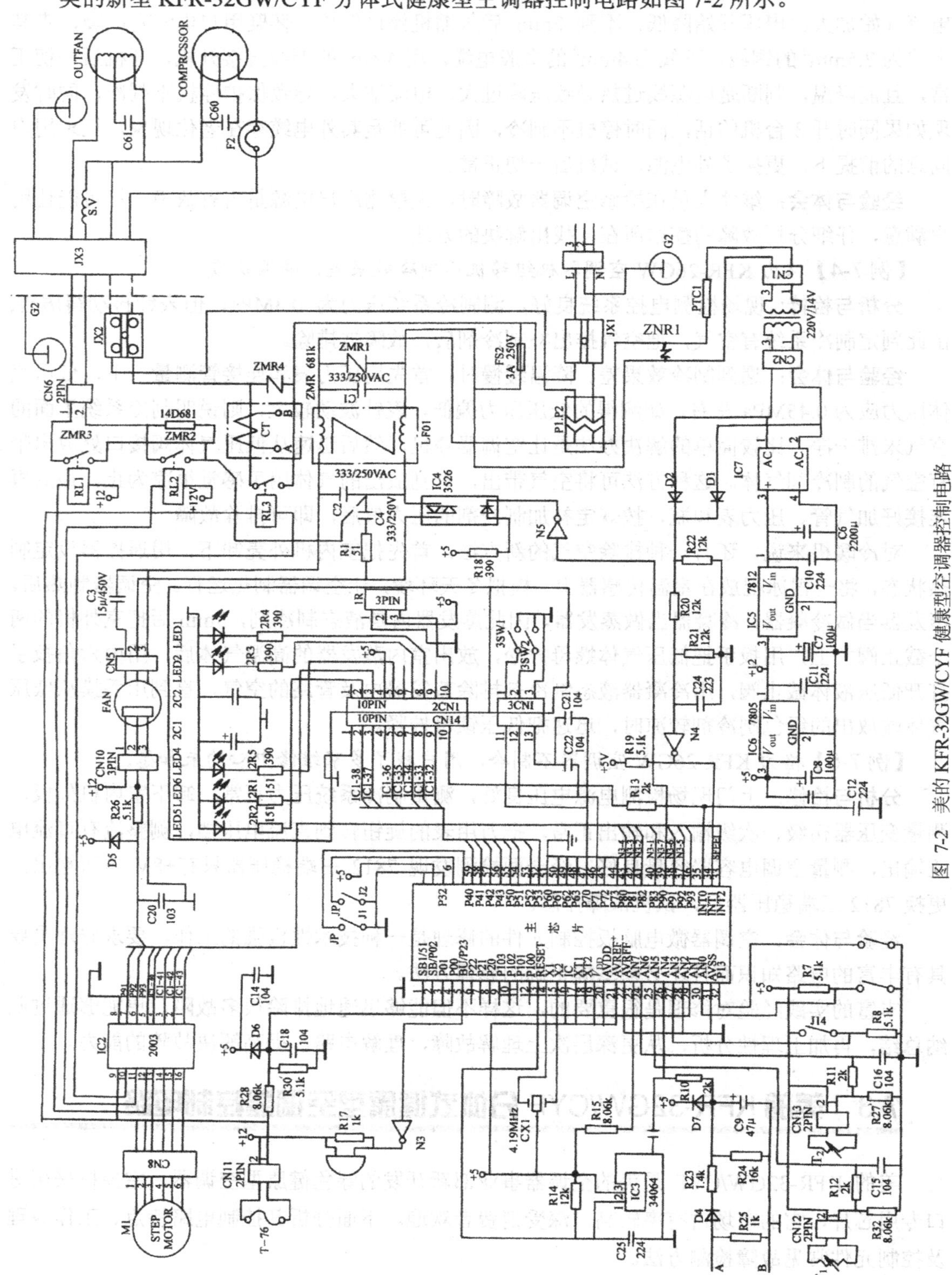

图 7-2 美的 KFR-32GW/CYF 健康型空调器控制电路

7.3.2　控制电路分析

1．电源保护电路

电源保护电路如图 7-3 所示。

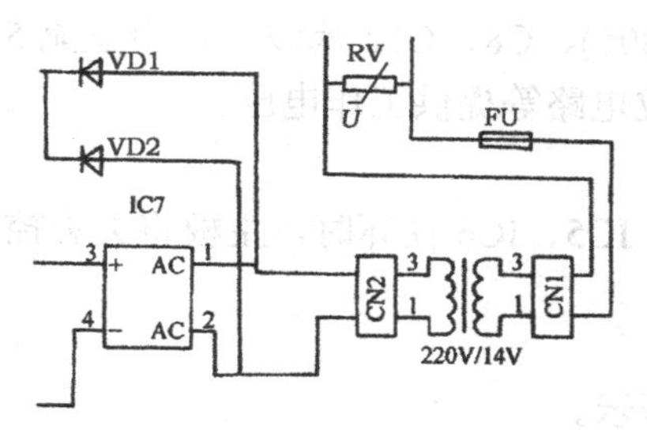

图 7-3　电源保护电路

（1）压敏电阻保护

此机的压敏电阻 RV 并联在电源变压器初级线圈两端，同熔断器组成串联回路，抑制浪涌电压。电压正常情况下，压敏电阻阻值很大，可以达到兆欧级（流过它的电流只有微安级，可以忽略），处于开路状态，对电路工作无影响。但当遇到电源电压超过其设计击穿电压时，其阻值突然减小到几欧甚至零点几欧，瞬间通过的电流可达数千安培，压敏电阻立即由截止变为导通，由于它和电源并联，所以很快将电源熔断器熔断，防止烧坏主电路板。另外，当遇到电网轻微的瞬间浪涌波动（220±10%）V 时，压敏电阻会吸收缓冲这种流涌杂波；当遇到雷击，变压器等电感电路进行开关操作时，产生的瞬间过压作用于压敏电阻，其阻值会突然减小，通过的电流很大，起到引流作用，保护了整个电路，这种作用称为过电压保护。

（2）压敏电阻常见的故障维修方法

压敏电阻常见故障现象是爆裂或烧毁而造成电路短路，原因多为压敏电阻选择不当，电源过电压时间长，电源由于打雷、刮风、闪电而错接高压，元件质量不好等。压敏电阻是一次性元件，烧毁后应及时同熔断器一并更换。若不更换压敏电阻，而只更换熔断器，那么当再次过压时，会烧坏电路板上的其他元件。

2．电源电路

电源电路如图 7-4 所示。

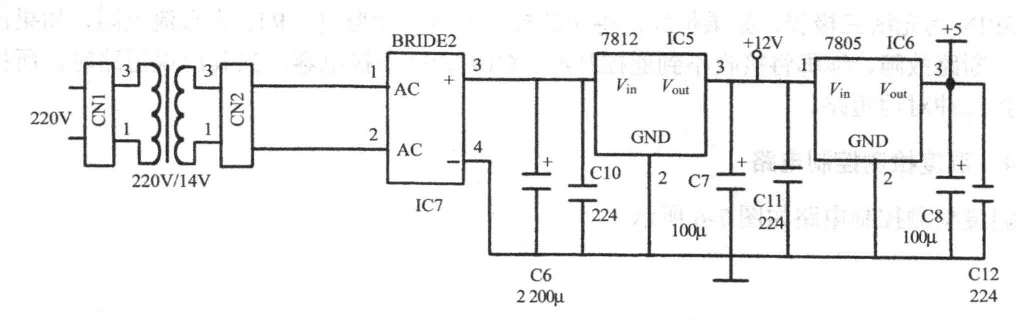

图 7-4　电源电路

（1）工作原理

220V交流电压经过变压器降压为14V交流电，通过IC7桥式整流，C6、C10滤波，输出+12V左右的直流电；经过三端稳压器IC5（7812）、C11、C7滤波输出直流12V。直流12V为启动继电器、蜂鸣器、步进电动机、风机内部霍尔检测板等提供工作电压，然后再经过集成三端稳压器IC6 (7805)、C8、C12滤波，输出直流5V，为75028指示灯电路、温度检测电路、时钟电路、复位电路等提供工作电压。

（2）主要元器件作用

当桥堆IC7三端稳压器、IC5、IC6损坏时，主板将失去控制工作电压，整机不工作。

3. 遥控接收电路

遥控接收电路如图7-5所示。

（1）工作原理

红外接收器即红外信号接收电路，通过接头接收遥控器发射的红外信号，并将其转换为电压信号送入单片机，实现相应的功能控制。

红外接收器即红外接收集成块，它同外围元件限流电阻、滤波电容器组成遥控接收电路，接收遥控器发射的脉冲信号，并且将光信号转变为电信号，输入CPU 75028。

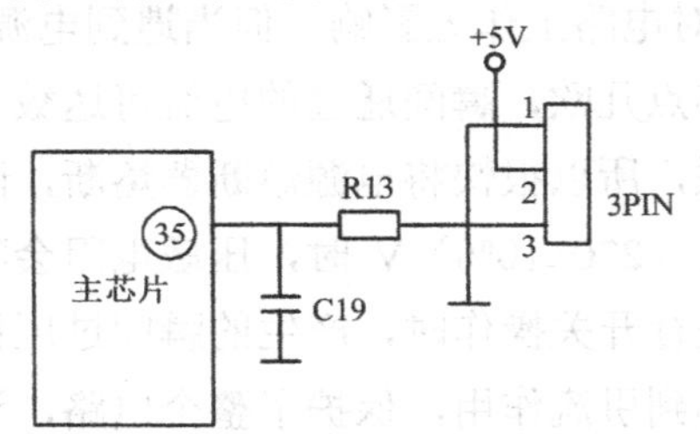

图7-5　遥控接收电路

红外接收器自身具有较强的抗干扰能力。该接收器如有故障，则多表现为虚焊。抗干扰电容器漏电、对地短路致使主芯片CPU接收不到遥控信号。由于这种接收器体积小，集成度高，且采用贴片电阻、电容器，出现故障可能在抗干扰滤波电容上。

（2）电路分析

电路上3PIN为红外接收器，内部为一光敏三极管，接收遥控发射的红外脉冲信号并将光信号转变为电信号，经过R13输入主芯片㉟脚。

（3）主要元器件作用

3PIN为光敏三极管，如果损坏，将无法接收红外遥控脉冲。R13为限流电阻，如果出现开路、断路故障，㉟脚将接收不到遥控脉冲。C19为抗干扰电容，当其出现短路时，所接收的遥控脉冲对地短路。

4. 温度检测控制电路

温度检测控制电路如图7-6所示。

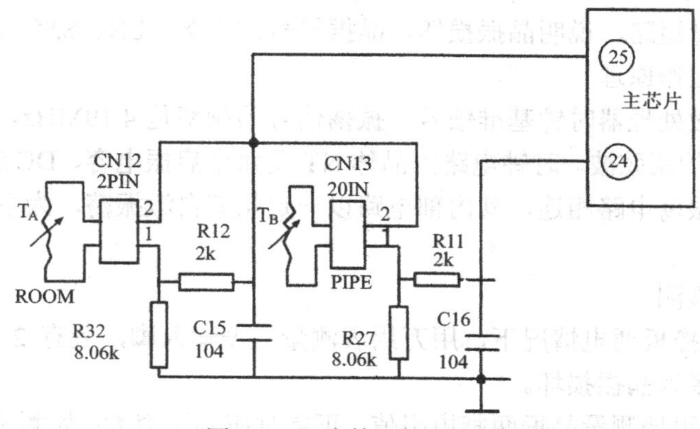

图 7-6　温度检测控制电路

（1）电路分析

电路图上的 T_A 为室内环境温度传感器，T_B 为蒸发器管温传感器。当电路上的 T_A、T_B 温度传感器阻值改变时，电压通过 R32、R27 电阻分压后输入主芯片 CPU，㉔脚、㉕脚电压也随之改变，从而完成由温度信号向电压信号转变的过程，实现温度的检测。

（2）主要元器件作用

当 T_A、T_B 开路或短路时，会造成输入到 CPU㉔、㉕脚的电压不正常，另外，R32、R27 开路，会使㉔脚、㉕脚电压变为高电平；R11、R12 开路，C_{15}、C_{16} 短路会使㉔、㉕脚电位变为 0V，造成整机保护性停机。当 T_A、T_B 电阻值参数改变时，会造成主芯片 CPU 输入电压不正常，风速不可调，不停机等故障。

（3）温度传感器的检测方法

由于室温与管温传感器电阻特性完全一样，所以判断 T_A 和 T_B 好坏最简单的方法是比较法。将 T_A 和 T_B 从主控板上取下，15s 后分别测量其电阻值，相差不应超过±8%，否则应更换传感器。

5. 时钟电路

时钟电路如图 7-7 所示。大多数微电脑控制器都在内部设有时钟电路，只需外接简单的时钟元件即可，一般采用晶振稳频。时钟电路采用 RC 作为定时元件，也可外加时钟源。

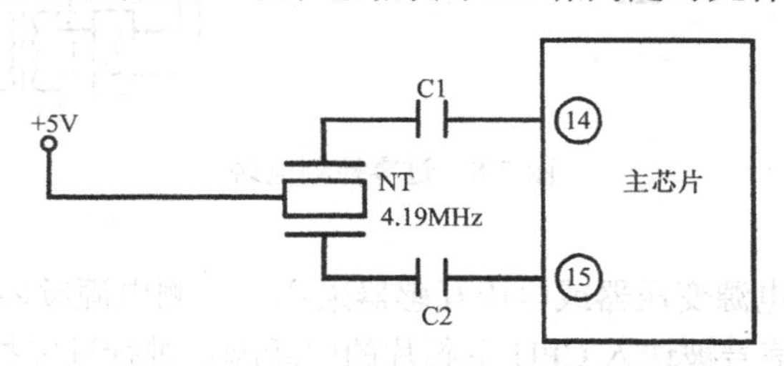

图 7-7　时钟电路

（1）石英晶振功能

将一个切割的石英晶体夹在一对金属片中间就构成了石英晶振，它具有压电效应，即在晶片两极外加电压，晶振就会产生变形；反之如果外力使晶振变形，则在两极金属片上又会产生电压。若加适当的交变电压，晶体便会产生谐振。

石英晶振具有体积小，稳定性好等特点，主要用于 CPU 时钟电路。石英晶体正常时电阻值为无穷大。如测量短路，说明晶振损坏。晶振符号常用X、LB、SJT、JT等表示。

（2）时钟电路工作原理

振荡电路提供微处理器时钟基准信号，振荡信号的频率是4.19MHz，用示波器测量⑭脚可以看到4.19MHz的正弦波。时钟电路由晶体NT及两个启振电容、DC 5V组成并联谐振电路，与主芯片内部振荡电路相连，其内部电路以一定频率自激振荡，为主芯片工作提供时钟脉冲。

（3）石英晶振检测

① 在空调器主控板通电情况下，用万用表测量晶振输入脚，应有2～3V的直流电压；如无此电压，一般多为晶振损坏。

② 用万用表电阻挡测量晶振两脚电阻值，正常时应为无穷大；如测量时有一定阻值，说明晶振损坏。

③ 用示波器测量晶振输入、输出脚的波形来判断晶振是否正常，如有波形，说明晶振正常；如无波形，说明晶振可能有故障。

（4）时钟电路故障分析

时钟晶振电路故障多表现为直流5V和12V正常，但空调器无显示，整机不工作。检修时，应从以下几方面入手。

① 用示波器测量振荡波形是否存在。

② 用万用表测量电阻，若有阻值说明已坏（因正常晶振阻值为无穷大）。

③ 测量晶振管脚有无2～3V（DC）电压，若无此电压说明已有故障。也可以用正品替代判断（即采用代换法）。

④ 用数字多用途表可测出晶振的工作频率。

6. 过零检测电路

过零检测电路如图7-8所示。

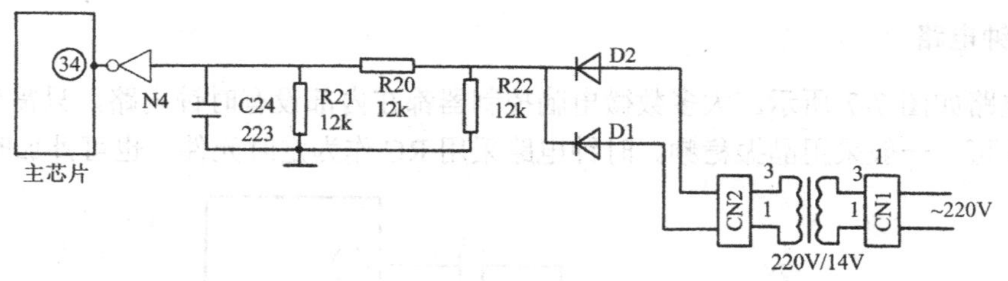

图7-8　过零检测电路

（1）工作原理

过零检测电路通过电源变压器或电压互感器采样，检测电源频率，获得一个与电源同频率的方波过零信号，该信号被送入CPU主芯片的中断脚后进行过零控制。当电源过零时，控制双向晶闸管触发角（导通角），双向晶闸管串联在风机回路中。当CPU检测不到过零信号时，将会使室内风机工作不正常，出现整机不工作现象。

（2）过零检测电路分析

电路上D1和D2组成全波整流电路，在变压器次级线圈取出电压信号，经过R20、R22、R21、C24滤波后输入三极管N4的基极，通过N4放大，改变输入主芯片㉞脚的电位。

（3）工作过程

此机电源频率为 50Hz/60Hz，变压器次级线圈频率也为 50Hz/60Hz。当交流过零点经过时，D1、D2 处于截止状态，N4 基极电位为零，输入主芯片，从而检测到一个高电平，即检测到一个过零点，否则电源频率太大或太小。

（4）主要元器件作用

D1、D2 损坏，R20 开路，C24 击穿，N4 工作不良会造成检测不到过零点，室内风机不正常，出现整机不工作现象。

7．风机调速电路

风机调速电路如图 7-9 所示。

（1）风机调速电路原理

风机调速电路通过检测风机转速来达到控制调整风机速度的目的，该电路主要用于过零控制的晶闸管驱动电路。

风扇电动机转速检测电路主要由霍尔元件组成，通过霍尔集成电路将风扇转速信号输入主芯片内进行速度自动控制，即电动机转一周输出一个或几个脉冲信号，该信号要经过电阻分压、高频滤波、电容滤波、三极管放大等。

正常的霍尔元件，其直流电源正负极之间有 10Ω左右电阻值，其信号输出端与电源正或负极之间阻值为无穷大。

霍尔元件的输出信号消失，风速要么过高，要么过低而失控，要么保护停机。

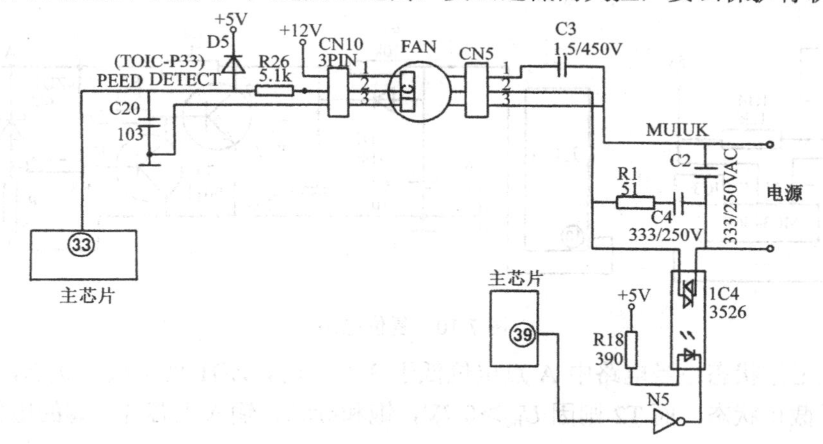

图 7-9　风机调速电路

交流 PG 风扇电动机通过调节串联在电动机回路的双向晶闸管的导通角来调节 PG 风扇电动机两端的电压，从而改变电动机的转速。

（2）风机调速电路分析

当主芯片接收到控制风速信号，主芯片㊴脚相应输出控制高、中、低风的信号电平，经过晶体三极管 N5 的饱和或截止，控制 CPU 内部发光二极管，从而控制 CPU 内部双向晶闸管的导通角与输入电动机的电压，进而控制风机的风速。而作为主芯片㊴脚控制信号，给出同步比较的是过零检测电路检测到交流电的过零点。

另外，风机内置霍尔检测元件，风机每转一圈，通过该元件就检测到一个方波信号，经过内部运算，由 CN10 ②脚经 R26 输入至主芯片㉝脚，根据风速工作的状态来随时调整室内风机的转速。

（3）风机调速电路主要元器件作用

① 当N5损坏，R18开路或IC4损坏，C3开路时，开机室内风机将不动作，1min后给出故障显示。

② 当室内风机内部霍尔检测元件损坏，钳位二极管D5击穿，R26开路时，均会造成主芯片㉝脚无转速信号输入，开机1min后停机并给出故障显示。

判断室内风机好坏的方法为：用万用表测量主控板CN10插座②脚和地之间的电压，用手慢慢转动风机，如果风机正常，则每转一圈，万用表指示有60s时间超过+5V，另1min时间电压低于1.2V，否则室内风机可能坏了。

综上所述，通过主芯片输出脉冲为50Hz的过零移相信号，使光电耦合器输出触发信号，进而触发串联在电动机回路中的双向晶闸管，随着移相角的不同，双向晶闸管的导通情况不同，则风机两端的电压不同，故可调节电动机的转速。PG电动机每转一圈，电动机内部的霍尔传感器就输出一个脉冲，使风机运转。

8．复位电路

复位电路如图7-10所示。

（1）电路图分析

主芯片CPU 75028的⑬脚为复位电平检测脚，低电平使复位有效，正常工作时为高电平，其工作原理如下。

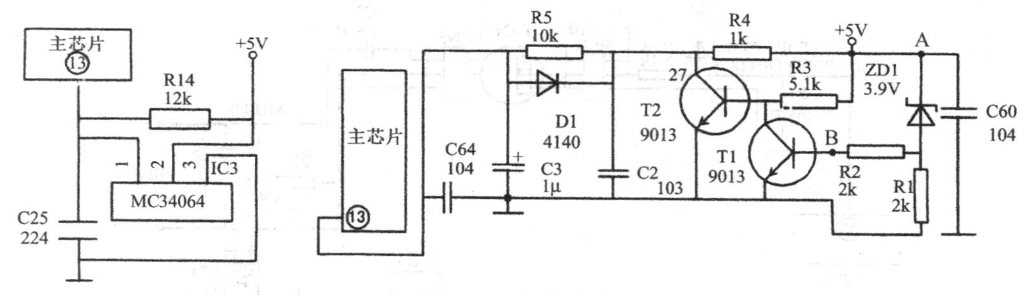

图7-10 复位电路

① 复位工作状态：当电路中A点电位低于3.98V时，ZD1处于截止状态，B点电位为0V，T1处于截止状态，而T2则因U_{be}＞0.7V，饱和导通，输入主芯片⑬脚的电位为低电平，进行复位。

a. 每次上电，当电源电压处于0.7～3.9V之间时，⑬脚为低电平，进行复位清零。

b. 当电源电压偏低（低于3.9V）时，主芯片⑬脚为低电平，强行复位，主芯片停止工作。

② 正常工作状态：当电路中A点电位为正常值5V时，硅稳压管ZD1导通，B点电位高于0.7V，则T1处于饱和状态，将T2的基极电位钳制在低电位，使T2处于截止状态，主芯片的⑬脚为高电平，空调器正常工作。

（2）主要元器件作用

① 当T1、T2三极管与稳压二极管ZD1损坏时，复位电路不工作，整机工作不正常。

② 当电阻开路或电容漏电时，复位电路无法正常工作，整机工作失常。

③ R14、C25为MC34064外围辅助元器件。

9．电流检测电路（过流保护）

电流检测电路如图7-11所示。

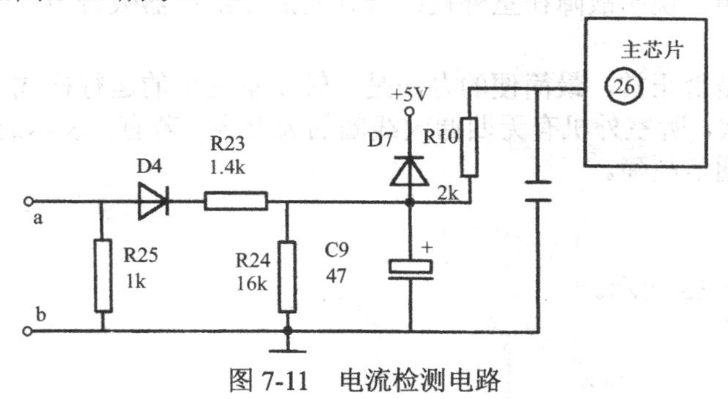

图7-11　电流检测电路

电流检测电路通过电流互感器将电流的信号转化为电压信号并输入主芯片CPU，接受CPU对压缩机的运转控制。当压缩机电流正常时，电流互感器输出较小的二次交流电压，经整流二极管整流，电阻分压输入主芯片CPU进行过流控制。当压缩机过载时，互感器二次电压也过高，此时输送到CPU的直流电压采样信号也过高，CPU经比较额定值后发出压缩机停车指令来保护压缩机，并指示红色故障灯闪亮或显示故障代码。

（1）电路分析

电流检测电路主要用于检测压缩机工作电流，是为了保护压缩机而设置的保护电路。电路中的D4为整流二极管，D7为钳位二极管，主芯片㉖脚输入最高钳位电平为5.7V，C9为滤波电容。

（2）工作原理

压缩机工作时，在感应线圈a、b两端感应出相应电压，经D4整流，C9滤波后，信号经R10输入主芯片㉖脚，监测压缩机电流的变化。当压缩机工作电流增大时，a、b端感应电压相应升高，整流滤波后输入主芯片㉖脚。输入电压过高时，芯片可确认此时压缩机回路工作电流过大，从而切断压缩机供电，保护压缩机。

（3）故障分析

该电路出现故障多为元件虚焊，二极管击穿或桥堆损坏。当互感器或整个电路损坏时，CPU将得不到过流信号，这种情况对压缩机来说等于失去了一道重要的保护屏障。

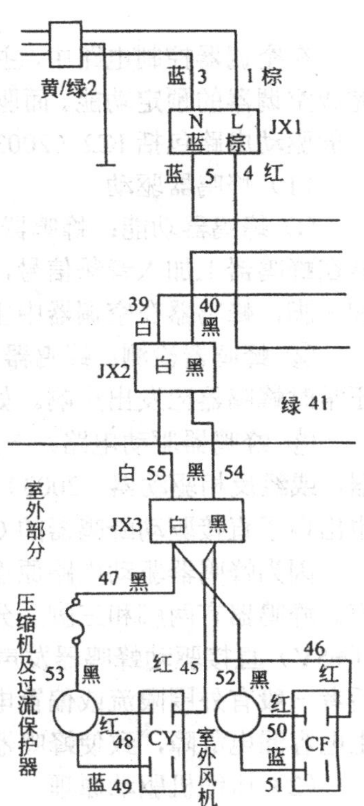

图7-12　通信电路

10．通信电路

通信电路如图7-12所示。

主芯片通过此电路，发出和传输通信信号（即控制信号）。空调器通信电路控制方式可分为两种，即单向通信和双向通信。单向通信是指室内机主控板向室外机发出控制信号而不需室外机反馈控制信号。这类通信故障常见的有信号线开路、短路，继电器损坏等，检查时要检测信号线有无信号输出，线路是否中间开路，继电器线包和触点吸合是否良好，继电器是否脱焊等。

双向通信电路是需要室外机反馈控制结果、状态的通信回路，一般为串行双向通信电路。该类通信电路目前采用继电器输出信号，检修时可以通过“听”进行故障判断。如开机后室内机有继电器吸合声，说明故障在室外机；若开机后无继电器吸合声，说明故障在室内机通信电路上。

判断通信电路是否正常，最简便的办法是：转换室内机的运行模式，将制冷模式转换为制热模式，反复两次，听室外机有无四通阀线圈的吸合声。若有，表示通信电路正常；否则，表示通信电路存在通信故障。

11．驱动电路

驱动电路如图7-13所示。

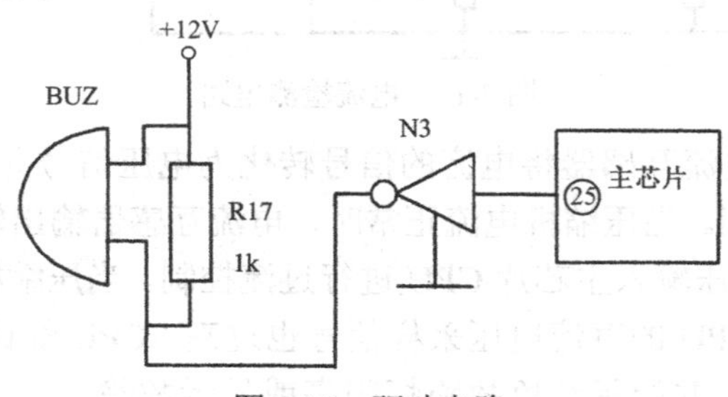

图7-13　驱动电路

在空调器控制电路中，主芯片将各种输入信号进行运算后，控制其他电路驱动负载工作，完成空调器的预定功能。而驱动电路用于将主芯片输出的信号进行功率放大，控制负载工作。一般驱动电路包括IC2（2003）功率放大器、继电器和相关元件组成的末级推动电路。

（1）蜂鸣器驱动

① 蜂鸣器功能：蜂鸣器内部装有压电陶瓷片，它由锆、钛、铅氧化物配制后烧结而成。若在蜂鸣器上加入音频信号，就能产生机械振动并发出响声。蜂鸣器按管脚形式可分为两脚和三脚，蜂鸣器在空调器中主要用来提示遥控信号接收有效，同时也可作为故障报警之用。

② 蜂鸣器检测：蜂鸣器可用万用表R×10k挡检测，即两表笔分别与蜂鸣器两引脚相碰，正常时蜂鸣器应发出声响。如蜂鸣器不发出声响，说明蜂鸣器已损坏。

③ 蜂鸣器驱动电路：一般主芯片CPU输出5V脉冲信号，经过三极管放大后驱动蜂鸣器，或经反相驱动器（2003）来驱动蜂鸣器，其电路一般较为简单。随着主芯片技术的发展，也出现了直接驱动蜂鸣器的CPU。

因为蜂鸣器驱动电路原理和其他电路一样，只有CPU发出脉冲信号，所以听见的是“嘟”声。蜂鸣器有两脚和三脚之分，因此，驱动电路也不一样。此CPU输出4.19MHz脉冲信号（+5V）直接驱动蜂鸣器发声；也有CPU输出信号经三极管放大（+12V）驱动蜂鸣器发声，后者一般有外围限流或偏置电阻、滤波电容、驱动三极管、三脚蜂鸣器等元件。该电路常发生电容漏电故障，致使蜂鸣器发声嘶哑，甚至不会鸣叫，检查启振电容并更换即可。

（2）压缩机驱动原理

主芯片㊱脚输出压缩机启动控制信号，送入IC2 2003 ⑦脚，内部电路将主芯片送入的驱动信号进行电流放大，使A端接+12V，RL3对地形成回路，则继电路线圈通电吸合，220V电源供给压缩机。

（3）四通阀信号控制途径

四通阀信号控制途径为主芯片㊲脚→IC2 2003 ⑥脚→IC2 ⑪脚→RL2→四通阀线圈。

（4）室外风机驱动信号流程

室外风机驱动信号流程为主芯片㊳脚→IC2 2003 ⑤脚→IC2 ⑫脚→RL1→外风机。

（5）主要元器件作用

IC2为7单元集成驱动模块，其基本特性是：当每一驱动单元输入端为低电平时，相应的输出端与地之间处于截止状态；当输入端为高电平时，相应的输出端与地之间处于导通状态。IC2（2003）输入低电平0～5V，输出端最大驱动电压50V/500mA。RL1、RL2、RL3为控制负载继电器，当内部线圈有电压通过时继电器吸合。ZM2、ZM3、ZM4为压敏电阻，并联在继电器触点之间，在继电器动作瞬间造成接触电压过大，烧坏触点，起保护作用。

（6）步进电动机驱动电路

由于步进电动机有4个绕组，所以其导通状态分别由单片机CPU根据电动机的正反转要求输出控制信号。其驱动原理同普通电路完全相同，分别由CPU输出控制信号经反相驱动器（2003）控制继电器来驱动。当主芯片CPU输出高电平时，经2003反相驱动器输出低电平，使继电器通电触点吸合，以控制步进电动机动作。当输出低电平时，则正好相反。

该电路是空调器各运转部件和功率部件标准的驱动电路，常见故障多为三极管或反相驱动器损坏。检测2003输入/输出脚电位是否相同，相同则证明2003有故障。

此电路M1为步进电动机，当得到＋12V时，带动导风叶片动作，从而改变送风方向。

7.3.3　综合故障检修技巧

【例7-6】移机后制冷差。

分析与检修：经全面检测，发现低压回气管弯扁，修整弯扁处后，故障排除。

经验与体会：空调器制冷效果差的常见原因一般为系统内制冷剂过多；系统内有空气，特别是加长管路后未排空或排空不良；室内机滤尘网或空气滤清器严重脏堵；室内机风扇转速太慢或不运转；室内机出风口、进风口有遮挡物或通风散热空间太小；室外机冷凝器严重脏堵；室外风机不运转或转速慢；室外机散热空间狭小；室外环境温度很高；过滤器堵塞；室内外机连接管弯扁，压缩机吸气不良；气液分离器堵塞，压缩机回气管路不畅等。

【例7-7】寒冬制热不良，炎夏不制冷。

分析与检修：现场检查制冷毛细管脏堵，按技术操作要求更换毛细管后，故障排除。

经验与体会：遇到此故障应采用如下检查方法。

① 压缩机的加液工艺管上装接一只三通检修阀。

② 开机前测量系统平衡压力，如正常，启动压缩机。运转一段时间后，若低压一直维持在0MPa，说明毛细管可能处于半脏堵状态；若为真空，可能是完全脏堵，应作进一步检查，此时压缩机运转有沉闷声。也可观察毛细管与过滤器是否结霜来进行故障判断，如毛细管或过滤器结霜发凉，说明系统半堵；如毛细管或过滤器与环境温度相当，说明系统全堵。

③ 停转压缩机后，如压力平衡很慢，需15min或30min以上，说明毛细管脏堵。脏堵位置一般在干燥过滤器与毛细管接头处。将毛细管与干燥过滤器连接处剪断，若有制冷剂喷出，可判断毛细管脏堵。如无同内径毛细管，可用退火的方法将脏物烧化，然后打压吹气使之畅通。也可将毛细管焊在清洁的管路中，用四氯化碳冲洗。冲洗后的毛细管必须进行抽真空及干燥处理才能使用。

【例7-8】开机30min无冷气吹出。

分析与检修：现场检查发现制冷系统冰堵。放出制冷剂，重新抽空后故障排除。

经验与体会：空调器系统需严格控制含水量，1kg制冷剂中含水量应不大于0.002 5mg，因冷媒在水分存在的情况下会发生水解，生成酸性物质。酸性环境会加剧铜在冷媒和润滑油混合物中的溶解（氧化），溶解的铜离子在与压缩机内的铜或铸铁（泵体）接触时被还原析出，并沉积在钢铁部件（活塞、滑片、汽缸）表面，形成一层铜膜，这就是所谓的镀铜现象。

镀铜会影响部件的配合间隙和密封效果，严重的镀铜现象还会直接导致配合部件（滑片与滑片槽，活塞与汽缸）堵转。水分导致的酸性环境还会加剧油的劣化，使电动机烧毁。

【例7-9】开机室内机运转，3min后压缩机启动空调器整机保护。

分析与检修： 现场检查发现用户家的电源线有1m为电话线，按技术要求更换截面积为$2.5mm^2$的电源线后，故障排除。

经验与体会： 空调器用电线的几点注意事项如下。

注意

① 电源线和插座必须是专用的，不得和其他的家用电器公用电线和插座，防止电线或插座因负荷太高而引发火灾事故。

② 空调器使用电源在国内是市电，即单相220V/50Hz，国际规定空调器用电范围为（220±10%）V，即198～242V。当使用的电压超过这个范围时，应设置电源稳压器，防止空调器不能正常启动和运行，或将空调器损坏。美的空调器用电范围185～242V高于国标的范围，建议最好购买这种宽电压的空调器。

③ 购买电线要选择正规厂家的产品，电线芯要求是铜的，纯度越高越好。不要购买铝芯的电线。

④ 千万记住要设置地线，它是维修人员的生命保证线。

【例7-10】空调器吹出的风有异味。

分析与检修： 现场检查空调器无故障，全面判断空调器吹出的风有异味是由于用户新装修房子造成的。

经验与体会： 常让用户误认为是空调器故障的正常现象有以下几种：

① 有的空调器通电并打开运行开关时，压缩机不能启动，而室内风机已运行，等3min压缩机才开始启动运行。这不是空调器的故障，因为有的空调器装有延时启动保护装置，要等空调器风机运转3min后压缩机才能启动。

② 当空调器运行或停止时，有时会听到“啪啪”声。这是塑料件在温度发生变化时热胀冷缩引起的碰擦声，属正常现象。

③ 空调器启动或停止时，有时偶尔会听到“咝咝”声。这是制冷剂在蒸发器内的流动声。

④ 有时使用空调器时，室内有异味。这是因为空气过滤网已很脏，已变味，致使吹出的空气难闻，只要清洗一下空气过滤网就行。如还有异味，可用清新型口味的牙膏涂抹清洗过滤网。

⑤ 热泵型空调器在正常制热运行中，突然室内外机停止工作，同时“除霜”指示灯亮。这是正常现象，待除霜结束后，空调器即恢复制热运行。

⑥ 热泵型空调器在除霜时，室外机组中会冒出蒸汽。这是霜在室外换热器上融化蒸发所产生的，不是空调器的故障。

⑦ 在大热天或黄梅天（指南方），空调器中有水外溢。这也不是故障，待天气好转，这种现象自然会消失。

7.4　海尔KFRd-50LW/F柜式空调器控制电路

海尔KFRd-50LW/F柜式空调器是在国内宾馆、饭店、医院用量较大的一款新机型，它的控制电路主要由室内机控制电路组成。控制方式是通过对输入条件与控制软件内的设定条件比较后，得出输出控制信号，对各部件进行控制，如室内贯流风机、室外风机、压缩机、四通阀、负离子发生器、扫风电动机、电动机热管、曲轴箱加热器、蜂鸣器、指示灯等。

7.4.1　室内机微电脑控制电路组成

微电脑芯片（TOSHIBA TMP47P862UM）是控制电路的核心，柜机是通过它来实现各种功能的控制的。室内机控制电路如图 7-14 所示。

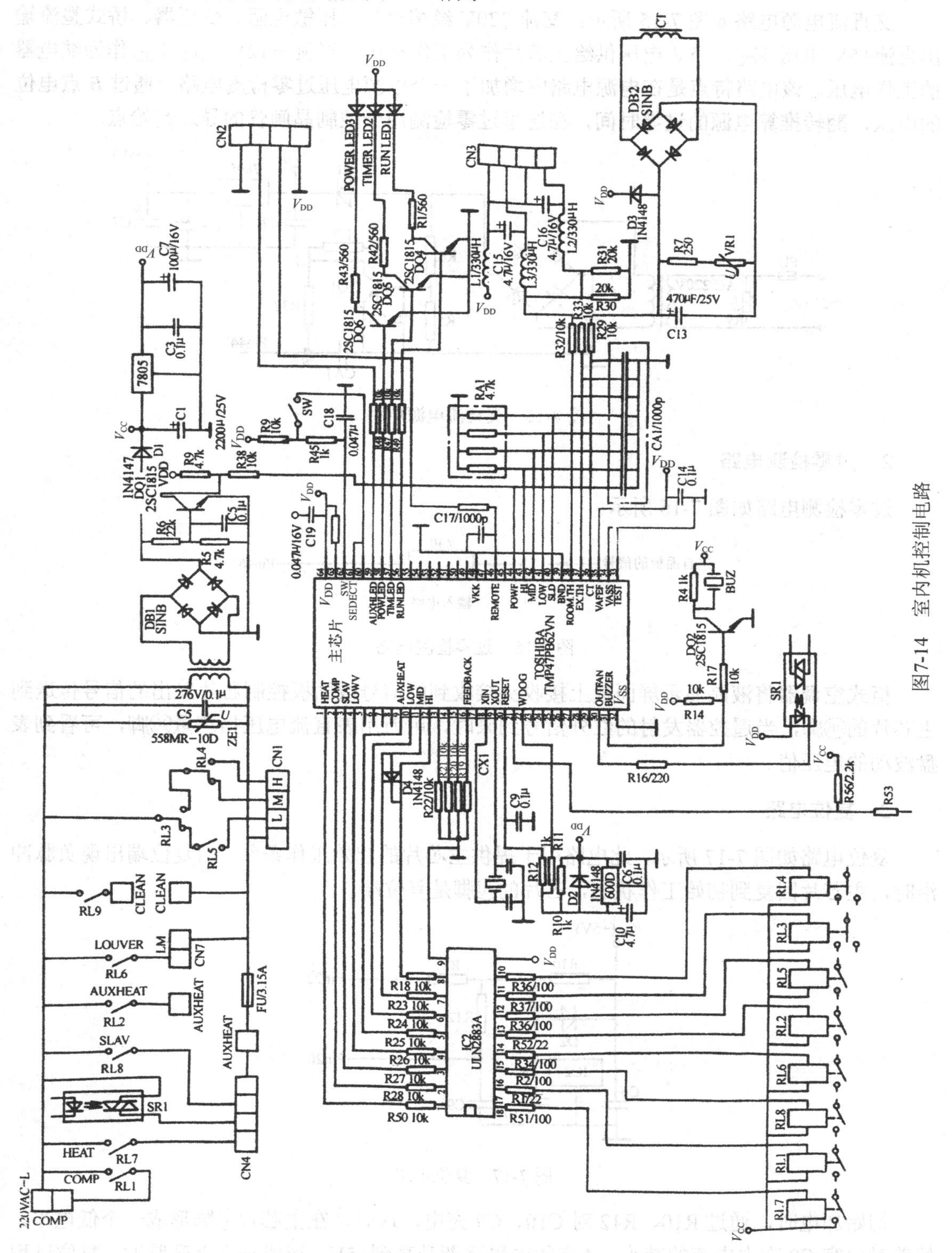

图7-14　室内机控制电路

7.4.2 微电脑控制电路分析

1. 交直流电源电路

交直流电源电路如图7-15所示，交流220V经熔丝管、压敏电阻、变压器、桥式整流输出直流+5V电压V_{CC}。+5V电压供给主芯片作为工作电压，直流＋12V电压V_{DD}作为继电器的工作电压。该电路特点是在电源电路中增加了一个电源电压过零检测电路。通过*B*点电位的电压，翻转推算电源的过零时间，在这里过零检测用于控制晶闸管的导通起始点。

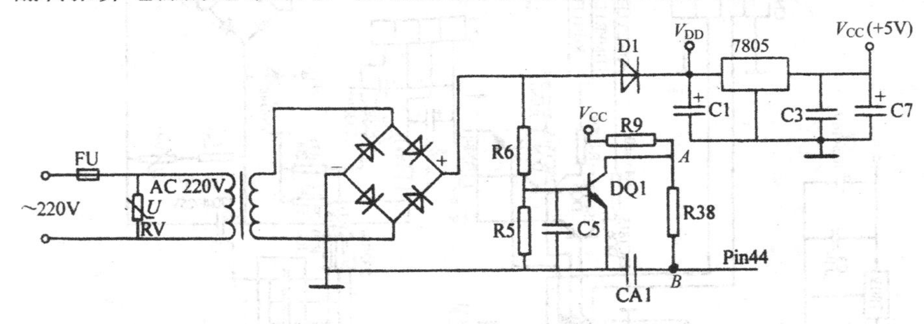

图7-15 交直流电源电路

2. 过零检测电路

过零检测电路如图7-16所示。

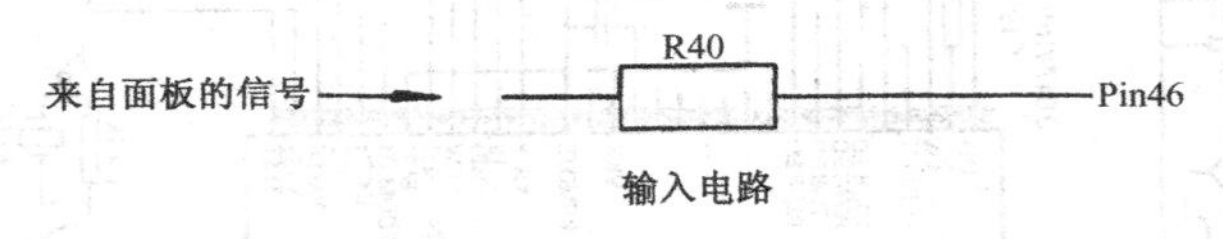

图7-16 过零检测电路

柜式空调器将液晶显示屏面板上接收头接收到的信号或面板控制芯片发出的信号传送到主芯片的㊻脚，当遥控器发射的红外信号到来时，用万用表直流电压挡测量㊻脚，可看到表盘波动的电压值。

3. 复位电路

复位电路如图7-17所示，此电路用于提供主芯片的起始工作条件，当复位端出现负脉冲沿时，主芯片回复到初始工作状态，芯片的⑳脚是复位端。

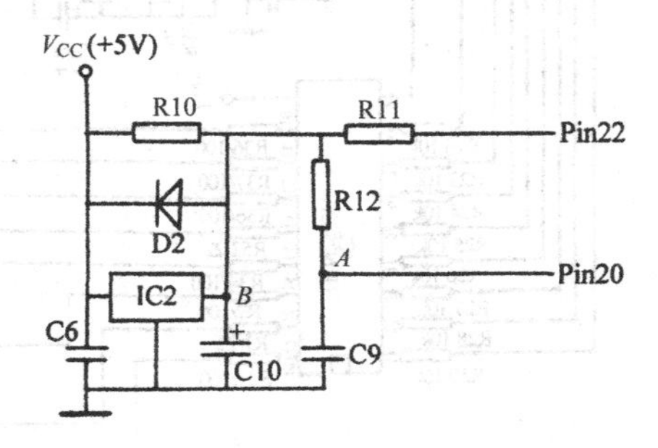

图7-17 复位电路

初始加电时，通过R10、R12对C10、C9充电，这时，在主芯片⑳脚形成一个低电平。随着对电容C9充电电流的减小，*A*点的电平逐渐升高到+5V，形成一个上升脉冲，复位过程结束。空调器在正常工作时，用万用表测量 *A* 点，电位应为+5V；当 V_{CC} 电源电压低于 4.6V 时，IC2 在 *B* 点输出低电平，将复位端电压拉低，使主芯片处于复位状态。

4．振荡电路

振荡电路如图 7-18 所示，此电路用于为主芯片提供时钟基准信号，KFRd-50LW/F 柜式空调器的振荡信号的频率为 6MHz。主芯片的⑱,⑲脚是振荡信号的输入、输出脚。空调器正常工作时，用示波器测量芯片的⑲脚，可以看到 6MHz 的正弦波；用万用表的直流电压挡测量芯片的⑱脚，电压约为 2.0～2.1V，⑲脚的电压约为 2.3V。电路的电容为启振电容。

5．环境温度、盘管温度输入电路

环境温度、盘管温度输入电路如图 7-19 所示。

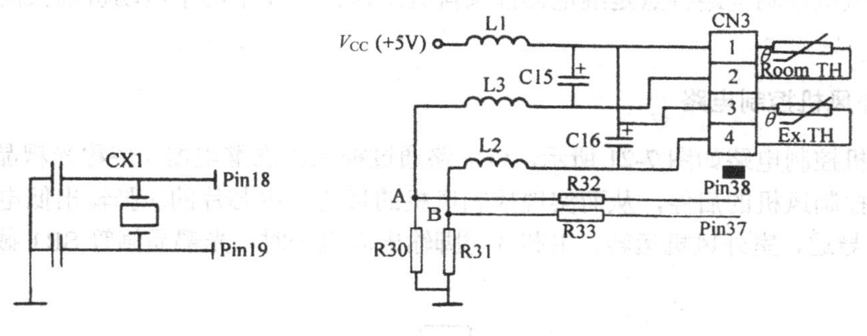

图 7-18　振荡电路　　　　图 7-19　环境温度、盘管温度输入电路

（1）环境温度输入电路

环境温度传感器为负温度系数的热敏电阻，当温度上升时，热敏电阻的阻值下降。在这里主要通过热敏电阻的阻值变化改变 A 点的电压。现在的空调器多采用分压点的采样电压，然后通过主芯片内置的 A/D 转换器转换成数字信号，与存储的温度数值对比后确定环境温度值。主芯片的㊳脚为环境温度检测脚，当环境温度为 25℃时，用万用表测得㊳脚电压应为 2.3V；环境温度为 20℃时，㊳脚电压应为 3.0V。

（2）盘管温度输入电路

空调器均在蒸发器右上角设置盘管温度传感器，通过盘管温度传感器的阻值变化，改变电路分压点 B 点的电压，并把这个电压变化传送到主芯片㊲脚。主芯片的㊲脚是盘管温度检测脚，盘管温度传感器的采样电压通过内置的 A/D 转换器转换成数字信号后，与存储的温度数字对比后确定盘管温度值。当盘管温度为 25℃时，用万用表的直流电压挡测得㊲脚电压为 3.3V。蒸发器温度越低，阻值反而越高。

6．室内风机控制电路

室内风机控制电路如图 7-20 所示，室内风机是通过控制继电器的吸合及断开来控制启停的，芯片㊲脚输出高电平时运转，输出低电平时停止。芯片⑩脚为风机低速控制脚，当输出高电平时，继电器 RL5 吸合，电动机低风速抽头得电，风机低风速运转。芯片⑫脚为高速风控制脚，当输出高电平时（芯片⑩脚、⑪脚输出低电平），继电器 RL3 吸合，电动机高风速抽头得电，风机高风速运转。芯片⑪脚为中风速控制脚，当输出高电平时（芯片⑩脚输出低电平，⑪脚输出高电平），继电器 RL4,RL3 同时吸合，电动机中风速抽头得电，风机中风速运转。

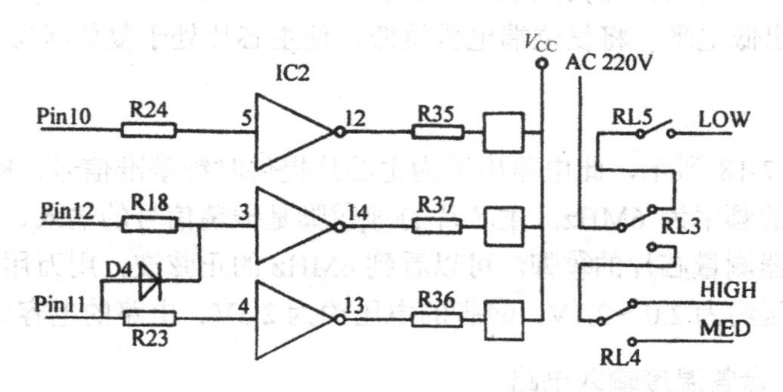

图7-20　室内风机控制电路

该室内风机控制电路特点是继电器抽头排列新颖，避免了两个电动机抽头同时得电带来的故障。

7．室外风机控制电路

室外风机控制电路如图7-21所示，该电路通过控制固态继电器（俗称光耦晶闸管）的导通或截止来控制风机的启停，从而实现控制风机的目的。主芯片的㉚脚输出低电平时，光耦晶闸管SR1导通，室外风机运转；主芯片㉚脚输出高电平时，光耦晶闸管SR1截止，室外风机停止运转。

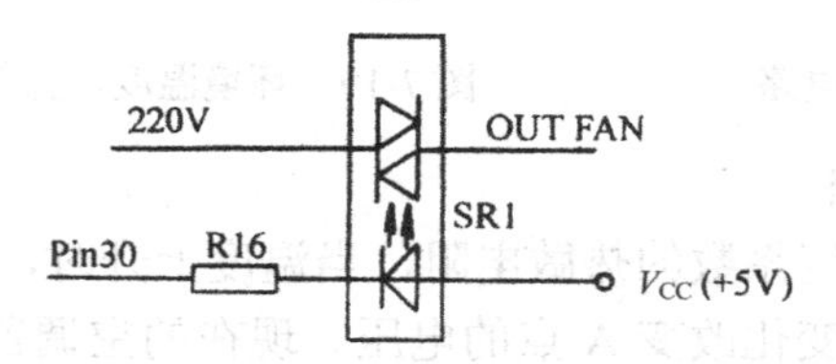

图7-21　室外风机控制电路

8．压缩机、换向阀、电加热器、曲轴箱加热器、扫风电动机控制电路

压缩机、换向阀、电加热器、曲轴箱加热器、扫风电动机控制电路如图7-22所示。

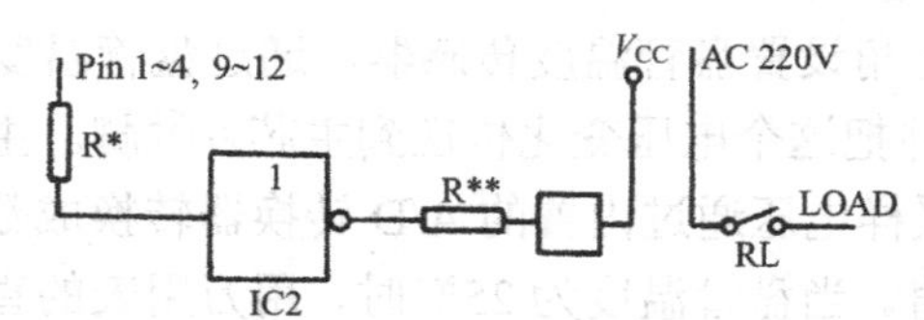

图7-22　压缩机、换向阀、电加热器、曲轴箱加热器、扫风电动机控制电路

主芯片根据空调器的各个工作状态控制上述各负载的开启和停止。当芯片相应脚①～④、⑨～⑫输出高电平时开启，输出低电平时停止。继电器的驱动是通过IC2实现的，IC2内含8对达林顿管，每对达林顿管可简单地视同为一个驱动能力较大的NPN型晶体管。

9．指示灯控制电路

指示灯控制电路如图7-23所示。

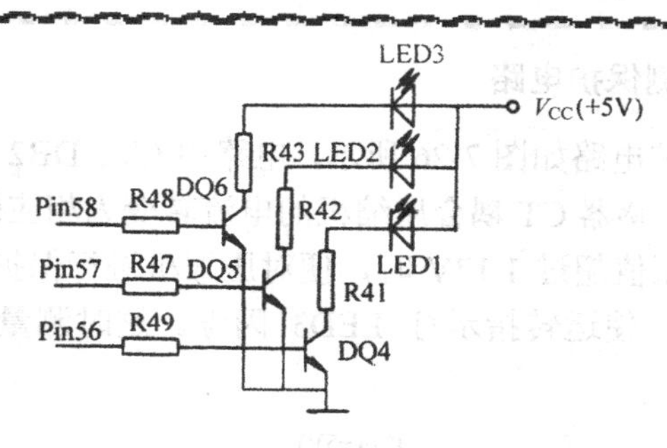

图 7-23　指示灯控制电路

KFRd-50LW/F 柜式空调器在电脑控制板上有 3 个指示灯：

- ➢ 运行指示灯 LED3;
- ➢ 定时指示灯 LED2;
- ➢ 压缩机指示灯 LED1。

它们分别在电脑控制板上显示不同的工作状态。空调器运行时，LED3 点亮；当环境温度传感器短路或开路时，LED3 闪烁；当盘管温度传感器短路或开路时，LED1 和 LED2 常亮，同时 LED3 闪烁；当压缩机过电流时，LED3 闪烁不停。

10．蜂鸣器控制电路

蜂鸣器控制电路如图 7-24 所示，电路由 R14、R17、R4、BUZ、DQ2 组成。工作时，主芯片接收到有效控制信号后，㉛脚输出一脉冲电压，蜂鸣器“笛”的响一声，告知用户指令信号有效。

11．负离子发生器控制电路（健康型）

负离子发生器控制电路如图 7-25 所示。

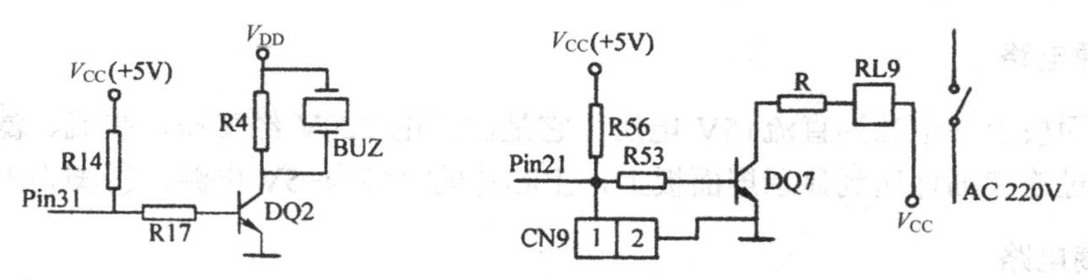

图 7-24　蜂鸣器控制电路　　　　图 7-25　负离子发生器控制电路

由图 7-42 可知，电路由 R56、R53、DQ7、RL9 组成。用手设定液晶显示屏开关，设定制冷状态，这时室内外风机运转，芯片的㉑脚输出高电平。当用手触摸液晶显示屏，设定“健康”功能有效时，健康指示灯点亮，CN9 的①脚有高电平输出，使 DQ7 导通，继电器 RL9 吸合，负离子发生器吸合工作，去除屋内的有害物质及气体。当控制面板设定“健康”功能无效时，CN9 的①脚输出低电平，晶体管 DQ7 截止，继电器 RL9 线圈失电，触点断开，负离子发生器停止工作（健康指示灯熄灭）。当用手触摸显示屏停止键时，主芯片㉑脚输出低电平，DQ7 处于截止状态，RL9 线圈失电，触点断开。

负离子发生器工作时，必须具备两个条件：一是室内风机必须处于运转状态，二是必须设定有效“健康”状态。

12．压缩机过电流检测保护电路

压缩机过电流检测保护电路如图7-26所示，电路由CT、DB2桥式整流、D3、R7、R29、VR1组成。工作时，通过互感器CT耦合压缩机的电流转变为相应的电压值送至主芯片㊱脚。当主芯片检测到㊱脚的电压值超过1.17V时，便对压缩机进行保护，压缩机停止运转，并由主芯片㊿⑧脚输出脉冲信号，使运转指示灯 LED3 闪烁。这时测量压缩机的过保护电流值为13.5A。

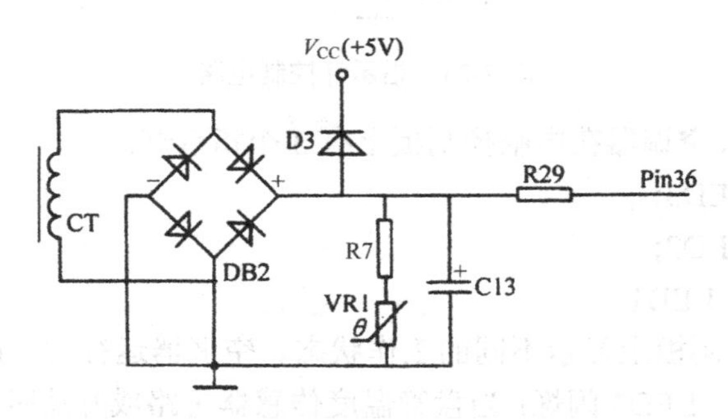

图7-26　压缩机过电流检测保护电路

7.4.3　液晶显示屏控制电路分析

KFRd-50LW/F柜机控制面板采用日本 NEC 公司生产的单片机作为核心控制部分，它有两个作用。

① 收发信号作用：将遥控红外信号发送到信号接收板或通过液晶显示屏触摸按键，设定各种状态后，再把收到的信息显示到液晶显示屏上，同时把信号发送到微电脑控制板。

② 显示作用：将设定的各种工作条件显示在液晶显示屏上，显示的内容有时钟、制冷、制热、温度、扫风状态、高低风速等。

1．电源电路

显示屏面板上的电源为直流+5V电压，它是由市电220V经变压、整流、滤波、稳压后输出的，通过连续插件送到显示屏面板上，主芯片的㉔脚为+5V电源，①脚为电源地。

2．振荡电路

振荡电路如图7-27所示。

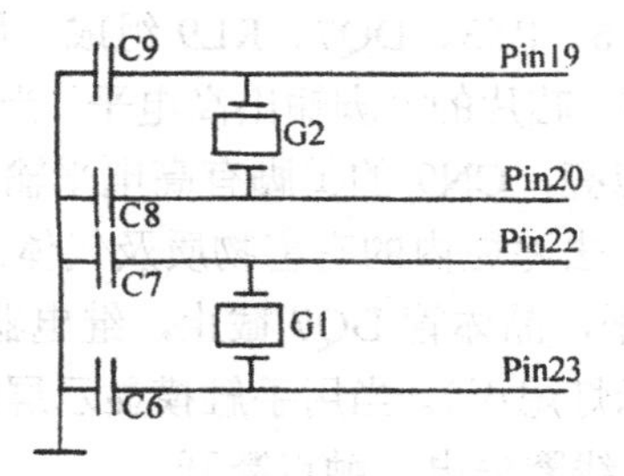

图7-27　振荡电路

电路由C9、C8、C7、C6、G2、G1组成，工作时，振荡电路分主振和子振两部分。主芯片⑲脚为子振的输入端，⑳脚为子振的输出端，㉒脚为主振的输入端，㉓脚为主振的输出端。用万用表的直流电压挡测量，⑲脚为 1.6V，⑳脚为 2.7V，㉒脚为 2.5V，㉓脚为 3.0V。

3．复位电路

复位电路如图 7-28 所示，该电路采用阻容电路，由 R6、IC3、C11、C10 组成。工作时，通过电容的充放电产生脉冲复位信号。主芯片的⑱脚为复位电平检测脚，低电平时有效，正常工作时为高电平。在电路上并有电压监视器 600D。当输入端电源电压低于 4.6V 时，输出端输出低电平，将复位端电平拉低，使其强制复位，主芯片停止工作，空调器室内外机停止运转。

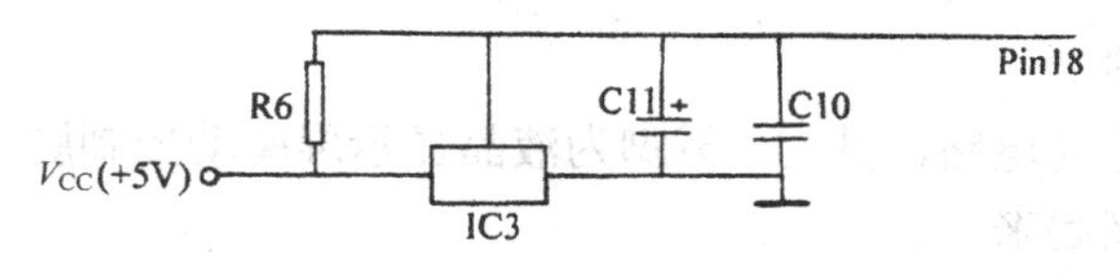

图 7-28　复位电路

4．液晶触摸键扫描电路

液晶触摸键扫描电路如图 7-29 所示，⑩、⑪、⑫、⑬脚为主芯片的输入端，⑭、⑮、⑯、⑰脚为输出端。工作时，4 个输出引脚轮流发出脉冲信号，再分别检测 4 个输入脚是否有脉冲信号输入，来判断触摸键是否接通，并显示在液晶显示屏上。

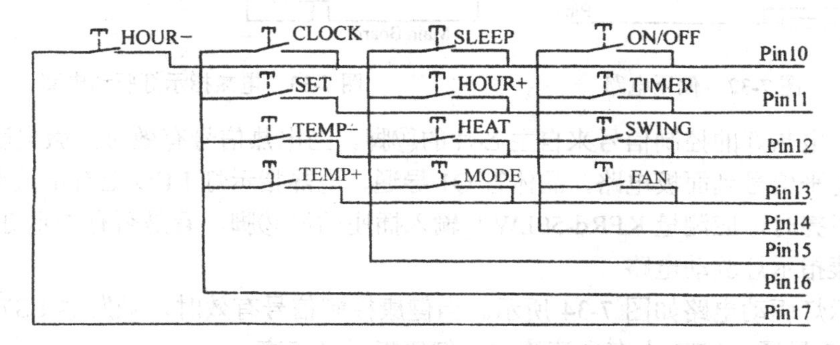

图 7-29　液晶触摸键扫描电路

5．发射电路

发射电路如图 7-30 所示，由 R3、R2、Q2、C2 组成。接收器将接收到的有效红外遥控信号或用触摸键设定的有效信息发送到主芯片㉟脚。㉟脚信号经电阻 R3、晶体管 Q2 放大后实施各功能的传送。

6．接收电路

接收电路如图 7-31 所示，由 R5、C12、C5 组成。遥控器在有效范围内发射信号后，通过红外接收器接收信号后，送至微电脑芯片的㉚脚。

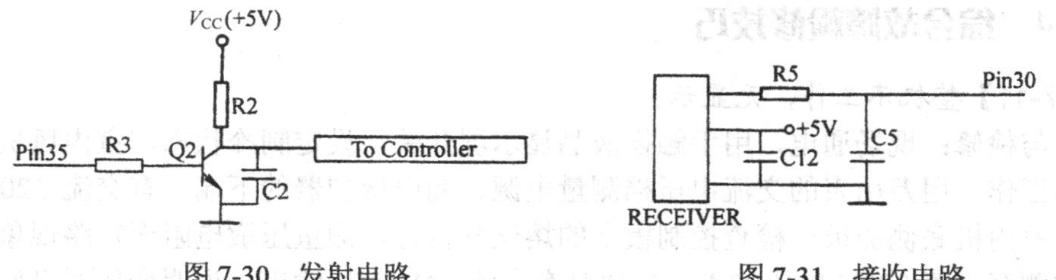

图 7-30　发射电路　　图 7-31　接收电路

7．偏压电路

偏压电路如图7-32所示，该电路的作用是提供液晶驱动信号中段电压的电压值。

工作时，主芯片①脚输入+5V电压，②、③、④脚通过R9、R10、R11、R12、R13分压。其中，③、④脚分得的电压为液晶驱动信号中段电压，用万用表的直流电压挡测量，④脚约为1V，③脚约为2V，②脚约为3V。

8．驱动电路

（1）液晶驱动电路

主芯片内含液晶驱动电路，其㊲～㊿脚为液晶显示屏驱动控制脚，通过斑马条把液晶与控制板上的驱动线连接起来。

（2）电热指示灯驱动电路

电热指示灯驱动电路如图7-33所示，电路由电阻R55、电容C1、晶体管Q1、发光二极管LED等组成。

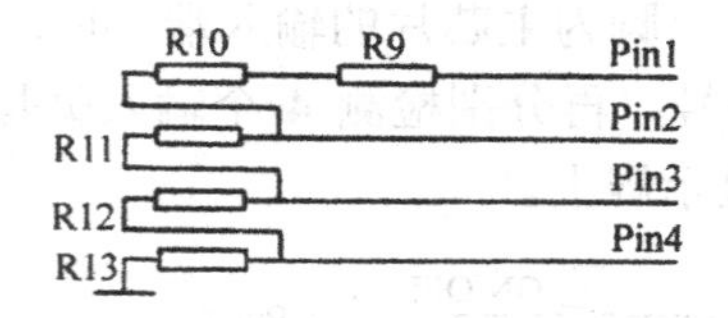

图7-32　偏压电路

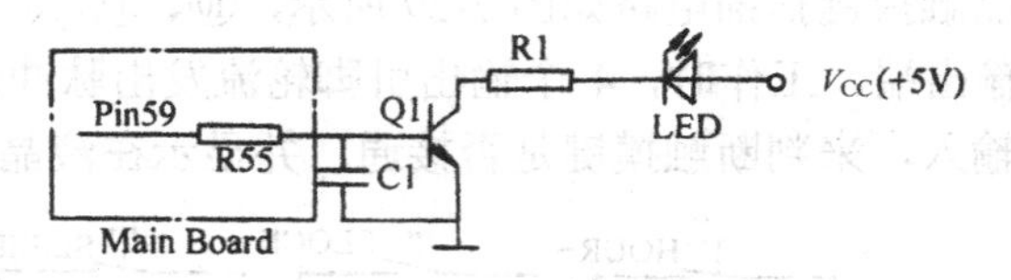

图7-33　电热指示灯驱动电路

工作时，电热灯的控制信号来自主芯片的59脚。当电热信号有效时，微电脑控制板通过连线输出高电平信号到面板电路，晶体管Q1导通，电热指示灯LED上有电流通过，指示灯点亮；当灯不亮时，应测量KFRd-50LW/F输入插座的第②脚，看是否有指示灯控制信号。

（3）健康指示灯驱动电路

健康指示灯驱动电路如图7-34所示。当健康控制信号有效时，触发器LS74A的⑤脚输出高电平，Q3导通，LED上有电流流过，健康指示灯点亮。

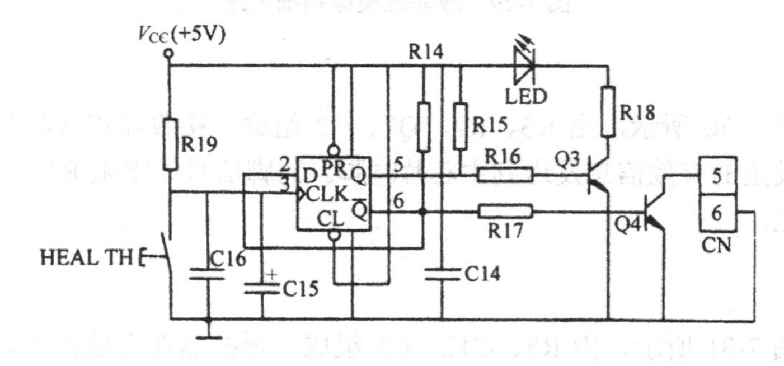

图7-34　健康指示灯驱动电路

7.4.4　综合故障检修技巧

【例7-11】整机不工作，无显示。

分析与检修：现场通电，用手触摸液晶显示屏开关，设定制冷状态，室内风机、室外压缩机均不工作。用万用表的交流电压挡测量电源、漏电保护器的下端，有交流220V电压输出。卸下室内机底侧面板，检查控制板上的熔丝管良好，测量压敏电阻无短路现象，测量变压器一次侧有交流220V电压输入，二次侧有交流14V电压输出，说明变压器良好。按顺序从易到难继续检查，把万用表的选择开关旋转到直流电压挡，测量桥式整流有直流输出，电阻R6、R5良好，测量二极管D1损坏。更换二极管后，通电试机，空调器不工作故障排除。

【例7-12】压缩机到设定温度不停。

分析与检修：现场通电，用手触摸液晶显示屏开关，设定制冷状态，室内外机均运转正常，制冷良好。但达到设定温度后，室外压缩机继续运转。卸下室内机前板，检查室温传感器与管温传感器插头线接错。因室温与管温传感器在同一温度下电阻值的参数是不同的，管温传感器固定在蒸发器上，制冷蒸发器温度越低，管温传感器的电阻值变化就越大，接错后微电脑处理器感知的是管温传感器参数的变化。把接错的线调整后，空调器室外压缩机不停机故障排除。

【例7-13】负离子发生器不工作。

分析与检修：现场通电，用手触摸液晶显示屏开关，设定制冷状态，室内外机运转正常，制冷良好；用手触摸"健康"开关，健康指示灯不亮。卸下室内机前板，测量控制板上的微电脑芯片㉑脚有高电平输出，电阻R56上端有直流+5V电源，电阻R56、R53良好，晶体管DQ7良好，检查继电器RL9不吸合。更换继电器RL9后，通电试机，负离子发生器不工作故障排除。

【例7-14】室内机无高速风。

分析与检修：现场通电，用手触摸液晶显示屏开关，设定制冷状态，室内外机均能运转，且制冷正常，而室内机无高速风吹出。卸下室内机前板，测量微电脑芯片⑫脚有高电平输出，⑩,⑪脚有低电平输出，说明微电脑芯片良好。检查高速风R37电阻外观变色，检测R37电阻损坏。用快热烙铁更换R37电阻后试机，室内机有高速风吹出，空调器无高速风故障排除。

【例7-15】空调器不定期跳闸。

分析与检修：现场通电，用手触摸液晶显示屏开关，设定制冷状态，室内外机均运转。卸下室内机前板，测量220V电源正常，检查各元件牢固。卸下室外机外壳，用钳形电流表卡在压缩机主控线上，测量压缩机运转电流为9.0A，10min后，电流逐渐上升，当上升到14.6A时，熔丝熔断。反复试验，每次间隔时间不等。测量压缩机启动电容无漏电现象，压缩机绕组绝缘电阻值大于5MΩ，说明压缩机电动机绕组绝缘良好。当更换熔丝，拔下电源插头时，发现插头L端已烧损。去掉插座，安装漏电保护器，通电试机，空调器不定期跳闸故障排除。

【例7-16】空调器室内外机均不启动。

分析与检修：接通空调器电源，用遥控器开机，蜂鸣器和指示灯无反应。利用试机开关开机，也不能启动运转。遇到这类故障，首先用万用表的220V交流电压挡测量电源插座是否有交流220V电压。若有，卸下室内机外壳，测量控制板上的3A/220V熔丝是否熔断，电源变压器二次侧是否有交流15V电压输出；若无，把万用表的旋钮调换到直流电压挡，测量整流器是否有直流+12V电压输出，若有，测量7812三端稳压器、7805输出端是否有直流+5V电压输出，若有输出，可继续检测主芯片的⑭脚、⑮脚和晶体振荡器。经检测发现晶体振荡器⑮脚开路，更换后，故障排除。

【例7-17】遥控器失灵。

分析与检修：通电后，用手按遥控器发射键，整机无反应。用试机开关开机，室内外机均运转良好，说明遥控器或红外接收有故障，信号发射不出去。首先打开遥控器后盖，测量电池电压良好。检查遥控器电池"+"、"－"极片触点无氧化锈蚀现象。卸下遥控器固定螺钉，测量红外发光二极管损坏。更换后，遥控器失灵故障排除。

【例7-18】遥控器发射红外信号后，空调器不工作。

分析与检修：通电后，用遥控器开机，设定制冷状态，室内贯流风机和室外压缩机均不运转。测量电源插座有交流 220V 电压输出。卸下室内机外壳，检查控制板熔丝管、压敏电阻良好，测量变压器一次侧有交流 220V 电压输入，整流器输出端有直流电压输出，7812 三端稳压器的①、②端间有直流 12V 输入，②、③端之间只有直流 8V 电压输出，说明 7812 损坏。更换后，通电试机，空调器不运转故障排除，恢复制冷。

【例 7-19】 室内机运转，室外机不运转。

分析与检修： 通电后，用遥控器开机，设定制冷状态，室内贯流风机、室外压缩机均运转，而轴流风机不运转。卸下室外机外壳，用尖嘴钳拔下风机电容插件，用螺钉旋具金属部分将电容两极短路放电后，测量电容有充放电过程，风机绕组阻值良好，由此说明不运转故障在室内机。卸下室内机外壳，测量微电脑控制板中电阻 R31 损坏。更换后，通电试机，空调器风机不运转故障排除，恢复制冷。

【例 7-20】 空调器制冷效果差。

分析与检修： 通电后，用遥控器开机，设定制冷状态，室内外机均运转良好，但无冷气吹出。用扳手卸下工艺外帽，用公制加气管连接好，用压力表测试压力为 0MPa，说明制冷剂漏光。经打压、检漏、抽空后，加 R401A 制冷剂，当表压为 0.28MPa 时，压缩机上的过电流过热保护器起跳。压缩机过热，从表面看是由压缩机过电流造成的，而实质上是因为过滤器微堵，系统制冷剂漏光，使系统进入潮湿空气，造成过滤器网产生锈蚀。更换过滤器后，故障排除。

【例 7-21】 空调器不制热。

分析与检修： 通电后，用遥控器开机，设定制热状态，室内外机均不运转。检查遥控器操作正确，测量电源插座有交流 220V 电压。卸下室内机外壳，测量控制板 3A/220V 熔丝压敏电阻 RV 良好，变压器一次侧有交流 220V 电压输入，整流器有直流输出，1 000μF/25V 滤波电容良好，7812 三端稳压器②、③端之间有直流 12V 电压输出，100μF/25V 滤波电容漏电。更换后，通电试机，空调器故障排除，恢复制热。

【例 7-22】 室内风机不运转，室外压缩机运转。

分析与检修： 用遥控器开机，室外压缩机运转，室内风机不运转。卸下室内风机外壳，测量控制板上的熔丝管、压敏电阻良好，变压器输入、输出正常，整流和三端稳压器有直流输出，风机电容有充放电过程，风机绕组阻值正常。检查各插接件牢固，但开机时听不到继电器的“嗒、嗒”吸合声。卸开继电器外壳，发现继电器触点烧损。更换一个同型号的继电器后，室内风机运转正常，并恢复制冷。

7.5 海信柜式空调器控制电路

海信柜式空调器的主要机型有 KFR-5001LW/D、KFR-65LW/D、KFR-7208LW/D、KFR-120LW/D 等。下面以 KFR-120LW/D 柜式（热泵型）空调器为例，分析其电路工作原理。

7.5.1 控制电路组成

该空调器以单片机为控制核心，控制方式是通过对输入的信息与软件内设定的条件相比较后，得出控制结果，从而对工作执行部件发出控制指令。

输入的信息有运行模式、环境温度、设定温度、定时方式、风速设定、盘管温度、压缩机工作电流、睡眠方式、风门叶片位置等。

工作执行部件主要有室内外风机、压缩机、换向阀、电加热管、负离子发生器、扫风电动机、蜂鸣器和指示灯等。由于采用微电脑进行控制，故空调器性能可靠，操作简便，功能齐全。海信 KFR-120LW/D 热泵型空调器的控制框图如图 7-35 所示。

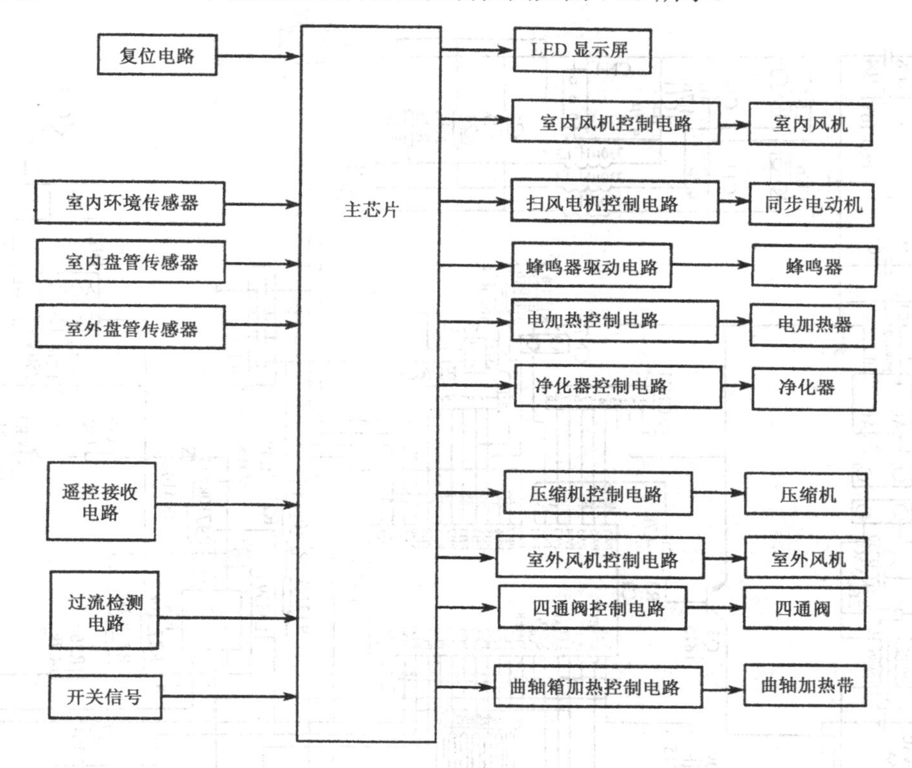

图 7-35　海信 KFR-120LW/D 热泵型空调器的控制框图

该系列空调器采用摩托罗拉芯片为控制核心，控制电路主要由电源电路、复位电路、晶振电路、室内风机控制电路、扫风电动机控制电路、蜂鸣器驱动电路、温度传感器电路、显示电路、开关信号电路、步进电动机驱动电路、电加热控制电路、遥控接收电路、室外风机控制电路、压缩机控制电路、四通阀控制电路等组成。

7.5.2　基本工作电路分析

基本工作电路是单片机工作所必需的配置电路，分为电源电路、复位电路和晶振电路三部分。海信 KFR-120LW/D 空调器控制电路如图 7-36 所示。

1. 电源电路

220V 的交流电源经过保险熔丝管（3.15A）到达变压器的初级线圈，次级线圈输出 13.5V 电压，经整流滤波后输出 DC 12V，给各继电器提供工作电压。在电路中，C3（2 200μF/25V）是高频旁路电容，C4 是低频旁路电容。12V 的直流电经三端稳压器 7805 输出 DC 5V。DC 5V 电压供给单片机、驱动芯片等作为工作电压。电容 C5、C6 分别是高频和低频的滤波电容。单片机④脚是电源脚，①脚为电源地。

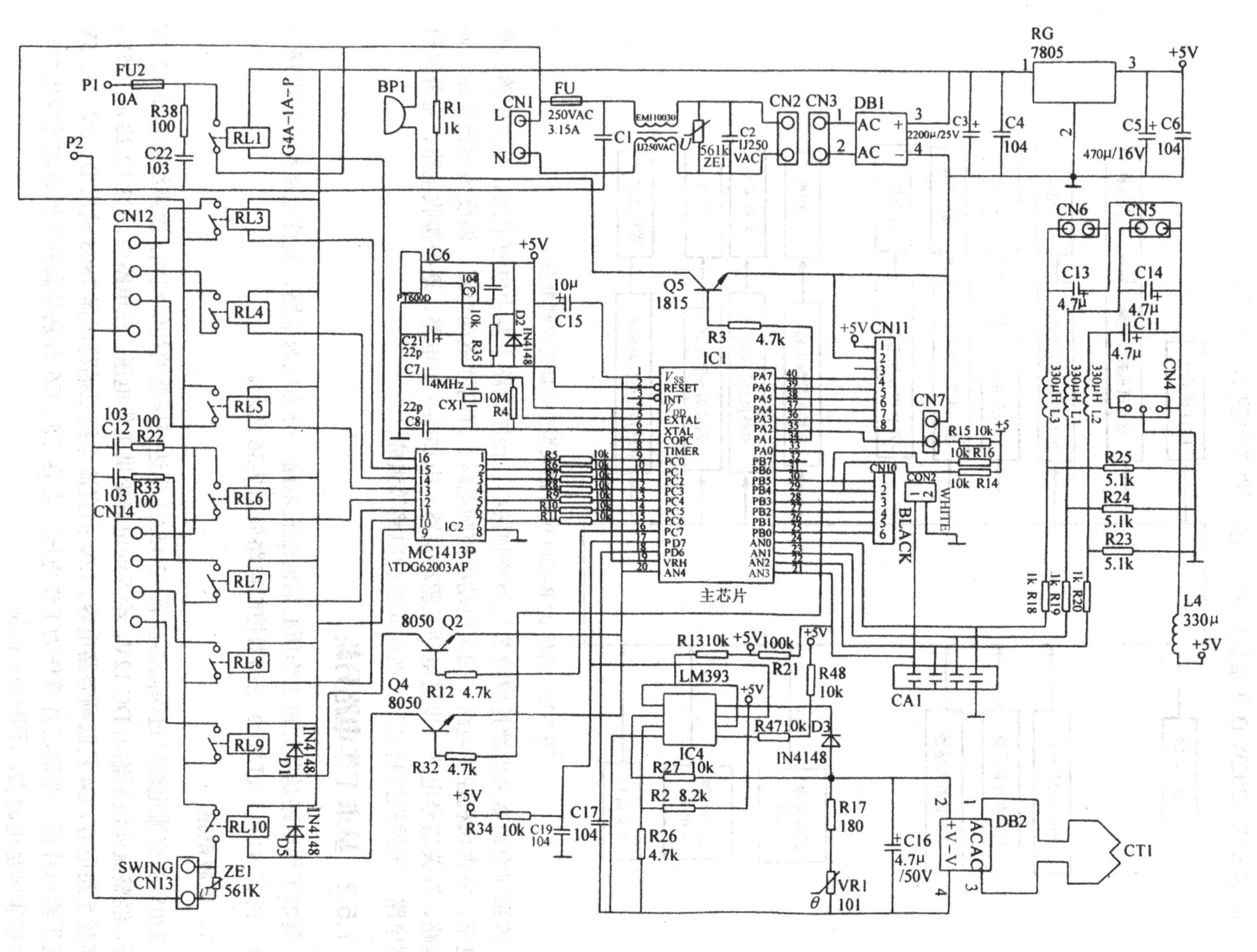

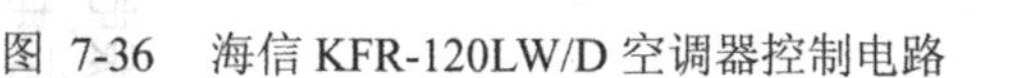

图 7-36　海信 KFR-120LW/D 空调器控制电路

2．复位电路

复位电路提供单片机的起始工作条件，当复位端出现负脉冲沿时，单片机恢复到初始工作状态，单片机的复位端是②脚。

3．晶振电路

晶振电路提供单片机的时钟基准信号，振荡信号的频率为 6MHz。用示波器测量单片机的⑥脚时，可看到 6MHz 的正弦波形。⑤脚、⑥脚为振荡信号的输入、输出脚。正常工作时，⑤脚的电压约为 2.0～2.1V，⑥脚的电压约为 2.2～2.3V。

7.5.3　输入电路

1．遥控输入电路或应急信号输入电路

遥控输入电路或应急信号输入电路接收面板上接收头接收到的信号或面板上应急按钮输入的信号，③脚为遥控信号接收脚。当发来遥控信号时，用万用表直流电压挡在③脚上可测到波动的电压值。

2．温度输入检测电路

温度输入检测电路包括环境温度检测、盘管温度检测、室外盘管温度检测电路。通过温度传感器（负温度系数，即温度上升时传感器的阻值下降）的阻值变化，改变分压点的电压，从而改变输入到单片机模拟口 P22～P24 脚上的输入电平的变化。

单片机采集到分压点上的电压变化后，通过单片机内的 A/D 转换器转换成数字信号并与单片机内的存储温度比较后，确定所检测的温度值。㉔脚为室内环境温度检测脚，㉓脚为室内盘管温度检测脚，㉒脚为室外盘管温度检测脚。当室内环境温度为 25℃时，㉔脚的电压为 2.5V；当环境温度降低时，㉔脚的电压降低，反之则上升。

3．过流检测电路

过流检测电路通过电流互感器 CT1 对压缩机进行电流检测，检测到的电压经整流后传输到 IC5（LM393）比较器的第②脚。当第②脚的电平高于第③脚时（第③脚基准电平为 1.8V），第①脚输出低电平，单片机对压缩机进行保护，此时压缩机便停止运转，显示基板上将会显示“E4”故障信号（过流保护）。压缩机的过保护电流为 18A。在电路中，VR1 是可调分压电阻，调节 VR1，可改变过电流的保护值，VR1 越大，则保护电流越小。D3 起箝位作用。R14,R15 是比较电压的分压电阻，其精度要求比较高。

7.5.4　输出控制电路

1．室内风机控制电路

室内风机控制电路通过控制继电器的吸合及断开，来控制风机的开和停。芯片引脚输出高电平时，室内风机开启。⑩脚为高速风控制脚，输出高电平时，RL3 继电器吸合，电动机高速风抽头得电，风机高速风运转；⑪脚为中速风控制脚，输出高电平时，RL4 继电器吸合，电动机中风速抽头得电，风机以中速风运转；⑫脚为低速风控制脚，输出低电平时，RL5 继电器吸合，电动机低风速抽头得电，风机以低速风运转。

2．室外风机、压缩机、四通阀、曲轴箱加热带控制电路

在室外机的控制中，采用继电器的吸合来控制室外风机、压缩机、四通阀、曲轴箱加热带的工作状态。芯片引脚输出高电平时开启，输出低电平时停止。其中，单片机的⑬脚控制四通阀线圈继电器，⑭脚控制压缩机继电器，⑮脚控制曲轴加热带继电器。这3个引脚输出的电平信号是由MC1413反相驱动器进行驱动的，工作电压是+5V。

⑯脚控制室外风扇继电器的吸合或断开，它是由NPN放大三极管进行驱动的，D1二极管的作用是泄放电流。

3．负离子发生器（空气清新）控制电路

在室内风机运转时，用遥控器设定“空气清新”功能有效，“空气清新”灯点亮，⑨脚输出高电平，经驱动器反相驱动后，输出低电平，RL2继电器吸合，负离子发生器工作。当室内风机不工作时，用遥控器设定“空气清新”功能，⑨脚不输出高电平，负离子发生器不工作（由内部软件控制）。故负离子发生器工作的条件有两条：一是必须设定有效“空气清新”状态；二是室内风机必须处于运转状态。

4．辅助电加热控制电路

辅助电加热控制电路的作用是控制电加热的开启与关闭。当符合电加热的开启条件时，单片机的㊱脚输出高电平，Q1（8050）三极管导通，RL1继电器吸合，电加热投入运行。在此电路中，保险丝的容量为10A，当电加热发生短路时，保险丝会立即熔断，起到保护作用。

5．蜂鸣器控制电路

当单片机接收到有效控制信号后，单片机的㉞脚输出一个脉冲电平，三极管Q5（1815）导通，蜂鸣器得电工作。

6．显示控制电路

在显示控制电路中，采用逐行扫描的显示方式，其中，IC3（74HC138A）是三八译码器。单片机的P38～P40脚，作为译码器的输入脚，控制译码器的Y0～Y56输出口，分别驱动Q6～Q11三极管。单片机的I/O端口PB0～PB7即第㉕～㉝脚，输出驱动P1～P88三极管，这样总共控制48个发光二极管的亮或灭。

7.5.5　故障显示代码

- E0——室内环境温度传感器开路/短路；
- E1——室内盘管温度传感器开路/短路；
- E2——室外盘管温度传感器开路/短路；
- E3——压力及排气温度保护；
- E4——过电流保护。

7.5.6　综合故障检修技巧

【例7-23】 液晶显示屏显示故障代码E0。

分析与检修： 通电，用手触摸液晶显示屏开关开机，设定制冷状态，室内机运转，室外压缩机工作后，整机保护停机，液晶显示屏显示E0故障代码，查海信维修手册为室内环境

温度传感器开路/短路故障。卸下室内机外壳，用手拔下传感器插件，测量传感器损坏。更换传感器后，故障排除，恢复制冷。

【例7-24】液晶显示屏显示故障代码E1。

分析与检修：上门试机，制热运转50min，除霜5min，由此说明该机无质量问题。经综合分析，造成此故障的原因是在下雪天长时间制热运行时，一个化霜周期内翅片结霜过厚，在设计的化霜时间内不能完全除净，便在换热器周围形成了一个水槽，下一次制热运转时，水槽中的水迅速成冰，这样冰越来越厚。在管温传感器线路中串接一只3kΩ电阻延长除霜时间，这样在雪天或雾天除霜效果较好。

【例7-25】液晶显示屏显示故障代码E3。

分析与检修：通电试机，观察发现室外风机转速较慢。卸下室外机外壳，测量风机绕组良好，风机电容开路。更换后，故障排除。

经验与体会：电容器的常见故障有击穿、漏电、开路。其测量方法是将万用表调到欧姆挡的R×1k或R×100挡，用螺钉旋具在电容器两端短路放电后，将万用表的两表笔分别接在电容器的两极。通常情况下，可见表针迅速摆起，然后慢慢地退回原处，这说明电容器是好的。这是因为万用表欧姆挡接入瞬间充电电流最大，以后随着充电电流减小，表针逐渐退回原处。若表针摆动到某一位置后不退回，说明电容器已经击穿；若表针退回某一位置后停住不动，说明电容器漏电，漏电大小可以从表针所指示的电阻值来判断，电阻值越小漏电越大；若表针不动，说明电容器内部已经开路。

【例7-26】液晶显示屏不显示。

分析与检修：开机后，室内机液晶显示屏无显示，测量电源电压良好。卸下室内机面板，测量控制板上的熔丝管、压敏电阻良好，变压器一次侧有交流220V电压，二次侧有交流13V电压输出，7812三端稳压器有直流+12V电压输出，7805三端稳压器只有直流+3V电压输出，由此判定7805损坏。更换后，故障排除。

【例7-27】室内机的送风量很小，制冷效果差。

分析与检修：通电试机，室内机设在送风或制冷模式时，送风量都很小，虽然3挡风速有变化，但不明显。停机后用万用表交流电压挡，测量3挡风速转换各插脚供电正常，初步怀疑为室内电动机或启动电容损坏。更换新风扇电动机启动电容后，故障依旧，判断可能为室内蒸发器的翅片有脏堵现象而导致风量过小。把空调器上边前板卸下，检查蒸发器较干净；当检查室内机背板保温棉时，发现2/3垂下，挡住了风道的出风口，减小了风量。用C31A、B胶重新胶粘之后，试机，送风量小故障排除。

经验与体会：送风风量小，直接检测电动机是没有错误的，但是如果忽略了风道的检查，将会走许多弯路。

【例7-28】断路器合上闸即跳开。

分析与检修：现场测量电源电压良好，卸下室外机外壳，测量风机电动机启动电容容量较好，压缩机电动机绕组阻值良好且无短路故障，曲轴箱加热器短路，更换后故障排除。

经验与体会：海信空调器的电加热器紧贴在压缩机下部外围安装，其主要作用是从外部加热将压缩机内的液体制冷剂驱赶出来，避免压缩机内润滑油大量外流，使机内润滑油减少，引起润滑部件因缺油不良而烧坏，避免由于液体制冷剂稀释润滑油造成润滑部件供油不足而使压缩机抱轴。

加热带工作时，约消耗30W的功率。对于KFR-120LW/D柜式空调器而言，曲轴箱加热条件是：当室外盘管温度小于7～8℃且压缩机关机时，曲轴箱加热器开启；当室外盘管温度大于15℃时或当压缩机开机时，曲轴箱加热停止。

【例7-29】空调器室内外机不工作。

分析与检修：卸下柜机面板，检测控制板上的熔丝管、压敏电阻均已损坏，测量变压器及风扇电动机，均无短路故障。更换压敏电阻、熔丝管，再启动试机，发现室内机基本不转动，同时在转动瞬间出现“啦、啦”的声音。测量单相电源电压，在126～196V之间不断波动，由此判定故障发生在用户的供电电源上，可能有一根电源线断路造成故障。进一步检查用户电源插座，果然零线虚接。重新接好电源线，通电试机，空调器不工作故障排除。

【例7-30】液晶显示屏显示故障代码E4。

分析与检修：现场通电开机，设定制冷状态，室内风机运转，3min后，室外机启动，同时整机不工作。经检测发现用户家里供电电源线过细（截面积为2.0mm^2），更换截面积为4mm^{2}的导线后，故障排除，液晶显示屏上显示的E4故障代码消失。

经验与体会：新安装的空调器出现上述故障，首先按5A/mm^{2}标准检查电源线是否符合要求。供电的导线较细，会造成运转电流偏大而使压缩机温度急剧升高，当超过设定值时，空调器保护。所以在安装工作完成后、试机前，一定要注意检查一下用户的供电线路。

【例7-31】通电时间不等，柜机变压器烧坏。

分析与检修：该空调器已更换过两次变压器，可初步排除变压器质量问题。前两次维修均检查过线路，可排除虚接、短接现象。因为出现故障的时间长短不一，认为与外部接线错误有关。

根据用户所述，测量电源电压正常，说明电源电压良好。断开漏电保护器，卸下柜式空调器电源线，用万用表的电阻挡测量相线对零线、地线阻值，结果是绝缘良好，无短路现象。再检测零线对地线阻值，为0.9kΩ左右，由此判定零线和地线接法上有错误。卸下室外机相线、零线及地线，再测量零线对地线阻值，0.9kΩ阻值消失，由此说明室内机正常，故障出现在室外机上。检查室外机，发现马路旁的维修工将室外机的地线接到室外机四通阀线圈上。由于电网电压波动和零线对地的谐波干扰，使变压器一次侧产生谐波分量而发热，经过热量积累，把变压器烧坏。将连线重新调换，检查无误，通电试机，空调器屡烧变压器故障排除。

经验与体会：空调器变压器绕组开路、短路、烧毁或电路元件损坏，不能简单更换该元件，应彻底检查烧坏的原因，并予以解决。确定无误后，方可通电检测。对电路故障一定要先断电，不得直接通电检查，否则容易引起更大的损坏，甚至危及人身安全。此例线路错接，如在制热状态，将会使相线通过继电器直接接地，出现更大的故障，甚至危及到人的安全。因此再次提醒维修人员：在维修空调器时，一定要弄懂原理后再接线，使此类故障不再发生。

【例7-32】压缩机不动作。

分析与检修：现场检测发现压缩机不启动。放掉制冷系统内的制冷剂，断电后将压缩机的3个固定螺钉拆下，倒出机内的冷冻油。不要忘记用油杯测量倒出的油，以作为压缩机修好后加油的依据。在没有机加工条件时，可以将压缩机捆绑在台钳上，用钢锯在距离焊口底部2cm处将压缩机外壳锯开。锯口不要太深，避免损伤内部机件。在机壳周边将完全锯开时，用扁铲从锯缝处将下面部分撬开。这样做的好处是能避免锯屑进入压缩机，损伤线圈漆包线。

机壳锯开后，先用煤油把压缩机内的杂质洗干净，并准备一个盒子来装拆下的零件。初学者在拆开压缩机后，要准备纸笔将卸下零件的方位、次序清楚地记录下来。

弹簧损坏后，叶片不能上下移动，滚子转动时汽缸内没有压力差。更换弹簧后，重新组装压缩机，滑块和滚子上要抹上冷冻油。焊接外壳前，要按原来锯开的方位将上下两部分对好，缝隙不能超过 2mm，否则焊渣会掉进壳内。如果不具备氢弧焊的条件，则也可采用电焊。焊接时使用ϕ2mm 的低碳钢焊条，先在焊缝上均匀点焊 3～4 处，将压缩机倾斜 45°，从各焊点开始焊接，每次焊缝长度为 5cm 左右。这样边转边焊，注意焊缝接头的处理。完整的焊缝应该均匀牢靠，“鱼鳞”排列整齐。经打压、检漏，确定焊口不漏后，用煤油清洗内部焊接时产生的氧化物。将压缩机倒置一个晚上，使煤油完全流出，然后从高、低压管分别注入冷冻油。

试车时，采用强迫启动方式使压缩机运转 1h，排出多加的冷冻油，并用自身热量排除空气中的水分。确认压缩机运行良好，空转电流大小正常，即可将它重新装到机座上，垫好弹簧和橡胶垫。将制冷系统的管路按原样焊好后，进行试压、检漏、抽真空及加制冷剂，故障排除。

【例 7-33】空调器室内机不运转，室外机运转。

分析与检修：现场通电开机，设定制冷状态，室内机不运转，室外机运转，20min 后，室外机组停机。故障代码表示室内管温传感器故障。由此说明因室内机不工作，使室内机蒸发器冷气无法吹出，造成蒸发器结冰，使管温传感器起作用，而出现故障代码。卸下室内机下侧外板，用手钳拔下风机电容插件，用螺丝刀金属部分放电后，测量电容充放电良好；卸下风机插件，测量风机线圈不能分辨出快慢速，由此说明线圈断路。更换线圈后，通电试机，空调器室内机不运转故障排除，恢复制冷。

本章小结

对于制冷工、家用电器维修工、制冷设备维修工来说，空调器微电脑控制电路分析是难点。本章分 5 个小节分别介绍了格力、美的、海尔、海信空调器控制电路，对其做了详细的分析，并介绍了故障检修方法。

习题 7

1. 3min 延时电路是什么？
2. 温度检测电路是什么？
3. 空调器控制电路为什么要并联 ZRN 压敏电阻？
4. 阐述美的遥控器接收电路工作原理。
5. 格力 KFR-38GW/K 美满如意空调器压缩机采用什么润滑？
6. 在修理空调时，维修人员在电气安全方面应注意哪些方面？

第8章　新型变频空调器认知与控制电路维修

中国的家用变频空调行业在经历了十多年的迅速发展，已成为世界上的变频空调大国。变频空调器也由原来的奢侈品发展到今天的生活日常用品，产品价格、品种、质量等各方面都发生了重大变化，市场竞争异常激烈。

8.1　变频空调器认知

变频空调器与传统的空调器（或称定速空调器）最主要的区别是前者增加了变频器。变频空调器的微电脑随时收集室内环境温度的有关参数，和内部的设定值相比较，经运算处理输出控制信号。变频空调器有交流变频和直流变频两种。

交流变频空调器的工作原理是把交流电转换为直流电，并把它送到功率模块（晶体管开关等组合）；同时模块受微电脑送来的控制信号控制，输出频率可变的电压（合成波形近似正弦波），使压缩机电动机的转速随电压频率的变化而作相应的改变，从而控制压缩机的排气量，调节制冷量和制热量。

直流变频空调器原理是把交流电转换为直流电，并送至功率模块，模块同样受微电脑的控制信号控制，所不同的是模块输出的是电压可变的直流电源（这里没有逆变过程），此直流电源送至压缩机的直流电动机，控制压缩机排气量。由于压缩机使用了直流电动机，使空调器更节电，噪声更小；同时，可看出这种空调器严格地讲，不应该称“直流变频空调器”，而应该称“全直流变速空调器”。

各种品牌的变频空调器主要结构原理与主要功能大同小异，仅在使用的材质、器件、采用技术与款式上有所区别。

如海信KFRP-35GW/BP、海尔KFRP-35GW/BP、格力KFRP-35GW/BP、美的KFR-36GW/BP变频空调器均采用双转子式压缩机，平衡性好、噪声低。工作频率可在15～150Hz范围内，压缩机转速可在850～8500转/分钟范围内连续变化，可高速运转，迅速制冷、制热，实现智能变频，制冷、制热范围大，能效比（Energy Efficiency Ratio，EER）可达2.85以上。

8.1.1　变频空调器的特点

1．优异的变频特性

变频空调器运用变频技术与模糊控制技术，具有先进的记忆判断功能，变频压缩机能在频率为15～150Hz范围内连续变化，调制范围大，容易控制，反应快，体积小。高速运转，能迅速制冷、制热。温度改变10℃所需时间仅为定速空调器的三分之一时间，约5 min。

2．高效节能

变频空调器采用先进的控制技术，功率可在较大范围内调整，避免了定速空调器中压缩机的频繁启动，节省了额外的启动电流消耗，节约了能源，比定速机节约20%～30%的用电量。

① 变频空调器的压缩机只在短时间处于高频、高速、满负荷运行状态，而长时间处于低频、低转速、轻负载状态下工作。在此状态下由于压缩机的制冷量变得很小，而室内换热器与室外换热面积并不改变，因此，室内吸热、放热效率和室外散热、吸热效率都大大提高，整机运行效率大大提高。此时的能效比极高，达2.85或3.5左右，这与开机时间长，开停频繁的一般定速空调器相比，节电效果十分显著。

② 定速空调器由220V/50Hz交流电网直接供电，启动电流较大，约5倍以上的额定电流；而变频空调器是软启动，启动时压缩机以低速小电流启动，启动时功耗小。

③ 变频空调器采用效率较高的开关电源。室内风机电动机采用永磁多极转子无刷直流电动机，采用PMW调节方式，速度分为7级，功率由普通空调的30W左右降至15W～8W，直流变频空调器没有逆变环节，这方面比交流变频更省电。

④ 由于变频空调器中的压缩机连续运行，没有频繁的启停，使制冷系统中制冷剂压力变化引起的损耗减少，从而降低了压缩机启动期间的冲击电流。

⑤ 在直流变频器中压缩机的电动机采用无刷直流电动机。定子为四极三相结构，转子为四极磁化的永磁体，直流变频压缩机比交流就频压缩机更省电。

⑥ 变频空调器在制冷系统中采用了电子膨胀阀节流，可以配合压缩机随时调节制冷剂供液量，使变频空调器工作在高效的制冷工况下，提高了制冷、制热量，达到节电目的。

⑦ 定速空调器在化霜时要换向，使空调器的工作由制热状态转换到制冷状态，化霜结束后，又要回到制热状态，在转换过程中要增加电能，变频空调器没有这方面的能耗。

3．舒适度高

变频空调器从启动到设定温度的时间约为传统定速空调的一半。由于在室温接近设定温度时，降低频率进行控制，室温波动小且较为平稳。定速空调器的温度波动大于 3℃，而变频机仅为正负1.5℃，所以人体没有忽冷忽热的感觉。

4．运行电压宽

能在交流150～250V的范围内可靠地工作。

5．全套传感器

室内机和遥控器均设有传感器，结合自动风向调节和精确的控制，可实现人体周围环境的最佳调节。

6．噪声低

由于避免了定速空调频繁启动，压缩机噪声大大减小。

7．超低温运行

传统空调器在环境温度低于 0℃时，制热效果会变得较差。但变频空调器室外温度在−10～−5℃时，仍能正常工作，适应性强。

8．不停机除霜

变频机可实现不停机除霜，避免了定速空调器循环除霜时室温下降的情况。

9．有较好的独立除湿功能

变频式空调器可以利用合理的循环风量除湿，达到耗电少，而又不会改变室温的除湿效果。

8.1.2 变频空调器的结构与主要部件

变频空调器的类型主要由变频方式和主要零部件压缩机、节流机构、室内风扇电动机、室外风扇电动机来决定的。

1．压缩机

采用交流变频压缩机或直流调速压缩机。

① 单转子交流变频压缩机：需使用交流变频控制，压缩机成本较低，可基本实现变频的技术要求，但单转子压缩机的平衡性能不是很好，运转时的振动、噪声较大，频率调节范围和单机容量也因之受到限制。

② 双转子交流变频压缩机：需使用交流变频控制，压缩机成本较单转子高，可实现变频的技术要求，压缩机的平衡性能得到大大改善，避免了单转子压缩机的主要缺陷。

③ 直流调速压缩机：需使用直流调速控制，交流变频的电磁干扰、电磁兼容等问题得到一定程度的解决，具有较高的调节效率，但压缩机的成本也最高。

一般来讲，变频压缩机在设计上有所不同：采用独特的铁心和绕组设计，实现电动机的高频率；通过对各运动零、部件之间间隙的优化设计，实现了泵体的高效率；采用计算机模拟技术，实现了电动机与泵体的最佳匹配，全面提高压缩机效率；采用亥母霍兹消音器、复合消音罩、优化排气阀组件、优化吸气系统设计等改善压缩机的噪声；提高泵体刚性、精确的动平衡设计降低机械振动和噪声。

应当指出，直流调速压缩机在外观上与交流变频压缩机并无多大的区别。主要是电动机效率得到了进一步的提高，这一效率的改善得益于直流电动机无交流电动机的励磁损失。

2．节流装置

采用电子膨胀阀或毛细管。

3．室内风机

变频室内风机或分挡调速室内风机。

4．室外风机

变频室外风机或分挡调速室外风机

因此，不同的变频方式和零部件也就组成了不同类型的变频空调器，这种组合可以多达十几种，在这众多的组合中基本上可以分为三种类型：

① 变频空调器采用交流变频，制冷剂流量调节方式采用毛细管，压缩机采用单转子交流变频压缩机。这种空调器基本能体现变频空调器各种优点，而且可靠性好，缺点是节能效果

较差，噪声和震动也较大。

② 变频空调器同样也是采用交流变频，不同的是压缩机采用双转子交流变频压缩机，制冷剂流量调节方式采用电子膨胀阀。此类空调器变频范围更宽，噪声和震动有所降低，节能效果明显。

③ 直流变频空调器，采用直流变频压缩机和直流风扇电动机，调节方式是电子膨胀阀。此类空调器节能效果更好，噪声和震动达到了最低的水平，同时还没有交流变频的电磁干扰，是当前最先进的变频空调器。

8.1.3　变频空调器维修注意事项

① 加制冷剂时，开关要放在试运行（即强制运行方式），或者通过调节设定温度的方式，使变频压缩机工作于 220V/50Hz 状态下，然后按量加入制冷剂，此时低压侧的压力应与普通空调器相近（0.5MPa）；如果变频空调器工作于高速或低速状态，低压侧的压力就不可能正常。

② 在维修时要注意变频空调中的路波电容，该电容容量为 2200～4400μF，应该在断开电源 10min 后，用有效的方式进行放电后再开始修理。在正常运行时，应将开关拨回通常运行状态。另外在使用示波器时，示波器绝对不能接地，绝对不能用手或金属物去接触示波器外壳。

③ 变频空调器中的温度传感器起着非常重要的作用。室内机有环境温度传感器和蒸发器盘管温度传感器；室外机有环境温度传感器、高压管路传感器和低压管路传感器。在空调器出现故障时，如果要鉴别整个系统是否有故障，可先将内机控制器上的开关放在“试运行”挡上，这时微处理器会向变频器发出一个频率为 220V/50Hz 的信号。如果这时空调器能运转，而且保持该频率不变，一般认为整个系统无大故障，可着重检查各传感器是否完好，假如这时空调器无法运行，则可能整个系统有故障。大多数传感器可从主板的插座上拔下，从外表可判断是否有损坏、断裂、脱胶；可用万用表电阻挡测其阻值，然后用手或温水加热，看阻值是否变化。有的传感器在长期使用后阻值变化，使控制特性改变（如室内机空气温度传感器阻值变大，会引起变频器输出频率偏低）。室外机的变频器频率不但受自身的微机控制，而且受室内机微机控制，因此，某些故障现象不一定出现在故障侧，应引起维修人员的注意。为了保证控制精度及其相应的工作特性，如果传感器有故障，最好能换用与原型号一样的产品。

8.2　KFR-28GW/BP 变频空调器

8.2.1　室内机控制电路分析与检修

KFR-28GW/BP 变频空调器室内机控制电路如图 8-1 所示。

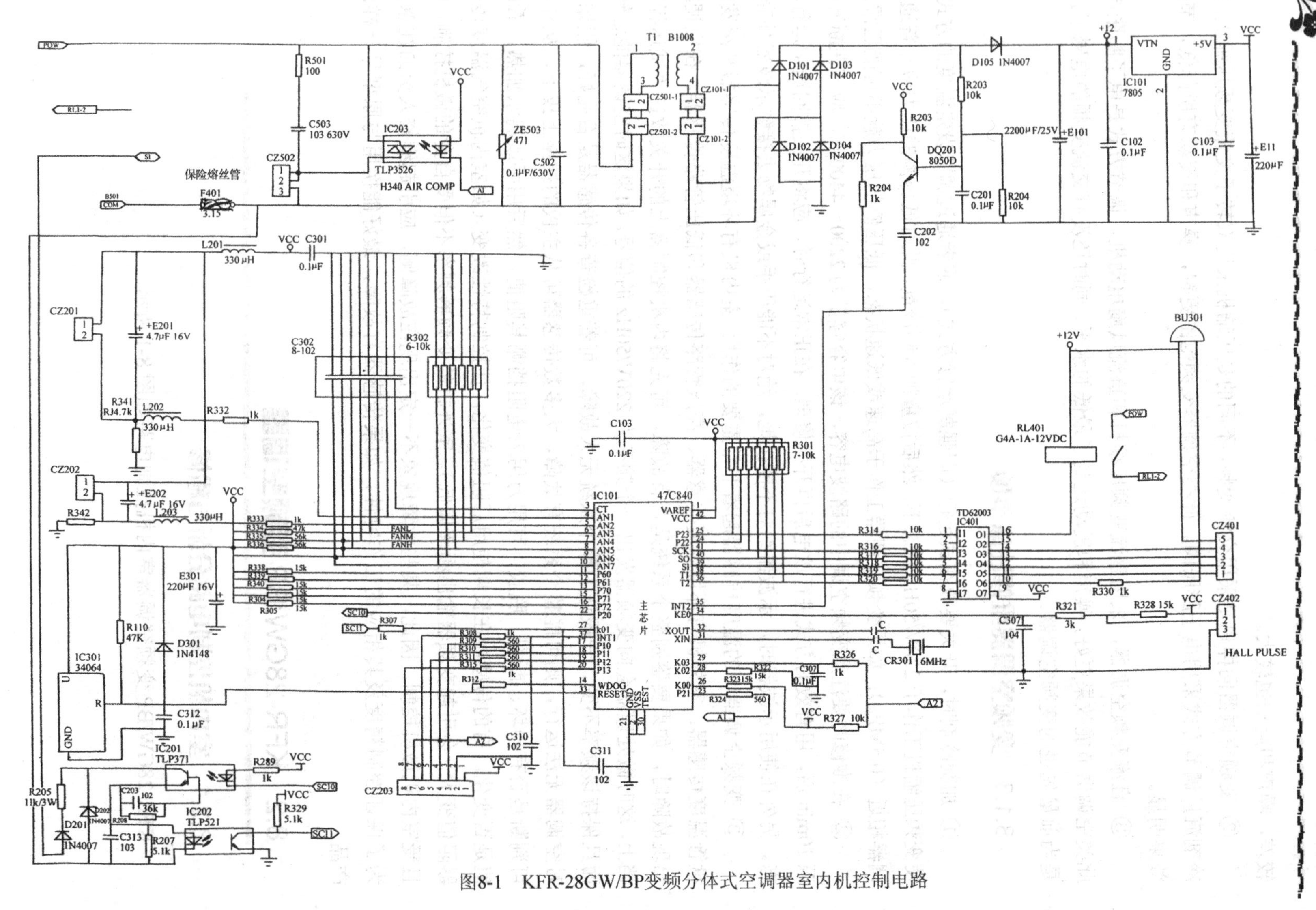

图8-1 KFR-28GW/BP变频分体式空调器室内机控制电路

1. 电源保护电路

（1）压敏电阻保护

此机的压敏电阻 ZE503 并联在电源变压器初级线圈两端，同保险熔丝管 F401 组成串联回路，抑制浪涌电压。电压正常情况下，压敏电阻阻值很大，可以达到兆欧级（流过它的电流只有微安级，可以忽略），处于开路状态，对电路工作无影响。但当遇到电源电压超过其设计击穿电压时，其阻值突然减少到几欧甚至零点几欧，瞬间通过的电流可达数千安培，压敏电阻立即由截止变为导通，由于它和电源并联，所以很快将电源保险管熔断，以防烧坏主电路板。另外，当遇到电网轻微的瞬间浪涌波动（220±10%）时，压敏电阻则会吸收缓冲这种浪涌杂波，还有遇到雷击、变压器等电感性电路进行开关操作时，产生的瞬间过压作用于压敏电阻，其阻值会突然减小，通过的电流很大，起到引流作用，保护了整个电路，这种作用称为过电压保护。

（2）压敏电阻常见的故障维修方法

压敏电阻常见故障现象是爆裂或烧毁而造成电路短路，多为压敏电阻选择不当，电源过电压时间长，电源由于打雷、刮风、闪电而错接高压，元件质量不好等。而且，压敏电阻是一次性元件，烧后应及时并同保险管一并更换。若不更换压敏电阻，只是更换保险管，那么当再次过压时，会烧坏电路板上的其他元件。如果检测压敏阻值很小，则说明压敏电阻已损耗坏，要立即更换。

2. 电源电路

（1）工作原理

220V 交流电压经过变压器 T1 降压为 13V 交流电，通过 D101～D104 桥式整流，C201、C102、滤波，输出+12V 左右的直流电。经过三端稳压器输出 12V 直流电，DV 12V 给启动继电器、蜂鸣器、步进电动机、风机内部霍尔检测板等提供工作电压，集成三端稳压器（7805）、C103、滤波，输出 DC 5V，给单片机指示灯电路，温度检测电路、时钟电路、复位电路等提供工作电压。

（2）主要元器件作用

当桥堆损坏，主板将失去控制工作电压，整机不工作。

（3）电源电路输出方法

①一路经电源变压器，降压后输出 AC 12V，再经整流滤波电路输出 DC 12V，DC 12V 供驱动电路（驱动继电器，蜂鸣器，步进电动机）和稳压集成电路 7805 工作。7805 输出 DC 5V，供微电脑芯片及其附件工作。

②二路经晶闸管整流电路，供室内风扇电动机工作。

③三路经二极管半波整流，滤波成直流电，为通信电路提供电源，以便室内机与室外机进行串行通信。

④四路经整流桥整流，电解滤波后，得到 DC 300V，给 IPM 和开关电源供电。IPM 输出驱动压缩机；开关电源输出给 IPM 的驱动电路。开头电源还输出一个 DC 12V，经室外板上的集成稳压电路 L7805CV，输出 DC 5V，供 MB89850 微电脑芯片及其附件工作，除此之外，DC 12V 还给继电器驱动电路供电（驱动 FM、RV 及整流桥）。

⑤五路给室外风扇电动机和四通阀供电。

3. 摇控接收电路

红外接收器即红外信号接收电路，通过接头接收遥控器发射的红外信号，并将其转换成电压信号送入单片机实现相应的功能控制。

红外接收器即红外接收集成块，它同外围元件限流电阻、滤波电容器组成遥控接收电路，接收遥控器发射的脉冲信号，并且将光信号转变为电信号，输入单片机。红外接收器自身具有较强的抗干扰能力。该接收器如有故障多表现为虚焊。抗干扰电容器漏电、对地短路致使单片机接收不到遥控信号。由于这种接收器体积小，集成度高，且采用贴片电阻、电容，出现故障可能在抗干扰滤波电容上。

4．温度检测控制电路

（1）电路分析

图8-1上的CZ201为室内环境温度传感器，CZ202为蒸发器管温传感器插件，当电路上的TH1、TH2温度传感器阻值改变时（电路图上没有画出），通过R332、R333电阻分压后输入主芯片CPU，主芯片的④、⑤脚电压也随之改变，从而完成由温度信号向电压信号转变的过程，实现温度的检测。

（2）主要元器件作用

当TH1、TH2开路或短路时，会造成输入到CPU④、⑤脚电压不正常，另外R332、R333开路，会使④、⑤脚电压变为高电平，R332、R333开路，E201、E202短路会使④、⑤脚电压变为0V，会造成整机保护性停机。当TH1、TH2电阻值参数改变时，会造成主芯片CPU输入电压不正常，造成风速不可调、不停机等故障现象。

（3）温度传感器的检测方法

由于室温与管温传感器电阻特性完全一样，所以判断TH1和TH2好坏最简单的方法是比较法，将TH1和TH2从主控板取下，15s后分别测量其电阻值，相差不应超过±8%，否则应更换传感器。

5．时钟电路

（1）时钟电路工作原理

振荡电路提供微处理器时钟基准信号，振荡信号的频率是6MHz，用示波器测量㉛脚可以看到6MHz的正弦波。时钟电路是由晶体NT及两个启振电容、DC 5V组成并联谐振电路，与主芯片内部振荡电路相连，其内部电路以一定频率自激振荡，为主芯片工作提供时钟脉冲。

（2）时钟检测

① 在空调器主控板通电情况下，用万用表测晶振输入脚，应有2～3V的直流电压，如无此电压，一般多为晶振损坏。

② 用万用表电阻挡测量晶振两脚电阻值，正常时电阻值为无穷大，如测量时有一定阻值说明晶振损坏。

③ 用示波器测量晶振输入、输出脚的波形来判断晶振是否正常，如有波形说明晶振正常，如无波形说明晶振可能有故障。

（3）时钟电路故障分析

时钟晶振电路故障多表现为直流5V和12V正常，但空调无显示，整机不工作，检修时从以下几方面入手：

① 用示波器测振荡波形是否存在。

② 用万用表测电阻，若有阻值说明已坏（晶振正常阻值无穷大）。

③ 测晶振管脚有无2～3V直流电压，若无说明已有故障，也可以用正品替代判断（即采用代换法）。

④ 用数字多用途表可测出晶振的工作频率。

6．过零检测电路

过零检测电路如图8-2所示，该电路的主要作用是检测室内供电电压是否异常。

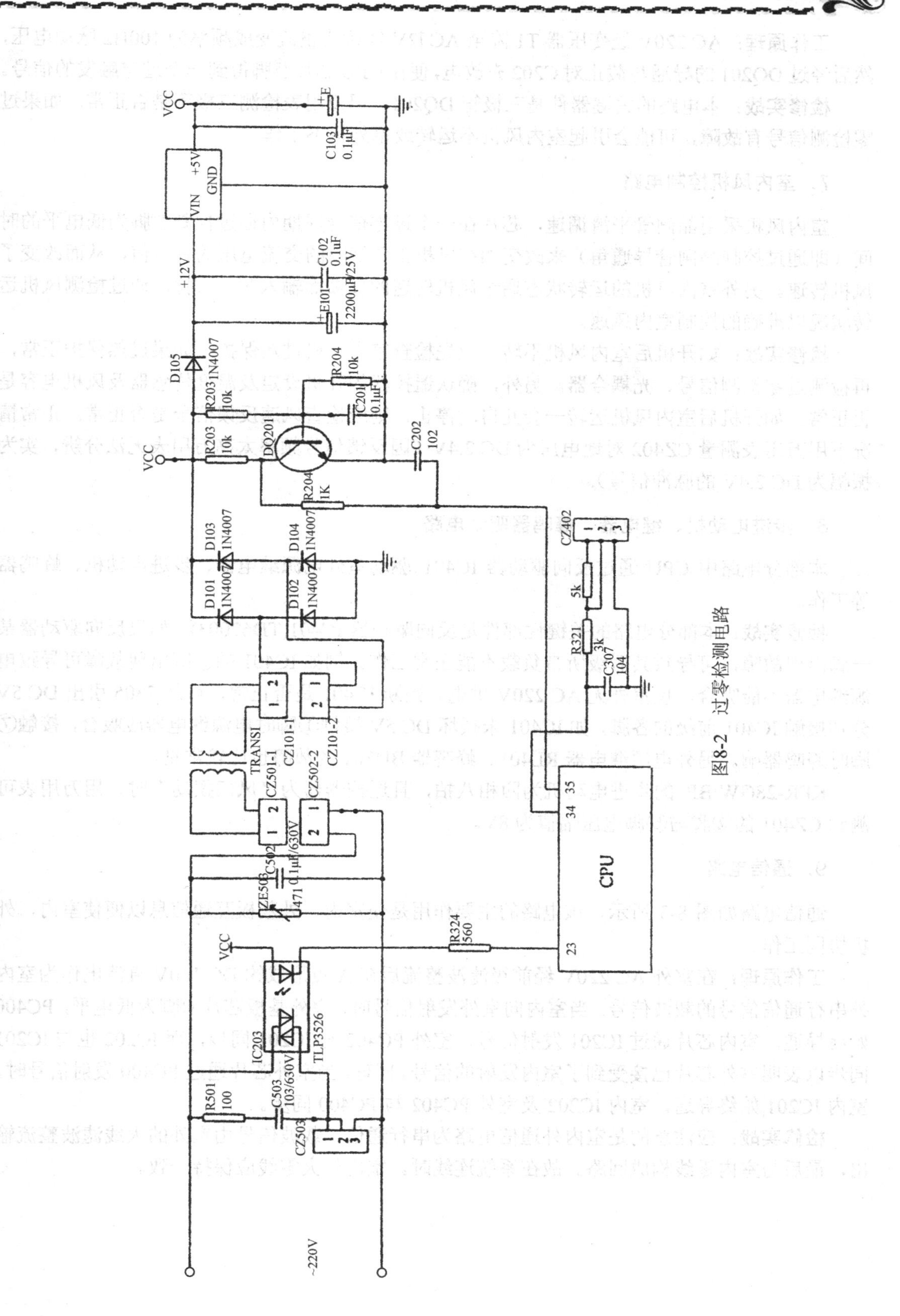
VCC
+5V
GND
VIN
C103
0.1μF
+E
+12V
C102
0.1uF
+E101
2200μF/25V
D105
1N4007
R203
10k
R204
10k
C201
0.1μF
DQ201
C202
102
R204
1K
D103
1N4007
D104
1N4007
D101
1N4007
D102
1N4007
CZ402
5k
R321
3k
C307
104
TRANSI
CZ501-1
CZ101-1
CZ502-2
CZ101-2
C502
0.1μF/630V
ZE503
471
CPU
34
35
23
R324
560
IC203
TLP3526
R501
100
C503
103/630V
CZ503
~220V
图8-2　过零检测电路

工作原理：AC 220V 经变压器 T1 降至 AC 12V 经桥式整流变成频率为 100Hz 脉动电压，然后经过 DQ201 的导通与截止对 C202 充放电，便在 CPU 芯片㉟脚得到一个过零触发的信号。

检修实战：本电路的关键器件是三极管 DQ201。用万用表检测三极管是否正常。如果过零检测信号有故障，可能会引起室内风机不运转或室外机不工作。

7．室内风机控制电路

室内风机采用晶闸管平滑调速，芯片在一个过零信号周期内通过控制㉓脚为低电平的时间（即通过控制晶闸管导通角）来改变加在风机正负绕阻的交流电压的有效值，从而改变了风机转速。另外室内风机的运转状态通过风机转速的反馈而输入芯片㉞脚，通过检测风机运转状况以准确的控制室内风速。

检修实战：如开机后室内风机不转，应先检查室内风机过热保护。如果过热保护正常，再检测过零检测信号、光耦合器。另外，确认遥控器的开机设定及温度传感器及风机电容是否正常。如开机后室内风机运转一会儿自动停止，则应检查风速反馈信号是否正常。正常情况下用万用表测量 CZ402 对地电压为 DC 2.4V（因反馈信号频率太高万用表无法分辨，实为振幅为 DC 2.4V 的脉冲信号）。

8．步进电动机、继电器、蜂鸣器驱动电路

本部分电路中 CPU 通过反向驱动器 IC401 驱动室外电源继电器、步进电动机、蜂鸣器等工作。

检修实战：本部分电路的关键性部件是反向驱动器 IC401(TD62003)。如果反向驱动器某一脚出现故障，可导致其后级所带负载不能正常工作。例如 IC401 的①脚出现故障可导致电源继电器不能吸合，使室外无 AC 220V 供电。判断 IC401 是否正常，可从 7805 引出 DC 5V 分别接触 IC401 前级的各脚，如 IC401 未损坏 DC 5V 接触①脚时电源继电器应吸合，接触⑦脚时蜂鸣器响。另外电源继电器 RL401、蜂鸣器 BU301 的故障也比较常见。

KFR-28GW/BP 的步进电动机为四相八拍，且遥控器器为“风门摆动”时，用万用表可测到 CZ401 的②脚与⑤脚电压幅值为 8V。

9．通信电路

通信电路如图 8-3 所示，该电路的主要作用是使室内、外基板互通信息以便使室内、外机协同工作。

工作原理：在室外 AC 220V 经前级滤波整流后在 A 点形成约 DC 140V 直流电作为室内外串行通信信号的载波信号。当室内向室外发射信号时，室外基板芯片㊾脚为低电平，PC400 始终导通，室内芯片通过 IC201 发射信号，室外 PC402 与 IC201 同步，而 IC202 也与 IC201 同步以表明室外芯片已接受到了室内发射的信号。同理，当室外芯片通过 PC400 发射信号时，室内 IC201 始终导通，室内 IC202 及室外 PC402 与 PC400 同步。

检修实战：应注意的是室内外通信电路为串行通信，载波信号由室外的火线滤波整流输出，最后与室内零线构成回路。故在系统连线时。室内外火零线应保持一致。

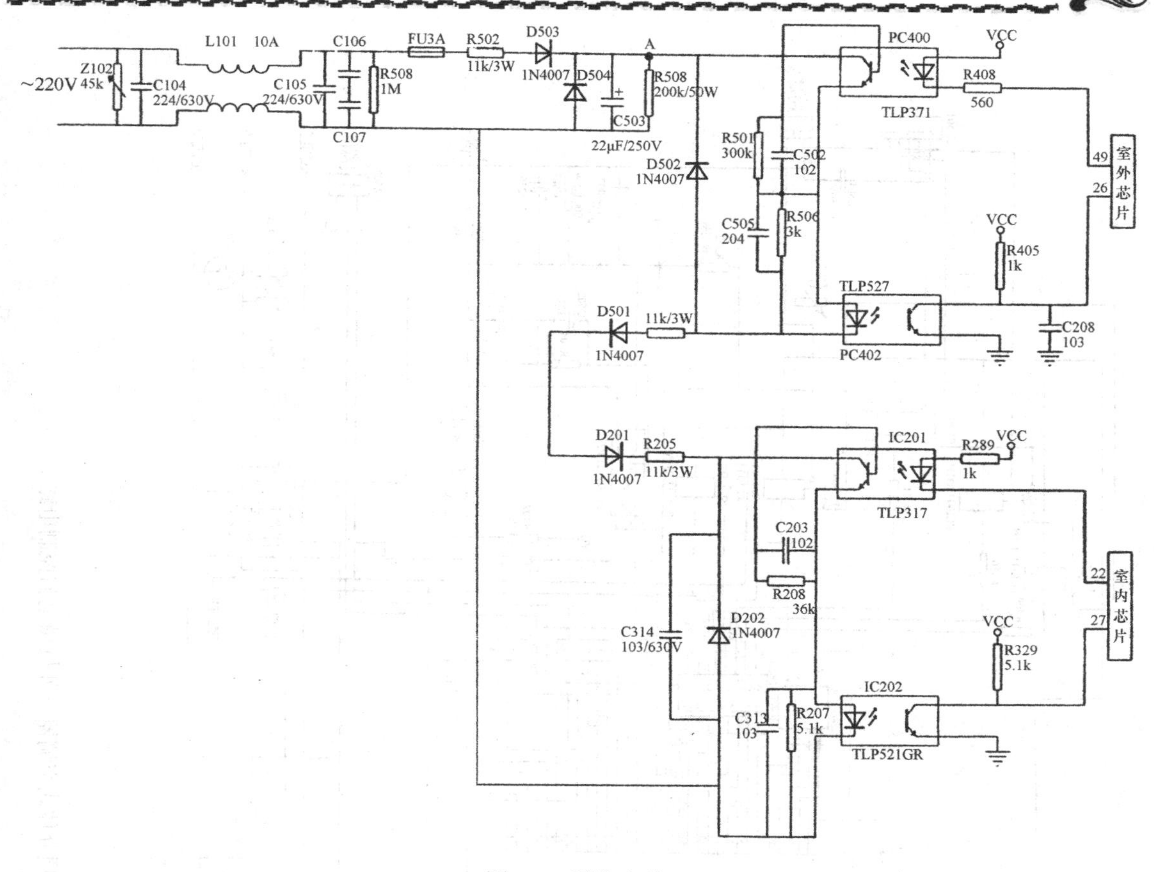

图 8-3 通信电路

10. 信号工作流程走向分析

遥控器发出的指令，通过开关组件传送给主芯片 47840 的㊲脚。盘管温度和室内出风口温度的变化由两只温度传感器转化成电信号，分别传送给 47840 的④和⑤脚。室内风机的转速反馈信号以及过零触发信号分别传送至 47840㉞和㉟脚（协调晶闸管进行整流，以便控制室内风速）。经中央处理器 47840 综合处理后，发出各种控制信号，控制各相关部件协调工作。其中，47840 发出的控制信号，经驱动块 TD62003 驱动控制步进电动机及蜂鸣器，使得风门叶片上下摆动。

室内机信号通过 47840㉒脚经室内通信电路，传送给室外机。从室内传来的信号，通过室外机通信电路，传送给室外机板的微电脑芯片 MB89850㉖脚。压缩机排气温度、盘管温度、外部温度和压缩机温度的变化由温度传感器转化为电信号，分别传送到 MB89850⑯、⑮、⑭、㉔脚。电源的电压和电流检测信号送到 MB89850 的⑰、⑱脚。各种信号经 MB89850 电脑芯片综合处理后，发出控制信号，经驱动集成块 TDG2003 驱动后，控制继电器（RL501 和 RL503 控制风扇电动机，RL504 控制四通阀）实现风扇风速的转换以及制冷制热功能的转换。MB89850 的④～⑨脚发出的控制信号，通过功率模块，实现压缩机以不同的频率运转与关停（其中，IPM 的保护输入到 MB89850 的确脚）。室外机的信号从 MB89850㊾脚输出，通过室外通信电路输入到室内机 47840 的㉗脚。

8.2.2 室外机控制电路分析与检修

KFR-28GW/BP 变频分体式空调器室外机微电脑控制电路如图 8-4 所示。

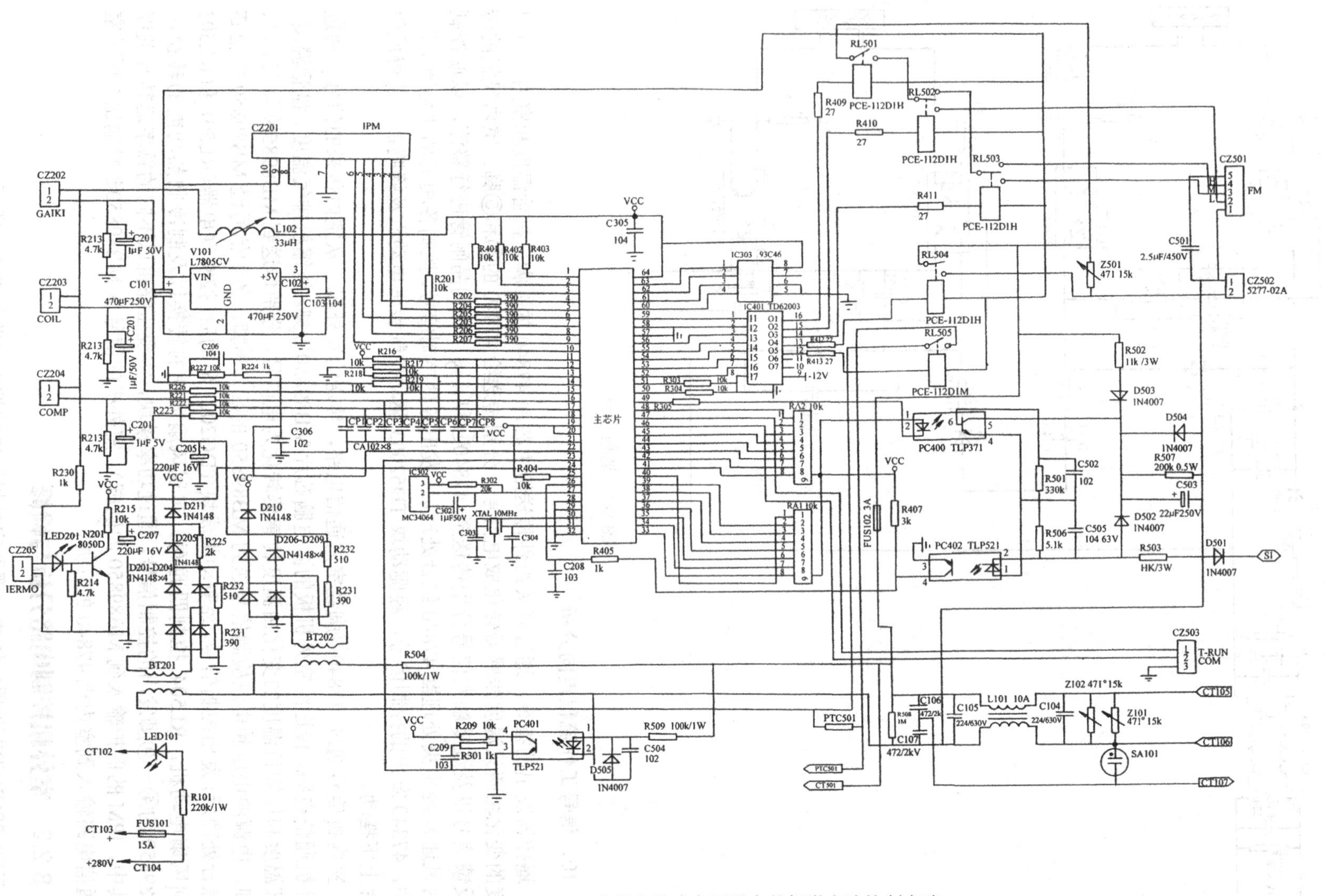

图8-4　KFR-28GW/BP变频分体式空调器室外机微电脑控制电路

1. 供电电路

室外板从开关电源处获得一直流电源，经集成块稳压后，得到稳定的直流电，供室外机工作。

开关电源经 CZ201⑨脚输出直流电，其值为 DC 12V。DC 12V 经 V101（L7805CV）稳压后，输出 DC 5V。

2. 室外温度控制电路

室外温度控制电路包括室外环境温度（GAIKI）电路、盘管温度（COIL）电路、压缩机排气温度（COMP）电路、压缩机过热保护（THERMO）电路。其中，压缩机过热保护电路传感器为开关型（双金属片）。

工作原理：通过将热敏电阻不同温度下对应的不同阻值转化成不同的电压信号传至芯片对应脚，以实时检测室外工作的各种温度状态，为芯片模糊控制提供参考数据。

检修实战：如果温度信号采集电路出现故障，现象多为压缩机不启动、启动后立即停止且室外风机风速不能转换。另外，压缩机过热保护（THERMO）电路出现的故障多为三极管 8050D 损坏而引起的室外机无反应。

3. 过零触发信号

AC 220V 经过高频抑制，电容滤波后得到比较纯净的交流电，再经过 TLP521 触发，输出过零触发信号，输入到 LC301㉓脚。

4. 晶振电路

由晶振及 C303、C304 组成，该电路的作用是为芯片提供时钟频率。C303、C304 用于微调晶振振荡频率。

检修实战：除用示波器观察其两点波形外，也可用万用表检测其两点的电压。正常情况下，晶振三脚电压分别为 2V、0V、2V。如晶振损坏，现象为上电后室外基板不工作，系统无法正常启动和工作。

5. 复位电路

复位电路是为 CPU 的上电复位（复位是将 CPU 内程序初始化，重新开始执行 CPU 内程序）及监视电源而设置的，其主要作用是如下。

① 上电延时复位，防止因电源的波动而造成 CPU 的频繁复位，具体延时的大小由电容 C302 决定；

② 在 CPU 工作过程中实时监测其工作电源（+5V），一旦工作电源低于 4.6V，复位电路的输出端（①脚）便触发一低电平，使 CPU 停止工作，待再次上电时重新复位。

工作原理：电源电压 VCC 通过复位电路②脚与复位电路内部一电平值作比较，当电源电压小于 4.6V 时，①脚电位被强行拉低，芯片不能复位。当电源电压大于 4.6V 时，电源给电容 C302 充电使①脚电位逐渐上升，在芯片对应脚产生一上升沿触发芯片复位、工作。

检修实战：本电路的关键性器件为复位电路。在检修时一般不易检测复位电路的延时信号，可用万用表检测各脚在上电稳定后能否达到规定的电压要求，正常情况下上电后复位电路①、②、③脚电压分别为 5V、5V、0V。如复位电路损坏，现象为压缩机不启动，或者室外机不工作。

6．EEPROM

EEPROM内记录着系统运行时的一些状态参数，如压缩机的V/F曲线。EEPROM在第②脚时钟线SCK作用下，通过第④脚SO输出数据，第③脚SI读入数据。

检修实战：正常情况下EEPROM的第②、④脚均为5V。有时EEPROM内程序由于受外界干扰被损坏，引起故障。现象为压缩机二次启动，即初次开机室外风机转动但压缩机不启动，将压缩机过热保护插头(THERMO)拔起，然后再插入端口，此时压缩机启动。此即为EEPROM故障，该故障在日常维修中较为常见。另外，EEPROM损坏有时也可导致压缩机启动复位或不启动。

7．过欠压保护电路

过欠压保护电路主要作用是检测电源电压情况，若室外供电电压过低或过高，则CPU会发出命令使系统进行保护。

AC 220V电源电压经电压互感器BT202降压、硅桥全波整流、RC滤波得直流电，经采样电阻得到电压信号，与CPU内部程序设定值作比较。KFR-28GW/BP的正常工作电压范围为160～242V，报警电压范围为130～263V。当低于120V时欠压保护；当高于263V时过压保护，压缩机停止，至少3min后才能启动，并在室内显示过欠压故障。电压互感器的初级并联在AC 220V电源上（注意与电流互感器区别）。

检修实战：该部分电路的关键部件是电压互感器。正常情况下，电压互感器初级线圈阻值约为230Ω，次级线圈阻值约为310Ω。出现故障多为互感器初级或次级线圈出现断路，从而导致误保护使室外基板不工作，现象为压缩机启动复位或室外机无反应。另外，如果该电路中由于元件损坏可导致压缩机升频过大或过小。

8．过流检测电路

过流检测电路的主要作用是检测室外机的供电电流（即提供给压缩机的电流）。在电流过大时进行保护，防止因电流过大而损坏压缩机。当CPU的⑱脚电压大于3.75V，过流保护，压缩机3min后启动。应注意的是当检测电路开路时，使电流为0，不会进行故障判断。电流互感器的初级串联在通往整流硅桥的AC 220V上（注意与电压互感器区别）。

检修实战：该部分电路的关键部件是电流互感器。电路中通常电流互感器较易出现故障，正常情况时，电流互感器次级线圈阻值约为540Ω。出现故障多为互感器初级或次级线圈断路，其故障现象与电压互感器大致相同。

9．瞬时掉电保护电路

主要作用：检测室外机提供的交流电源是否正常，针对由于各种原因造成的瞬时掉电立即采取保护措施，防止由此造成的来电后压缩机频繁启停，对压缩机造成损坏。

工作原理：AC 220V电经R509限流、D505半波整流、C504滤波、TLP521得到了脉动触发信号，频率为50Hz。通过光耦传输，A点也得到50Hz脉动信号，经C209整形滤波，在芯片㉓脚得到脉冲信号，以判断是否发生了瞬时停电。

虽然过欠压保护电路也能检测到电源的掉电，但因7805后级有电解电容存在，在电源突然断掉时，电解电容还存留一些电荷，导致芯片不能立即停止，瞬时掉电保护电路一旦检测到室外交流电源没有时，芯片会立即停止工作。

检修实战：本电路中的关键性器件是光耦合器。正常状态下，U_B=2.75V。若B端一直为高电平，表示无 AC 220V 输入电压。这种情况有三种可能：一是瞬间掉电。+5V 电源由于电容的存在，暂时保持为高电平；二是光耦合器 PC401 输入端有器件开路，如 R509；三是光耦合器 PC401 本身损坏。其中，第三种情况较为常见。正常情况下光耦合器①、②脚间阻值约为 182Ω，③、④脚间阻值约为 14kΩ，在上述情况中，芯片都视为瞬时掉电处理，现象为室外机无反应。

10．压缩机驱动电路

该电路是指从芯片④～⑨脚引出至模块的控制电路，其主要作用是通过芯片发给 IPM 控制命令，采用 PWM（脉宽调制）改变各路控制脉冲占空比。调节三相互换从而使压缩机实现变频。其中芯片㉒脚为变频器过热过流保护反馈电路。

检修方法：该电路中的常见故障是因电阻 R202～R207 中的一个或几个阻值发生变化进而导致压缩机三相供电电压不一致。如控制电路中出现断路还可导致压缩机不启动。

11．室外基板工作过程

AC 220V 电压经滤波、半波整流后，为通信电路提供载波信号：一路流经电流互感器（检测其通往压缩机的电流）并通往整流硅桥为模块 P、N 供电；二路经电压互感器险测其电压情况；三路加至各路继电器。DC 12V 电压由功率模块通过 CZ201 的⑨脚输入，经 7805 稳压器后变为 DC 5V 电压。DC 5V 电压为芯片、复位电路、温度信号采集电路、电流和电压互感器电路、通信电路、瞬时掉电保护电路等提供工作电源或控制电源，DC 12V 电压则为反向驱动器、各继电器提供工作、控制电源。芯片根据室内外通信及各温度采集电路等各路信号做出综合判断以控制四通阀、风机风速、压缩机频率等协调工作。

8.2.3　KFR-28GW/BP 变频空调器故障分析及检修

变频空调器内外机信号是相互存在的，室内外机 4 个光耦，交叉连接在 DC 24V 电源上，当室内机端信号接通时，室外机端则执行接收等待，同时室外发射端将接收的信号反馈到室内机，室内机端接收信号，完成一次通信。在信号传送电路中采用了一种叫串行通信的电路，跟其中的一根电源线构成回路，其实我们可以检测室内外机端子排 1～3 号间和 2～3 号间有无直流或交流脉冲电压。假如无直流或交流脉冲电压，检测接线是否错误，或熔断器是否开路；假如有直流或交流脉冲电压，检测功率模块 P、N 端有无 DC 300V，或有无三相交流 60～180V 电压输出，功率模块是否正常（当功率模块击穿时，同时要检测滤波电容是否击穿），测主控板 CN05 的①、③脚，④、⑥脚，⑦、⑨脚有无驱动电压 DC 5V。

同时我们要熟记自检故障代码，举一反三，如制热时出现热交换器过热、输入电流过大、或外风机时转时停，这三种故障大部分与制冷系统有关。过滤网脏堵（或散热片脏堵）、室内风机不转或转速过低，都会造成散热不良，盘管温度过高，压力过高、电流过流，此故障一般工作一段时间才会出现，若马上出现此故障则为检测部件有故障，这样不必先检查制冷系统，应先对热交换传感器内外风机及相关线路进行确认，看是否存在故障。

当故障为排气温度过高（或压缩机过热），排气温度传感器温度大于 110℃，压缩机停机，进入等机状态，当排气温度传感器小于 85℃时，压缩机再次启动，排除电控故障后，我们可以应急运转，固定压缩机运转频率。检测电源电压、运转电流、压力高低来调整制冷剂充足量，同时测量温差。制冷剂泄漏（制冷剂过多），排气温度上升，此故障可能是安装工排空时没有把室内机空气排干净造成。

功率模块过热保护，此故障一般情况都是散热片固定松动，散热不良（一般情况下温度大于100℃）。

室外机不工作是变频空调的常见故障。首先，观察D01指示灯是否点亮，不亮则DC 300V前段电路有故障。故障灯亮，可检查开关变压器的输出端，1、2端有无直流电压8V以上，7805稳压器后端有无DC 5V电压输出，滤波电容是否正常，是否虚焊等。

8.2.4　综合故障检修技巧

【例8-1】新安装空调器外机不工作。

分析与检修：到用户家检查空调，发现室外机工作一会就停，当时用户说修过多次，已把内外板都换过，故障依旧。从这一点分析，空调可能是电源系统及传感器等造成。检查用户家中电源，发现空调电压有波动。此款空调的电压范围为160～253V。但有时能检测到用户家电源260V左右。当时和用户讲明，本以为解决电源故障，应该空调能正常运转，用户又打电话过来报修。再一次上门检查，用户家电源已在正常范围内，但开机后空调仍旧主机会停。对系统的压力、传感器阻值进一步检测，都在正常范围内。当问起用户家电源排线线径时发现，用户家的电源线是用户自已排的没有排电源地线。 建议用户排布电源地线，空调运行正常。

经验与体会：变频空调由于室外机感性负载比较多，容易造成很大的漏电流，所以造成空调保护（部分检测电路受干扰）。

【例8-2】导风板不摆动、运转不畅。

分析与检修：到用户家检查空调，发现导风板工作一会就停，经检查电动机插头与控制基板插座未连接好，修复后故障排除。

经验与体会：导风板不摆动可能是如下故障：

①导风板变形、卡住。在拆卸空调外壳前，先用手拨动导风板，看转动是否灵活，若不灵活，则该叶片变形或某部位被灰尘、杂物卡住。

②电动机传动部分卡住或打齿。用手旋转电动机看齿轮是否灵活运转，若有顶点，则传动部分卡住或打齿。

③控制电路损坏。将电动机插头插到控制板上，分别测量电动机工作电压及电源线与各相之间的电压，5V的电动机相电压约为1.6V，12V的电动机相电压约为4.2V。

④线圈损坏。用万用表测每相线圈的电阻值（12V电动机每相电阻为200～400Ω、5V电动机为70～100Ω），若阻值出现太大或太小，则线圈已损坏。

⑤电气连接不导通。电动机插头与控制基板插座未连接好，插座、焊点有松动、虚焊、氧化都能致使电动机无法正常工作。

【例8-3】外机不启动。

分析与检修：现场检测②、④或①、④脚存在100V电压，且有微小变化，则为外控板故障，查室外机只有200V，而300V电压为正常，分析该电路较特殊，开关电源部分在功率模块板上，更换功率模块后，机器正常。

经验与体会：注意功率模块与外控板的信号连线。

【例8-4】室外机工作一段时间停机。

分析与检修：因为室外机板无电压显示，故障为通信故障，室内机输出信号都正常，故障在室外机上，检测发现当温度变化时阻值也相当正常，整流桥滤波电容、功率模块、外板都正常，所以重点又放在接插件上，经查为20A保险丝有一头虚焊，此故障一般难于发现在于万用表测量保险丝时正常，运行几分钟后电流过大，瞬间停电，更换熔断器试机正常。

经验与体会：维修人员不要随便更换电脑板，多方面分析故障。

【例 8-5】制冷室外机低频运转、高频不运转。

分析与检修：现场检查这台空调能启动，可以低频运转，不可以高频运转。自诊断正常无故障，怀疑室内热交换温度传感器有可能开路或连接接触不好，拆下室内风机电脑板，检查发现室内热交换温度传感器虚接，从新焊接后正常。

【例 8-6】不制冷，定时灯闪烁 1 次。

分析与检测：现场检测电源电压良好，测压缩机三相阻值平衡，测功率模块 U、V、W，两相间不等，故初步判定产生该故障的原因是功率模块故障。更换功率模块后，故障排除。

经验与体会：

（1）功率模块的检查方法

① 电压检测法：用万用表交流电压挡检测功率模块 U、V、W 的任意两相间，输出电压约在 50～200V 且相等，则为正常。

② 电阻检测法：用万用表 R×100 挡在功率模块 U、V、W 两相间，分别互换表笔检测，直流电阻值应均为无穷大。

当万用表红表笔接功率模块 P+端子，黑表笔分别接 U、V、W 端子时，测得的上臂功率晶体管上并联的续流二极管正向电阻值应约为 500Ω，反向电阻值应为无穷大，即 3 只上臂功率晶体管正常。反之，功率模块损坏。

当万用表黑表笔接功率模块 N−端子，红表笔分别接 U、V、W 端子时，测得的下臂功率晶体管上并联的续流通渠二极管正向电阻值应约为 500Ω，反向电阻值应为无穷大，即 3 只下臂功率晶体管正常，反之功率模块损坏。用万表表红表笔接 P+，黑表笔接 N−，测得的正向电阻值应约为 1kΩ，反向电阻值应为无穷大。

（2）功率模块损坏的原因

① P、N 端直流电电压过高或过低，这可能是由于市电电源电压过高或过低引起的。

② 功率模块散热不良，通常是由于室外机风扇不转或转速太慢、室外机环境温度高、冷凝器太脏造成。

③ 整流桥（二极管）开路。

④ 直流电源滤波电容量变小。

⑤ 压缩机过负荷、过电流运行、压缩机绕组短路或卡缸。

⑥ 功率模块本身存在质量问题。

本章小结

变频空调器控制电路复杂，刚接触的维修人员往往不知从何下手，原因在于电路的结构复杂，保护电路多。动手修理之前，掌握各电子电路的工作原理，从总体上理解电路中各大区域的作用及其工作原理，修理时就能做到思路清晰、选定正确的方向。

习题 8

1. 简述变频空调器的工作原理

2. 简述变频空调器与定频空调器的区别

第9章 新型空调器故障代码含义

9.1 海信空调器故障代码含义

① 海信 KFR-2301GW、KFR-25GW、KFR-2501GW、KFR-28GW、KFR-330GW、KFR-3301GW/D 新型壁挂式空调器故障代码含义如表 9-1 所示。

表 9-1 海信空调器故障代码含义（1）

高 效 灯	运 行 灯	定 时 灯	电 源 灯	故 障 部 位
指示灯闪烁	指示灯闪烁	指示灯闪烁	指示灯灭	室内温度传感器
指示灯闪烁	指示灯闪烁	指示灯灭	指示灯闪烁	热交换传感器
指示灯闪烁	指示灯闪烁	指示灯灭	指示灯灭	蒸发器冻结
指示灯闪烁	指示灯灭	指示灯闪烁	指示灯闪烁	制热过负荷
指示灯闪烁	指示灯灭	指示灯闪烁	指示灯灭	制热过负荷
指示灯闪烁	指示灯灭	指示灯灭	指示灯闪烁	瞬时停电
指示灯闪烁	指示灯灭	指示灯灭	指示灯灭	过电流
指示灯灭	指示灯闪烁	指示灯闪烁	指示灯闪烁	风扇无反馈
指示灯灭	指示灯灭	指示灯闪烁	指示灯闪烁	室内机 E^2PROM 故障

说明

当发现问题空调器发生异常停机时，可按下遥控器的“传感器切换”按钮，开关面板上的指示灯将会显示故障内容；按压遥控器“传感器切换”按钮 5s 以上，控制器自动进行检测并显示。

② 海信 KFR-2510GW、KF-2511GW 新型定速空调器故障代码含义如表 8-2 所示。

表 9-2 海信空调器故障代码含义（2）

故 障 部 位	定 时 灯	运 行 灯	备 注
室内温度传感器	不显示状态	闪亮 1 次/8s	关机显示
室内热交换温度传感器	不显示状态	闪亮 2 次/8s	关机显示
室内风机	闪亮 3 次/8s	不显示状态	开、关机均显示
室外风机	闪亮 5 次/8s	不显示状态	开、关机均显示

说明

制热模式下防冷风及化霜时，运行指示灯亮 1.5s，灭 0.5s。任何状态下，室内温度传感器、室内热交换温度传感器发生故障时，均用运行灯、定时灯显示故障状态。

制冷时，当压缩机继电器闭合 4min，若室内热交换器盘管温度持续 12min 高于 5℃，则关闭室外机组，3min 后再启动。如仍出现上述故障，则说明室外机异常，此时室外机组不再开启，定时灯闪烁报警。

制热时，当压缩机继电器闭合 4min，若室内热交换器盘管温度持续 12min 低于室温 5℃，则关闭压缩机，3min 后再启动。如再次出现上述情况，则说明室外机组不再开启，定时灯闪烁报警。

指示灯闪亮：亮 0.5s，灭 0.5s。

③ 海信 KFR-35GW、KFR-40GW/BP、KFR-32GW/BP 新型变频壁挂式空调器故障代码含义如表 9-3 所示。

表 9-3　海信空调器故障代码含义（3）

1	2	3	诊 断 内 容	故 障 部 位
指示灯闪烁	指示灯灭	指示灯灭	室内温度传感器异常	传感器开路、短路，连接器接触不良
指示灯灭	指示灯闪烁	指示灯灭	室内热交换温度传感器异常	传感器开路、短路，连接器接触不良
指示灯灭	指示灯灭	指示灯闪烁	压缩机温度传感器异常	传感器开路、短路，连接器接触不良
指示灯闪烁	指示灯灭	指示灯闪烁	室外热交换温度传感器异常	传感器开路、短路，连接器接触不良
指示灯灭	指示灯闪烁	指示灯闪烁	室外温度传感器异常	传感器开路、短路，连接器接触不良
指示灯闪烁	指示灯闪烁	指示灯闪烁	CT（互感线圈）异常	传感器开路、短路，连接器接触不良，HIC 不良（U,V,W 相无输出）
指示灯灭	指示灯灭	指示灯灭	信号通信异常，电源不能加到室外机或室外机基板	单元间配线错误，线端固定不良，线体与金属板接触不良，AC 220V/DC 208V 接线错误，绝缘不良，端子板用温度保险丝熔断，电源断电器不良，基板不良（室内机或室外机）
指示灯灭	指示灯亮	指示灯灭	功率模块保护（电源、温度）	功率模块不良，信号线连接器接触不良，压缩机卡轴、磨损过大，室外机基板不良，室外风机不运转，室外热交换器堵塞
指示灯亮	指示灯亮	指示灯灭	室外机外部 ROM 异常	OTP 数据没记入，线端固定不良；OTP 数据错误，IC 插座接触不良
指示灯灭	指示灯灭	指示灯亮	电流峰值关断	瞬时停电，电压下降，功率模块化不良；压缩机磨耗超过设计值
指示灯亮	指示灯灭	指示灯亮	电流控制异常	压缩机停动
指示灯灭	指示灯亮	指示灯亮	压缩机排气温度过高	吸气压力过低，毛细管堵塞，压缩机温度传感器不良，冷风时室外风扇电动机不转
指示灯亮	指示灯亮	指示灯亮	室内风扇电动机运转异常	风扇电动机位置检测传感器不良，线圈开路，连接器脱落，风机驱动回路不良
指示灯亮	指示灯闪烁	指示灯闪烁	四通阀切换异常	四通阀不能转换
指示灯亮	指示灯闪烁	指示灯亮	AC 输入电压异常	过电压、低电压保护动作

说明

a. 将室内控制面板开关拨到“关”位置，此时3个LED显示故障。每个灯有3种显示状态：亮、闪烁、灭。

b. 维修人员修理完成后，接通电源，将开关拨到“DEMO”位置，清除诊断内容，随后将开关置于“关”、“开”临界处，确认诊断内容清除，方可使用。

④ 海信 KFR-2601GW/BP、KFR-2801GW/BP、KFR-3001GW/BP、KFR-28GW/BP、KF-2601GW/BP、KF-2801GW/BP、KFR-3002GW/BP、KFR-3002GW/BP、KFR-2602GW/BP新型变频空调器故障代码含义如表9-4所示。

表9-4 海信空调器故障代码含义（4）

故障灯显示				故障部位
高效灯	运行灯	定时灯	电源灯	
室内机故障				
指示灯灭	指示灯灭	指示灯灭	指示灯闪烁	室内温度传感器
指示灯灭	指示灯灭	指示灯闪烁	指示灯灭	热交换传感器
指示灯灭	指示灯灭	指示灯闪烁	指示灯闪烁	蒸发器冻结
指示灯灭	指示灯闪烁	指示灯灭	指示灯灭	制热过负荷
指示灯灭	指示灯闪烁	指示灯灭	指示灯闪烁	通信故障
指示灯灭	指示灯闪烁	指示灯闪烁	指示灯灭	瞬时停电
指示灯灭	指示灯闪烁	指示灯闪烁	指示灯闪烁	过电流
指示灯闪烁	指示灯灭	指示灯灭	指示灯灭	风扇无反馈
室外机故障				
指示灯灭	指示灯灭	指示灯灭	指示灯亮	室内环境温度传感器
指示灯灭	指示灯灭	指示灯亮	指示灯灭	热交换传感器
指示灯灭	指示灯灭	指示灯亮	指示灯亮	压缩机过热
指示灯灭	指示灯亮	指示灯亮	指示灯灭	过电流
指示灯亮	指示灯灭	指示灯灭	指示灯灭	电压异常
指示灯亮	指示灯灭	指示灯灭	指示灯亮	瞬时停电
指示灯亮	指示灯灭	指示灯亮	指示灯灭	制冷过负荷
指示灯亮	指示灯灭	指示灯亮	指示灯亮	正在除霜
指示灯亮	指示灯亮	指示灯灭	指示灯灭	功率模块保护
指示灯亮	指示灯亮	指示灯灭	指示灯亮	E^2PROM故障

⑤ 海信KFR-26GW/BP新型变频空调器故障代码含义如表9-5所示。

表9-5 海信空调器故障代码含义（5）

1	2	3	诊断内容	故障部位
指示灯灭	指示灯灭	指示灯亮	定内温度传感器异常	传感器开路、短路，连接器接触不良
指示灯灭	指示灯亮	指示灯灭	室内热交换温度传感器异常	传感器开路、短路，连接器接触不良
指示灯灭	指示灯亮	指示灯亮	压缩机温度传感器异常	传感器开路、短路，连接器接触不良
指示灯亮	指示灯灭	指示灯灭	室外热交换温度传感器异常	传感器开路、短路，连接器接触不良

续表

1	2	3	诊 断 内 容	故 障 部 位
指示灯亮	指示灯灭	指示灯亮	室外温度传感器异常	传感器开路、短路，连接器接触不良
指示灯亮	指示灯亮	指示灯灭	信号通信异常，电源不能加到室外机或室外机基板	单元间配线错误，线端固定不良，线体与金属板接触不良，接线错误，绝缘不良，端子板用温度保险丝熔断，电源断电器不良，基板不良（室内机）
指示灯亮	指示灯亮	指示灯亮	功率模块保护（电源、温度）	功率模块不良，信号线连接器接触不良，压缩机卡轴、磨损过大，室外机基板不良，室外风机不运转，室外热交换器堵塞
指示灯闪烁	指示灯亮	指示灯灭	室外机外部 ROM	OTP 数据没记入，线端固定不良；OTP 数据错误，IC 插座接触不良
指示灯闪烁	指示灯灭	指示灯灭	制冷剂泄漏	

说明

a. 灯 1 为运行灯，灯 2 为待机灯，灯 3 为定时灯。

b. 首次上电时，先检查 E^2PROM。检修完成后，将运转选择开关拨向“试运行”，再插上电源，以消去故障内容。

⑥ 海信 KFR-2820GW/BP 新型变频空调器故障代码含义如表 9-6 所示。

表 9-6　海信空调器故障代码含义（6）

1	2	3	4	故 障 部 位
指示灯闪烁	指示灯灭	指示灯灭	指示灯亮	室内温度传感器异常
指示灯闪烁	指示灯灭	指示灯亮	指示灯灭	室内热交换温度传感器异常
指示灯闪烁	指示灯亮	指示灯灭	指示灯灭	压缩机温度传感器异常
指示灯闪烁	指示灯亮	指示灯灭	指示灯亮	室外热交换温度传感器异常
指示灯闪烁	指示灯亮	指示灯亮	指示灯灭	室外温度传感器异常
指示灯闪烁	指示灯闪烁	指示灯亮	指示灯灭	互感器异常
指示灯闪烁	指示灯闪烁	指示灯灭	指示灯亮	室外变压器异常
指示灯闪烁	指示灯灭	指示灯灭	指示灯闪烁	信号通信异常
指示灯闪烁	指示灯灭	指示灯闪烁	指示灯灭	IBM 模块保护
指示灯闪烁	指示灯亮	指示灯闪烁	指示灯亮	最大电流保护
指示灯闪烁	指示灯亮	指示灯闪烁	指示灯灭	电流过载保护
指示灯闪烁	指示灯灭	指示灯闪烁	指示灯亮	压缩机排气温度过高保护
指示灯闪烁	指示灯亮	指示灯亮	指示灯闪烁	AC 输入电压异常
指示灯闪烁	指示灯亮	指示灯闪烁	指示灯闪烁	室外环境温度保护
指示灯闪烁	指示灯灭	指示灯闪烁	指示灯闪烁	室外风扇电动机运转异常
指示灯闪烁	指示灯灭	指示灯亮	指示灯亮	四通阀切换异常
指示灯闪烁	指示灯闪烁	指示灯亮	指示灯亮	制冷剂泄漏
指示灯闪烁	指示灯灭	指示灯亮	指示灯闪烁	压缩机壳体温度过高，超过 130℃

灯1为运行灯，灯2为定时灯，灯3为睡眠灯，灯4为高效灯。每个灯可有3种状态：亮、闪烁（亮0.5s，灭0.5s）、灭。

⑦ 海信KFR-3601GW/BP、KFR-3602GW/BP、KFR-4001GW/BP、KFR-4501GW/BP、KFR-3603GW/BP、KFR-3502GW/BP新型变频空调器故障代码含义如表9-7所示。

表9-7 海信空调器故障代码含义（7）

故障名称	室内机代码	室外机显示		
		LED02	LED03	LED04
室内温度传感器故障	1			
室内热交换传感器故障	2			
室内热交换器冻结	3			
室内热交换器过热	4			
通信故障	5			
无交流电源	6			
室内风机故障	8			
出风口温度传感器故障	10			
亮度传感器故障	11			
室内机 E^2PROM 故障	13			
室外温度传感器异常	21	指示灯亮		
室外热交换传感器异常	22		指示灯亮	
压缩机过热	23	指示灯亮	指示灯亮	
过电流	26		指示灯亮	指示灯亮
无负载	27	指示灯亮	指示灯亮	指示灯亮
供电电压异常	28	指示灯闪烁		
室外机瞬时停电	29		指示灯闪烁	
制冷室外过载	30	指示灯闪烁	指示灯闪烁	
正在除霜	31			指示灯闪烁
IPM 模块故障	33	指示灯闪烁		指示灯闪烁
室外 E^2PROM 数据错误	33		指示灯闪烁	指示灯闪烁

说明

先关闭人机对话功能（按“传感器切换”按钮），待人机对话图标消失后，再连续按“传感器切换”按钮两次，即可在VFD屏温度显示位置看到故障代码。除非断电，否则故障代码不能清除。

⑧ 海信KFR-36GW/ABP新型变频空调器故障代码含义如表9-8所示。

表 9-8　海信空调器故障代码含义（8）

故障灯			故障部位
1	2	3	
室内机故障			
指示灯灭	指示灯灭	指示灯灭	正常
指示灯闪烁	指示灯灭	指示灯灭	室内温度传感器异常
指示灯灭	指示灯闪烁	指示灯灭	室内热交换温度传感器异常
指示灯灭	指示灯灭	指示灯闪烁	室外压缩机温度传感器异常
指示灯闪烁	指示灯灭	指示灯闪烁	室外热交换温度传感器异常
指示灯灭	指示灯闪烁	指示灯闪烁	室内机故障
指示灯闪烁	指示灯闪烁	指示灯闪烁	室外温度传感器异常
室外机故障			
指示灯闪烁	指示灯亮	指示灯闪烁	防冻结保护
指示灯亮	指示灯灭	指示灯灭	单元间通信不良
指示灯灭	指示灯亮	指示灯灭	IPM 保护
指示灯亮	指示灯亮	指示灯灭	室外 MCU 或 E^2PROM 不良
指示灯灭	指示灯灭	指示灯亮	过电流关断
指示灯亮	指示灯灭	指示灯亮	欠电流关断
指示灯灭	指示灯亮	指示灯亮	压缩机排气温度保护
指示灯闪烁	指示灯闪烁	指示灯亮	室内外风机异常
指示灯亮	指示灯闪烁	指示灯闪烁	四通阀切换不良
指示灯闪烁	指示灯亮	指示灯亮	缺制冷剂保护
指示灯亮	指示灯亮	指示灯亮	压缩机运行异常
指示灯亮	指示灯亮	指示灯闪烁	室外风扇电动机运行异常
指示灯亮	指示灯闪烁	指示灯亮	交流输入电压异常
指示灯亮	指示灯灭	指示灯闪烁	过负荷保护
指示灯闪烁	指示灯亮	指示灯灭	室外低温保护
指示灯闪烁	指示灯闪烁	指示灯灭	通信线接触不良

说明

a. 开关由“运行”拨到“停止”位置，进行传感器异常和故障原因诊断，每输出一个故障原因，蜂鸣器鸣响；开关在“停止”以外的位置时，蜂鸣器不响标志自我诊断结束。

b. 只有在自我诊断全部完成，开关拨到“开”，空调器才可正常工作。

c. 空调器在进行自我诊断时，可能要等待十几秒用于判断错误。

d. 指示灯 1 为定时灯，2 为待机灯，3 为运行灯。

⑨ 海信 KFR-2701GW/BP 新型变频空调器故障代码含义如表 9-9 所示。

表 9-9　海信空调器故障代码含义（9）

代　码	故障名称	故障原因
室内机故障		
1	室内温度传感器异常	室内温度传感器短路或开路
2	室内热交换传感器异常	盘管温度传感器短路或开路
3	室内热交换器冻结	室内惯流风机电动机损坏
4	室内热交换器过热	室内惯流风机电动机损坏
5	通信故障	室内通信电路或室外电源电路、通信电路故障
8	室内风机故障	室内风机故障或风机驱动检测电路故障
室外机故障		
1	室外环境温度传感器异常	热敏电阻短路或开路
2	室外热交换温度传感器异常	热敏电阻短路或开路
3	压缩机过热	压缩机顶盖热敏电阻短路或开路
6	过电流	室内外风机或压缩机损坏
8	供电电压异常	电源电压过高或过低，电压检测电路故障
9	室外机瞬时停电	室内机给室外机断电或电源瞬时停电，或室外控制板电源检测室外机电脑板控制电路故障
10	制冷室外冷凝器翅片过脏	
11	正在除霜	空调器正在除霜
12	IPM 模块故障	IPM 模块损坏或驱动电路故障
13	室外 E^2PROM 数据错误	E^2PROM 损坏

⑩ 海信新型室外机 3 个故障显示灯也可以显示室外机的故障内容（只有在压缩机停止时），如表 9-10 所示。

表 9-10　海信空调器故障代码含义（10）

故障灯显示			故障名称
1	2	3	
指示灯亮	指示灯灭	指示灯灭	室外环境温度传感器异常
指示灯灭	指示灯亮	指示灯灭	室外热交换温度传感器异常
指示灯亮	指示灯亮	指示灯灭	压缩机过热
指示灯灭	指示灯亮	指示灯亮	过电流
指示灯亮	指示灯亮	指示灯亮	无负载
指示灯闪烁	指示灯灭	指示灯灭	供电电压异常
指示灯灭	指示灯闪烁	指示灯灭	室外机瞬时停电
指示灯闪烁	指示灯闪烁	指示灯灭	制冷室外冷凝器翅片过脏
指示灯灭	指示灯灭	指示灯闪烁	正在除霜
指示灯闪烁	指示灯灭	指示灯闪烁	IPM 模块故障
指示灯灭	指示灯闪烁	指示灯闪烁	室外 E^2PROM 数据错误

⑪ 海信新型 KFR-3501GW/BP 型变频空调器故障代码含义如表 9-11 所示。

表 9-11 海信空调器故障代码含义（11）

代码	故障灯显示				故障名称	故障部位
	运行灯	待机灯	定时器	高效灯		
室内机故障						
1	指示灯闪烁				室内环境温度传感器异常	热敏电阻短路或开路
2		指示灯闪烁			热交换温度传感器异常	热敏电阻短路或开路
3	指示灯闪烁	指示灯闪烁			热交换器冻结	热敏电阻短路或开路，或压缩机过热
4			指示灯闪烁		热交换器冻结	室外电流过大
5	指示灯闪烁		指示灯闪烁		通信故障	没接压缩机或模块损坏，或线插脱落
8				指示灯闪烁	室内风机故障	电源电压过高或过低
室外机故障						
1	指示灯亮	指示灯闪烁	指示灯闪烁	指示灯闪烁	室外环境温度传感器异常	
2		指示灯亮		指示灯闪烁	室外热交换温度传感器异常	
3	指示灯亮	指示灯亮			压缩机过热	
6		指示灯亮	指示灯亮	指示灯闪烁	过电流	
7	指示灯亮	指示灯亮	指示灯亮	指示灯亮	无负载	
8		指示灯闪烁	指示灯闪烁	指示灯亮	供电电压异常	
9	指示灯亮	指示灯闪烁	指示灯闪烁	指示灯亮	瞬时停电	
10		指示灯亮	指示灯闪烁	指示灯亮	制冷室外冷凝器翅片过脏	
11	指示灯亮	指示灯亮		指示灯亮	正在除霜	
12		指示灯闪烁	指示灯亮	指示灯亮	IPM 模块故障	
13	指示灯亮	指示灯闪烁	指示灯亮	指示灯亮	室外 E^2PROM 数据错误	

说明

- ➢ 当运行出现故障时，空调器停止运行，然后显示故障内容。
- ➢ 在室内侧，通过运行状态显示灯显示室内、室外故障内容。
- ➢ 按“传感器切换”按钮，将遥控器设定为“本体控温”，3s 内再按“传感器切换”按钮，将遥控器设定为“遥控器控温”状态。

⑫ 海信 KFR-2608GW/BP 新型变频空调器故障代码含义如表 9-12 所示。

表 9-12 海信空调器故障代码含义（12）

故障内容	定时灯	运行灯	高效灯	电源灯
室内机故障				
室温传感器				指示灯亮
室内热交换传感器			指示灯亮	
室内热交换器堵塞			指示灯亮	指示灯亮
通信故障		指示灯亮		

续表

故障内容	定时灯	运行灯	高效灯	电源灯
瞬时停电		指示灯亮		
室内风机	指示灯亮	指示灯亮	指示灯亮	
室内数据存储器	指示灯亮	指示灯亮		指示灯亮
		室外机故障		
室外温度传感器				指示灯闪烁
室外盘管温度传感器			指示灯闪烁	
压缩机排气温度传感器			指示灯闪烁	指示灯闪烁
通信故障		指示灯闪烁		指示灯闪烁
过电流		指示灯闪烁	指示灯闪烁	
无负载		指示灯闪烁	指示灯闪烁	指示灯闪烁
过欠压	指示灯闪烁			
室外热保护温度传感器	指示灯闪烁		指示灯闪烁	
正在除霜	指示灯闪烁		指示灯闪烁	
功率模块故障	指示灯闪烁	指示灯闪烁		
室外数据存储器	指示灯闪烁	指示灯闪烁		

⑬ 海信 KFR-2501GW/BP 新型变频空调器故障代码含义如表 9-13 所示。

表 9-13　海信空调器故障代码含义（13）

故障内容	定时灯	运行灯	高效灯	电源灯
		室内机故障		
室内温度传感器				指示灯亮
室内热交换传感器			指示灯亮	
室内热交换器冻结			指示灯亮	指示灯亮
室内热交换器过热		指示灯亮		
通信故障		指示灯亮		
瞬时停电	指示灯亮	指示灯亮	指示灯亮	
室内数据存储器故障	指示灯亮	指示灯亮		
		室外机故障		
室外温度传感器				指示灯闪烁
室外盘管温度传感器			指示灯闪烁	
压缩机排气温度传感器			指示灯闪烁	指示灯闪烁
通信故障		指示灯闪烁		指示灯闪烁
过电流		指示灯闪烁	指示灯闪烁	
无负载		指示灯闪烁	指示灯闪烁	指示灯闪烁
过欠压	指示灯闪烁	指示灯闪烁		
室外热保护温度传感器	指示灯闪烁			
正在除霜	指示灯闪烁			
功率模块故障	指示灯闪烁	指示灯闪烁		
室外数据存储器	指示灯闪烁	指示灯闪烁		指示灯闪烁

⑭ 海信 KFR-3606GW/BP、KFR-3201GW/BP 新型变频空调器故障代码含义如表 9-14 所示。

表 9-14　海信空调器故障代码含义（14）

LED1	LED2	LED3	压缩机当前运行频率所受的限制原因
指示灯闪烁	指示灯闪烁	指示灯闪烁	正常升频，没有任何限制
指示灯灭	指示灯灭	指示灯亮	过电流引起的降频或禁升频
指示灯灭	指示灯亮	指示灯亮	制冷防冻结或制热过载引起的降频或禁升频
指示灯亮	指示灯灭	指示灯亮	压缩机排气温度过高引起的降频和禁升频
指示灯灭	指示灯亮	指示灯灭	电源电压过低引起的最高运行频率限制

⑮ 海信新型 KFR-3606GW/BP、KFR-3201GW/BP 室外机故障代码含义如表 9-15 所示。

表 9-15　海信空调器故障代码含义（15）

LED1	LED2	LED3	压缩机当前运行频率所受的限制原因
指示灯灭	指示灯灭	指示灯灭	正常
指示灯灭	指示灯灭	指示灯亮	室内温度传感器短路、开路或相应检测电路故障
指示灯灭	指示灯亮	指示灯灭	室内热交换温度传感器短路、开路或相应检测电路故障
指示灯亮	指示灯灭	指示灯灭	压缩机温度传感器短路、开路或相应检测电路故障
指示灯亮	指示灯灭	指示灯亮	室外热交换温度传感器短路、开路或相应检测电路故障
指示灯亮	指示灯亮	指示灯灭	室外温度传感器短路、开路或相应检测电路故障
指示灯闪烁	指示灯亮	指示灯灭	CT（互感线圈）短路、开路或相应检测电路故障
指示灯闪烁	指示灯灭	指示灯亮	室外变压器短路、开路或相应检测电路故障
指示灯灭	指示灯灭	指示灯闪烁	信号通信故障
指示灯灭	指示灯闪烁	指示灯灭	功率模块保护
指示灯亮	指示灯闪烁	指示灯亮	最大电流保护
指示灯亮	指示灯闪烁	指示灯灭	电流过载保护
指示灯灭	指示灯闪烁	指示灯亮	压缩机排气温度过高
指示灯亮	指示灯亮	指示灯闪烁	过欠压保护
指示灯亮	指示灯闪烁	指示灯闪烁	室外环境温度保护（仅限于 KFR-2820GW/BP 型空调器）
指示灯灭	指示灯亮	指示灯亮	四通阀切换异常
指示灯闪烁	指示灯亮	指示灯亮	制冷剂泄漏
指示灯灭	指示灯亮	指示灯闪烁	压缩机壳体温度过高保护
指示灯亮	指示灯亮	指示灯亮	室外 E^2PROM 故障
指示灯灭	指示灯闪烁	指示灯闪烁	室内风扇电动机运转异常（仅由室内机显示）

⑯ 海信新型 KFR-3606GW/BP、KFR-3201GW/BP 室内机故障代码含义如表 9-16 所示。连续按“传感器切换”按钮 3 次，显示故障代码，3s 后恢复正常。

表 9-16 海信空调器故障代码含义（16）

故障内容	故障原因
无故障	压缩机排气温度过高保护
室外盘管温度传感器故障	室外环境温度传感器故障
压缩机温度传感器故障	压缩机壳体温度保护
电源变压器故障	室内温度传感器故障
电流互感器故障	室内盘管温度传感器故障
IPM 模块保护	室内外通信故障
过欠压保护	室内 E^2PROM 故障
电流过载保护	室内风扇电动机故障
最大电流保护	
室外 E^2PROM 故障	
室外环境温度保护	

说明

在压缩机停止运转时，室外的 LED 用于显示故障的内容。

⑰ 海信新型 KFR-50LW/AD、KFR-50LW、KF-50LW、KFR-5001LW 柜机定速系列空调器故障代码含义如表 9-17 所示。

表 9-17 海信空调器故障代码含义（17）

故障代码	故障部位	维修方法
E1	室内温度传感器不良（开路或短路）	用万用表检测电阻值
E2	室内热交换温度传感器不良（开路或短路）	按技术要求检测
E3	室外热交换温度传感器不良（开路或短路）	按技术要求检测
E4	室外温度传感器不良（开路或短路）	用万用表检测电阻值
E5	过欠压保护	检查电压
E6	防冻结保护	检查制冷系统
E7	防高温保护	检查冷凝器是否过脏
E8	室外环境温度过低保护	检查室外温度是否低于−10℃
E9	过电流保护	检查电流是否正常

⑱ 海信新型 KFR-65LW/D、KFR-5001LW/D、KFR-5002LW/D 空调器故障代码含义如表 9-18 所示。

表 9-18 海信空调器故障代码含义（18）

故障代码	故障部位
E1	室内温度传感器异常
E2	室内盘管温度传感器异常
E3	室外盘管温度传感器异常
E4	过流保护

⑲ 海信新型 KFR-72LW/D、KFR-72L/W 空调器故障代码含义如表 9-19 所示。

表 9-19　海信空调器故障代码含义（19）

指示灯	故障部位
定时温度	闪烁时表示故障指示
11～29	闪烁时表示系统故障指示
11～28	闪烁时表示室温传感器故障
10～27	闪烁时表示室内管温传感器故障
7～24	闪烁时表示过热保护
6～28	闪烁时表示冻结保护
2～19、1～18	点亮时表示故障指示

⑳ 海信新型 KFR-721LW/D、KF-7201LW 空调器故障代码含义如表 9-20 所示。

表 9-20　海信空调器故障代码含义（20）

故障代码	故障部位
E1	室外机组保护装置不良
E2	过热保护
E3	冷冻保护
E4	制冷循环系统有泄漏

㉑ 海信新型 KFR-120LW 空调器故障代码含义如表 9-21 所示。

表 9-21　海信空调器故障代码含义（21）

显示	故障位置	原因	维修方法
定时、温度	两灯闪烁故障指示	室内外连接线错误，室外机组故障，室内电路板故障	检查连线、室外机组、室内板
11～28	亮表示系统回路故障	连接器接触不良，热敏电阻失灵	检查连接器、热敏电阻，若没有故障，更换室内电路板
9～26	亮表示过冷与过热保护，温度传感器开路故障	连接器接触不良，热敏电阻失灵	检查连接器、热敏电阻，若没有故障，更换室内电路板
8～25	亮表示温度传感器短路故障	连接器接触不良，热敏电阻失灵	检查连接器、热敏电阻，若没有故障，更换室内电路板
7～24	亮表示进风温度传感器开路故障	连接器接触不良，热敏电阻失灵	检查连接器、热敏电阻，若没有故障，更换室内电路板
6～23	亮表示进风温度传感器断路故障	连接器接触不良，热敏电阻失灵	检查连接器、热敏电阻，若没有故障，更换室内电路板
5～22	亮表示室外温度传感器开路故障	连接器接触不良，热敏电阻失灵	检查连接器、热敏电阻，若没有故障，更换室内电路板
4～21	亮表示室外温度传感器断路故障	连接器接触不良，热敏电阻失灵	检查连接器、热敏电阻，若没有故障，更换室内电路板

㉒ 海信新型 KFR-120LW/BD 空调器故障代码含义如表 9-22 所示。

表 9-22 海信空调器故障代码含义（22）

定时、温度	故障部位	故障原因	维修方法
11～28 1～18	室内温度传感器	室温传感器开路或断路	检查传感器电阻值参数
10～27 1～18	室内盘管温度传感器	盘管温度传感器开路或断路	检查传感器电阻值参数
12～29 1～18	室外温度传感器	室外机组故障	检查压缩机、室外风机
7～24 1～18	结霜保护、过热保护	风路短路循环；空气过滤网堵塞；室内风机有故障，恒温器不良	检查空气过滤网、室内风机、恒温器
8～25 1～18	过滤、高压、低压保护	冷凝器过脏	用自来水清洗冷凝器

㉓ 海信新型 KF-7203LW、KFR-7203LW 空调器故障代码含义如表 9-23 所示。

表 9-23 海信空调器故障代码含义（23）

故障代码	故障内容	故障现象	维修方法
E1	排气压力过高，吸气压力过低，排气温度过高	高压压力开关断开，低压压力开关断开，排气温控器断开	检查室外机、室内机风扇；检查冷媒是否过少
E2	制热高负荷保护	此温度下不宜制热运行	根据厂家设计的参数，此情况下不宜制热
E3	防冻结保护	制冷时室内外温度过低或蒸发器结霜	由室内外温度过低造成的，属正常保护；由阻碍通风造成的，应改善通风条件
E4	能力不足	制冷系统运行几分钟后，自动停机	检查冷媒是否过少
E5	室外环境温度传感器开路或断路	指示灯闪烁	检测环境温度传感器
E6	室内温度传感器开路或断路	指示灯闪烁	检测室内温度传感器
E8	压缩机过电流保护	开机后立即停机或运行过程中途停机，指示灯闪烁	检查用户电源；检测压缩机是否堵转

㉔ 海信新型 KFR-7206LW/D、KFR-7208LW/D 空调器故障代码含义如表 9-24 所示。

表 9-24 海信空调器故障代码含义（24）

故障代码	故障部位
E0	室内温度传感器异常
E1	室内盘管温度传感器异常
E2	室外盘管温度传感器异常
E3	压缩机低压保护及温度过高保护
E4	室外环境温度传感器
E5	过欠压保护
E6	防冻结保护
E7	防高温保护
E8	室外环境温度过低保护
E9	过电流保护

㉕ 海信新型 KFR-50LW/BP、KFR-60LW/BP、KFR-5001LW/BP、KFR-50LW/ABP 空调器故障代码含义如表 9-25 所示。

表 9-25　海信空调器故障代码含义（25）

故障代码	室内机故障	故障代码	室外机故障
1	室内温度传感器异常	17	室外环境传感器异常
2	热交换传感器异常	18	热交换温度传感器异常
3	热交换器冻结	19	压缩机过热
4	热交换器过热	21	IPM 模块过热
5	通信故障	22	过电流
6	瞬时停电	24	供电电压异常
		25	瞬时停电
		26	制冷室外冷凝器翅片过脏
		27	正在除霜
		28	IPM 模块保护
		29	E^2PROM 数据错误

㉖ 海信新型 KFR-12003LW 空调器故障代码含义如表 9-26 所示。

表 9-26　海信空调器故障代码含义（26）

故障代码	故障部位
E0	室内环境温度传感器异常
E1	室内盘管温度传感器异常
E2	室外盘管温度传感器异常
E3	压力保护
E4	压缩机过流保护

㉗ 海信新型 KFR-50LW/D、KFR-50LW/A 空调器故障代码含义如表 9-27 所示。

表 9-27　海信空调器故障代码含义（27）

指示灯代码	故障原因
1 号、3 号、10 号、12 号灯亮	能力不足保护
1 号、4 号、10 号、12 号灯亮	防冻结保护
1 号、5 号、10 号、12 号灯亮	防止高负荷保护
1 号、6 号、10 号、12 号灯亮	过电流保护
1 号、9 号、10 号、12 号灯亮	室内回风传感器损坏

㉘ 海信新型 KFR-4001GW/ZBP 直流变频空调器故障代码含义如表 9-28 所示。

表9-28 海信空调器故障代码含义（28）

故障代码	传送码	故障名称	检出内容	主要故障判定位置
1	1	四通阀动作不良	制冷系统有杂质，造成四通阀动作不良	四通阀内部尼龙滑块卡住
2	2	室外机强制运转中	室外机强制运转中或强制运转的平衡中	室外机的电控部件
3	3	室内外机通信不良	来自室外机的信号阻断时	①室内机接口电路； ②室外机接口电路
10	10	直流风扇电动机运转不正常	室内直流风扇电动机转速小于1 000r/min时	①室内风扇卡住； ②室内风扇电动机故障
13	13	E^2PROM故障	室内机E^2PROM读出的数据有误	E^2PROM
2	32	过电流	过电流时	①系统功率组件故障； ②压缩机故障； ③控制基板故障
3	33	低速运转	运转时无位置检出信号输入	①系统功率组件故障； ②压缩机故障； ③驱动电路故障； ④位置检测电路故障
4	34	切换失败	不能从低频同步起始位置向位置检出运转切换	①系统功率组件故障； ②压缩机故障； ③驱动电路故障； ④位置检测电路故障
5	35	过负载下限开路	过负载控制电路工作维持在最低转数以下	①室外机受到直射阳光的照射或周围有遮挡物故障； ②风扇电动机故障； ③风扇电动机电路故障
6	36	传感器温度上升	过热	①冷媒故障； ②压缩机故障； ③传感器故障
8	38	增速不良	增速不能大于最低转速	①压缩机故障； ②冷媒故障
13	43	E^2PROM读数不良	室外机E^2PROM读出的数据有误	E^2PROM
14	44	有源变压器不良	检测出系统功率组件过电流时	系统功率组件故障
15	45	错误输出	接入电源直流电压过高时	①控制基板故障； ②系统功率组件故障

㉙ 海信新型 KFR-2601GW/ZBP、KFR-28GW/ZBP 空调器故障代码含义如表 9-29 所示。

表 9-29　海信空调器故障代码含义（29）

显示灯				显示内容	备注
运行灯（绿 1）	待机灯（红）	高效灯（黄）	定时灯（绿 2）		
指示灯灭	指示灯亮	指示灯灭	指示灯灭	待机	一般显示
指示灯亮	指示灯灭	指示灯亮或灭	指示灯亮或灭	运行	
指示灯亮	指示灯灭	指示灯亮或灭	指示灯灭	高效	
指示灯亮	指示灯灭	指示灯亮或灭	指示灯亮	定时	
指示灯亮	指示灯灭	指示灯灭	指示灯亮或灭	化霜	一般保护
指示灯亮	指示灯亮	指示灯灭	指示灯灭	防冻结保护	
指示灯亮或灭	指示灯灭	指示灯灭	指示灯灭	室外温度过低保护	
指示灯亮	指示灯灭	指示灯灭	指示灯灭	睡眠	
指示灯亮	指示灯闪烁	指示灯闪烁	指示灯闪烁	排气温度过高保护	
指示灯亮	指示灯灭	指示灯灭	指示灯闪烁	防负载过重保护	
指示灯灭	指示灯闪烁	指示灯闪烁	指示灯闪烁	IPM 温度过高	故障显示
指示灯灭	指示灯闪烁	指示灯闪烁	指示灯灭	R22 泄漏（待定）	
指示灯灭	指示灯闪烁	指示灯灭	指示灯闪烁	室外管温传感器故障	
指示灯灭	指示灯闪烁	指示灯灭	指示灯闪烁	排气口温度传感器故障	
指示灯灭	指示灯闪烁	指示灯亮	指示灯亮	交流电压异常	
指示灯灭	指示灯闪烁	指示灯闪烁	指示灯灭	室外电流互感器故障	
指示灯灭	指示灯闪烁	指示灯闪烁	指示灯亮	室外过流故障	
指示灯灭	指示灯闪烁	指示灯亮	指示灯灭	室外温度传感器故障	
指示灯灭	指示灯亮	指示灯亮	指示灯闪烁	通信故障	
指示灯灭	指示灯亮	指示灯闪烁	指示灯亮	室内管温传感器故障	
指示灯灭	指示灯亮	指示灯闪烁	指示灯灭	室内温度传感器故障	
指示灯灭	指示灯亮	指示灯灭	指示灯闪烁	室内风机故障	
指示灯灭	指示灯亮	指示灯闪烁	指示灯亮	室内 E^2PROM 故障	
指示灯闪烁	指示灯亮	指示灯闪烁	指示灯亮	位置检测故障	
指示灯闪烁	指示灯闪烁	指示灯闪烁	指示灯闪烁	压缩机停转或启动异常	

故障出现时，运行灯闪烁（除了室外温度过低保护），待机灯亮，为室内机故障；待机灯闪烁，为室外机故障。

㉚ 海信新型 KFR-2601GW/ZBP、KFR-28GW/ZBP 室外机故障代码含义如表 9-30 所示。

表 9-30　海信空调器故障代码含义（30）

显示灯			显示内容
黄	绿	红	
指示灯闪烁	指示灯灭	指示灯灭	压缩机排气温度传感器故障
指示灯灭	指示灯闪烁	指示灯灭	室外盘管温度传感器故障
指示灯灭	指示灯灭	指示灯闪烁	室外温度传感器故障
指示灯闪烁	指示灯闪烁	指示灯灭	电流传感器故障

续表

显示灯			显示内容
黄	绿	红	
指示灯闪烁	指示灯灭	指示灯闪烁	制冷剂泄漏故障
指示灯灭	指示灯闪烁	指示灯闪烁	通信故障
指示灯闪烁	指示灯闪烁	指示灯闪烁	电流异常故障
指示灯亮	指示灯亮	指示灯闪烁	电压异常故障
指示灯灭	指示灯亮	指示灯亮	IPM 温度过高故障
指示灯亮	指示灯灭	指示灯灭	3min 启动保护故障
指示灯灭	指示灯亮	指示灯灭	5min 停止工作保护故障
指示灯灭	指示灯灭	指示灯亮	冷热转换保护故障
指示灯亮	指示灯灭	指示灯亮	排气口温度保护故障
指示灯亮	指示灯亮	指示灯亮	低温启动保护故障
指示灯亮	指示灯闪烁	指示灯灭	防冻结保护（制冷）、过负载保护（制热）故障
指示灯亮	指示灯灭	指示灯闪烁	除霜保护故障

㉛ 海信新型 KFR-28GW/BP×2、KFR-2801GW/BP×2 空调器故障代码含义如表 9-31 所示。

表 9-31　海信空调器故障代码含义（31）

显示灯				故障名称	故障原因
运行灯	待机灯	定时灯	高效灯		
室内机故障					
指示灯闪烁	指示灯灭	指示灯灭	指示灯灭	室内环境温度传感器异常	热敏电阻短路或开路
指示灯灭	指示灯闪烁	指示灯灭	指示灯灭	热交换温度传感器异常	热敏电阻短路或开路
指示灯闪烁	指示灯闪烁	指示灯灭	指示灯灭	热交换器冻结	
指示灯灭	指示灯灭	指示灯闪烁	指示灯灭	热交换器过热	
指示灯闪烁	指示灯灭	指示灯闪烁	指示灯灭	通信故障	
指示灯灭	指示灯灭	指示灯灭	指示灯闪烁	室内风机故障	
室外机故障					
指示灯亮	指示灯灭	指示灯灭	指示灯灭	室外环境温度传感器异常	热敏电阻短路或开路
指示灯灭	指示灯亮	指示灯灭	指示灯灭	室外热交换传感器异常	热敏电阻短路或开路
指示灯亮	指示灯亮	指示灯灭	指示灯灭	压缩机过热	热敏电阻短路或开路
指示灯灭	指示灯灭	指示灯亮	指示灯灭	室外细管 A 温度传感器故障	热敏电阻短路或开路
指示灯灭	指示灯灭	指示灯亮	指示灯灭	室外细管 B 温度传感器故障	热敏电阻短路或开路
指示灯灭	指示灯亮	指示灯亮	指示灯灭	过电流	室外机电流过大
指示灯亮	指示灯亮	指示灯亮	指示灯灭	无负载	没接压缩机或模块保护
指示灯灭	指示灯灭	指示灯灭	指示灯亮	供电电压异常	电源电压过高或过低
指示灯亮	指示灯灭	指示灯灭	指示灯亮	瞬时停电	
指示灯灭	指示灯灭	指示灯亮	指示灯亮	IPM 模块保护	
指示灯亮	指示灯灭	指示灯亮	指示灯亮	室外 E^2PROM 数据错误	
指示灯灭	指示灯亮	指示灯亮	指示灯亮	室外回气温度传感器故障	

㉜ 海信新型室外机故障显示灯为 SRV1、SRV2、SRV3。当压缩机由于故障停止运行时，故障显示灯进行故障报警；当压缩机处于运转状态时，故障显示灯显示室外机故障代码。其含义如表 9-32 所示。

表 9-32　海信空调器故障代码含义（32）

故障显示			故障名称
SRV3	SRV2	SRV1	
指示灯亮	指示灯灭	指示灯灭	室外环境温度传感器异常
指示灯灭	指示灯亮	指示灯灭	室外热交换传感器异常
指示灯亮	指示灯亮	指示灯灭	压缩机过热
指示灯灭	指示灯灭	指示灯亮	室外细管 A 温度传感器故障
指示灯亮	指示灯灭	指示灯亮	室外细管 B 温度传感器故障
指示灯灭	指示灯亮	指示灯亮	过电流故障
指示灯亮	指示灯亮	指示灯亮	无负载故障
指示灯闪烁	指示灯灭	指示灯灭	供电电压异常故障
指示灯灭	指示灯闪烁	指示灯灭	瞬时停电故障
指示灯闪烁	指示灯闪烁	指示灯灭	制冷室外冷凝器翅片过脏
指示灯灭	指示灯灭	指示灯闪烁	正在除霜故障
指示灯闪烁	指示灯灭	指示灯闪烁	IPM 模块保护故障
指示灯灭	指示灯闪烁	指示灯闪烁	室外 E^2PROM 数据错误故障
指示灯闪烁	指示灯闪烁	指示灯闪烁	室外回气温度传感器故障

㉝ 海信新型 KFR-2601GW/BP×2 空调器故障代码含义如表 9-33 所示。

当运行出现故障时，空调器将停止运行，然后显示故障内容。若要重现故障内容，可按"传感器切换"按钮将遥控器设定为"本体控温"，再设为"遥控器控温"。

表 9-33　海信空调器故障代码含义（33）

故障代码	故障名称	故障部位
室内机故障		
1	室内环境温度传感器异常	热敏电阻短路或开路
2	热交换温度传感器异常	热敏电阻短路或开路
3	热交换器冻结	
4	热交换器过热	
5	通信故障	
8	室内风机故障	
室外机故障		
1	室外环境温度传感器异常	热敏电阻短路或开路
2	室外热交换传感器异常	热敏电阻短路或开路
3	压缩机过热	热敏电阻短路或开路，或压缩机过热
4	室外细管 A 温度传感器故障	热敏电阻短路或开路
5	室外细管 B 温度传感器故障	热敏电阻短路或开路
6	过电流	室外机电流过大
7	无负载	没接压缩机或模块保护

续表

故障代码	故障名称	故障部位
8	供电电压异常	电源电压过高或过低
9	瞬时停电	
10	制冷室外冷凝器翅片过脏	
11	正在除霜	
12	IPM 模块保护	
13	室外 E^2PROM 数据错误	
14	室外回气温度传感器故障	
15	IPM 模块保护	

㉞ 海信新型 KFR-25GW BP×2 空调器故障代码含义如表 9-34 所示。

表 9-34 海信空调器故障代码含义（34）

定时灯	待机灯	运行灯	故障内容
室内机故障			
指示灯闪烁	指示灯灭	指示灯灭	室内风机故障
指示灯灭	指示灯闪烁	指示灯灭	室内环境温度传感器异常
指示灯灭	指示灯灭	指示灯闪烁	室内盘管温度传感器异常
指示灯闪烁	指示灯闪烁	指示灯灭	开关板
指示灯闪烁	指示灯灭	指示灯闪烁	通信故障
指示灯亮	指示灯灭	指示灯灭	压缩机传感器
指示灯灭	指示灯亮	指示灯灭	室外盘管温度传感器
指示灯灭	指示灯灭	指示灯亮	室外环境温度传感器
指示灯亮	指示灯亮	指示灯灭	过流
指示灯亮	指示灯灭	指示灯亮	IPM 模块故障
指示灯灭	指示灯亮	指示灯亮	压缩机过热故障
指示灯亮	指示灯亮	指示灯亮	欠压故障
指示灯亮	指示灯闪烁	指示灯灭	过压故障
室外机故障			
指示灯亮	指示灯亮	指示灯灭	热保护故障
指示灯灭	指示灯亮	指示灯亮	欠压故障
指示灯灭	指示灯灭	指示灯闪烁	排气口传感器故障
指示灯闪烁	指示灯灭	指示灯闪烁	盘管温度传感器故障
指示灯灭	指示灯闪烁	指示灯闪烁	室外环境温度传感器故障
指示灯闪烁	指示灯闪烁	指示灯闪烁	过流故障
指示灯灭	指示灯亮	指示灯灭	IPM 保护故障
指示灯闪烁	指示灯亮	指示灯闪烁	过压故障
指示灯亮	指示灯灭	指示灯灭	1 号通信故障
指示灯亮	指示灯灭	指示灯亮	2 号通信故障

㉟ 海信新型 KFR-6601LW/D 柜式空调器故障代码含义如表 9-35 所示。

表 9-35　海信空调器故障代码含义（35）

现　　象	故 障 原 因	解 决 方 法
1～7 灯亮 冷冻保护装置动作/高负荷保护	① 风路短路循环； ② 空气过滤网堵塞； ③ 室内风机有毛病； ④ 室内管温度热敏电阻值参数改变	除掉遮蔽障碍物； 检查空气滤网； 检查室内风机； 检查室内管温度热敏电阻
1～8 灯亮 室外保护装置动作	① 检测出反相； ② 过电流动作； ③ 高气压保护； ④ 低气压保护； ⑤ 检测室内板元件漏电，方法是将室内信号线断开看故障能否消失； ⑥ 检测室内板到室外板的信号线漏电	调整相位； 检查制冷系统； 添加制冷剂； 检查压缩机； 换室内板； 重新将接线头错位包扎； 检查信号线与其他线之间的绝缘电阻值
1～10 灯亮 吸气传感器不正常	① 接插件接触不良； ② 室内管温度热敏电阻不良	检查接插件； 检查室内管温度热敏电阻（若没有问题，更换室内机控制器板）； 将传感器插到位
1～12 灯亮 室外机组不正常	① 室内机组电线连接错误； ② 室外机组故障； ③ 管道传感器不良	检查配线部分； 更换管道传感器； 检查压缩机室外风扇、交流接触器和添加制冷剂

㊱ 海信新型 KFR-7001LW/BP 柜式空调器室内机故障代码含义如表 9-36 所示。连续按“传感器切换”按钮两次，显示故障代码如下。

表 9-36　海信空调器故障代码含义（36）

故 障 代 码	故 障 名 称	故 障 代 码	故 障 名 称
0	无故障	13	压缩机排气温度过高保护
1	室外盘管温度传感器故障	14	室外环境温度传感器故障
2	压缩机温度传感器故障	15	压缩机体温保护
4	电流互感器故障	20	线控器与室内通信故障
5	IPM 模块保护	33	室内温度传感器故障
6	过、欠电压保护	34	室内盘管传感器故障
8	电流过载保护	36	室内外通信故障
9	最大电流保护	38	室内 E^2PROM 故障
11	室外 E^2PROM 故障		

室内机 LED 故障指示（开机状况下）如表 9-37 所示。

表 9-37　海信空调器故障代码含义（37）

故障代码	电 源 灯	运 行 灯	高 效 灯	故障代码	电 源 灯	运 行 灯	高 效 灯
0	无故障（正常）	无故障（正常）	无故障（正常）	20	VFD 报错	VFD 报错	VFD 报错
1	闪烁	亮	亮	33	亮	闪烁	闪烁
2	闪烁	亮	灭	34	灭	闪烁	闪烁
4	亮	闪烁	亮	36	闪烁	亮	闪烁
5	亮	闪烁	灭	37	闪烁	灭	闪烁
6	灭	闪烁	灭	38	灭	亮	闪烁
8	亮	灭	闪烁				
9	灭	灭	闪烁				
11	闪烁	灭	灭				
13	闪烁	灭	亮				
14	亮	亮	闪烁				
15	灭	闪烁	亮				

在压缩机停止运转时，室外机 LED 显示的故障内容如表 9-38 所示。

表 9-38　海信空调器故障代码含义（38）

故 障 代 码	LED1	LED2	LED3	故 障 内 容
1	灭	灭	灭	正常
2	灭	灭	亮	室内温度传感器短路、开路或相应检测电路故障
3	灭	亮	灭	室内热交换温度传感器短路、开路或相应检测电路故障
4	亮	灭	灭	压缩机温度传感器短路、开路或相应检测电路故障
5	亮	灭	亮	室外热交换温度传感器短路、开路或相应检测电路故障
6	亮	亮	灭	室外温度传感器短路、开路或相应检测电路故障
7	闪	亮	灭	CT（互感线圈）短路、开路或相应检测电路故障
8	闪	灭	亮	室外变压器短路、开路或相应检测电路故障
9	灭	灭	闪	信号通信异常（室内至室外）
10	灭	闪	灭	功率模块（IPM）保护
11	亮	闪	亮	最大电流保护
12	亮	闪	灭	电流过载保护
13	灭	闪	亮	压缩机排气温度过高
14	亮	亮	闪	过、欠电压保护
15	亮	闪	闪	室外环境温度保护（仅限于 KFR-2820GW/BP）
16	灭	亮	亮	四通阀切换异常（暂时未用）
17	闪	亮	亮	制冷剂泄漏（暂时未用）
18	灭	亮	闪	压缩机壳体温度过高
19	亮	亮	亮	室外 E^2PROM 故障
20	灭	闪	闪	室内风扇电动机异常（仅由室内机显示）

压缩机运行状态指示。在压缩机运转状态下，室外机控制板上的 3 个 LED 指示压缩机当前的运行频率受限制的原因如表 9-39 所示。

表 9-39 海信空调器故障代码含义（39）

故障代码	LED1	LED2	LED3	压缩机当前运行频率所受的限制原因
1	闪	闪	闪	正常升降频，没有任何反应
2	灭	灭	亮	过电流引起的降频或禁升频
3	灭	亮	亮	制冷防冻结或制热防过载引起的降频或禁升频
4	亮	灭	亮	压缩机排气温度过高引起的降频或禁升频
5	灭	亮	灭	电源电压过低的最高运行频率限制
6	亮	亮	亮	定频运行（当能力测定或强制定频运行时）

9.2 海尔空调器故障代码含义

① 海尔 KFR-26GW/（JF）、KFR-26GW（JD）、KFR-36GW/B（JF）、KFR-36GW/（JF）空调器故障代码含义如表 9-40 所示。

表 9-40 海尔空调器故障代码含义（1）

室内机显示面板灭	警报表示时期	被认为是故障的零件	检查方法（复位用无线遥控器的运转/停止开关）	维修方法
室内外机不运转		① 无电源；	① 确认室内机端子排 1～2 间的电压； ② 确认室外机端子排的电压	① 检查室内外机的接线排、电源线、连机线有无松动现象，用万用表或兆欧表检测绝缘电阻值是否大于 2MΩ（湿度较大地区应大于 1.9MΩ）； ② 用肥皂水检漏仪对各接口处进行检漏，以 5min 不产生气泡为准； ③ 检查室内外机各部件的运转状况，观察有无产生异常噪声的部位； ④ 用压力表检测空调器的运转压力，检测系统内是否缺少制冷剂； ⑤ 对室内机进行排水检查，观察水管排水是否顺畅； ⑥ 用温度表检测进、出风的温差是否在标准范围以内，出风 12℃，进风 12℃； ⑦ 检查室内机过滤网、空气滤清器是否脏堵，按技术要求检查； ⑧ 更换室内外机电气元件时，应同时检查其他元器件插头有无松动、烧焦等，对有故障隐患的部件果断维修
		② 遥控器无电池或不亮；	应急运转（试机观察）	
		③ 遥控器接收板；	应急运转	
		④ 保险熔丝管断；	用电表确认保险丝是否导通	
		⑤ 变压器；	确认变压器的绕组电阻值	
		⑥ 室内机板	用电表确认异常	
E1	启动报警开关同时表示	热敏电阻断路、短路或接触不良：① 室内环境温度传感器；	检查传感器电阻值	
E2		② 室内热交换温度传感器；		
F21		③ 除霜温度传感器异常		
E4		单片机读入 E^2PROM 数据有错误	① E^2PROM 错； ② 单片机	
E8		面板和室内机间通信故障	① 室内机面板坏； ② 室内机主控板坏； ③ 面板与室内机主控板连接线断路，接触不良	
E14		室内风机故障	① 风机供电电压检查确认； ② 风机电动机绕组	
E16		离子集尘故障	① 离子集尘器灰多，清除灰尘； ② 灰多且在室内机运转，负离子工作的前提下打开进风栅时	
E24		CT 电流互感器断电保护	① 电路板 CT 电流互感器线圈不良，更换电路板； ② 压缩机未启动，压缩机电流小，漏气	

② 海尔KF（Rd）-52LW/JXF、KF（Rd）62LW/F、KF（Rd）71LW/SF、KFR-71LW/JXF1柜式空调器故障代码含义如表9-41所示。

表9-41 海尔空调器故障代码含义（2）

序 号	故障代码	故障原因	维修方法
1	E1	室温传感器故障	变频空调器充制冷剂方法：在充加制冷剂时，控制开关要放在试运行状态，或者通过设定温度的方式，使变频压缩机工作于50Hz状态下，此时按量加入制冷剂，低压侧的正确压力与普通空调器相近。如果变频空调器工作进入高速或低速状态，则加制冷剂时，低压侧的压力不易正确掌握
2	E2	室内盘管温度传感器故障	
3	E3	室外环境温度传感器故障	
4	E4	室外盘管温度传感器故障	
5	E5	过电流保护	
6	E6	管路压力保护	
7	E7	室外低电压保护	
8	E8	面板与主板通信故障	
9	E9	室内外通信故障	

③ 三菱重工海尔柜机系列故障代码含义如表9-42所示。

表9-42 海尔空调器故障代码含义（3）

故障现象		故障原因	检查部位
检测灯（黄色）（无线机）	面板显示（有线机）		
	E1	面板与室内主板通信故障	面板、内板、面板与内板连线、噪声干扰
闪1	E6	室内热传感器故障	传感器阻值、内板传感器电路
闪2	E7	室内热交换传感器故障	传感器阻值、内板传感器电路
闪4	E9,E40	室外机异常	电压是否偏低，管路压力是否过高，高压开关是否动作
闪5	E57	制冷剂不足	检测管路压力
闪6	E8	室外机过负荷保护	安装管内填充制冷剂过多，造成短路循环
	E28	控制面板上SW13-6设备错误	将SW13-6设置为OFF

④ 海尔三菱重工KX系列柜式空调器故障代码含义如表9-43所示。

表9-43 海尔空调器故障代码含义（4）

线控器故障代码	室内机LED		室外机LED		原 因
	绿	红	绿	红	
无显示	保护闪亮	灯灭	保护闪亮	灯灭	正常
	灯灭	灯灭	灯灭	灯灭	电源OFF，欠相，电源故障
	保护闪亮	闪亮三次	保护闪亮	灯灭	线控器X线和Y线连接错误，电源ON时线路断开（X线损坏会有一声“嘟”，无显示。Z线损坏，无“嘟”声，无显示）

续表

线控器故障代码	室内机 LED		室外机 LED		原　因
	绿	红	绿	红	
	灯灭或不断点亮	灯灭或不断点亮	保护闪亮	灯灭	室内机印制电路板故障
E1	保护闪亮	灯灭	保护闪亮	灯灭	线控器的线连接到端子台 A 和 B，室内外信号线连接成环状，室内机微电脑故障
	保护闪亮	闪亮三次	保护闪亮	灯灭	线控器 Y 线断开，线控器 X 线连接错误（LED 每秒闪动两次），有两个线控器，如电源 ON 时出现断线，LED 会 OFF
E2	保护闪亮	闪亮一次	保护闪亮	灯灭	室内机位置编号重复，多于 49 部室内机被连接
E3	保护闪亮	闪亮一次	保护闪亮	灯灭	室外机电源 OFF（只可于运转时被查出）
	保护闪亮	闪亮二次	灯灭	灯灭	对应的室外机位置编号无（只可于运转时被查出）
	保护闪亮	闪亮二次	保护闪亮	点亮或灭	室外印制电器板故障，CPU 损坏
E5	保护闪亮	闪亮二次	不定	灯灭	室内外传送故障。A 线和 B 线在电源 ON 后调换位置
	保护闪亮	闪亮二次	保护闪亮	灯灭	室外机电源故障（室内机与室外机采用不同的电源）
	保护闪亮	闪亮二次	灯灭	灯灭	室外机微电脑故障
E6	保护闪亮	闪亮二次	灯灭或不断点亮	灯灭	室内机热交换器的温度传感器故障
E7	保护闪亮	闪亮二次	保护闪亮	点亮或灭	室内机吸入温度传感器故障
E9	保护闪亮	闪亮二次	保护闪亮	灯灭	浮子开关动作
E10	保护闪亮	闪亮一次	保护闪亮	灯灭	用线控器进行数台控制，机器数量太多（17 台以上）
E11	保护闪亮	闪亮一次	保护闪亮	灯灭	用多个线控器进行线控器地址设定
E12	保护闪亮	闪亮一次	保护闪亮	灯灭	位置编号组合错误或位置以下列组合执行： 室外编号 / 室内编号 0～47 / 48，79
E28	保护闪亮	灯灭	保护闪亮	保护闪亮	线控器上的温度传感器故障

⑤ 线控器故障代码含义如表 9-44 所示。

表 9-44　海尔空调器故障代码含义（5）

线控器故障代码	室内机 LED		室外机 LED		原　因
	绿	红	主　机	子　机	
E31	保护闪亮	灯灭	闪亮 1 次	闪亮 8 次	设定室内机的外机号为子机的机号
E32	保护闪亮	灯灭	闪亮 1 次	闪亮 2 次	室外机地址重复
E33	保护闪亮	灯灭	*1	闪亮 1 次	反相，52C 一次侧 T 相欠相
E34	保护闪亮	灯灭	*1	闪亮 1 次	压缩机过电流异常

续表

线控器故障代码	室内机LED		室外机LED		原　因
	绿	红	主　机	子　机	
E36	保护闪亮	灯灭	*1	闪亮2次	52C二次侧T相欠相
E37	保护闪亮	灯灭	闪亮1次	闪亮5次	排气温度异常
E38	保护闪亮	灯灭	闪亮1次	闪亮	热交换温度传感器断线
E39	保护闪亮	灯灭	*1	闪亮	室外温度传感器断线
E40	保护闪亮	灯灭	闪亮1次	闪亮	排气温度传感器断线
E41	保护闪亮	灯灭	闪亮1次	闪亮3次	63H1动作，49C动作
E42	保护闪亮	灯灭	闪亮1次		功率晶体管过热
E43	保护闪亮	灯灭	闪亮1次		压缩机连接台数超出规定
	保护闪亮	灯灭	闪亮1次		室内机连接台数超出规定
	保护闪亮	灯灭	闪亮1次		超出后备运转的范围
E45	保护闪亮	灯灭	闪亮1次		变频器、室外机间传送异常
E46	保护闪亮	灯灭	灯灭		在同一系统中混用自动地址、手动地址设定和线控器地址设定
E61	保护闪亮	灯灭	闪亮1次		主机、子机间通信异常
E62	保护闪亮	灯灭	闪亮1次	闪亮5次	子机地址设定不当

注：① 室外机LED绿为保护闪亮。

② 在*1情况下，如压缩机（CM1）发生异常，LED闪亮1次；如压缩机（CM2）发生异常，LED闪亮2次。

通电显示一览表如表9-45所示。

表9-45　海尔空调器故障代码含义（6）

区　分	显示部分	显　示	显示内容
线控器	电源显示	LCD	通话时：通常显示回气温度及中央/遥控（CENTER/REMOTE）
	故障代码	LCD	故障时：显示E1~E62或空白，根据故障不同而不同
	检查显示	红色-LED	故障：不断闪亮（表示发生故障）
室内/室外基板	正常显示	绿色-LED	通电时（正常）：不断闪亮 故障时：OFF或一直亮或不规则点亮
	故障显示	红色-LED	故障时：对于室内机，会根据故障不同而有1～3/5s的不断闪亮，不规则点亮或关闭 故障时：对于室外机，会根据故障不同而有1～9/10s的不断闪亮，不规则点亮或关闭
变频器基板	正常显示	绿色-LED	通电时（正常）：不断闪亮 异常时：OFF或一直不亮或不规则点亮
	故障显示	红色LD3	故障时：电源切断时灯亮（保持3min）
		红色LD4	故障时：室外机与变频器间传送故障时灯亮

⑥ 海尔KR-XXN、KR-XXN/B、N/D KRS-N系列空调器故障代码含义如表9-46所示。

表9-46 海尔空调器故障代码含义（7）

代码	故障部位	代码	故障部位
室内机故障		室外机故障	
E1	环境温度传感器故障	E0	水满故障
E2	粗管温度传感器短路或开路	E1	室外机故障
E3	与室外机通信故障	E2	细管温度传感器短路或开路
E4	与电子膨胀阀驱动板通信异常	E3	粗管温度传感器短路或开路
E5	室内机846芯片与通信的808芯片通信故障	E5	室内机846芯片与通信的808芯片通信故障
E6	细管温度传感器短路或开路	E6	E^2PROM故障
E7	线控器与室内板通信异常	E7	电子膨胀阀驱动板通信异常
E8	水满故障	E8	水温传感器故障（双热源内机）
E9	室外机故障	E9	室外机通信故障

⑦ 海尔KFR-26GW/BPF、KFR-28GW/BPF、KFR-40GW/BPF、KFR-28GW/BPA KFR-40GW/ABPF、KFR-28GW/DBPF、KFR-36GW/DBPF、KFR-25GW*2/BP、KFR-30GW*2/BPKF、KFR-32GW/AF、KFR40G/FW、KFR-32GW/AE分体变频机故障代码含义如表9-47所示。

表9-47 海尔空调器故障代码含义（8）

室内机显示灯			故障部位		检查方法		备注
电源灯	定时灯	运转灯					
闪	灭	灭	热敏电阻断路、开通或接线柱插入不良	室内环境温度传感器	检查电阻值		
闪	亮	亮		室内热交换传感器			只适用于一拖一机型
亮	亮	闪		室外除霜传感器			
闪	亮	灭		压缩机排气温度传感器			
亮	闪	灭		室外环境温度传感器			
闪	灭	亮	热敏电阻断路、不通或接线柱插入不良	室外热敏电阻异常	检查室外机控制基板的警报确认灯（黄），通过闪烁的次数确定哪个热敏电阻不良		只适用于一拖二机型
					闪1次	气体管温传感器A	
					闪2次	气体管温传感器B	
					闪3次	除霜传感器	
					闪4次	室外环境温度传感器	
					闪5次	蒸发传感器	
					闪6次	压力排气温度传感器	
闪	灭	亮	压缩机运转异常	高负荷强制运转	安装情况，风机转动检查		只适用于一拖一机型
				电源电压太低	检查电源电压		
				短路循环	室内机是否短路循环，是否过填充		
				控制基板或压缩机功率模块；压缩机抱轴	检查零件是否破损或接触不良，拔下功率模块的U,V,W导线，测量三相间的电压是否相等		

续表

室内机显示灯			故障部位		检查方法	备注
电源灯	定时灯	运转灯				
闪	闪	亮	DC电流检知 过电流保护动作 功率模块温度过高保护 功率模块低电压检知	同上	同上	
闪	闪	灭	过电流保护动作AC电流检知	电源瞬时停止，电压太低，压缩机抱轴	检查安装情况，检查填充量是否过大	
闪	闪	闪	制热时，蒸发器温度上升（68℃以上）或室内机风量小	过滤网堵塞	目视检查	
				热敏电阻异常	检查电阻值	
				室内机控制基板	内板的室内风机端子处无电压	
				室内风机	检查零件是否破损，是否接触不良	
闪	灭	闪	CT断线保护	CT线圈	检查CT线圈是否导通	
亮	闪	亮	功率模块异常	功率模块控制信号接收不良	检查连线是否接触不良	
灭	灭	闪	通信异常	连机线误配，接触不良	检查误配线，检查是否接触不良	
				室外机附近有噪声	检查室外机附近是否有高频率机器	
灭	闪	灭	排气管温度超过120℃	漏气	检查泄漏点（用试运转或应急运转固定压缩机频率数测定压力，根据压力判断）	
				排气管热敏电阻异常	检查电阻值	
灭	闪	灭	电压不足	电源容量不足	检查专用回路、配线粗度	
				电源瞬时停止	再运转以确认动作	
灭	亮	闪	控制基板异常	室内控制基板	通电15s后报警为内板故障	只适用于KFR-28,36GW/DBPF
				室外控制基板	遥控开机20s后报警为外板故障	
灭	亮	闪	单片机读入E^2PROM数据错误	室内机E^2PROM异常	重新上电观察是否正常	
闪	亮	闪		室外机E^2PROM异常	重新上电观察是否正常	

⑧ 海尔KFR-36GW/B（BPE）、KFR-36GW/BPJF、KFR-28GW/BPJF变频空调器故障代码含义如表9-48所示。

表 9-48　海尔空调器故障代码含义（9）

室内机显示面板	报警显示时间	故障部位		检查方法
E1	启动报警开关同时表示	热敏电阻断路或接线端子不良	① 室内环境温度传感器	检查电阻值
E2			② 室内热交换温度传感器	
E21			③ 室外除霜传感器	
E25			④ 室外排气温度传感器	
E6			⑤ 室外环境温度传感器	
E3				
E07 运转开始 20s 后（通电后约 2min）	异常发生时，运转表示转换为报警表示	通信异常	① 室内外连线误配或接触不良	检查误配线，检查是否接触不良
			② 室外机附近有大的干扰源	室外机附近有高频率机器，如发电动机、无线电动机等
			③ 室外机保险丝烧坏	确认室外机保险丝导通
F24		CT 断线	① CT 不良	更换室外基板
			② 漏气	压缩机频率固定在 58Hz 测定压力，根据运转特性表判断
F4	由于异常，会一度停止运转，电源灯亮。3～20min 后再启动，异常再发生，有报警表示	排气温度超过 120℃，排气管温度保护（除霜温度传感器不良）	① 漏气	检查泄漏点（在冷媒泄漏状态排气温度上升时），压缩机频率固定在 58Hz 测压力，根据运转特性表判断
压缩机启动 30～40min 后，室内外机都停止			② 二通阀或三通阀未开	确认阀体打开
			③ 配管断裂	目视检查配管是否断裂
			④ 排气温度传感器异常	检查电阻值
F22		过电流保护 AC 电流检知	① 高负荷（填充量过大时）强制运转	检查安装情况（室内外机是否短路循环），检查填充量是否过大
			② 电源瞬时停电（雷击时）	再次运转确认
			③ 电源电压过低	确认电源电压大于 150V
F23		过电流保护 DC 电流运转	① 高负荷（填充量过大时）强制运转	检查安装情况（室内外机是否短路循环），检查填充量是否过大
			② 功率模块不良	拔下 U、V、W 导线，测量三相间的电压（AC 0～160V）
			③ 电源电压过低	确认电源电压大于 150V
			④ 室外机基板	用电表确认异常

续表

室内机显示面板	报警显示时间	故障部位		检查方法
E9		制热时，蒸发器温度上升（68℃以上），或室内电动机运转但风量小	① 过滤网堵塞	目视检查
			② 热交换温度传感器异常	检查电阻值
			③ 室内机基板	确认风机输出端子有无电压
			④ 室内电阻	检查电动机是否破损，是否接触不良
F11		压缩机运转异常	① 高负荷（填充量过大时）强制运转	检查安装情况（室内外机是否短路循环），检查填充量是否过大
			② 室外机基板	部件破损或接触不良
			③ 电源电压过低	确认电源电压大于150V
			④ 功率模块不良	拔下U、V、W导线，测量三相间的电压（200～160V）
			⑤ 压缩机销住	对压缩机进行检查
		功率模块异常	压缩机功率模块控制信号线接触不良	检查连接是否接触不良
E8	通电后20s	面板主板通电无异常	① 主板电源不良	检查是否有干扰电源
			② 高压集尘板打火	检查高压集尘板是否打火

⑨ 海尔KFR-40GW/ADBPJF1系列机型空调器故障代码含义如表9-49所示。

表9-49　海尔空调器故障代码含义（10）

室内机显示面板	报警表示时间	故障部位		检查方法（复位用无线遥控器的运转/停止开关）
室内外机不运转		① 无电源		确认室内机端子排1～2间的电压，确认室外机端子排的电压
		② 遥控器无电池或不亮		应急运转（试机观察）
		③ 遥控器接收板		应急运转
		④ 保险熔丝管断		用万用表确认保险丝导通
		⑤ 变压器		确认变压器的绕组电阻值
		⑥ 室内机基板		用万用表确认异常
E1	启动报警开关同时表示	热敏电阻断路、短路或接触不良	室内环境温度传感器	检查传感器电阻值
E2			室内热交换温度传感器	
F21			除霜温度传感器异常	
E4			单片机读入E^2PROM数据有错误	E^2PROM错
				单片机
E8			面板和室内机间通信故障	室内机面板坏
				室内机主控板坏
				面板与室内机主控板连接线断路或接触不良

续表

室内机显示面板	报警表示时间	故障部位		检查方法（复位用无线遥控器的运转/停止开关）
E14			室内机故障	检查风机供电电压是否过低
				风机电动机绕组
E16			离子集尘板故障	离子集尘器灰尘多，清除灰尘
				灰尘多且在室内机运转，负离子工作的前提下打开风栅时
E24			CT 电流互感器断电保护	电路板 CT 电流互感器线圈不良，更换电路板
				压缩机未启动，压缩机电流小，漏气

⑩ 海尔 KFR-60LW/BP 柜式空调器故障代码含义如表 9-50 所示。

表 9-50　海尔空调器故障代码含义（11）

故障代码	故障部位	故障名称	故障原因	LED1		LED2		备注
				状态	次数	状态	次数	
E1	室温传感器故障							室内机故障
E2	室外盘管温度传感器故障	室温传感器故障	短路/断路	闪	1	灭		
E3	室外环境温度传感器故障	室内盘管温度传感器故障	短路/断路	闪	2	灭		
E4	室外盘管温度传感器故障	制热过载	管温大于 72℃	闪	4	灭		
E5	过电流保护	制冷结冰	管温小于−2℃	闪	5	灭		
E6	管路压力保护	通信故障	通信回路故障	闪	7	灭		
E7	室外低电压保护	风机故障	风机无霍尔反信号	闪	8	灭		
E8	面板与主板通信故障	模块故障	模块过热、过流、短路	灭		闪	1	室外机故障
E9	室内外通信故障	无负载	电流传感器故障或压缩机未启动	灭		闪	2	
		压缩机过热	压缩机温度大于 120℃	灭		闪	4	
		总电流过流	电流大于 17A	灭		闪	5	
		室外环境温度传感器故障	短路/断路	灭		闪	6	
		室外热交换传感器故障	短路/断路	灭		闪	7	
		单片机 ROM 坏	ROM 坏	灭		闪	8	
		电源过压保护	电压大于 270V	灭		闪	10	
		制冷过载	室外热交换温度大于 72℃	灭		闪	12	
		E^2PROM 错	E^2PROM 坏	灭		闪	14	

⑪ 海尔 KFR-35GW/BPF、KFR-36GW/BPF、50GW/BPF、KFR-35GW/ABPF、KFR-36GW/BP、

KFR-36GW/ABPF、 KFR-50LW/BP、KFR-50LW/BPF 空调器故障代码含义如表 9-51 所示。

表 9-51 海尔空调器故障代码含义（12）

序号	故障现象	故障原因	检查范围	备注
1	定时灯闪烁 1 次	功率模块过热、过流、短路	① 功率模块； ② 压缩机； ③ 室外机受高频干扰	室外机故障
2	定时灯闪烁 2 次	电流传感器感应电流太小	① 电流传感器断线； ② 传感器电路	
3	定时灯闪烁 4 次	制热时压缩机温度传感器温度超过 120℃保护	① 制冷剂充填过多； ② 压缩机温度传感器； ③ 连机管被压扁	
4	定时灯闪烁 5 次	过电流保护	① 制冷剂充填过多； ② 电源电压低； ③ 电流传感器电路	
5	定时灯闪烁 6 次	室外环境温度传感器故障	① 传感器； ② 传感器插座接触不良； ③ 传感器电路	
6	定时灯闪烁 7 次	室外热交换传感器故障	同上	
7	定时灯闪烁 10 次	电流超欠压	① 电源； ② 电源电压检测电路	
8	定时灯闪烁 11 次	瞬时断电保护	停机 3min 后自动恢复	
9	定时灯闪烁 12 次	制冷时室外热交换传感器温度超过 70℃保护	① 室外风机； ② 室外热交换器脏； ③ 室外热交换传感器； ④ 传感器电路	
10	定时灯闪烁 14 次	单片机读入 E^2PROM 数据有错误	① E^2PROM； ② 单片机	
11	定时灯闪烁 15 次	瞬时断电时单片机复位	停机 3min 自动恢复	
12	电源灯闪烁 1 次	室内温度传感器故障	同上	室内机故障
13	电源灯闪烁 2 次	室内热交换传感器故障	同上	
14	电源灯闪烁 4 次	制热时室内热交换传感器温度超过 72℃保护	① 室内风机风量小； ② 过滤网堵塞； ③ 室内热交换传感器； ④ 传感器电路	
15	电源灯闪烁 5 次	制冷时室内热交换传感器温度低于 0℃保护	① 室内外温度低； ② 室内风机风量小； ③ 传感器电路	
16	电源灯闪烁 6 次	瞬间断电时单片机复位	停机 3min 后自动恢复	
17	电源灯闪烁 7 次	通信回路故障	① 通信回路接线； ② 电脑板故障； ③ 外界电磁干扰	
18	电源灯闪烁 8 次	室内风机故障	① 电动机故障； ② 电动机接插件	
19	电源灯闪烁 9 次	瞬间断电保护	停机 3min 后自动恢复	

⑫ 海尔 KFR- 60LW/BPJXF、KFR-52LW/BPJF 柜式变频空调器故障代码含义如表 9-52 所示。

表 9-52　海尔空调器故障代码含义（13）

代码	故障原因	备注
E1	功率模块过热、过流、短路	室外机故障
E2	电流互感器感应电流太小	
E4	制热时压缩机温度传感器温度超过120℃	
E5	过电流保护	
E6	室外温度传感器故障	
E7	室外管温传感器故障	
E8	单片机 ROM 坏	
E10 (Ea)	电源超欠压	
E12 (Ec)	制冷时室外热交换传感器温度超过70℃保护	
E14	单片机读入 E^2PROM 数据有错误	
E1	室温传感器故障	室内机故障
E2	室内盘管温度传感器故障	
E4	制热时室内盘管温度传感器超过72℃保护	
E5	制冷时室内盘管温度传感器低于0℃保护	
E7	室内主板与控制板通信故障	

代码	故障名称	故障原因	LED1		LED2		备注
			状态	次数	状态	次数	
F1	室温传感器故障	短路/断路	闪亮	1	灯灭		室内机故障
F2	室内盘管温度传感器故障	短路/断路	闪亮	2	灯灭		
F4	制热过载	管温高于 72℃	闪亮	4	灯灭		
F6	制冷结冰	管温低于−1℃	闪亮	5	灯灭		
F7	通信故障	通信回路故障	闪亮	7	灯灭		
E1	模块故障	模块过热、过流、短路	灯灭		灯灭	1	
E2	无负载	电流互感器故障或控制线未穿过电流互感器	灯灭		闪亮	2	室外机故障
E4	压缩机过热	压缩机温度高于120℃	灯灭		闪亮	4	
E5	总电流过流	电流大于 17A	灯灭		闪亮	5	
E6	室外环境温度传感器故障	短路/断路	灯灭		闪亮	6	
E7	室外热交换传感器故障	短路/断路	灯灭		闪亮	7	
E8	单片机 ROM 坏	ROM 坏	灯灭		闪亮	8	
E12 (Ea)	电源过压保护	电压不大于 270V	灯灭		闪亮	10	
E14 (Ec)	制冷过载	室外温度过高			闪亮	12	
E14 (Ee)	E^2PROM 错	E^2PROM 错	灯灭		闪亮	14	

⑬ 海尔 KFR-50LW/F、KFR-70LW/BP 变频柜式空调器故障代码含义如表 9-53 所示。

表9-53 海尔空调器故障代码含义（14）

室内机显示灯			故障部位		检查方法		备注
电源灯	定时灯	运转灯					
闪	灭	灭	热敏电阻断路、开路或接线柱插入不良	室内环境温度传感器	检查电阻值		
闪	亮	亮		室内热交换传感器			只适用于一拖一机型
亮	亮	闪		室外除霜传感器			
闪	亮	灭		压缩机排气温度传感器			
亮	闪	灭		室外环境温度传感器			
闪	灭	亮	热敏电阻断路、不通或接线柱插入不良	室外热敏电阻异常	检查室外机控制基板的警报确认灯（黄），通过闪烁的次数确定哪个热敏电阻不良		只适用于一拖二机型
					闪1次	气体管温传感器A	
					闪2次	气体管温传感器B	
					闪3次	除霜传感器	
					闪4次	室外环境温度传感器	
					闪5次	蒸发传感器	
					闪6次	压力排气传感器	
闪	灭	亮	压缩机运转异常	高负荷强制运转	安装情况，风机转动检查		只适用于一拖一机型
				电源电压太低	检查电源电压		
				短路循环	检查室内机是否短路循环，是否过填充		
				控制基板或压缩机功率模块；压缩机抱轴	检查零件是否破损，是否接触不良，拔下功率模块的U,V,W导线，测量三相间的电压是否相等		
闪	闪	亮	DC电流检知	同上	同上		
			过电流保护动作				
			功率模块温度过高保护				
			功率模块低电压检知				
闪	闪	灭	过电流保护动作	电源瞬时停止，电压太低，压缩机抱轴	检查安装情况，检查填充量是否过大		
			AC电流检知				
闪	闪	闪	制热时，蒸发器温度上升（68℃以上）或室内机风量小	过滤网堵塞	目视检查		
				热敏电阻异常	检查电阻值		
				室内机控制基板	内板的室内风机端子处无电压		
				室内风机	检查零件是否破损，是否接触不良		
闪	灭	闪	CT断线保护	CT线圈	检查CT线圈是否导通		

续表

室内机显示灯			故障部位		检查方法	备注
电源灯	定时灯	运转灯				
亮	闪	亮	功率模块异常	功率模块控制信号接收不良	检查连线是否接触不良	
灭	灭	闪	通信异常	连机线误配，接触不良	检查误配线，检查是否接触不良	
				室外机附近有噪声	检查室外机附近是否有高频率机器	
灭	闪	灭	排气管温度超过120℃	漏气	检查泄漏点（用试运转或应急运转固定压缩机频率数测定压力，根据压力判断）	
				排气管热敏电阻异常	检查电阻值	
灭	闪	灭	电压不足	电源容量不足	检查专用回路、配线粗度	
				电源瞬时停止	再运转以确认动作	
灭	亮	闪	控制基板异常	室内控制基板	通电15s后报警为内板故障	
				室外控制基板	遥控开机20s后报警为外板故障	
灭	亮	闪	单片机读入E^2PROM数据错误	室内机E^2PROM异常	重新上电观察是否正常	
闪	亮	闪		室外机E^2PROM异常	重新上电观察是否正常	

⑭ 海尔KFR-71LW/BP、50NW/BP变频空调器故障代码含义如表9-54所示。

表9-54　海尔空调器故障代码含义（15）

序　号	代　码	故障内容	故障原因
1	F1	室内温度传感器坏或短路	传感器短路或断路
2	F2	室内盘管温度传感器	传感器短路或断路
3	F4	制热过载（自恢复）	室外换热能力降低
4	F5	制冷结冰（自恢复）	制冷系统与制冷剂，压力小于0.3MPa
5	F6	排水系统	浮子开关动作异常
6	F7	线控器与室内机通信	异常干扰，通信内容不正确或通信回路断路
7	E1	模块故障	变频功率模块异常
8	E2	无负载	电流检测异常，电流过小
9	E3	室内与室外通信	异常干扰，通信内容不正确或通信回路断路
10	E4	压缩机过热（自恢复）	压缩机传感器检测超标过热
11	E5	总电流过流（自恢复）	电流检测异常，电流过大
12	E6	室外温度传感器	传感器短路或断路
13	E7	室外盘管温度传感器	传感器短路或断路
14	E8	单片机ROM坏	单片机损坏
15	EA	电源过压保护	控制器检测电压值与负载功率不搭配
16	EC	制冷过载（自恢复）	室外换热能力降低
17	EE	E^2PROM错	E^2PROM损坏或内容不正常

⑮ KFR-75LW/BP、KFR-120W/BP 变频柜式空调器故障代码含义如表 9-55 所示。

表 9-55　海尔空调器故障代码含义（16）

代码灯	故障内容
闪 1 次	室外机除霜温度传感器异常
闪 2 次	室外机环境温度传感器异常
闪 3 次	压缩机吸气温度传感器异常
闪 4 次	压缩机排气温度传感器异常
闪 6 次	室外机过电流保护
闪 7 次	室外机 DC 电压不足保护
闪 9 次	室外机功率模块过电流保护
闪 10 次	室外机 E^2PROM 故障
闪 11 次	压缩机排气过热保护
次 12 次	室外机 875 芯片与 808 芯片通信异常
闪 13 次	室外机系统压力过高保护

⑯ 海尔 KR-80LW/BP、KFR-110LW/BP、KFR-140LW/BP、KFR-280W/BP 空调器故障代码含义如表 9-56 所示。

出现故障时，室外机电脑板上的 LED（ALARM）闪烁，闪烁的次数与检修代码相同。在 30min 内，故障重复发生 3 次后，数码管上显示相应检修代码。

表 9-56　海尔空调器故障代码含义（17）

检修代码	故障部位	判定方法
01	除霜温度传感器 TE 电路	连续 60s 检测到传感器开路或短路，可自动恢复
02	环境温度传感器 TA 电路	连续 60s 检测到传感器开路或短路，可自动恢复
03	吸气温度传感器 TS 电路	连续 60s 检测到传感器开路或短路，可自动恢复
04	排气温度传感器 TD	连续 60s 检测到传感器开路或短路，可自动恢复
05	冷凝器中部传感器	同上
06	交流线路过电流保护	超过设计电流保护值 5s，机器停止运转
7（80W/BP）	DC 电压检测端口	DC 电压小于 2.5V
07	电流互感器电路	关闭压缩机后，电流传感器检测到电流值超过 15A，或压缩机开机运行频率超过 60Hz，检测电流小于 5A，可自动恢复
08	变频压缩机内置过载保护器电路	变频压缩机过热，内置过载保护器动作，可自动恢复
09	智能功率模块 IPM 保护	IPM 过流，短路，温度过升，直流控制电路欠压保护。在 30min 内故障重复发生 3 次后，数码管上显示检修代码，不可启动恢复
10	电脑板电路故障	E^2PROM（BR93L066）中数据错误，不可自动恢复
11	排气温度保护动作（TD）	检测到 TD 传感器在 120℃以上并持续 4s 以上，在 30min 内，故障重复发生 3 次后，数码管上显示检修代码，不可自动恢复
12（80W/BP）	与室内机通信故障	室外机控制基板 LED2 不闪烁（通信时 10s 闪烁一次）
12	压力传感器故障	压缩机开机 3min 连续 60s 检测到压缩机压力在 0.6MPa 以下，可自动恢复
13	压力开关动作	高压压力开关动作，可自动恢复

续表

检修代码	故障部位	判定方法
14	低压压力保护动作（PS）	制冷：压缩机工作连续 30s 检测到 PS 传感器压力在 0.02MPa 以下 制热：压缩机开机连续 10min 检测到 PS 传感器压力在 7.0MPa 以下，可自动恢复
15	高压温度保护动作（PD）	检测到 PD 传感器压力在 2.8MPa 以上，可自动恢复
16	吸气温度保护动作（TS）	连续检测 10min，检测到 TS 传感器温度在 40℃以上，可自动恢复
17	高压压力传感器 PD 电路	连续 60s 检测到 PD 传感器开路或短路，可进行自动后备运转
18	低压压力传感器 PS 电路	连续 60s 检测到 PS 传感器压力在 0.095MPa 以下，或变频压缩机运转时，运转频率在 50Hz 以上时，检测到 PS 传感器压力在 0.9MPa 以上，可自动运转
19	低频时排气温度保护动作（TD）	变频压缩机的运转频率在 40Hz 以下时，检测到 TD 传感器温度在 110℃以上，在 30min 内，故障重复发生 3 次，数码管上显示检修代码
20	电脑板电路故障	芯片间通信异常，不可自动恢复
21	电脑板电路故障	电脑板芯片内部程序错乱
22	室内外机通信故障	4min 接收不到室内机数据
23	电脑板电路故障	电脑板数据错误

⑰ 海尔 KTR-280/BP、KTR-160W/BP 家用中央空调器液晶线控器故障代码含义如表 9-57 所示。

表 9-57　海尔空调器故障代码含义（18）

代　码	故　　障	代　码	故　　障
0C	线控器串行信号回路（线控内机）	04	变频串行信号回路 TRS 电路
93	室温传感器（TA）电路	18	室外热交换传感器（TE）电路
94	室内热交换传感器（TC1）电路	A0	变频压缩机排气温度传感器（TD1）电路
b9	室内压力传感器电路	A1	定频压缩机排气温度传感器（TD2）电路
11	电动机电路（相位控制）	A2	吸气温度传感器（TS）电路
0b	排水泵、浮子开关系统电路	AA	高压压力传感器（PD）电路
9F	制冷剂循环量不足判断	B4	低压压力传感器（PS）电路
95	室内外通信电路	1C	接口基板电路
98	中控地址设定	A6	变频压缩机排气温度（TD1）保护动作
B5	外部输入显示	B6	定频压缩机排气温度（TD2）保护动作
9A	室内机组误配线、误连接	A7	吸气温度（TS）保护动作
12	室内基板电路	AE	低频时变频压缩机排气温度（TD1）保护动作
	范围在 INV 内	bE	低压压力保护动作
14	变频器过电流保护电路	E1	定频压缩机用高压开关电路
17	电流传感器电路	E5	变频 IOL 电路
1d	压缩机系统电路（变频压缩机坏）	E6	定频机 IOL, OL
1F	电流检测电路	Ab	压力传感器（PD\PS）误配线

续表

代码	故障	代码	故障
21	变频压缩机用高压开关电路	95	室内外通信电路
		96	室内外地址矛盾
		Bd	Mg, SW1 触点粘接控制显示
		89	连接室内机组容量过载

⑱ 海尔 KFR-25GW/BP*2(JF) 一拖二变频空调器故障代码含义如表 9-58 所示。

表 9-58 海尔空调器故障代码含义（19）

故障代码	代码部位	故障代码	代码部位
室内机故障		E5	总电流过流
E1	室温传感器故障	F6	室外环境温度传感器故障
E2	热交换温度传感器故障	F7	蒸发传感器故障
E3	总电流过流	F8	风机启动异常
E5	制冷结冰	F9	PTC 保护
E6	复位	F10	制冷过载
E7	通信故障（内外机之间）	F11	压缩机转子电路故障
E8	面板与内机之间通信	F13	压缩机强制转换失败
E9	高负荷保护	F14	风机霍尔元件故障
E11	步进电动机故障	F15	管温传感器 A 坏
E12	高压保护电路故障	F16	管温传感器 B 坏
E13	瞬时停电	F17	单片机 ROM 坏
E14	室内风机故障	F18	电源过压保护
E15	集中控制故障	F19	电源欠压保护
E16	高压静电集尘故障	F20	回气温度过高
E17	通信故障	F21	除霜温度传感器异常
E18	保留	F22	AC 电流保护
E19	保留	F23	DC 电流保护
室外机故障		F24	CT 断路保护
E1	模块故障（过热过流短路）	F25	排气温度传感器
E2	无负载	F26	电子膨胀阀故障
E3	846 与 857 通信故障	F27	基板热敏电阻异常（温度保护）
E4	压缩机过热	F28	846 E^2PROM 错

⑲ 海尔 KFR-25GW×2/BPA、KFR-25GW×2/BPF、KFR-30GW×2/BPF、KFR-30GW×2/BPF(JF)、KFR-60W/BP(30G/AF+30G/F)、KFR-80W/BP（32G/F+50L/F）变频一拖二空调器故障代码如表 9-59 所示。

发生故障时，室内机主板上的指示灯以不同频率的发光组合来显示故障内容。

表 9-59　海尔空调器故障代码含义（20）

<table>
<tr><th rowspan="2">序号</th><th colspan="3">故障代码</th><th rowspan="2">故障内容</th><th rowspan="2">维修方法</th></tr>
<tr><th>电源灯</th><th>定时灯</th><th>运转灯</th></tr>
<tr><td>1</td><td>灯闪</td><td>灯灭</td><td>灯灭</td><td>室内环境温度传感器故障</td><td rowspan="18">电容空调器常见的故障有击穿、漏电和失灵。利用电容器充入电的原理，用欧姆挡的最高量程，如用 $R\times$1k 或 $R\times$10k 挡来测试。当两根表棒与电容器两端相碰时，表针先顺时针偏转一个角度，很快又回到原位置；交换表棒再碰一次，表针又摆动一下后复原，说明该电容器完好。
另外，测试时表针摆动角度的大小与电容量的大小有关，容量越大，摆动越大。如果在测试中，表针摆动一下后回不到∞处，而指在某一个数值上，那么这个数值就是电容器的漏电容器的漏电电阻值。一般电容器的漏电电阻值是非常大的，约为几十至几百兆欧。除了电解电容器以外，漏电电阻值若小于几兆欧，就不能使用了。若表针指在零处回不来，则表示该电容器已被击穿短路</td></tr>
<tr><td>2</td><td>灯闪</td><td>灯亮</td><td>灯亮</td><td>室内管温传感器故障</td></tr>
<tr><td>3</td><td>闪 1 次</td><td rowspan="6">灯灭</td><td rowspan="6">灯亮</td><td>室外机气体管温传感器 A 故障</td></tr>
<tr><td>4</td><td>闪 2 次</td><td>室外机气体管温传感器 B 故障</td></tr>
<tr><td>5</td><td>闪 3 次</td><td>除霜温度传感器故障</td></tr>
<tr><td>6</td><td>闪 4 次</td><td>室外环境温度传感器故障</td></tr>
<tr><td>7</td><td>闪 5 次</td><td>室外蒸发温度传感器故障</td></tr>
<tr><td>8</td><td>闪 6 次</td><td>压缩机排气温度传感器故障</td></tr>
<tr><td>9</td><td>闪</td><td>闪</td><td>亮</td><td>功率模块过电流、过热、欠电压保护</td></tr>
<tr><td>10</td><td>闪</td><td>闪</td><td>灭</td><td>过电流保护</td></tr>
<tr><td>11</td><td>闪</td><td>闪</td><td>闪</td><td>制热时蒸发器温度过高</td></tr>
<tr><td>12</td><td>闪</td><td>灭</td><td>闪</td><td>CT 断线保护</td></tr>
<tr><td>13</td><td>亮</td><td>闪</td><td>亮</td><td>功率模块故障</td></tr>
<tr><td>14</td><td>灭</td><td>灭</td><td>闪</td><td>通信故障</td></tr>
<tr><td>15</td><td>灭</td><td>闪</td><td>灭</td><td>排气温度过高（超过 120℃）</td></tr>
<tr><td>16</td><td>灭</td><td>闪</td><td>亮</td><td>电源欠电压保护</td></tr>
<tr><td>17</td><td>灭</td><td>亮</td><td>闪</td><td>室内机 E^2PROM 异常</td></tr>
<tr><td>18</td><td>闪</td><td>亮</td><td>闪</td><td>室外机 E^2PROM 异常</td></tr>
</table>

⑳ 海尔 KR-140W/BP（KR-32N×3）+KR-50N 型一拖四变频空调器室内机故障代码如表 9-60 所示。

出现故障时，室内机指示灯以不同频率闪烁来显示故障，定时灯闪烁表示室内机故障，运转灯闪烁表示室外机故障。

表 9-60　海尔空调器故障代码含义（21）

<table>
<tr><th>序号</th><th>定时灯闪烁</th><th>故障内容</th><th>维修方法</th></tr>
<tr><td>1</td><td>1 次/s</td><td>电子膨胀阀温度传感器异常</td><td rowspan="10">由于电解电容器的引出线有正负之分，检测时，应将红表笔接到电容器的负极（因为万用表使用电阻挡时，红表笔与电池负极连接），黑表笔接电容器的正极，这样测出的漏电电阻数值才是正确的；反接时，一般漏电电阻值比正接时小。利用这一点，可以判断电解电容器的正负极</td></tr>
<tr><td>2</td><td>2 次/s</td><td>室内盘管温度传感器异常</td></tr>
<tr><td>3</td><td>3 次/s</td><td>室内温度传感器异常</td></tr>
<tr><td>4</td><td>4 次/s</td><td>室内机与室外机通信异常</td></tr>
<tr><td>5</td><td>5 次/s</td><td>室内机与电子膨胀阀的驱动板通信异常</td></tr>
<tr><td>6</td><td>6 次/s</td><td>电子膨胀阀驱动板上 12V 电源异常</td></tr>
<tr><td>7</td><td>7 次/s</td><td>室内机通信线极性判断异常</td></tr>
<tr><td>8</td><td>8 次/s</td><td>PG 风扇电动机异常</td></tr>
<tr><td>9</td><td>9 次/s</td><td>甩水回路异常</td></tr>
<tr><td>10</td><td>10 次/s</td><td>室内机 E^2PROM 异常</td></tr>
</table>

室外机故障代码如表 9-61 所示。

表 9-61 海尔空调器故障代码含义（22）

序 号	定时灯闪烁	故 障 内 容	维 修 方 法
1	1 次/s	盘管温度传感器异常	对于可变电容器（单、双连电容器），可用上述方法判断其是否碰片、漏电。用表棒分别与可变电容器的定片和动片引出端相连，同时把电容器可调轴来回转动几下，表针位置应不动，否则有碰片存在，应修理。其中密封单连电容器可能因受潮引起漏电，烘干后仍可使用
2	2 次/s	回风温度传感器异常	
3	3 次/s	回气温度传感器异常	
4	4 次/s	排气温度传感器异常	
5	5 次/s	换热器传感器异常	
6	6 次/s	过电流保护	
7	7 次/s	电流电压过低	
8	8 次/s	电流互感器（CT）异常	
9	9 次/s	DC 电流保护	
10	10 次/s	室外机 E^2PROM 异常	
11	11 次/s	排气温度过高保护	
12	12 次/s	室内机配线有误	
13	13 次/s	室外机配线有误	
14	14 次/s	A、 B 板间通信异常	

㉑ 海尔 KF（R）-71DQW、KF（R）-71KQW/S、KF（R）-120QW/B 吊顶机系列空调器故障代码含义如表 9-62 所示。

表 9-62 海尔空调器故障代码含义（23）

序 号	故 障 代 码	故 障 原 因
1	隔 3s 电源灯闪烁 1 次，蜂鸣器响 1 声	室温传感器故障
2	隔 3s 电源灯闪烁 2 次，蜂鸣器响 2 声	室内盘管温度传感器故障
3	隔 3s 电源灯闪烁 3 次，蜂鸣器响 3 声	室外环境温度传感器故障
4	隔 3s 电源灯闪烁 4 次，蜂鸣器响 4 声	室外盘管温度传感器故障
5	隔 3s 电源灯闪烁 5 次，蜂鸣器响 5 声	过电流保护
6	隔 3s 电源灯闪烁 6 次，蜂鸣器响 6 声	管路压力保护
7	隔 3s 电源灯闪烁 7 次，蜂鸣器响 7 声	室外低电压保护
8	隔 3s 电源灯闪烁 8 次，蜂鸣器响 8 声	室内外通信故障
9	隔 3s 电源灯闪烁 9 次，蜂鸣器响 9 声	缺相相序故障

注：KF（R）-71DQW 不具有第 3、 4、 5、 6、 9 故障显示，KFR-71DQW 不具有第 9 故障显示。

㉒ 海尔 10HP 一拖二 KFR-25EW、KFR-125E/（M）、KR-120Q、KR-120Q/A 嵌入式空调器故障代码含义如表 9-63 所示。

表 9-63 海尔空调器故障代码含义（24）

故障现象（室外）	指示灯闪烁次数	室内板指示
室外环境温度传感器异常	1 次，A、B 系统共同	E3
室外盘管温度传感器异常	2 次，A、B 系统单独	E4
室外排气温度传感器异常	3 次，A、B 系统单独	E4
室外排气温度过高	4 次，A、B 系统单独	E4

续表

故障现象（室外）	指示灯闪烁次数	室内板指示
过电流保护	5次，A,B系统单独	E5
CT断线	6次，A,B系统单独	E5
相序异常检测	7次，A,B系统共同	E5
内外机通信异常	8次，A,B系统单独	E8
压力过高保护	9次，A,B系统单独	E6

注：室内机故障代码同一拖一定频空调器相同。

㉓ 海尔KR-G系列空调器故障代码含义如表9-64所示。

表9-64 海尔空调器故障代码含义（25）

定 时 灯	故 障 内 容	运 转 灯	故 障 内 容
定时灯闪1次	室内盘管温度传感器异常	运转灯闪1次	管温热敏电阻异常
定时灯闪2次	室内回气管温度传感器异常	运转灯闪2次	回风热敏电阻异常
定时灯闪3次	室内环境温度传感器异常	运转灯闪3次	回气热敏电阻异常
定时灯闪4次	室内外机通信异常	运转灯闪4次	排气热敏电阻异常
定时灯闪5次	室内机与电子膨胀阀驱动板通信异常	运转灯闪5次	蒸发热敏电阻异常
定时灯闪6次	室内机846芯片与808芯片通信异常	运转灯闪6次	交流过电流
定时灯闪7次	液管温度传感器故障	运转灯闪7次	DC电压不足报警
定时灯闪8次	电子膨胀阀强电板上12V电源异常	运转灯闪8次	电流互感器CT断线
定时灯闪9次	室内机通信线极性判断异常	运转灯闪9次	DC电流保护（ARM）
定时灯闪10次	室内机故障	运转灯闪10次	室外机E^2PROM异常
定时灯闪11次	浮子开关失灵	运转灯闪11次	排气温度过高保护
定时灯闪12次	室内机管温过高保护	运转灯闪12次	控制电路故障
		运转灯闪13次	控制电路故障
		运转灯闪14次	A、B板间通信异常或芯片A808通信异常

㉔ 海尔KF（R）-71QW/A、KF（R）-71QW/S、KF（R）-120QW、KFR-125FW嵌入机、风管机系列空调器故障代码含义如表9-65所示。

表9-65 海尔空调器故障代码含义（26）

故 障 代 码	故 障 部 位	故障代码	故 障 部 位
嵌入机故障		风管机故障	
10次 E0	排水系统故障	E0	排水系统故障
1次 E1	室温传感器故障	E1	室温传感器故障
2次 E2	室内盘管温度传感器故障	E2	室内盘管传感器故障
3次 E3	室外环境温度传感器故障	E3	室外环境温度传感器故障
4次 E4	室外环境温度传感器故障	E4	室外盘管传感器故障
5次 E5	过电流保护	E5	室外盘管传感器故障
6次 E6	管路压力保护	E6	线控器与室内通信故障

续表

故障代码	故障部位	故障代码	故障部位
嵌入机故障		风管机故障	
7次　E7	面板与主板通信故障	E8	线控器与室外通信故障
8次　E8	主板与室外板通信故障	E9	室内与室外通信故障
9次　E9	缺相相序故障（指示灯不闪烁）		
KF-71QW、KF-71QW/S 不具有 E3、E4、E5、E6、E8、E9 故障显示，KFR-71QW 不具有 E9 故障显示		KF-71QW/A 不具有 E3、E4 故障显示	

㉕ 海尔定频 KDR-260 KDR-70N、KDR-70Q、KDR-32NQ、KDR-32Q 空调器故障代码含义如表 9-66 所示。

表 9-66　海尔空调器故障代码含义（27）

室外机电脑板故障		室内机线控故障	
室外机灯闪烁次数	故障含义	显示代码	故障含义
1	压缩机排气温度过高	F1	室温传感器异常
2	室外盘管温度传感器异常	F2	室内盘管温度传感器故障（细管）
3	室外环境温度传感器异常	F4	室内盘管温度传感器故障（粗管）
4	排气温度传感器异常	F5	高压故障
5	吸气温度传感器异常	F6	排水故障
6	蒸发温度传感器异常	F7	室内机与线控器故障
7	三相异常	E1	三相电错误
9	低压压力异常	E2	低压故障
10	室内外机通信异常	E3	室内外机通信故障
11	过电流（CT 电流）	E4	压缩机过热故障
13	高压压力异常	E5	CT 电流异常
15	E^2PROM 异常	E6	室外环境温度传感器异常
12	E^2PROM 故障	E7	室外盘管温度传感器异常
		EA	室外回气温度传感器异常
		EC	运转模式异常
		ED	室外排气温度传感器异常
		EE	室内 E^2PROM 异常

9.3 美的空调器故障代码含义

① 美的 KFR-25GW/F1 系列分体式空调器故障代码含义如表 9-67 所示。

表 9-67　美的空调器故障代码含义（1）

工作灯	定时灯	化霜灯	指示内容	维修方法
灯亮	灯亮	灯灭	电流保护（PRI-5MIN PRI-3SEC）	检查压缩机是否过负荷
灯闪	灯闪	灯灭	风机速度失控	检查风机调速可控硅
灯闪	灯亮	灯灭	过零检测出错	过零检测通过电源变压器或电压互感器采样检测电源频率，获得一个与电源同频率的方波过零信号。当电源过零时，控制双向晶闸管触发角（导通角），双向晶闸管串联在风机回路，当 CPU 检测不到过零信号时，将会使室内风机工作不正常，出现整机不工作现象
灯闪	灯闪	灯灭	主芯片和计算机通信不上	检查主芯片与室外机电路
灯闪	灯亮	灯灭	室内蒸发器温度传感器开路或短路	检查蒸发器管温传感器电阻值参数
灯闪	灯灭	灯灭	室内房间温度传感器开路或短路	检测室内机环境温度传感器电阻值是否错，是否短路、断路，插件是否虚接，插座引脚线路板焊点是否开焊、虚焊，周围元件是否不良，感温头是否开胶
灯亮	灯闪	灯灭	温度保险丝断开保护（FUSED）	检查保险丝参数
灯闪	灯亮	灯灭	室内蒸发器高温保护或低温保护	检查蒸发器高温保护电路
灯闪	灯闪	灯灭	抽湿模式室内温度过低保护	检查抽湿电路
灯灭	灯亮	灯亮	上电时写 E^2PROM 参数出错	检查上电时写 E^2PROM 电路
灯亮	灯亮	灯亮	上电时读 E^2PROM 参数出错	检查上电时读 E^2PROM 电路
灯亮	灯灭	灯灭	运行时写 E^2PROM 参数出错	检查运行时写 E^2PROM 电路

② 美的清爽星 KFR-26GW、KFR-33GW/CF 系列分体式空调器故障代码含义如表 9-68 所示。

表 9-68　美的空调器故障代码含义（2）

运行灯	定时灯	自动换气灯	连续换气灯	除霜灯	指示内容	维修方法
1Hz					刚上电但没开机	检查电源电路
5Hz		5Hz	5Hz		电动机失控，无反馈信号	检查可控硅电路
	5Hz				室内传感器检测口异常	检查传感器电阻值参数
		5Hz			蒸发器传感器检测口异常	检查蒸发器传感器插件
5Hz	5Hz		5Hz		温度保险丝熔断	检查电路是否短路
0.1Hz	0.1Hz	0.1Hz	0.1Hz	0.1Hz	无过零信号	检查过零信号电路

③ 美的清静星 KFR-26GW/F、KFR-33GW/C1 系列分体式空调器故障代码含义如表 9-69 所示。

表 9-69　美的空调器故障代码含义（3）

代　码	指示内容	维修方法
P0	连续 4 次电流保护	检查冷凝器翅片是否过脏
P1	室内风机速度失控	检查风机可控硅是否开路
P2	室内板与开关板 2min 通信不上	检查通信电路

续表

代　码	指示内容	维修方法
P3	室内蒸发器温度传感器开路或短路	检查蒸发器传感器电路
P4	室内房间温度传感器开路或短路	检测室内机环境温度传感器电阻值是否错，是否短路、断路，插件是否虚接，插座引脚线路板焊点是否开焊、虚焊，周围元件是否不良，感温头是否开胶
P5	室内风机温度保险丝断开	检查室内风机温度保险元件，检测时注意安全
P6	过零检测故障	检测过零电路
P7	机型选择错误	检查机型是否选择错误

④ 美的星彩 KFR-50GW/A、KFR-60GW/A、KFR-70GW/A 系列分体式空调器故障代码含义如表 9-70 所示。

表 9-70　美的空调器故障代码含义（4）

类　型	指示内容	LED 状态	备　注	维修方法
保护	连续4次压缩机开 10min 内出现电流保护	运行灯、定时灯、化霜灯（送风灯）同时以 5Hz 闪烁	整机关机要掉电才能恢复	检测压缩机电阻值参数
故障	室温传感器检测口异常	定时灯以 5Hz 闪烁	故障清除后自动恢复	检查传感器电阻值参数是否改变，可用激活法
故障	蒸发器传感器检测口异常	运行灯以 5Hz 闪烁		
故障	冷凝器传感器检测口异常	化霜灯以 5Hz 闪烁		
故障	E^2PROM 通信错误（保留）	运行灯和定时灯以 5Hz 闪烁		

⑤ 美的 KF（R）-25GWHY H 型系列分体式空调器故障代码含义如表 9-71 所示。

表 9-71　美的空调器故障代码含义（5）

清新灯	定时灯	工作灯	指示内容	维修方法
灯闪	灯闪	灯闪	电流保护	检查电流互感器是否有故障
灯闪	灯闪	灯亮	风机速度失控	双向晶闸管触发脚开路
灯闪	灯亮	灯闪	过零检测出错	检测过零电路。通过电源变压器或电压互感器采样检测电源频率，获得一个与电源同频率的方波过零信号。当电源过零时，控制双向晶闸管触发脚（导通脚），双向晶闸管串联在风机回路，当 CPU 检测不到过零信号时，将会使室内风机工作不正常，出现整机不工作现象
灯亮	灯亮	灯闪	室内蒸发器温度传感器开路或短路	检查室内蒸发器管温传感器电阻值参数
灯闪	灯亮	灯亮	室内温度传感器开路或短路	检测室内机环境温度传感器电阻值是否错，是否短路、断路，插件是否虚接，插座引脚线路板焊点是否开焊、虚焊，周围元件是否不良，感温头是否开胶

⑥ 美的 KF（R）-60GW/Y、KF（R）-70GW/Y、KF（R）-70GW/SY 三匹系列大分体式空调器故障代码含义如表 9-72 所示。

表 9-72 美的空调器故障代码含义（6）

类 型	指 示 内 容	LED 状态	备 注	维 修 方 法
保护	在 1h 之内出现 4 次压缩机过流保护	运行灯、定时灯、化霜灯以 5Hz 闪烁	整机关机要掉电才能恢复	检查压缩机线圈主绕组加副绕组阻值是否等于公用端绕组阻值
保护	室外保护（缺相、相序）	全部灯以 5Hz 闪烁		检查三相电源是否开路、短路、虚接
故障	室温传感器检测口异常	定时灯以 5Hz 闪烁	故障清除后自动恢复	检查室温传感器电阻值参数
故障	蒸发器传感器检测口异常	自动灯以 5Hz 闪烁		检查蒸发器传感器
故障	冷凝器传感器检测口异常	化霜灯以 5Hz 闪烁		检查冷凝器传感器
故障	温度保险丝熔断	运行灯和定时灯以 5Hz 闪烁		检查温度保险丝是否开路

⑦ 美的 KF（R）-23GW/Y、KF（R）-26/32GW/（D）、KF（R）-25/28/30GW/Y、KF（R）-36/43GW/Y、KF（R）-25/32GW/EY、KF（R）-28GW/EY、KF（R）-35GW/Y、KF（R）-26GW/CY、KF（R）-33GW/CY 主芯片统一后分体式空调器故障代码含义如表 9-73 所示。

表 9-73 美的空调器故障代码含义（7）

运行灯	定时灯	自动灯	化霜灯	指 示 内 容	维 修 方 法
灯闪	灯灭	灯灭	灯灭	室内风机转速失控达 1min 以上（带换气灯的，换气灯也闪烁）	双向晶闸管触发脚开路
灯灭	灯闪	灯灭	灯灭	室温传感器开路或短路	检测室内机环境温度传感器电阻值是否错，是否短路、断路，插件是否虚接，插座引脚线路板焊点是否开焊、虚焊，周围元件是否不良，感温头是否开胶
灯灭	灯灭	灯闪	灯灭	蒸发器传感器开路或短路	检查管温传感器电阻值参数是否改变
灯闪	灯闪	灯灭	灯灭	温度保险丝熔断（带换气灯的，换气灯也闪烁）	检查温度保险丝熔断的原因
灯闪	灯闪	灯闪	灯闪	无过零信号（所有灯以 0.1Hz 闪烁）	检查过零信号电路

⑧ 美的 KF-36GW/C、KFR-43GW/Y、KFR-45GW/Y、KFR-23（36）GW/Y、KFR-43（45）GW/Y 东芝系列分体式空调器室内机故障代码含义如表 9-74 所示。

表 9-74 美的空调器故障代码含义（8）

LED 状态	指 示 内 容	维 修 方 法
运行灯以 1Hz 闪烁	初次上电正常待机	检查电源电路
开机后运行灯立即以 5Hz 闪烁	室温传感器或蒸发器传感器开路或短路	检测室内机环境温度传感器电阻值是否错，是否短路、断路，插件是否虚接，插座引脚线路板焊点是否开焊、虚焊，周围元件是否不良，感温头是否开胶
开机后运行灯过 1min 后以 5Hz 闪烁	室内风机转速失控	检查室内风机调速电路
运行灯和定时灯以 5Hz 闪烁	热熔断器开路	检查熔断器开路的原因
运行灯、定时灯、除霜灯（送风灯）以 5Hz 闪烁	① 压缩机连线未接好，压缩机过流保护器开路或电控部件坏； ② 电源电压过低； ③ 电控部件故障或漏制冷剂	检查制冷系统压力是否低于 0.3MPa，检查压缩机电阻值参数，主绕组加副绕组阻值应等于公用端绕组阻值

使用遥控器进行判断（该判断方法适用于原机灰色遥控器），故障代码含义如表 9-75 所示。

将遥控器电池最右边按键按下持续 3s 后，遥控器显示 00，用温度调节按钮可改变显示的数字并通过遥控器发射给主机（只要电控正常，在任何情况下均能接收并通过显示灯显示出来），对于无问题的项目，仅定时灯闪烁，否则定时灯及运行灯均闪烁。

表 9-75 美的空调器故障代码含义（9）

级别		诊断功能			维修方法
检测码	功能块	检测码	现象	机器状态	
00	室内机主板	0C	室温感温头异常	继续运行	检测室内机环境温度传感器电阻值是否错，是否短路、断路，插件是否虚接，插座引脚线路板焊点是否开焊、虚焊，周围元件是否不良，感温头是否开胶
		0d	蒸发器感温头异常	继续运行	检查管温传感器电阻值参数是否改变
		11	室内风机不正常	整机运行	检查风机电阻值参数，检查时先测出 5 根线的最大阻值，把两根线并在一起测量另外 3 根线，阻值大的为慢速，阻值小的为高速，剩余的为中速。阻值大的两根线接电容
		12	主板其他问题	整机停机	检查电源
01	接线或过热保护器有故障	04	① 接线错误或不良； ② 热保护熔断； ③ 室内风机运行不正常	整机停机	检查控制线是否错接，检查风机控制电路；检查风机电容电阻值参数及是否漏电
03	制冷系统	09	① 制冷剂太少； ② 循环系统其他故障； ③ 蒸发器感温头故障； ④ 压缩机自身保护或过流保护	整机停机	① 检查制冷系统是否缺制冷剂； ② 检查风系统是否短路； ③ 检查蒸发器传感器电阻值参数是否改变； ④ 检查压缩机绝缘电阻值是否大于 2MΩ
		1d	压缩机没有工作		检查压缩机保护电路

⑨ 美的天朗星触摸屏系列柜机（M 系列）空调器室内机故障代码含义如表 9-76 所示。

表 9-76 美的空调器故障代码含义（10）

保护代码	指示内容	故障代码	指示内容	维修方法
P3	高低电压保护（变频机用）	E1	T1 传感器故障	检查传感器电阻值是否改变，可采用激活法，把传感器卸下，用 80℃以上热水浸湿毛巾包裹传感器，5min 后再检测。如果阻值有变化，说明激活成功
P4	室内蒸发器温度保护开关超过设计温度值（高温或低温）	E2	T2 传感器故障	T2 传感器电路

续表

保护代码	指示内容	故障代码	指示内容	维修方法
P5	室外冷凝器高温保护关压缩机	E3	T3传感器故障	T3传感器电路
P7	室外排气温度过高关压缩机（变频机用）	E4	T4传感器故障（变频机用）	T4传感器电路
P8	压缩机顶部温度保护（变频机用）	E5	室内板与显示板3min通信不上	检查通信电路是否被老鼠咬断，或由于其他原因断开
P9	化霜保护或防冷风关风机	E6	室外保护	检查压缩机电阻值参数

⑩ 美的星河及星海 KFR-50LW、KFR-71LW 系列柜机空调器室内机故障代码含义如表9-77所示。

表9-77　美的空调器故障代码含义（11）

类　型	指示内容	LED状态	维修方法
故障	高温传感器检测口异常	定时灯以5Hz闪烁	检查高温传感器电路
故障	蒸发器传感器检测口异常	运行灯以5Hz闪烁	检查蒸发器传感器电路
故障	冷凝器传感器检测口异常	化霜灯以5Hz闪烁	检查冷凝器传感器电路
故障	室外机保护	定时灯、运行灯、化霜灯以5Hz闪烁	检查室外冷凝器是否过脏

⑪ 美的 KF-61LW/CIY、KF-61LW/CISD 北极星系列柜机、KFR-75LW/CISD、KFR-120LW/C1 太阳星系列柜机空调器室内机故障代码含义如表9-78所示。

表9-78　美的空调器故障代码含义（12）

类型	指示内容	显示代码	维修方法
保护	压缩机过载	P02	制冷系统制冷剂压力是否过低
保护	室内蒸发器温度过低（制冷）	P03	制冷系统制冷剂压力是否低于0.3MPa
保护	室内蒸发器温度过高（制热）	P04	制热系统制冷剂压力是否低于0.3MPa
故障	温度传感器开路、短路故障	E01	温度传感器电阻值参数是否改变
故障	压缩机过流	E02	压缩机电阻值参数是否改变
故障	室外机保护	E04	冷凝器翅片是否过脏

注：故障期间LED以2Hz频率闪烁，而保护期间LED显示正常。

⑫ 美的全直流分体机系列KFR-32GW/BP2Y空调器室内机故障代码含义如表9-79表示。室外机故障代码含义如表9-80所示。

表9-79　美的空调器故障代码含义（13）

故障代码	指示内容	保护代码	指示内容	维修方法
P0	1h四次电流保护	E0	1h四次模块保护	检查压缩机电阻值参数
P1	风机速度失控	E1	室内外2min通信不上保护	检查通信电路

续表

故障代码	指示内容	保护代码	指示内容	维修方法
P2	室内与开关板 2min 通信不上保护	E2	IPM 模块保护	检测功率模块 U、V、W 任意两相间有无交流电压输出，如无，断开室外机风机；检测压缩机 U、V、W 输出阻值是否平衡，如不平衡，则换室外压缩机，若平衡，则换室外机电路板
P3	室内蒸发器温度保护关压缩机（高温或低温）	E3	高低电压保护	检查制冷系统
P4	室内温度传感器开路或短路	E4	室外温度传感器开路或短路（冷凝器、环境、排气温度）	检查室外温度传感器电阻值参数是否改变
P5	室内风机温度保险丝断开	E5	室内蒸发器温度保护关压缩机（高温或低温）	检查电阻值 $R_{25℃}=51\times(1\pm0.02)\Omega$
P6	室内风机过零检测故障	E6	室外排气温度过高关压缩机	检查冷凝器翅片是否过脏
P7	机型选择错误	E7	室外环境温度过高、过低保护	检查冷凝器翅片是否过脏
P8	室内蒸发器温度防冷风或化霜（显示“HS”）			检查化霜系统
P9	压缩机顶部温度保护			检查压缩机顶部传感器电阻值参数是否改变

表 9-80　美的空调器故障代码含义（14）

L3	L2	L1	指示内容	维修方法
灯灭	灯灭	灯灭	正常运行	正常
灯亮	灯亮	灯亮	正常待机	正常
灯灭	灯灭	灯亮	电流保护	检查压缩机电阻值参数是否改变
灯灭	灯灭	灯闪	压缩机排气温度传感器故障（暂没有）	
灯灭	灯闪	灯闪	环境温度传感器故障	检测室内机环境温度传感器电阻值是否错，是否短路、断路，插件是否虚接，插座引脚线路板焊点是否开焊、虚焊，周围元件是否不良，感温头是否开胶
灯闪	灯灭	灯闪	盘管温度传感器故障	检查盘管温度传感器电阻值参数是否改变

续表

L3	L2	L1	指 示 内 容	维 修 方 法
灯亮	灯闪	灯亮	室外电压太高或太低	检查电源
灯灭	灯亮	灯灭	IPM 模块保护	检测功率模块 U、V、W 任意两相间有无交流电压输出，如无，断开室外机风机；检测压缩机 U、V、W 输出阻值是否平衡，如不平衡，则换室外压缩机，若平衡，则换室外机电路板
灯灭	灯亮	灯亮	压缩机顶部温度保护	检查压缩机顶部传感器电阻值参数是否改变
灯亮	灯灭	灯灭	2min 通信故障保护	检查通信电路是否被老鼠咬断，或由于其他原因断开
灯亮	灯灭	灯亮	室外直流风机失速保护	检查室外直流风机晶闸管电路
灯亮	灯亮	灯灭	1h 4 次模块保护	检查冷凝器是否过脏
灯灭	灯闪	灯灭	预热	

⑬ 美的 KFR-26（33）CBPY、KFR-26（32）IBPY 数智星分体机系列（换气）空调器室内机故障代码含义如表 9-81 所示。

换气变频型：LED1 化霜灯，LED2 定时灯，LED3 换气灯，LED4 工作灯。

交流变频型：LED1 化霜灯，LED2 定时灯，LED3 自动灯，LED4 工作灯。

表 9-81　美的空调器故障代码含义（15）

LED1	LED2	LED3	LED4	指 示 内 容	维 修 方 法
灯灭	灯灭	灯亮	灯闪	模块保护	检查压缩机电阻值参数是否改变
灯亮	灯灭	灯灭	灯闪	压缩机顶部温度保护	检查压缩机顶部传感器电阻值参数是否改变
灯灭	灯亮	灯灭	灯闪	室外温度传感器开路或短路	检查室外温度传感器电阻值参数是否改变
灯灭	灯亮	灯亮	灯闪	电压过高或过低保护	检查电源电压
灯灭	灯亮	灯亮	灯闪	室内温度、蒸发器温度传感器	检测室内机环境温度传感器电阻值是否错，是否短路、断路，插件是否虚接，插座引脚线路板焊点是否开焊、虚焊，周围元件是否不良，感温头是否开胶
灯灭	灯亮	灯闪	灯闪	风机速度失控	双向晶闸管触发脚开路
灯闪	灯灭	灯亮	灯闪	过零检测出错	检查过零检测电路
灯灭	灯灭	灯闪	灯闪	E^2PROM 参数错误指示	检查 E^2PROM 参数电路
灯闪	灯亮	灯灭	灯闪	温度保险丝断开保护	检查温度保险丝控制电路
灯闪	灯亮	灯闪	灯闪	机型不匹配	检查机型
灯闪	灯闪	灯闪	灯闪	室内机和室外机通信保护	检查通信电路

室外机故障代码情况：只设 L4 指示灯，L4 长亮（运行）；L4 以 0.5Hz 闪烁（待机）；L4 以 1Hz 闪烁（故障）。

⑭ 美的数智星分体机系列（直流变频）空调器故障代码含义。

室内机故障代码情况表同数智星交流变频型（KFR-26(32)IBPY）。

室外机故障代码含义（LED1 电源灯，上电后长亮）如表 9-82 所示。

表 9-82 美的空调器故障代码含义（16）

LED4	LED3	LED2	指示内容	维修方法
绿	黄	红	（LED 指示灯从左到右）	正常
灯灭	灯灭	灯灭	正常运行	正常
灯亮	灯亮	灯亮	正常待机	正常
灯亮	灯灭	灯灭	电流保护	检查压缩机是否过流
灯闪	灯灭	灯灭	压缩机顶部温度传感器故障	检查压缩机电阻值参数是否改变
灯闪	灯闪	灯灭	环境温度传感器故障	检查环境温度传感器
灯闪	灯灭	灯闪	管温温度传感器故障	检查管温温度传感器
灯亮	灯闪	灯亮	室外电压太高或太低	检查电源电压，高压不得高于 240V，低压不得低于 187V
灯灭	灯亮	灯灭	IPM 模块保护	检测功率模块 U、V、W 任意两相间有无交流电压输出，若无电压输出，断开室外机风机；检测压缩机 U、V、W 输出阻值是否平衡，如不平衡，则换室外压缩机，如平衡，则换室外机电路板
灯亮	灯亮	灯灭	压缩机顶部温度保护	检查压缩机顶部传感器是否改变
灯灭	灯灭	灯亮	2min 通信故障保护	检查通信电路信号线是否被老鼠咬断
灯闪	灯闪	灯亮	压缩机驱动保护	检查压缩机驱动继电器线圈是否开路、短路造成保护

⑮ 美的智能星 KFR-28GW/BPY、KFR-32GW/BPY、KFR-36GW/BPY 分体机系列空调器室内机故障代码含义如表 9-83 所示。

表 9-83 美的空调器故障代码含义（17）

定时灯	化霜灯	自动灯	工作灯	LED 状态	维修方法
灯灭	灯灭	灯亮	灯闪	模块保护	
灯灭	灯亮	灯灭	灯闪	压缩机顶部温度保护	检查压缩机顶部传感器电阻值是否改变
灯亮	灯灭	灯灭	灯闪	室外温度传感器开路或短路	检查室外温度传感器电阻值是否改变
灯灭	灯亮	灯亮	灯闪	制冷或制热时室外温度过低、过高	检查制冷或制热系统
灯亮	灯灭	灯亮	灯闪	电压过高或过低保护	
灯亮	灯亮	灯灭	灯闪	电流保护	检查冷凝器是否过脏
灯亮	灯亮	灯亮	灯闪	室内温度、蒸发器温度传感器开路或短路	检查室内温度、蒸发器温度传感器电阻值是否改变
灯灭	灯亮	灯闪	灯闪	室内蒸发器高温保护或低温保护	制冷系统
灯亮	灯灭	灯闪	灯闪	抽湿模式室内温度过低保护	检查抽湿控制电路
灯亮	灯亮	灯闪	灯闪	风机速度失控	双向晶闸管触发脚开路
灯灭	灯闪	灯亮	灯闪	过零检测出错	过零检测通过电源变压器或电压互感器采样检测电源频率，获得一个与电源同频率的方波过零信号。当电源过零时，控制双向晶闸管触发脚（导通脚），双向晶闸管串联在风机回路，当 CPU 检测不到过零信号时，将会使室内风机工作不正常，出现整机不工作现象

续表

定时灯	化霜灯	自动灯	工作灯	LED 状态	维修方法
灯亮	灯闪	灯灭	灯闪	温度保险丝熔断保护	检查温度保险丝熔断原因
灯闪	灯闪	灯闪	灯闪	室内机和室外机通信保护	检查电源交直流电路连接线（止锁件）的接触情况和整流桥、电抗器、电解电容等部件是否不良

⑯ 美的 KFR-23GW/QY、KFR-50QW/DY、KFR-120QW/SDY 嵌入式系列空调器室内机故障代码含义如表 9-84 所示。

表 9-84　美的空调器故障代码含义（18）

类型	指示内容	LED 状态	备注	维修方法
保护	在 1h 之内出现 4 次压缩机过流保护	运行灯、定时灯、化霜灯以 5Hz 闪烁	整机关机关掉电源才能恢复	检查复位电路
保护	室外保护（缺相、相序）	全部灯以 5Hz 闪烁		检查电源相序，如相序错误，可调换 3 根中的任何两根
故障	室温传感器检测口异常	定时灯以 5Hz 闪烁	故障清除后自动恢复	检查室温传感器插接件是否插牢
故障	蒸发器传感器检测口异常	运行灯以 5Hz 闪烁		检查蒸发器传感器插接件是否插牢
故障	冷凝器传感器检测口异常	化霜灯以 5Hz 闪烁		检查冷凝器传感器插接件是否插牢
故障	温度保险丝熔断	运行灯、定时灯以 5Hz 闪烁		室内温度传感器插接件是否插牢

⑰ 美的定频 KRF-23×2GW/Y、KF-（20+28）GW/Y、KFR-（20+28）GW/Y 一拖二空调器室内机故障代码含义如表 9-85 所示。

表 9-85　美的空调器故障代码含义（19）

指示内容	运行灯	定时灯	化霜灯	自动灯	经济灯	维修方法
系统故障（暂无）	闪（2Hz）	灯灭	灯灭	灯灭	灯灭	检查制冷系统是否堵塞
内风机过热	闪（2Hz）	灯灭	灯灭	灯亮	灯亮	检查风机线圈电阻值是否改变
压缩机过流	闪（2Hz）	灯灭	灯亮	灯灭	灯灭	检查压缩机电阻值是否改变
传感器开路、短路	闪（2Hz）	灯灭	灯亮	灯亮	灯亮	检查传感器电阻值是否改变
内风机失调	闪（2Hz）	灯亮	灯灭	灯灭	灯灭	检查风机可控硅控制电路
通信故障	闪（2Hz）	灯亮	灯灭	灯亮	灯亮	检查通信电路信号线是否被老鼠咬断
系统故障（暂无）	闪（2Hz）	灯亮	灯灭	灯灭	灯灭	

⑱ 美的变频 KF（R）-25×2GW/BPY、KFR-（23+32）GW/EBPY 一拖多空调器故障代码含义。

室内机 LED 显示含义：

- ➢ 强制制冷时，化霜预热灯和运行指示灯以 0.2Hz 闪烁。
- ➢ 模式冲突时，定时灯和化霜灯同时以 5Hz 闪烁。

- 机器发生异常时，由芯片检测并通过LED显示出来，但在遥控关机或待机状态下无显示。
- 室温传感器检测口电压在0.2～4.8V以外，仅定时灯以5Hz闪烁。
- 蒸发器传感器检测口电压在0.2～4.8V以外，仅自动灯以5Hz闪烁。
- 温度保险丝熔断，仅运行灯以5Hz闪烁。
- 室内机检测到通信故障保护时，仅化霜灯以5Hz闪烁。
- 发生室外故障时，运行指示灯、定时指示灯、自动指示灯、化霜预热灯同时以0.2Hz闪烁。

室外机故障代码含义如表9-86所示。

LED0为工作指示灯，正常时LED0亮，异常时LED0以5Hz频率闪烁。

表9-86 美的空调器的故障代码含义（20）

D8	D9	D10	D11	D12	指示内容	维修方法
灯灭	灯灭	灯灭	灯亮	灯闪	模块保护	检测功率模块U、V、W任意两相间有无交流电压输出，如无，断开室外机风机；检测压缩机U、V、W输出阻值是否平衡，如不平衡，则换室外压缩机，如平衡，则换室外机电路板
灯灭	灯灭	灯亮	灯灭	灯闪	压缩机顶部温度保护	检查压缩机温度是否超过130℃，如超过，说明压缩机线圈短路，应更换压缩机
灯灭	灯亮	灯灭	灯灭	灯闪	室内温度、蒸发器温度传感器开路、短路	检查室内温度、蒸发器温度传感器电阻值是否改变
灯亮	灯灭	灯灭	灯灭	灯闪	室外温度传感器开路或短路	检查室外温度传感器电阻值是否改变
灯灭	灯灭	灯亮	灯亮	灯闪	制冷时，室外温度过高（超过–5℃）； 制热时，室外温度过低（低于–5℃）	检查制冷或制热时室外温度过高、过低原因，按技术要求排除
灯灭	灯亮	灯灭	灯亮	灯闪	排气温度过高	检查冷凝器翅片是否过脏
灯亮	灯灭	灯灭	灯亮	灯闪	室内蒸发器高温保护	检查制冷系统是否堵塞
灯灭	灯灭	灯亮	灯灭	灯闪	电压过高或过低	检查电源电压，高压不得高于240V，低压不得低于187V
灯亮	灯灭	灯灭	灯灭	灯闪	电流保护	检查压缩机温度是否超过130℃，如超过，说明压缩机线圈短路，应更换压缩机
灯亮	灯亮	灯灭	灯灭	灯闪	室内蒸发器低温保护	检查制冷系统制冷剂压力是否低于0.3MPa
灯亮	灯亮	灯灭	灯亮	灯闪	室外机芯片间通信保护	检查通信电路信号线是否被老鼠咬断
灯亮	灯亮	灯亮	灯灭	灯闪	室内机和室外机通信保护	检查通信电路信号线是否被老鼠咬断
灯亮	灯亮	灯亮	灯亮	灯闪	温度保险丝熔断保护	检查温度保险丝熔断的原因
灯灭	灯灭	灯灭	灯灭	灯亮	正常状态（频率为零）	正常
灯亮	灯亮	灯灭	灯灭	灯亮	正常状态（频率不为零）	正常
灯灭	灯灭	灯灭	灯灭	灯闪	室外热交换器高温保护	检查冷凝器翅片是否过脏

9.4 不知道空调器故障代码含义检修空调器 5 查法

20 世纪 50 年代后生产的空调器带有故障代码含义说明，这给维修人员带来了方便。挂机故障代码一般由指示灯闪烁表示，柜机故障代码由字母和数字显示，维修人员可根据生产厂提供的故障代码含义快速排查故障。但由于各厂家空调器故障代码含义都不相同，因此在不知道故障代码含义的情况下对空调器进行检修就显得重要了。不知道代码的含义没有关系，但对于代码所包含的普遍性含义必须掌握。空调器故障代码大约有 12 种含义。

- 室温传感器故障；
- 管温传感器故障；
- 排气温度传感器故障；
- 除霜传感器故障；
- 室外机环境温度传感器故障，
- 室外机盘管温度传感器故障；
- 室外机过电流保护故障；
- CT 电流互感器断路保护故障；
- 功率模块保护故障；
- 通信异常故障；
- 电压过低、过高保护故障；
- 系统堵塞及缺制冷剂故障等。

遇到空调器出现故障，维修人员上门维修时，可按照下面的快速排除控制电路中常见故障的 5 查法，快速找出故障点。

1. 查电源

在维修空调器时，必须先查电源，这包括查供电电源和控制线路电源。关于供电电源，应以电力供电部门的有关技术指标为准，即相电压波动幅度不应大于±10%，电源对称度要合理，电源频率应（50±0.02）Hz，而且无严重谐波。电源频率的误差偏大及谐波严重，会使压缩机、风扇电动机过热，同时会使芯片产生误动作。这一点对于边远山区自备发电动机组的单位、部门要引起注意。

对于部分老城区，应注意电源供电方式。这些老城区，当时为缓解电能的供需矛盾，供电方式采用四相五线制，即照明线路与动力线路分开。这种供电方式的零线不能作为动力线路的中心线，这点有别于现在的三相四线制供电方式。当然，供电线路的线径更应注意检查，一般横截面积 1mm^2 的线路按 5A 电流计算。

2. 查控制电路的负载

这里所谓的负载是指空调器主负载，即压缩机、风扇电动机、四通阀、PTC 加热器等。

检测压缩机、定速压缩机 3 个接线端子之间主绕组加副绕组的阻值应等于公用端绕组阻值，否则绕组损坏。变频压缩机及三相压缩机，3 个接线端子之间绕组阻值应相等，用兆欧表摇测应大于 2MΩ。

检测风扇电动机，测量风扇电动机的 5 根线阻值最大的两根线接电容，其余 3 根应能分出快慢速，否则绕组有短路处。

检测四通阀线圈，通电情况下应有交流220V电压输出；断电情况下，应有5Ω的电阻值。

3．查空调器故障率高发部位

① 缺制冷剂是常见的故障。在空调器工作一段时间后出现保护的情况下，首先应检查制冷效果是否良好。制冷、制热效果差时一定要进行空调器的3个压力的测量，制冷时测量低压应为0.5MPa，制热时高压应为1.6MPa，平衡压力应为1.0MPa。

② 室内环境温度传感器和热交换盘管温度传感器损坏率最高。如果怀疑是传感器故障，不妨对其进行检查和代换。

③ 电源电压的问题也很突出，特别是用电高峰期。如果三相空调器不能启动，应首先查电源是否缺相。空调器电源检查的重点是：（空调器和总电源开关的）接点是否打火烧蚀，接触不良；总电源开关内部是否接触不良，过流能力是否满足；总电源线是否过长过细，电压是否低于187V；零线和地线是否接混；三相的相线和零线是否接错等。

④ 高压压力的保护，尤其在夏季，制冷空调器室外冷凝器翅片散热不好时，会造成压缩机过载保护。这在夏季温度较高和用电高峰期常见。

⑤ 对于使用环境较差的空调器，主要检查内外连接、室内控制信号线是否被老鼠咬断，这是较为多发的故障。另外，还要检查电路板和按钮是否受潮。

⑥ 遥控接收和显示板电路也是多发故障部件，遥控器故障多为电池电压低于3V，测量和代换为最优选择。

⑦ 内外机之间的加长管路、线路的接头处是故障的多发点。导线接头的要求是焊接后用防水绝缘胶布包裹，而部分安装者只是将其拧在一起用普通的胶布进行包扎，下过雨后造成故障隐患，这一点维修人员一定要注意。

⑧ 空调器的各接插件接触不良是空调器多发故障的主要原因，维修人员应按技术要求修好接插件。

4．查控制信号

（1）空调器控制信号

空调器的控制信号大致可分为以下两类。

1）控制和保护信号

控制和保护信号包括启停信号、温度信号、电流信号、压力信号等。其中电流信号包括控制线路的电流检测信号、高压和低压保护信号。温度信号有以下几种形式：

① 防冻冷风检测信号，它设在换热器的管路上实现能量控制，俗称管路温度检测信号。

② 所控区域动作温度检测信号，它常设在换热器的回风口附近，进行能量调节，称室内（外）温度检测信号。

③ 防高温排气的温度检测信号，常设在压缩机的排气管上。这类温度信号在制冷时控制压缩机排气温度，以策安全。在功能齐全，集成度较高的芯片控制线路中，一般选用15kΩ左右的检测排气温度的热敏电阻，它们通过与固定电阻串联分压提供检测信号。通常情况下，检测信号不能为极限值，即该热敏电阻不能短路，也不能开路。

2）故障自诊断显示信号

随着单片机芯片在控制线路中的运用，在线路中设有自诊断功能，通过显示信号来确定故障范围或指出发生故障的元件。获取该方面资料可做到有的放矢，提高故障原因分析能力，缩短检修时间。

（2）查控制信号故障的原因

熟悉电路结构，先分清控制板的内外电路、外部检测、外部控制等，分清故障产生原因是内因还是外因，确定是电路控制故障还是制冷系统故障，判断是室内故障还是室外故障。

1）分析电路

分析与电路板相连的每根线或插头的作用，找出用于检测空调器性能的外接线路，检查这些线路是否存在明显的开路、短路故障。

2）判断板内外故障

电路板外围线路基本正常，可大致判断电路板存在故障，并可通过电压检测和功能调试进行故障检查。如能遥控接收，有蜂鸣声，内风机能正常运转，制热操作四通阀有工作声等，可基本判断控制板正常；若通电遥控不接收，蜂鸣异常，不操作自身工作，工作程序紊乱等，则可判断电路板有故障，+12V 及+5V 电源异常，或公共电源回路有断路故障等。

5. 查信号流程

检测信号流程有顺查法、中间查法和逆查法。

（1）顺查法

从电源端开始，按顺序逐一检测电源、变压器、整流器、三端稳压器、滤波电容等，逐步缩小故障范围，找出故障点。

① 通电不能启动，不显示故障代码，这主要为传感器开路或短路，压力开关断路，电源异常，CPU 外围电路异常，通信故障等。

② 启动后短时间内保护，主要是内外风机运转异常或不转，霍尔测速元件损坏，检流线圈回路故障使 CPU 检测不到正常的工作电压信号，压缩机漏电、堵转，线圈短路，欠压启动，启动电容漏电等故障。

③ 启动后 3～10min 保护，主要应检查制冷系统是否正常，制冷效果是否差，是否缺制冷剂，用压力表检测制冷系统低压压力是否为 0.5MPa，室内热交换盘管温度传感器是否偏离正常阻值。

④ 不定时的保护，主要原因有制冷堵塞，制热过热，工作压力、电流不正常，压缩机处于低电压运行状态，空调器电源线接触不良，室外冷凝器翅片换热不良，变频模块过热过流等。

⑤ 通电及开机无鸣声指示或显示异常，必须查电源，包括用户电源、本机电源等。有的电源是由室外向室内提供的，室外有变压器和保险熔丝管。

⑥ CPU 的工作条件检查，检查是否有+5V 电压、复位电压、代换晶体，外围电路有无漏电或短路。

⑦ 通电有鸣声，遥控无鸣声，说明遥控器或接收头出现故障。

⑧ 通电、遥控有鸣声，过若干秒保护，应检查传感器是否开路、短路；压力开关、温度开关是否断路等。

⑨ 压缩机运行时出现保护，则在压缩机工作时检测低压或高压压力。首先查空调器室内机的吹出温度是否正常及压缩机工作电流，停机时测平衡压力，来判断制冷效果。

（2）中间查法

可先从中间环节入手，检查驱动集成电路或继电器的输入、输出信号。若输入、输出正常，则向下一个环节检查；若不正常，则故障在本环节或上一个环节。当检查到某一个环节输入正常而输出不正常时，则判定该环节有故障，更换即可。

（3）逆查法

可先检测执行部件，再检测继电器，然后再测驱动芯片、CPU，从而找出故障部位。

空调器故障5查法，需在维修中灵活掌握运用。掌握了这些方法，即可迅速找到故障点，节省检测时间，降低维修成本，提高检修空调器的速度。

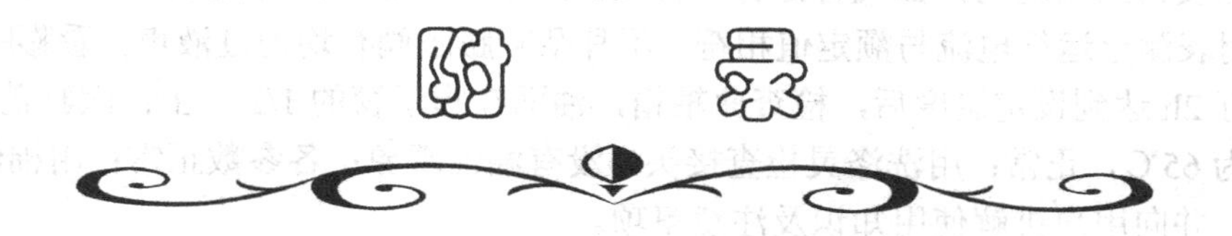

附　录

附录A　制冷设备维修中级工考工必答论文（国家题库）

1．叙述国际标准系列制冷压缩机吸气压力过低的故障判断与排除方法。

（1）故障的判断方法

小型制冷系统的故障可概括为：一漏；二堵；三污。漏常发生在焊接、连接和管路较薄弱、震动较大的部位。堵有冰堵、脏堵、油堵及焊堵。堵具有的共同故障特征为：用手摸冷凝器不热或热得不够；目视蒸发器排管不结霜；用手摸蒸发器不凉；用万用表测电动机运转电流小；用万用表接好旁通阀，表压为负压；用耳朵听制冷机的声音轻，膨胀阀无过液声。判断冰堵和脏堵的方法不同：拔掉电源，待制冷压缩机停止运转一段时间后，再开机，如开始时一切正常，制冷良好，但经过一段时间后又重复上述故障特征，则可判断为冰堵；判断为堵的故障后，如点燃一块蘸了酒精的棉丝烘烤或停止运转，膨胀阀内部仍不导通，则可判断为脏堵。脏堵一般堵在热力膨胀阀的进口过滤网处，其原因是制冷系统内的铁锈末及焊接时的氧化皮阻挡了制冷剂通过。油堵一般堵在热力膨胀阀的阀门孔处和电磁阀的针孔部位。不管是膨胀阀产生了冰堵、油堵、脏堵的故障，还是过滤器发生了冰堵、脏堵、制冷剂泄漏的故障，都会使制冷压缩机吸气压力过低，从而造成制冷效果差，耗功增加，所以必须及时排除。

（2）故障的排除方法

① 过滤器堵的故障排除。制冷压缩机在运行时，如过滤器被堵，则用手摸过滤器感觉冰凉，低压表呈真空状，排气压力低。排除时首先把储液器的截门关上，把制冷剂收到储液灌内，然后把高压、低压截止阀门关上，同时断电，用呆扳手卸下过滤器并清洗，更换硅胶后排除空气即可。

② 膨胀阀堵的故障排除。膨胀阀被堵时蒸发器结露。排除时首先要关上储液器阀门，把制冷剂收到储液器内，然后把高、低压截止阀门关上，同时断电，用活扳手卡住锁母，把膨胀阀卸下，检查过滤网是否堵塞。如堵塞，则可用乙醇清洗膨胀阀内部，切忌用甲醇，因甲醇对人身体有害。清洗完以后，可用嘴对膨胀阀进口吸一下确认是否通畅。如吸气通畅，则说明膨胀阀膜片内液体没有泄漏。把膨胀阀重新装好，打开储液器截门，拧紧低压锁母，把过滤器、蒸发器低压管内的空气排出，并用洗涤灵检漏，确定不漏后试机。由于拆卸膨胀阀要求排除空气，因此制冷系统会缺制冷剂，需要补充一定量的制冷剂。把加制冷剂管接在低压阀旁通口，压力表连接制冷剂钢瓶，用瓶内气体将软管内的空气置换掉后，打开表阀、低压阀向系统内充入制冷剂。假定制冷温度需−18℃，则蒸发温度应设定为−28℃。加电，试

机，待机组运行30min后，若机组运行不正常，蒸发器结霜不均匀，则需调整膨胀阀。若制冷良好，且低压运行压力与对应压力接近，则关闭加制冷剂表阀。运行1h后，表压力没有什么变化，蒸发器结霜均匀，回气管处有（轻微）结霜，冷凝器上部温度较高，下部温度为常温，用万用表测定运行电流与额定值相符；用耳朵听膨胀阀有均匀过液声；看膨胀阀有45℃霜面。运行2h达到设定温度后，检查曲轴箱，油面在指示窗的1/2以上；汽缸盖凉热各半；轴封温度为65℃，正常；用洗涤灵检查接头，没有漏油现象；各参数正常；用棉丝把制冷机油擦干净，并向用户讲解使用知识及注意事项。

至此，制冷压缩机吸气压力过低的故障检修完毕。

2．叙述国标系列制冷压缩机排气压力过高的故障判断与排除方法。

（1）制冷压缩机排气压力过高的原因

小型制冷压缩机排气压力过高，超过设定值，压力继电器会自动切断电源，从而发生保护性停机。造成压缩机排气压力过高的原因有：① 冷凝器冷却水阀门或水量调节阀未开；② 进入冷凝器的水量太少或水温过高；③ 冷凝器水管积垢太厚或风冷式冷凝器积灰太厚；④ 系统中制冷剂量太多；⑤ 排气管阀门未开足，储液器进口阀开得过小；⑥ 系统中有大量空气（不凝性气体）。系统中有空气可使压缩机的压缩比增大，制冷量减少，耗电量增加。因空气在常温下不能凝成液体，所以会减弱冷凝器的传热效果，造成冷凝温度和冷凝压力均过高，同时，空气本身也有一定的分压力。这两个因素使排气压力升高，随之排气温度也升高，用手摸气管和汽缸盖，很烫手。在排放空气之前，应检查空气是如何进入系统的。造成空气进入系统的原因可能是低压段有渗漏点，一旦低压段有渗漏点，则空气就会渗入系统。最易渗漏的地方是轴封和管路接头处。

（2）制冷系统的空气排除

首先，关闭储液器阀门，启动压缩机，把低压段的制冷剂全部抽入冷凝器和储液器；待低压段的压力为0MPa时，压缩机停机，并关上高、低压截门；10min后，打开高压截门旁通阀，判断排出的气体是否为空气。用手挡住放气口，若是空气，则手的感觉像风吹过一样；若手感到有油迹并感觉发冷，则说明空气已基本放净，排出来的已是制冷剂气体了。此时，马上关闭旁通阀。有时因冷凝器温度较高，放出来的制冷剂气体并没有发冷的感觉，这就要靠自己的经验来判断气体是否为空气了。另外，为了检查空气是否放净，可观察排气阀处的压力表数值。若数值与此时冷凝器温度所对应的饱和压力值相等或略高一些，则说明空气已放净；若压力表值高于饱和压力值较大，则说明系统内还有空气，应继续排放空气，直到放净为止。

空气放干净后，首先把低压截门锁母拧松，打开储液截门，用制冷剂把过滤器、蒸发器及管路内的空气排出。这时，电磁阀处于关闭状态，需把连接压缩机与电动机的皮带卸下，启动电动机，使电磁阀吸合打开，空气才能排出。把低压锁母拧紧，打开高压截门，当确定符合开机要求后，试机。

（3）试机与调试

制冷机运行1h后，观察油压力比吸气压力高0.15～0.3MPa，绿色制冷剂R411B的排气温度不超过96.5℃，用洗涤灵检查各接头有否泄漏现象；机组运行2h后，压缩机若运行不正常，结霜不均匀，降温缓慢，则需进行调试。调试可高、低压分别进行，一边观察压力表一边调整，一次不成可逐步调节。

① 高压调试：水冷式制冷机组应调节冷却流的水量，开大阀门使水量增加，冷凝压力下降；风冷式冷凝器可调节风扇风速。

② 低压调试：低压调试应调节膨胀阀的流量。打开膨胀阀下部的螺母，用扳手旋转调节螺杆，顺时针旋转时，流量减小；逆时针旋转时，流量加大。

膨胀阀流量的大小可以根据吸气压力表所反映的蒸发压力变化或观察吸气管的结霜变化情况来进行判断。若蒸发压力过高，霜层又结到吸气截止阀处，则表明流量过大，应调小。反之，若蒸发压力过低，霜层结不到吸气管处，则表明流量过小。当然，这种判断不是在短时间内便能看出结果的，在压缩机连续工作2h以上时方可看出变化。

调试时，应循序渐进，不可操之过急，每次应转动阀杆1/4～1/2圈为宜。压缩机运转20min后，再进行观察和重新调节。经调试，制冷系统的蒸发器排气管结霜均匀；回气管有轻微结霜；冷凝器上部温度较高，下部温度为常温；用万用表测试电流与额定电流相符；膨胀阀有45℃霜面；3h达到设定温度；检查各接头无漏油现象；用钳形电流表测得电动机电流与标识相符，各参数正常，确定制冷机运转良好；用棉丝把制冷机外面污物擦拭干净，并整理卫生，向用户讲解使用知识。

至此，制冷压缩机排气压力过高的故障排除。

附录B　制冷工、制冷设备维修工中级考试实操100题（国家题库）

1．制冷剂分几类？

答：① 低压制冷剂：冷凝压力 P_K<0.2～0.3MPa，蒸发温度 t_0 >0℃，如R11、R21、R113、R114等。

② 中压制冷剂：P_K=3～20 MPa，−50℃<t_0<0℃，如R717、R12、R22等，R12的代用品为R134a, R405A。

③ 高压制冷剂：P_K=2.0～4.0MPa, t_0 <−50℃，如R13、R14、R23等。

2．R134a制冷系统想用R22制冷剂替代行吗？

答：不行！因为R22容积产冷量比R134a大，同时R22轴功率也大，排气温度较高，对汽缸冷却不利，而且R22的 P_K 值较高，R134a制冷系统设备管道强度承受不了。

3．R717、R134a、R13、R22、R502的蒸发温度各是多少？

答：R717的蒸发温度为−33.4℃；R134a的蒸发温度为−26.5℃；R13的蒸发温度为−81.5℃；R22的蒸发温度为−40.8℃；R502的蒸发温度为−45.6℃。

4．钢瓶上印的字看不清楚，如何识别R134a和R22制冷剂？

答：① 在制冷剂钢瓶上分别装上压力表检查制冷剂压力，R134a压力低，R22压力高。

② 将钢瓶倒置，放出一点制冷剂，用一支−50℃的温度计检查其温度，R134a温度高，R22温度低。

5．制冷剂在装瓶时应注意什么？

答：制冷剂在装瓶时要严格控制注入量，一般装入钢瓶总容量的60%左右为宜。绝对不能装满。

6．常用制冷方法有哪几种？它们利用制冷剂的什么特性？

答：目前常用的制冷方法有三种，蒸汽压缩式制冷、吸收式制冷和蒸汽喷射式制冷。在制冷技术中主要利用制冷剂的沸腾原理来进行制冷。

7．制冷系统运行中有哪几种需观察的正常值？

答：① 油压压力比吸气压力高0.15～0.3MPa。

② P_K值，水冷式冷凝器R717、 R22不超过1.4MPa，R134a不超过1.2MPa。

③ 曲轴箱的温度，氟利昂制冷机不超过70℃，氨机不超过65℃。

④ 冷冻机的排气温度，R717、 R22不超过135℃，R134a不超过110℃，R13不超过125℃。

8．制冷系统气密性试验包括哪两种？

答：① 耐压试验：一般用氮气或空气（小型）充至1.0～1.6MPa，前2h允许降至0.2MPa，后24h不得降压。

② 真空试验：将制冷系统抽空至760Pa，18～24h内不得回零。

9．空气进入制冷系统有何害处？

答：① 冷凝压力升高，制冷量下降，耗电量上升。

② 增加热阻，从而降低传热效果。

③ 制冷系统含水量增加，容易产生冰堵，并且腐蚀管道。

④ 会使排气温度上升，遇到油类、蒸汽时，容易发生意外。

10．充制冷剂的方法有几种？

答：有两种，一种是由低压端充入制冷剂，第二种是由高压端充入制冷剂液体（此时压缩机不开）。

11．制冷系统除四大件外还有哪些辅助设备？

答：制冷系统除压缩机、冷凝器、节流阀和蒸发器4大件之外，还有油分离管、干燥过滤器、电磁阀，稍大一些的制冷系统还应有储液器。

氨机的制冷系统除四大件以外，还有储液器、油分滤器、集油器、空气分离器和紧急泄氨器等。

12．冷凝器分为哪几类？

答：冷凝器按介质分类有水冷式、风冷式和蒸发式。

冷凝器按结构分类有立式和卧式两种，立式进出水温差$\Delta t=2\sim4$℃；卧式进出水温差$\Delta t=4\sim6$℃。

13．冷凝器应具备哪几步放热过程？

答：① 由高压、高温过热蒸汽冷却为干蒸汽。

② 由干蒸汽冷却为饱和液体。

③ 由饱和液体进一步冷却为过冷液体。

14．冷凝温度高低取决于哪些因素？

答：冷凝温度取决于冷凝面积、冷却水温、水量及冷凝面的清洁程度。

15．冷凝压力过高是由哪几个因素造成的？

答：进水温度高，进出水量小，风冷冷凝器风量小，系统内有空气，制冷剂过多，冷凝器本身散热不好。

16．膨胀阀在系统中的作用是什么？

答：膨胀阀在制冷系统中的作用是节流、降压和调节过热度。

17．膨胀阀的结构分哪三部分？

答：① 感应机构——由温包、毛细管和膜片组成。

② 阀体——由阀孔、传动杆、过滤网阀针座等组成。

③ 手动调节部分——由调节杆、杆座、弹簧、填料和阀帽等组成。

18．膨胀阀安装时应注意什么？

答：① 膨胀阀安装在蒸发器出口端，距离压缩机吸气口 1.5m 以上。

② 管径在ϕ22mm 以下时，（蒸发器）感温包装在上方；管径大于ϕ22mm 时，安装位置相当于时针 8 点或 4 点处。

③ 感温包不能装在吸气管积液处。

④ 感温包和吸气管紧密接触并保温。

19．膨胀阀有哪些常见故障？

答：① 全关闭。感温包制冷剂泄漏，传动杆短或弯曲。

② 关不小。感温包离出口太远或感温包保温不好，传动杆过长，弹簧力不足。

③ 膨胀阀冰堵、油堵或过滤器堵。

20．膨胀阀开得过小、过大有何害处？

答：膨胀阀开得过小，蒸发器流量不足，空出部分产生气体热交换，而使制冷剂蒸汽产生有害过热，减小有效蒸发面积，造成制冷能力下降。膨胀阀开得过大，蒸发器内充满液体，导致湿冲程，制冷能力下降。

21．电磁阀分为几种？

答：① 直接启闭式电磁阀——用于小直径制冷系统。

② 间接启闭式电磁阀——用于大直径制冷系统。

22．说明膨胀阀的三种力的关系。

答：感温包压力>蒸发压力+弹簧力，阀开大供液量增加；
感温包压力<蒸发压力+弹簧力，阀开小供液量减少；
感温包压力= 蒸发压力+弹簧力，阀有一定开启度，此时为平衡状态。

23．电磁阀容易产生的故障有几种?

答：① 电磁阀供电电压太低；② 电磁阀线圈短路；③ 电磁阀安装位置不垂直，铁心被卡住；④ 电磁阀进出口方向装反；⑤ 出口压力差超过开阀能力，而造成阀心吸不上。

24．空调器压缩机过热，造成启动不久即停机，如何排除?

答：① 制冷剂不足或过多，应补漏抽真空，加足制冷剂或放出多余的制冷剂。
② 毛细管组件（含过滤器）堵塞，吸气管温度升高，应更换毛细管组件。
③ 四通阀内部漏气，构成误动作，确认损坏后更新。
④ 压缩机本身故障，如短路、断路、碰壳通地等，检查确认后更换压缩机。
⑤ 保护继电器本身故障，在压缩机不过热时用万用表检查其触点是否导通，若不导通则更换新的保护器。当更换压缩机时，需检查启动电容和启动继电器（如其中之一损坏，则必须两者同时更换）。
⑥ 高压压力过高，压力继电器动作，应分析原因，针对情况予以排除。
⑦ 冷凝器通风不良或气流短路，应排除室外侧的障碍物，清洗冷凝器。
⑧ 系统混有不凝液气体（如空气等），应抽空重新灌注。
⑨ 压缩机运转电流过大，应查明原因予以排除。
⑩ 室外机组环境温度过高，应远离热源，避免日晒。
⑪ 压缩机卡缸或抱轴，可用橡胶锤或铁锤垫上木块敲击震动压缩机外壳，或采用并联电容、放制冷剂空载的方法，使压缩机启动运转。若无效，则应更换压缩机。
⑫ 气液阀未完全打开。

25．如何判断空调器压缩机效率低?

答：压缩机效率下降的原因是运动件磨损，使配合间隙过大，或吸、排气阀破裂，或缸垫石棉板击穿等。压缩机效率低一般表现为排气压力下降，吸气压力升高，压缩机缸盖和吸、排气腔温度过高。如果在吸、排气管口接低压表和高压表，当排气压力在 0.6MPa 以上，吸气压力仍停留在 0Pa 或只能达到真空度 52.5Pa 以上时，即可判断压缩机效率低。

26．如何判断空调器压缩机失去工作能力?

答：空调器压缩机失去工作能力是指压缩机能正常运转，但已失去吸、排气的功能。先将压缩机加液工艺管用剪刀剪断，如有大量 R22 喷出，可以判断不是由于泄漏 R22 不制冷的。这时，可将压缩机吸、排气管用焊枪熔脱，取下压缩机，单独启动压缩机，待压缩机运转后，用手感试压缩机的吸、排气压力。应先试吸气口有无吸气，然后试排气口有无排气，用手堵住排气口，如感到压力很小，甚至没有排气，则可认为压缩机失去工作能力。因为在正常工作时，压缩机排气口用手指是堵不住的。

27．空调器压缩机电动机为何电流过大？

答：① 压缩机匝间短路，但又未达到烧断保险丝的程度。

② 压缩机的副摩擦破坏了摩擦表面的光洁度，致使压缩机的功率电流增大，但尚未达到“抱轴”或“卡缸”等使压缩机不能转动的程度。可以用万用表检查压缩机电动机的对地绝缘电阻值，正常情况下应在2MΩ以上，如显著变小或接近于零，则说明已短路。如对地绝缘电阻正常，查启动和运行绕组的电阻值。如匝间短路，则运行电流增大。

28．空调器压缩机电动机启动困难的原因是什么？

答：① 电源电压过低。② 压缩机电动机绕组短路。③ 制冷剂过多。放掉系统中部分制冷剂后，压缩机如能正常运转，说明制冷剂过量。新机较少出现故障，但是冬天加过制冷剂，夏天再使用的要注意。④ 如不是上述三种原因，则很可能是压缩机卡缸。

29．简述空调器压缩机不停机故障的检修。

答：① 空调器不制冷或制冷效果差造成不停机，此故障的检修参见不制冷与制冷效果差的检修。

② 空调器制冷正常但不停机，此故障多为温控器损坏或室内温度没有达到设定温度，如窗机换新风门没有关闭。可通过测量空调器出风口温度来进行判断。有些用户把温度计放在墙角，测量的温度不准确，误以为空调器有故障；另外，如果大功率空调器装在小房间，也会出现频繁停机现象。

30．如何排除空调器三相压缩机电动机在运转中速度变慢，一相保险丝熔断，一相电流增大的故障？

答：故障往往是由于压缩机电动机绕组有一相碰壳通地造成的。维修人员可把接地线端子卸下，用试电笔测试机壳是否带电。如机壳带电，再将电源插头拔下，用手摸压缩机机壳，局部应有发烫感觉。应重绕压缩机电动机绕组或更换压缩机。

31．如何排除空调器三相压缩机电动机在运行中发出的“吭吭”声？

答：三相压缩机电动机在运行中发出“吭吭”声，是由于三相严重不平衡造成的，肯定有一相电源缺相。应用万用表电压挡进行检查，恢复三相即可。

32．如何排除空调器三相压缩机电动机反转故障？

答：空调器三相压缩机电动机反转是由接线错误引起的，带有相序保护的空调器整机不工作，任意两条线互换即可。

33．空调器相序保护有什么现象？

答：通电开机，室内外机均不运转，室内机显示屏显示故障代码，断电，把三相电源的任意两根调换即可。

34．如何更换空调器涡旋式压缩机？

答：更换涡旋式压缩机，排放制冷剂时高压侧和低压侧需同时进行，禁止只从高压侧进行，涡旋盘轴向密封会导致制冷剂存留在低压侧。焊接作业时，为了不使铜管内壁生成氧化膜，必须通入氮气。通入氮气的时间要足够，检验方法是在另一出口放置一根点燃的香头或烟头，如火熄灭，则说明系统内的空气已排空，这时才可以进行焊接操作。

由于涡旋式压缩机的使用要求较高，禁止在更换压缩机或其他零件时将压缩机作为真空泵来排空室外机管路中的空气，否则将烧毁压缩机。必须使用真空泵来抽真空。

在维修室内机收气时，不许将系统内的压力降到真空状态，只可将压力维持在0.03MPa以上，否则会导致压缩机吸入侧涡旋盘轴向密封形成真空，操作不当会损坏压缩机。

35. 采用涡旋式压缩机的空调器移机时需要注意哪些事项？

答：涡旋式压缩机在移机回收制冷剂时容易损坏，原因在于回收制冷剂时间太长，压缩机长时间在真空状态下运行，压缩比大，压缩机温度急升，造成烧毁。因此，回收制冷剂时间不得超过2min；或观察低压表的变化，当低压表指在0.02～0.03MPa时，再抽20～30s即可；或在回收过程中听到异常声音不超过10s即关机。移机重装后，试机运行时，需检查低压，以查明是否需要加制冷剂。低压视气候、温度不同控制在0.45～0.50MPa之间。

36. 空调器压缩机过载保护器有哪几种类型？

答：① 外部过载保护器。外部过载保护器是通过弹簧卡子紧贴在压缩机的外壳上的。它串接在全电流通过的共用线上（三相压缩机应接在三线中的两线上）。当压缩机超负荷运行，或空调器运行时的环境温度超过53℃，或压缩机停机后不到3min再次启动时，过载保护器就切断电流，使压缩机停止运行。外部过载保护器的内部由双金属圆盘（双金属片）、接点、接线端子和发热丝等组成。在耐热树脂基座内装有发热丝和双金属圆盘（有的过载保护器内只装双金属圆盘，没装发热器）。当过流或过热时，双金属圆盘发热而产生变形，使接点断开，切断电流，起到保护压缩机电动机的作用。当双金属圆盘逐渐冷却降温，恢复原状后，接点闭合，接通电流，使压缩机恢复工作。

② 埋置式过载保护器。埋置式过载保护器的感温元件直接感受电动机绕组的温升。当绕组温升高于某一值后，它就将电路切断，使压缩机停止工作。要用手摸一下压缩机机体，如烫手，应等冷却后再进行测量，否则会造成误判断。

37. 空调器压缩机用保护器件有哪几种形式？

答：空调器压缩机是制冷系统中最关键的部件。电源电压异常或使用环境恶劣，常会造成压缩机超负荷运行，如果没有保护器件对其进行保护，压缩机电动机将被烧毁。目前常用的保护器件有以下几种形式。

① 过载保护器：主要用于压缩机电动机的过电流和过热保护。过载保护器的外壳与压缩机壳体表面紧贴。用于单相压缩机电动机时，保护器应串接在全电流通过的共用线上；用于三相压缩机电动机时，保护器应串接在三条线中的两条线上。

② 内部保护器：主要用于单相压缩机电动机上，串接在压缩机内部电动机的绕组共同线上，对压缩机电动机进行过电流保护。

③ 热继电器：主要用于三相压缩机电动机的线路过电流保护。其两组线圈串接在三相线路中的两相上。当过载电流流过并达到一定的时间后，其保护开关断开。

④ 反相防止器：主要用于三相旋转式压缩机电动机，保护三相供电电源的相序，以防压缩机旋转方向反相，此外，还具有缺相保护功能。

38．空调器压缩机过载保护器是如何工作的？

答：空调器过载保护器都具有启动和运行两个方面的保护功能。当压缩机启动时，由于机械故障使转子“咬煞”，电流迅速上升，当电流超过启动电流额定值时，保护器接点跳开，切断电流，避免电动机启动绕组烧毁。在压缩机正常运行时，由于外界原因造成温升过高或电流超过允许值时，保护器接点也会跳开，切断电源，避免电动机运行绕组烧毁。

39．空调器过载保护器常见的故障有哪些？原因是什么？如何进行检查和修理？

答：过载保护器常见的故障有：电热丝烧断，接点烧损，双金属片内应力发生变化后接点断开不能复位，内埋式过载保护器绝缘损坏和触点失灵等。

造成过载的原因有：① 电源电压过低，三相电压的对称性差。② 压缩机电动机延长时间低速运行。③ 压缩机电动机长期低电压带负荷运行。④ 压缩机电动机冷却介质通路受阻。⑤ 使用环境温度过高。

过载保护器可用万用表进行检查。在正常情况下，应有几十欧姆的电阻值；若电阻值为无穷大，说明该过载保护器断路。过载保护器发生故障后，除接触不良、接点粘连可以修复外，其他故障一般不作修理，只作调换更新处理。内埋式过载保护器发生故障后，一般难以修理，也不易调换，只有同压缩机一起进行更换。

在三相压缩机电动机中，使用的三相过载保护器大多为双金属片式。双金属片元件与压缩机的接触器线圈及低压（24V）线路相串联。电加热丝与压缩机的触点及电动机接头相串联(在电源电路中)。当金属片感受到过热或过流时，双金属片均可将压缩机电动机电路切断。

40．简述空调器压缩机的液击排除方法。

答：空调器在正常工作情况下，压缩机吸回的是制冷剂蒸汽而不是液体。但如果制冷剂量充注过多或膨胀阀调节流量过大，则会使制冷剂在蒸发器中不能完全蒸发，致使制冷剂以湿蒸汽或液态被压缩机吸回，造成压缩机的液击。它会导致阀片、阀板、活塞被击坏破损，严重时连杆也可能变形。发生液击时，压缩机会发出异常的声音，同时，也会发生振动。制冷系统中制冷剂过多或冷冻油充入量过多，都会发生液击。空调器的蒸发器通风不良，冷量带不走，制冷剂过多或冷冻油充入量过多，也会发生液击。空调器也会因压缩机外壳结霜而导致液击。故维修工在加制冷剂时，最好不要把钢瓶倒立以免加入液态制冷剂，对于活塞式压缩机，尤其要注意。

41．空调器压缩机有哪些保护？

答：压缩机是空调器的心脏，其作用十分重要，因此对它的保护也特别齐全，主要有以下几种：

① 过热保护。当压缩机电动机线圈的温升超过规定的最高限值时，保护器能断开压缩机的电源。过热保护和过电流保护往往合在一起制作成一个保护器，有时也简称为热保护器。此时电流和温度同时在起作用。

② 过电流保护。当电流超过压缩机的最高限值时，保护器能断开压缩机电路。

③ 停机 3min 保护。当压缩机停止工作时，高低压的压差需要一定的时间才能达到平衡。若在未达到平衡时，又一次启动压缩机，将会使压缩机损坏。因此，在压缩机停机后必须等待一段时间方能再次启动，这段时间一般需要 3min 以上。所以在压缩机的控制电路中装置

了3min延时电路，这就叫做停机3min保护。

④ 欠电压保护。当电源电压降低到一定值时，压缩机已无法正常工作，此时保护器会断开压缩机电源。

⑤ 相序保护。三相旋转式（包括双转子）和涡旋式压缩机对旋转方向有一定的要求。如果三相电源接线错误，压缩机的转向将与要求相反，这将会损坏压缩机。所以对相序有要求的三相压缩机有一个相序保护器，当发生接线错误时，该保护器将动作，使压缩机断开电源。此时只要交换任意两相电源的进线即可使转向改变。

42. 空调器四通阀是怎样实现换向的?

答：四通阀的全称是电磁四通换向阀，它通过电磁线圈的通电与断电使制冷剂改变流向，因有4根铜管与外部管路连接，因而简称为四通阀。四通阀主要由三大部分组成：先导阀、主阀和电磁线圈，另外还有毛细管和铜管各4根。

制冷工况：此时四通阀处于断电状态，电磁线圈不得电，先导阀内靠弹簧力量将小滑块推向左边，此时高压气体从毛细管进入先导阀，再到主阀的活塞腔将主阀的滑块推向左边，使气体先去室外机组的冷凝器，此时空调器处于制冷循环。

制热工况：此时四通阀处于通电状态，电磁线圈得电吸合，活动铁芯将弹簧压缩，并拉动先导阀的小滑块向右移动，高压制冷剂气体从毛细管进入先导阀，再到主阀的活塞腔，推动主阀的滑块向右移，使制冷剂先去室内机组的蒸发器，但此时的蒸发器实际上起着冷凝器的作用。此时的空调器处于制热循环。

四通阀依靠电磁线圈的断电与通电实现了制冷剂流向的改变。

从结构和工作原理上看，先导阀实际上是一只缩小了的四通换向阀。其区别仅在于先导阀的换向依靠弹簧和电磁线圈吸力的联合作用，而主阀的换向则依靠左右两侧活塞腔压力差的作用。

电磁四通换向阀是热泵型空调器所特有的元件，也是非常重要的关键零件。它的动作可靠性关系到空调器制热功能的实现；它的内泄漏直接影响空调器的制冷量和制热量。四通阀的加工精度较高，对材料的要求也较高，因此其制造的难度还是比较大的，目前的价格也较昂贵。

43. 空调器单向阀是怎样工作的?

答：热泵型空调器在制冷循环和制热循环时所需的毛细管长度是不一样的。一般地说，制冷时所需毛细管略短些，因此需要想办法将多余的一段毛细管短路掉，而在制热运行时又需将这段毛细管投入使用。能起这种作用的元件就是单向阀。

单向阀在小型空调器中较常见。它主要由铜管外壳、阀座、钢珠及毛细管组成。当空调器制冷运行时，它将钢珠顶开使管路畅通，使旁通的毛细管不起作用，这等于将毛细管短路掉；当空调器制热运行时，制冷剂的流向与箭头相反，它将钢珠压紧在阀座上从而封闭了管路，此时制冷剂将从旁通的毛细管中穿过，这等于增加了一段毛细管。由于钢珠的单方向性，使制冷剂只能一个方向通过，所以这种阀也就称为单向阀。

单向阀有很多形式，可根据管路的不同需要而设计。它安装时需垂直，箭头向上，钢珠依靠自重向下而起密封作用。

44．空调器遥控接收器是怎样工作的？

答：目前壁挂式空调器及部分窗式空调器已采用遥控式控制来操作空调器。这种控制器分为发射器和接收器两大部分。发射器掌握在操作者手中，接收器就安装在空调器内部，起控制作用的线路板和各种元件都安装在接收器里，所以接收器的工作原理就是遥控器的工作原理。

遥控器的工作原理：单相交流电输入整流电路后经过变压、整流、滤波等环节输出控制器所需要的直流电压，经过三端稳压器 7812 及 7805 后将 12V（DC）或 5V（DC）电压输入到主机 CPU；发射器发出的红外线脉冲信号被接收头的光敏元件收到后输入到 CPU 解码，CPU 将此信号与传感器电路、保护电路、反馈电路的输入信号作比较，将工作信号输出到继电器驱动电路、继电器控制口，直接操作各个执行元件启动或停止；同时 CPU 还输出显示信号使蜂鸣器发出声音，指示灯发出灯光。反馈电路主要是室内风机速度反馈，其信号进入 CPU 与室内风机转速指令作比较，使室内风机（主要是 PG 塑封电动机）的转速符合要求。

45．空调器电脑板的 3min 保护是怎样工作的？

答：压缩机在正常工作时，吸气口处于低压区，排气口处于高压区，这高低压两端之间存在一个压差。当压缩机因某个原因停机时，这个压差还会保持一段时间。如果在这段时间里压缩机再次启动，压缩机将会在高负荷情况下运行，很容易损坏压缩机，造成电动机过载。这段时间内如果压缩机不启动，那么高压区的制冷剂压力将会通过毛细管逐渐向低压区扩散，两边压力逐渐趋于平衡，此时再启动压缩机就不再会发生高负荷启动的情况。这一段时间在 3min 左右，所以在压缩机开机后，不管什么原因造成停机，必须等待 3min 方可重新开机，这就是 3min 保护。

电脑控制的空调器大多在软件中已写入此项保护。此时即使发出开机指令，空调器也要等满 3min 后才会自动开机。对于手工操作的空调器，如窗式空调器，就应该自己多加注意，不管是停电、跳闸、设定温度已达到自动停机、人为关机等，只要压缩机已工作过，都必须等待 3min 后方可重新开机，否则就会损坏压缩机。

46．如何向制冷系统充灌制冷剂？

答：在确认制冷系统压力检漏及气密性试验合格的基础上，依据说明书的要求加灌制冷剂。

① 称重法定量加灌：按要求从高压侧向储液器加灌规定量制冷剂。

② 低压法试灌：从低压侧灌注制冷剂，均衡压力为 0.2MPa 时开机运转，再补充加灌，直至低压压力达到设定蒸发温度所对应的饱和压力为止。

47．怎样使用单头表与双头表加制冷剂？

答：单头表直通奶头用连接管接空调器加气工艺口，旁通管接制冷剂瓶。使用时置换掉管路内的空气。在使用双头表时，双头表左侧蓝管为低压管，右侧红管为高压管，中间黄管为接制冷剂瓶管。管路需置换空气后使用。应注意不要将高压表（红）和低压表（蓝）接反，否则会损坏低压表。

48．制冷系统的正常运行标志有哪些？

答：① 制冷机启动后，汽缸中无杂音，只有阀片的起落声。

② 冷凝器水压满足0.12MPa以上。

③ 新系列产品油压比吸气压力高 0.15～0.3MPa，老系列产品油压比吸气压力高0.05～0.15MPa。

④ 氨机的吸气温度比蒸发温度高5～10℃，氟机的吸气温度比蒸发温度最高不超过15℃。

⑤ 汽缸壁不应局部发热或结霜。

⑥ 曲轴箱温度不超过70℃，氨机不超过65℃。

⑦ 制冷机排气温度：氨（R717），R22不超过110℃；R13不超过125℃。

⑧ 冷凝压力：氨（R7717），R22不超过1.37MPa；R134a：不超过1.18MPa。

⑨ 储液器液面不低于指示器标高的1/3。

⑩ 油分离器自动回油管时冷时热，周期为1h左右。

⑪ 冷凝器上部热，下部凉。

⑫ 蒸发器压力与吸气压力相近。

⑬ 在一定水流量下，冷却水进出应有温差。

⑭ 制冷机密封良好，无渗油现象。

⑮ 轴承轴封温度不超过70℃。

⑯ 膨胀阀体结霜均匀，但进口不结霜。

⑰ 各个仪表稳定正常。

49．什么是液击？产生的原因有哪些？

答：液体制冷剂或冷冻油进入汽缸即为“液击”，也称湿行程或潮车。产生原因为制冷剂过多，节流阀开度大，停机时蒸发器内有液体，蒸发强烈，蒸发器霜衣、水衣、奔油。

50．液击发生前有哪些现象？如何排除？

答：液击发生前会有电流增大，汽缸结霜，排气温度降低，机内声音由清脆变沉闷，听不到阀片的起落声等现象出现。严重时缸内有敲击声，又称敲缸。排除方法：轻微液击可关闭吸入阀门，待机内声音正常后再缓慢开启；严重液击应立即关机。

51．简述制冷系统产生冰堵的原因、部位及排除方法。

答：水分进入制冷系统，且达到一定值时将产生冰堵。冰堵一般易发生在蒸发器进口、毛细管终端和热力膨胀阀中。

排除方法：在系统中串入一个干燥过滤器，内部填充无水氯化钙进行运行干燥；也可将系统重新用氮气吹净或加热抽空，排除水分。

52．简述制冷系统脏堵产主的原因、部位及排除方法。

答：在安装时对制冷管路中留有的残留物如氧化皮等未吹除干净，或系统中有锈渣等机械杂质均会造成系统堵塞。一般易堵部位在干燥过滤器、膨胀阀入口滤网等处。脏堵造成制冷系统完全不能制冷，低压压力为负压，压缩机变为轻车运转，声音小，电流减小，冷凝及

排气管不热。查到脏堵部位后应清洗和清除杂质，系统即可恢复正常。

判断方法：毛细管、过滤器发生结霜、结露现象。

排除方法：放掉系统中的制冷剂，更换干燥过滤器，用氮气对系统进行吹污处理。

53．什么是回热循环?采用回热循环的目的何在？哪些系统采用?

答：回热循环指在回气管道上设置一个热交换器，使节流前的液体与回气管中的气体进行热交换，以达到提高冷量和防止液击的目的。常用的制冷剂 R134a 系统采用，R22 可用可不用，R717 不能采用。

54．什么是热泵?采用热泵的意义是什么?

答：蒸发器与冷凝器的功能可以相互转换的制冷系统称为热泵。采用热泵可以节省能源，因为热泵系统除自身消耗的功转换成热能外，制冷剂在蒸发过程中还能吸收周围介质的热能，提高总产热量。

55．什么是溴化锂溶液结晶的故障？怎样排除?

答：当溴化锂溶液浓度升高，冷却水温过低及系统中不凝性气体过多时，溶液会产生结晶故障，较多发生在溶液热交换器溶液出口处。发现结晶故障后应立即关小冷却水，关闭加热热源。

56．氨系统的紧急泄氨器有何作用?怎样操作?

答：大型氨系统中储氨较多，遇火灾会造成二次爆炸。因此，加设泄氨器可防止发生爆炸事故。操作方法是先开水阀再开排氨阀，将混合后的氨水排至室外的氨水池中。

57．冷库为什么要加隔热层和防潮层?防潮层应放在哪一侧?

答：冷库的温度低于环境温度，为防止热量渗透设置了隔热层；为防止潮气侵蚀隔热层使其导热性能提高，故又设置了防潮层。防潮层设置在热的一侧，因为热侧水蒸气分压力高。

58．什么是溴化锂冷剂水的污染?规定值是多少?如何排除?

答：当冷剂水中混入了溴化锂，使比重大于 $1.04\times10^3kg/m^3$ 时，即认为冷剂水被污染。

排除方法：将蒸发器中的冷剂水通过屏蔽泵直接旁通至吸收器中，再次进行循环，也即冷剂水的再生处理。

59．复叠式制冷循环低温级加设的特殊装置是什么?有何作用?

答：特殊装置是膨胀容器，作用是防止在停机状态下的制冷剂压力过高，使压力不超过 1.0MPa，系统再次启动顺利。

60．替代 R12 的最佳制冷剂是什么?中文名称是什么?蒸发温度是多少?

答：替代 R12 的最佳制冷剂是 R134a，中文名称为四氟乙烷，蒸发温度为–26.5℃。它不溶于常用的矿物油，只溶于人工合成的脂类油。

61．在安装空调器连接铜管和信号线时应注意什么?

答：在固定好室内外机之后，就可以安装连接铜管，进行电气接线。在安装连接铜管时应注意以下几方面的问题。

① 连接铜管应使用空调器厂家提供的配件，因为该铜管对内部清洁度要求很高，而且要经过真空退火。不可随便使用其他铜管。

② 连接铜管的走向要合理，弯曲次数不能太多，弯曲角度不能小于 90°，弯曲半径不能小于 50mm。

③ 连接铜管两端之间的高度差一般不超过 5m。

④ 连接铜管外表应有橡塑保温管，它可以保温绝热，减少热能损失，防止铜管结露、结霜，这也是一种节能措施。

⑤ 连接铜管不能任意加长，也不能随意增加管接头，最好采用整根无接头的铜管。一般空调器厂家在产品出厂时都在附件箱中配有连接铜管，两端都已扩好喇叭口，以便于安装。所以在安装时最好使用空调器厂家提供的配件。如果受安装环境所限，不得不加长连接铜管，则一般最好不要超过 10m，特殊情况不得超过 20m。在加长铜管后，空调器的制冷剂充注量要作适当增加，补充量随着空调器功率的增加和铜管长度的增加而增加。一般以 5m 为基点，每增加 1m 长度，约需补充制冷剂量为 80～160g。但连接铜管过长或接头过多将使流阻及热能损失增加，影响空调器的制冷效果。

⑥ 在过墙穿孔时应连接铜管将两端口封闭，以免墙灰等垃圾进入铜管。

⑦ 连接管口时应注意不让雨水、风沙等进入铜管内。

⑧ 如果连接铜管加长需焊接，应采用氮气（N_2）保护焊或二氧化碳（CO_2）保护焊，以免铜管氧化，污染制冷系统，造成压缩机“咬煞”现象。

⑨ 信号线用于传输室内机、室外机的各种电气信号，在连接时要注意不能接错，插头方向要正确，接插要到位，以免接触不良。

62．空调器常见的故障现象有哪些？

答：空调器的故障现象是各种各样的，可归结为六方面的故障，即“漏”、“堵”、“断”、“烧”、“卡”、“擦”。

漏，主要指制冷系统管路和零件漏制冷剂，室内机漏冷凝水，电气系统零件和线路漏电等。堵，主要指制冷管路脏堵，毛细管冰堵，过滤器或阀门口堵塞等。断，主要指电气线路断线，包括保险熔丝管烧断，接线头断，接插件断等。烧，包括风扇电动机烧绕组，压缩机烧绕组，电容器烧毁，遥控接收器烧断，变压器烧断等。卡，主要指压缩机卡缸。擦，主要指风扇叶片运转时与周边零件相碰擦。

上述故障都是十分常见的，了解这些故障的现象对于排除这些故障，正确使用空调器是很有帮助的。

63．如何检查毛细管脏堵？

答：① 压缩机的加液工艺管上装接一只三通检修阀。

② 开机前测量系统平衡压力，如正常，启动压缩机，运转 30min 后，若低压一直保持在 0MPa 的位置，说明毛细管可能处于半脏堵状态；若为真空，可能是完全脏堵，应作进一步检查，此时压缩机运转有沉闷声。也可通过观察毛细管与过滤器是否结霜来进行故障判断，如毛细管或过滤器结霜发凉，说明系统半堵；如毛细管或过滤器温度与环境温度相当，说明系统全堵，系统中无制冷剂流动声。

③ 停转压缩机后，如压力平衡很慢，需 10min 或 30min 以上，说明毛细管脏堵。脏堵位置一般在干燥过滤器与毛细管接头处。将毛细管与干燥过滤器连接处剪断，若有制冷剂喷出，即可判断毛细管脏堵。

64. 毛细管脏堵后无同内径、同长度毛细管更换怎么办?

答：① 可用退火的方法将脏物烧化，然后用氮气打压吹气使之畅通。

② 可将毛细管焊在清洁的管路中，用煤油或四氯化碳冲洗，切忌用汽油。冲洗后的毛细管必须进行抽真空、干燥处理后方可使用。

65. 怎样区别泄漏与堵塞?

答：制冷系统的泄漏与堵塞都会造成系统压力不正常，使制冷量下降，这给寻找故障原因带来了困难。但泄漏与堵塞仍然有区别，因为泄漏使制冷剂逐渐减少，而堵塞使管路不通，由此产生了不同的现象。泄漏使制冷剂不足，所以高压、低压都降低；堵塞在高压部位或毛细管处，则会使高压升高而低压降低。所以认真仔细地观察制冷系统的现象，还是可以判断出真正的故障原因的。

66. 空调器漏电怎么办?

答：空调器漏电是指因接地不良或火线碰到外壳而使机壳带电。漏电容易造成触电伤亡事故和火灾事故，因此必须严格预防。当手接触机壳有麻电感觉时，说明已经发生漏电现象。此时应迅速断开电源，如拔下插头或拉下漏电开关。然后使用万用表逐段检查电气线路，火线、零线对地线的绝缘程度，当检查到绝缘电阻值为零时，就说明该段接地。排除接地点后应再次检查线路对地的绝缘电阻值，在确认已经修复后方可送电。

注意

检修电气故障需要一定的专业知识，因此最好请专业人员修理，以免产生额外的事故。

67. 空调器风扇电动机烧毁有什么现象?应怎样修复?

答：空调器中的风扇电动机属于单相电容运转异步电动机。它具有主绕组（运行绕组）和副绕组（启动绕组）两个绕组。风扇电动机烧毁就是这两个绕组或其中的一个绕组因电流过大或温度过高造成线圈短路或断路的现象。此时，绕组漆包线的绝缘被破坏，匝间绝缘已有局部破坏，严重时对地的绝缘也被破坏。

当绕组局部烧毁时，首先表现出电动机的转速下降，温升提高。绕组烧断时，电动机会停止旋转，风扇不转是最直观的现象，同时可闻到一股烧焦味。

电动机烧毁应更换新电动机。更换时应采用同型号的风扇电动机。如条件所限，一时无相同型号风扇电动机时，则应采用相同电压、相同电容器容量、相同极数、转速接近的电动机；否则，风扇速度改变将改变负荷，使更换的新电动机也被烧毁。

68. 空调器压缩机烧毁有什么现象?

答：压缩机烧毁是指压缩机中的电动机绕组烧毁。与风扇电动机一样，家用空调器由于使用 220V 单相交流电，所以压缩机电动机也属于单相电容异步电动机。当压缩机电动机的绕组有轻微烧毁时，首先表现出电流增大，温升提高，输出力矩有所下降，表现为空调器制冷量有所下降。烧毁严重时将造成压缩机停转。由此可最直观地判断出压缩机是否已烧毁。

当一时难以作出判断时，可拔下压缩机接线柱上的插件，用万用表测量压缩机电动机的主副绕组的直流电阻值，有条件的最好用电桥来测量，这样比较准确。绕组的直流电阻值一般为几欧姆。如果很小或为零，则表明绕组已损坏。

由于压缩机装在室外机内，检查维修都很不便。所以用户感觉空调器制冷不足而怀疑压缩机已损坏时，应请专业人员检修，切不可自己盲目动手，否则容易出其他故障。

69．简述空调器毛细管结蜡现象及排除方法。

答：因 R22 与冷冻油有相溶性，经多年的循环，R22 中含有一定比例的冷冻油，油中的蜡组分在低温下析出，在制冷循环过程中，蜡组分就要逐渐沉积于温度很低的毛细管出口内壁上，毛细管内径变小，流阻增大，从而导致制冷性能下降。

对使用多年的空调器，如在运行时，蒸发器温度偏高，冷凝器温度偏低，而又排除了制冷剂微漏和压缩机效率差的原因，一般即可判断为毛细管结蜡。

对结蜡毛细管，可使用高压枪修理，利用一根带柱的丝杠将冷冻油加压至 1.5MPa，将结蜡清除掉。也可采用更换新毛细管的方法。

70．如何判断空调器干燥过滤器脏堵？

答：干燥过滤器脏堵故障是由于制冷系统焊接不良使管内壁产生氧化皮脱落，或压缩机长期运转引起机械磨损而产生杂质，或制冷系统在组装焊接之前未清洗干净等原因造成的。脏堵故障现象为干燥过滤器表面发冷、凝露或结霜，导致向蒸发器供给的制冷剂不足，或致使制冷剂不能循环制冷。

干燥过滤器脏堵的判断方法：压缩机启动运行 30～40min 后，冷凝器不热，无冷气吹出，手摸干燥过滤器发冷、凝露或结霜，压缩机发出无负荷声。为了进一步证实干燥过滤器脏堵，可将毛细管在靠近干燥过滤器处剪断，如无制冷剂喷出或喷出压力不大，说明脏堵。这时用管子割刀在冷凝器管与干燥过滤器相接附近割出一条小缝，制冷剂就会喷射出来。

注意

此时要特别注意安全，防止制冷剂喷射伤人。

71．如何排除空调器干燥过滤器脏堵故障？

答：发现干燥过滤器脏堵后，应慢慢割断冷凝器与干燥过滤器连接处（防止制冷剂喷射伤人），再剪断毛细管，拆下干燥过滤器。因干燥过滤器修理比较困难，一般更换新的干燥过滤器为好。如一时没有新的干燥过滤器可供更换，则可将拆下的干燥过滤器倒置，倒出装在里面的干燥剂并清洗。过滤器内壁和滤网用煤油或四氯化碳清洗，经干燥处理后可以使用。

在更换干燥过滤器前，最好对蒸发器和冷凝器进行一次清洗。

72．空调器回气管结霜是什么原因？怎样排除？

答：回气管是指制冷运行时蒸发器至压缩机吸气口之间的一段铜管。在空调器正常工作时，回气管是不应该结霜的。如果出现结霜，就是一种故障现象。

造成回气管结霜的原因主要是蒸发器中制冷剂的蒸发不充分，热交换效果差，如进出风道堵塞，翅片上积灰严重，翅片倒塌严重，片距太小或窗口易结冷凝水并结露成膜。室内机过滤网积尘严重时，阻碍进风也会影响热交换。贯流风叶的电动机转速下降太多或停止，也会造成蒸发器热交换差。制冷剂充注过多，也会影响蒸发器的热交换效果。回气管结霜不但使制冷效率下降，严重时还会造成压缩机液击故障。因此，应及时排除回气管结霜现象。方法是针对上述几个方面的原因采取措施，如清扫蒸发器、过滤网，使之不积灰尘；经常检查排除室内风扇电动机的故障；制冷剂确实过多时，可适当放掉一些，使低压侧压力保持 0.5MPa 为宜；在设计制造蒸发器时，应选择合适的片距及窗口形式，并选用亲水膜铝箔来制作翅片，以减少结霜现象等。

73．空调器毛细管结霜是什么原因？

答：毛细管在空调器正常工作时是不应该结霜的。如果出现结霜那就是故障现象。造成结霜现象的原因主要是阻塞，其部位在毛细管本身或过滤器的滤网上；也可能是制冷剂不足，如充注不够或有缓慢泄漏。

当出现毛细管结霜时，可先检查电压与电流。如果电压正常而电流偏小，则说明制冷剂不足。这时先查有无泄漏，尤其要检查各个焊接部位和分体机的室内外连接管口处，找到泄漏点并排除后，方可补充加液。如果毛细管或过滤器阻塞，更换毛细管或过滤器为最佳。

74．全封闭压缩机机壳上的 3 个接线柱如何识别？

答：全封闭压缩机机壳上的 3 个接线柱，分别表示运行端（R）、启动端（S）、公共端（C），$R_{RS}=R_{RC}+R_{SC}$，$R_{RS}>R_{SC}>R_{RC}$。不同三相压缩机的接线端子电阻值是相等的。更换压缩机时一定要注意，不管单相还是三相压缩机，接线端一定不可接错！

75．如何判断压缩机电动机绕组短路？

答：用万用表 $R\times1$ 挡，调零后，测量压缩机电动机绕组 C-R 或 C-S 两端的电阻值。若所测绕组的电阻值小于正常值，就可判断此绕组短路。对于三相电动机，用两表笔分别接触 3 个接线柱端子中的两个，如果 3 次测得的阻值一致，则表明绕组良好；如果有两次测得的阻值为无穷大，则表明有一组绕组断路；如果 3 次测得的阻值均为无穷大，则表明至少有两组绕组断路；如果 3 次测量中有两次所测阻值小于另一次所测值，表明有短路。

76．如何判断压缩机电动机碰壳通地？

答：用万用表 $R\times1k$ 挡测量接线端子与外壳，若形成通路，则表示电动机碰壳通地。

77．如何判断压缩机电动机绕组断路？

答：用万用表 $R\times1$ 挡，调零后，将表笔接到任何两个绕组的接线端，测量其电阻值。若绕组阻值为无穷大（∞），则表明两个绕组的接线端间不导通，可判断此绕组断路。

78．怎样给绿色空调器加液？

答：给空调器加液就是给空调器补充制冷剂。加液时空调器应处在制冷运行状态。把储存制冷剂的钢瓶用软管与低压截止阀的加液口连接起来，使空调器处于制冷状态，逐渐打开小钢瓶阀门，此时制冷剂气体就会吸入制冷系统；当认为加液已足够时，应先拿开软管使加液口的气门芯关闭，然后立即关闭钢瓶上的阀门，至此加液完成。

那么怎样来判断加液已经足够了呢？判断的方法有多种，如称量钢瓶的重量，测量系统的压力，观察蒸发器与毛细管连接处的结露情况，测量进出风口的温差等。这些方法虽然都能判断加液量合适与否，操作起来也不是很麻烦，但不是特别准确。所以目前常用的方法是测量电流的大小。方法是一边加液，一边观察空调器的输入电流，当电流逐渐上升到额定值时，即表示加液已合适了。还有另外一种方法，当测量低压侧压力为 0.5MPa 时，表明加液已合适。

79. 空调器制冷系统故障分析有哪些步骤？

答：对于系统故障，可以像医生看病一样，按“一问、二听、三看、四摸、五闻、六测量、七分析”七个步骤进行。

① “一问”指询问用户空调器的情况，例如：a. 有没有人修过，换过什么部件，出现过什么问题，修过几次。b. 电源电压稳定情况，灯是否忽明忽暗。c. 维护情况，即过滤网的清洗情况。d. 使用了多长时间。e. 是否加过冷媒。f. 离小区变压器的远近。g. 使用的电源线是铜芯还是铝芯、线径粗细（规格）、长短等。

② “二听”，例如：a. 机器工作时压缩机的运转声音是否正常。当压缩机发出“嗡嗡”声不能正常启动时，有可能是电源故障或压缩机堵转、卡缸、抱轴，另外也可能是电容器损坏。b. 风扇电动机也可能因缺油发出“吱吱”声，因电容器故障引起“嗡嗡”声。c. 电磁四通换向阀通电时的“咔嗒”吸合声及气流声是否存在。d. 毛细管或膨胀阀制冷工作正常时，耳朵靠近蒸发器进口处应能听到连续轻微的“嘘嘘”声，这说明毛细管在连续不断地供应液体制冷剂；若听到断续的“嗞嗞”声，则说明从毛细管进入蒸发器内的不是液体制冷剂，而大部分是气体，不利于蒸发；若完全堵住，则没有声音。e. 整机制冷正常而室外机发出间歇性“嗡——嗡——”声，多为室外机风叶及电动机运转不平衡引起的，应更换风叶或室外电动机。如果发出“嗒嗒”的异常声音，则多为元件松动或管路同机壳、压缩机、管路等碰撞、摩擦引起的。

③ “三看”，例如：a. 系统正常制冷时，蒸发器一般均匀结露。b. 如果从毛细管一直到蒸发器都结露，则很可能是系统毛细管或过滤器半堵或冷媒不足。c. 如果仅仅是蒸发器结满霜，则是通风不良引起的，可检查风扇电动机运转方向、风速和蒸发器表面是否脏污堵塞；对于柜机，要打开后盖窗口或后背板，检查蒸发器迎风面是否有油泥、灰尘等。d. 连接管是否加长，如果过长（超过 10m）会明显影响使用效果；弯管角度过小处是否折扁，焊接部位及室内外机管接头是否有泄漏产生的油迹。

④ “四摸”，例如：a. 摸压缩机外壳是否发烫。b. 用手感觉压缩机吸排气管的温度高低及差异。c. 用手感觉蒸发器表面及冷凝器表面温度的高低及差异。d. 用手感觉四通阀 4 根管子的温度高低及差异。e. 用手感觉单向阀、毛细管两端的温度高低及差异。f. 用手感觉高压阀及液管、气管的温度高低及差异。g. 用手感觉室内外风口温度是否有差异。

⑤ “五闻”，即用鼻子闻，例如：a. 排出的气体是否有焦味。b. 元器件（包括主板）是否有烧焦气味。c. 通过出风口是否有异味来决定过滤网是否要清洗。

⑥ “六测量”，例如：a. 用压力表检测空调器工作时的压力和停机平衡状态下的压力是否正常（注意工作环境变化的影响）。b. 用万用表检测空调器工作时的电源电压及各部件工作电压是否正常。c. 用钳形表来检测压缩机、PTC 工作的电流或风扇电动机的工作电流是否正常。d. 用电子温度计检查进出风口温差是否符合常规要求。

⑦ “七分析”，当以上 6 方面的工作基本完成时，维修人员应该对检查结果进行对比、验证和综合分析。因各系统彼此相辅相成、相互依赖、相互影响，所以要由表及里，由简单到复杂，要多想为什么会这样，要寻根问底，这样才能确定故障部位并采取维修措施，排除故障。

80．空调器移机应注意哪些问题?

答：拆机前，首先应确定空调器的工作状况，一来为回收制冷剂创造条件，二来可以避免和用户产生不必要的麻烦和纠纷。

接通电源，让空调器制冷 10min，确认空调器无故障后，用内六角扳手缓慢关闭室外机液阀（细管），使室外机的制冷剂不再流入室内机。原来滞留在室内机的制冷剂由压缩机抽回室外机，大约 60s 制冷剂即可回收干净。然后用内六角扳手迅速关闭气阀（粗管），再关闭电源。此时应把阀帽装上，并旋紧，这样既可防止系统泄漏，又可防止运输途中损坏螺纹和异物落入接口处。拆下的连机管，两端口应带上塑料帽，防止脏物和湿空气进入，且不宜放置时间太久，搬运时应小心，防止压扁或断裂等。

准确控制回收制冷剂时间，太短制冷剂回收不净；时间太长，由于液阀已关闭，压缩机排气阻力增大，发热严重，容易烧坏压缩机。

为防止压缩机从低压阀抽进空气，在回收制冷剂时，关闭低压阀动作要迅速。若低压侧已抽成真空，则空气会乘机而入。回收时间可用表压法（表压为负值且保持不变）或时间法（约 48s）来控制。

当空调器安装好后，应进行试机运行，检查是否要补加制冷剂。可采用表压法（R22 对应的蒸发压力约为 0.5MPa）、电流法（为铭牌标注电流）和观察法（结露情况、出风口温度、冷凝水的排放）来确定。开机一段时间后触摸液管（细）、气管（粗），正常情况下，气管比液管略热些。

81．空调器低压供液管结霜是否表明空调器缺制冷剂?

答：有经验的维修工都知道，在空调器的维修过程中，往往根据低压供液管是否结霜，来判断空调器是否缺制冷剂。

空调器中的低压供液管是从毛细管出口到蒸发器进口这段距离的连接管。在窗式空调器中，这段供液管在机壳的内部，须拆开机壳才能看到，管的长度在 20cm 左右。而分体式空调器中，室内机与室外机连接的两根铜管中，直径细的一根就是低压供液管。

空调器缺少制冷剂时，低压供液管往往会出现结霜现象，这是一种比较典型的故障现象。但是低压供液管结霜并非都是由缺制冷剂引起的，因此低压供液管结霜不能完全作为空调器缺制冷剂的依据。

① 正常工作的空调器在开始运行时低压管一般都有一个短暂的结霜的过程。随着压缩机的运转，这一结霜过程也就结束了。这是由于压缩机刚开始运转时，冷凝温度和冷凝压力都较低，致使毛细管供液量低于正常值，蒸发压力随之降低，引起结霜，待正常的冷凝压力建立后，这一结霜现象也随之消失。如果压缩机运行 30min 后，低压供液管结霜仍不消失，这就属于缺制冷剂或制冷系统局部堵塞引起的故障了。

② 在春、秋季节，如果强制制冷运行，则低压供液管就可能出现结霜现象。这是由于环境温度较低，导致冷凝压力降低，毛细管供液量下降，进而使蒸发压力和温度都降低而引起

的，并不是缺制冷剂故障。

③ 制冷系统（过滤器焊接处及弯管处）发生局部堵塞，也能导致低压供液管结霜。这是由于系统局部堵塞后，产生节流效应，使节流后的压力低于空调器工况的正常值而引起的结霜，回气压力、运转电流、冷凝器的排风温度、制冷量等都低于正常值，常会引起误判。但若仔细观察，二者仍有区别。

a. 缺制冷剂引起的结霜，会在毛细管的后部开始；而局部堵塞，会在堵塞处或毛细管的前端出现结霜。

b. 漏制冷剂后，会在漏点处形成相应的油点，而堵塞故障却不存在油点。

82. 空调器在低电压下运行要注意哪些问题？

答：目前，我国部分地区（特别是农村）的电网电压偏低。空调器在低电压下运行，如果过载保护器失灵或烧坏，常会发生压缩机电动机绕组烧毁的故障。用户在低电压地区使用空调器必须注意以下两个问题。

电网电压偏低，压缩机电动机启动困难。在制冷挡时，要注意倾听压缩机是否已经启动进入运转状态。如不启动，应立即关机。若再次启动仍不行，则应暂停制冷，待购买稳压器后再启动使用。

空调器在电网电压偏低的情况下运行，常会因电网电压波动，使压缩机运行极不正常，有时会自动停下来。碰到这种情况，用户应关机，以防烧毁压缩机电动机绕组。

几个月暂时不用空调器时，可挑选一个晴朗的天气，让空调器风扇电动机运转 3～4h，使机体内部达到干燥后，在外面罩上布制或塑料制防尘罩。

83. 常让用户误认为是空调器故障的正常现象有哪几种？

答：① 有的空调器通电并打开运行开关时，压缩机不能启动，而室内风机已运行，等3min 压缩机才开始启动运行。这不是空调器的故障，是因为有的空调器装有延时启动保护装置，要等空调器停止 3min 后压缩机才能启动。

② 当空调器运行或停止时，有时会听到“啪啪”声。这是塑料件在温度发生变化时由于热胀冷缩而引起的碰擦声，属正常现象。

③ 空调器启动或停止时，有时偶尔会听到“嗞嗞”声。这是制冷剂在蒸发器内的流动声。

④ 有时使用空调器时，室内有异味。这是因为空气过滤网已很脏、已变味，致使吹出的空气难闻，只要清洗一下空气过滤网就行。如还有异味，则可用清新型口味的牙膏涂抹清洗过滤网。

⑤ 热泵型空调器在正常制热运行中，突然室内外机停止工作，同时“除霜”指示灯亮。这是正常现象，待除霜结束后，空调器即会恢复制热运行。

⑥ 热泵型空调器在除霜时，室外机组中会冒出蒸汽。这是霜在室外换热器上融化蒸发所产生的，不是空调器的故障。

⑦ 在大热天或黄梅天，空调器中有水外溢。这也不是故障，待天气好转，这种现象自然会消失。

84. 使用空调器电线要注意哪些问题？

答：① 空调器电线和插座必须是专用的，不得和其他的家用电器共用电线和插座，防止电线或插座因负荷太高而引起火灾事故。

② 空调器的使用电源在国内是市电，即单相 220V/50Hz，国际规定空调器的电压使用范围为（220±10%）V，即 198～242V。当使用的电压超过这个范围时，应设置电源稳压器，以防空调器不能正常启动和运行，甚至将空调器损坏。科龙空调器的电压使用范围为 185～242V，高于国标规定的范围，建议最好购买这种宽电压的空调器。

③ 购买电线要选择正规厂家的产品，电线芯要求是铜的，纯度越高越好，不要购买铝芯的电线。

注意

千万记住要设置地线，它是维修人员的生命保证线。

85．何时采用单级、双级、复叠式制冷循环?

答：制取 t_0＜30℃时采用单级式制冷循环；制取 30℃≤t_0≤60℃时采用双级式制冷循环；制取 t_a≥70℃时采用复叠式制冷循环。

86．压缩机的机械摩擦环式轴封由哪些零件组成？怎样检修？

答：压缩机的机械摩擦环式轴封由托板、弹簧、橡胶圈、石墨环、端盖组成。检修时应研磨，冲洗，浸油，顺序组装，调整松紧度，以能自由缓慢弹出为好。

87．什么是润滑油的着火点?如何判断冷冻油质量能否继续使用?

答：从闪点温度再升高，在着火 5s 不灭后到达燃点，自闪点至燃点即为着火点。取油样滴到吸墨纸上，中心有黑心时，即需更换冷冻油。

88．为什么氨机与氟机的回气管道都要求有一定的坡度?坡度是多少?坡度要求是什么?

答：为了防止氨机回气带液造成液击，氨机回气管要求有 0.1%～0.3%的坡度升向蒸发器。为使氟机回油，氟机回气管应有 1%的坡度降至压缩机。

89．如何安装制冷压缩机?

答：安装前按图纸放线，确定地脚螺栓、机座中心线，吊装压缩机时，水平安放，轴向与径向误差小于 0.2～0.3mm。

90．如何拆卸和清洗压缩机?

答：在拆卸压缩机时，应先将压缩机从系统中拆除。将压缩机的吸排气阀门关闭，用套筒扳手将吸排气阀门与压缩机分离，松开地脚螺栓后，将压缩机搬运至拆卸地点。在拆卸压缩机前，应先将曲轴箱中的冷冻油排出机体。之后用套筒扳手将压缩机的底盖和端盖拆下，卸下阀板，检查吸排气阀片是否良好。拆下前后端盖，将曲轴取出，检查曲轴的中心油孔是否通畅，将连杆及活塞从汽缸中拔出，检查连杆油道是否良好，活塞端面有无磨损，活塞环是否完好，活塞销有无活动现象，检查汽缸有无滑痕或出现拉毛现象，如压缩机为开启式，还应检查轴封两侧面有无磨损。在清洗压缩机时．应先用煤油将零件上的污物擦洗干净，等待煤油完全挥发后，再用相应型号的冷冻油（13 号或 18 号，R22 用 25 号）擦洗一遍，方可进行安装。在安装时，应注意活塞端面的凹处应偏向一边，前后端盖安装时应注意油孔向上，在安装各个端盖的螺钉时应采用对角均衡加压法（对角紧）。安装后应向曲轴箱内重新注入新的冷冻油，通电进行点动试运转。运转时，机体应无异常声响，能够听到阀片的起落声，如为半封闭式压缩机，电动机一侧的温度应不超过70℃。

91．压缩机制冷系统运行前要做哪些工作？

答：① 打开冷凝器水阀，启动水泵，如果有冷风机，应先开风机。

② 打开压缩机的吸排气阀门和其他控制阀。

③ 检查曲轴箱油面高度，应在指示器标高的1/2位置。

④ 用手转动联轴器或皮带轮，先点动开机，检查运转方向和是否有异常声响。

92．活塞压缩机制冷系统试运行调试包括哪些内容？

答：① 检查电磁阀是否打开。

② 检查油泵压力是否正常。新系列产品油压比吸气压力高 0.15～0.3MPa；老系列产品油压比吸气压力高0.05～0.15MPa。

③ 油温不超过70℃。

④ 排气压力R134a不超过1.18MPa，氨R22不超过1.67MPa。排气温度R134a不超过130℃，R717、R22不超过150℃。

⑤ 氟机的吸气温度小于15℃。

⑥ 油分离器自动回油，周期为1h。

⑦ 压缩机运转声音清晰均匀。

⑧ 能量调节装置动作正常。

⑨ 阀门管路不泄漏。

93．简述螺杆机的运行、调试。

答：① 运行前检查各个阀门是否打开，启动冷却水泵、水塔风机。

② 启动冷冻水泵，检查水压是否大于0.12MPa。

③ 检查卸载机构处于零位。

④ 观察油温应高于30℃。

⑤ 检查高低压阀门是否关闭，确认以上工作无误后，方可按下列程序操作：

启动油泵→油压上升→滑阀处于零位→开启供液阀→启动压缩机→正常运转后→增载至100%→调整热力膨胀阀→正常运行时，吸气压力为0.4～0.5MPa；排气压力为1.1～1.5MPa，排气温度为45～95℃，供油温度为35～55℃，油压高于排气压力0.2～0.3MPa。

94．简述离心机的运行、调试。

答：运行前检查油箱中的油位和油温，停机时油温为71～76℃，运行时为40～50℃；检查油泵的转向和油压差，应稳定在0.1～0.14MPa。将导叶指示位置放在零位，将抽气回收装置连接管上所有阀门打开，将放气开关置于正常位置，调节冷冻水温度，主电动机最大负荷电流限制在100%位置，使用R11制冷剂时，常年保证油温加热，启动冷水泵，蒸发器进出水温差5℃，启动冷却水泵，冷凝器内进出水温差5℃。将启动→运行→停机→复位转换开关置于启动位置，启动油泵运行 30s，油压正常后，方可启动主机；正常运转后，观察仪表做记录。吸气压力为0.4～0.5MPa。

95．高低压组合式压差控制器有哪些功能？怎样操作？

答：高低压组合式压差控制器具有延时功能，所以在无油压下正常启动，在压缩机延时运转 60s 内，可建立正常油压；若不能达到设定值，继电器会动作，切断电源，保护压缩机。压缩机正常运转时，无能量调节的油压为 0.075～0.15MPa，带能量调节的油压为 0.15～0.3MPa。发生保护时，应在排除故障后，按复位按钮，启动压缩机。

96．制冷剂钢瓶是否为压力容器？在使用、运输、储存时应注意哪些？

答：制冷剂钢瓶属于压力容器，在使用、运输、储存时，要防止冻伤，在大量泄漏时，应及时通风换气，禁止与明火接触，否则容易发生爆炸。

97．什么是干、湿球温度计？

答：干球温度计即普通温度计；将普通温度计的感温头用纱布缠上并放在蒸馏水中，即为湿球温度计。

98．在活塞式制冷压缩机检修中，不准修复的零件是哪个?一次性使用的零件是哪个?

答：不准修复的零件为连杆销钉，一次性使用的零件为安全假盖开口销钉。

99．压缩机回气管坡度有何要求？作用是什么？

答：为了方便回油和防止液击，压缩机回气管要求有 1%～2%的坡度，氨机倾斜升至蒸发器，防止液击；氟机倾斜降至压缩机，方便回油。

100．什么是离心机的"喘振"?造成的原因是什么?如何排除?

答：发生喘振时，压缩机出口排除气体反复倒灌吐出，来回撞击，使电动机交替出现空载和满载，机器产生强烈振动，发出强烈的噪声，机壳和轴承温度过高。喘振一般由离心机底座弹簧断裂或橡胶垫损坏造成，更换即可。

附录 C 制冷工、制冷设备维修工、高级工答辩国家题库题

1．家用空调器管温传感器、室温传感器各有什么作用？

① 管温传感器是一个负温度系数的热敏电阻，安装在室内机蒸发器右侧的盘管上，外面用铜管包装固定，用于检测室内蒸发器温度并向 CPU 输送监视信号。当空调器制热时，管温传感器用以防止冷风吹入室内。

② 室温传感器安装在蒸发器前端，外表用塑料支架支撑，用于检测室内空气温度并向 CPU 输送温度信号，实现室内空气温度的检测。

2．如何定义单级制冷压缩的理论循环和实际循环？

（1）理论循环

① 压缩机是绝热压缩过程。

② 不考虑制冷剂在流动时的摩擦、阻力等的损失，制冷剂在流经冷凝器、蒸发器及连接管道中的压力保持不变，冷凝过程中冷凝压力不变，蒸发压力不变。

③ 液态制冷剂在节流前焓值不变。

（2）实际循环

实际循环指压缩机在吸气、压缩、排气过程中存在不可逆的损失，如机械摩擦阻力及热损失等；冷凝器和蒸发器内存在的压力损失；制冷剂在管道中流动时的阻力和热损失等。由于实际的制冷过程比较复杂，很难计算实际循环过程中的损失，因此在设计计算时，通常先按理论循环进行计算，然后再用各种系数进行修正。

3．简述多级压缩机制冷与复叠式制冷的区别。

当蒸发温度低于-30℃时，建议采用多级压缩机制冷。如果不采用多级压缩机制冷，则压缩机的压缩比增大，导致排气温度升高，润滑条件恶化，油稀后摩擦增大，甚至可达到闪点温度，使油碳化卡缸。

① 多级压缩机制冷采用的是同一种制冷剂，分级压缩，绿色制冷剂系统一次节流，中间不完全冷却式循环。

② 复叠式制冷采用的是两种制冷剂和两个独立的系统，高温级的蒸发器是低温级的冷凝器。

4．什么叫热泵?

热泵是一种将低温热源的热能转移到高温热源的装置。通常用于热泵装置的低温热源是我们周围的介质，如空气、河水、海水及大地中的土壤。热泵可分为压缩式、吸收式和蒸汽喷射式。其中压缩式热泵的应用最广，属于逆向循环。它的关键部件是四通转换阀，主要通过导向阀的电磁作用改变其制冷剂流向，从而达到制热的目的。热泵式空调器在冬季取暖时，先将换向阀转向制热工作状态，压缩机排出的高温、高压制冷剂蒸汽，经换向阀流入室内蒸发器（作为冷凝器），制冷剂蒸汽冷凝时放出的是潜热，可将室内空气加热从而达到室内取暖的目的。冷凝后的液态制冷剂从反向流过节流装置进入冷凝器（作为蒸发器），吸收外界热量后蒸发。蒸发后的蒸汽经过换向阀后，被压缩机吸入，完成制热循环。这样，将外界空气中的热量“泵”入温度较高的室内，故称为“热泵”。热泵比电能直接供热和燃料燃烧供热要经济得多。

5．冷冻机油变质的原因是什么?判别方法如何?

（1）冷冻机油变质的原因

① 冷冻机油混入水分。由于制冷系统中渗入空气，空气中的水分与冷冻机油接触后便混合进去，引起黏度降低，对金属有腐蚀作用。在制冷剂制冷系统中会引起管道或阀门的冰堵现象。

② 氧化。冷冻机油在使用过程中，当压缩机的排气温度过高时，冷冻机油会引起氧化变质，特别是氧化稳定性差的机油更易变质。经过一段时间，氧化了的冷冻机油会形成残渣，使轴承等处的润滑变坏。有机填料、机械杂质等的混入，也会加速冷冻油的老化或氧化。

③ 几种不同牌号的冷冻机油混合使用，也会造成冷冻机油的黏度降低，甚至会破坏油膜的形成，使轴承受到损害。两种冷冻机油混用时，含有的不同性质抗氧化剂混合在一起有可能产生化学变化，形成沉淀物，使压缩机的润滑测定受到影响，故在使用时要注意。

（2）判别方法

冷冻机油变质后颜色变深，将油滴在白色吸墨纸上，若中央有黑色斑点，则说明油变质。

6．绿色制冷剂压缩机的曲轴箱加热的作用是什么？

绿色制冷剂一般很容易溶解在油中，溶解度由压力和温度决定。气体压力越高，油温越低，则溶解度越高。随着溶解度的增大，油的黏度逐渐下降。

绿色制冷剂压缩机包括活塞式、螺杆式和离心式制冷压缩机。运行时，油温一般为50℃或更高。在连续运转时，绿色制冷剂对冷冻机油黏度影响不大，但遇停机时间较长后，曲轴箱（或油箱）内的压力逐渐升高，温度则下降，降到等于环境温度时，绿色制冷剂在冷冻机油中的溶解度增加，结果会使曲轴箱内的油面上升，黏度降低。当制冷压缩机再次启动时，由于曲轴箱内的压力迅速下降，引起冷冻机油中的制冷剂剧烈沸腾，因而产生大量的油沫状气泡。这些油沫状气泡被油泵吸入后，会影响油泵的上油，使油压降低，影响运动部件的正常润滑。同时活塞式制冷压缩机吸入大量泡沫状冷冻油后，还会造成油击和冲（敲）缸事故，或曲轴箱油面过低的失油现象。因此，在绿色制冷剂压缩机启动前，先将冷冻机油预加热，其目的是使油中的绿色制冷剂蒸发，这样在再次启动时，就不会引起油压降低或失油等事故，确保制冷压缩机正常运转。

7．制冷压缩机的油泵有哪些类型？使用的对象是什么？

（1）制冷压缩机的油泵类型

① 外啮合齿轮油泵。

② 月牙形内齿轮油泵。

③ 内啮合转子油泵。

④ 偏心孔泵。

（2）使用对象

外啮合齿轮油泵的使用对象：因其不能反转，结构简单，所以适合开启式压缩机。油泵壳体内有两个相互啮合的同直径齿轮，曲轴带动主动齿轮旋转时，油就从吸油腔一边通过齿间凹谷与泵体内壁形成的许多储油空间排送到油腔一边，并源源不断向外排出。

月牙形内齿轮油泵的使用对象：因其无论正转、反转，都能按照原定流向供油，因此适用于全封闭式、半封闭式压缩机。

内啮合转子油泵的使用对象：因其结构紧凑，转子采用铁和石墨含油粉末冶金烧结，具有精度高，成本低，泵体可转动的优点，但因其只能单向旋转，所以仅适用于开启式压缩机。

偏心孔泵的使用对象：因其油管偏心线、离心力向上，高速运转，所以适合于电冰箱压缩机使用。

8．在什么情况下采用外平衡式热力膨胀阀？它与内平衡式热力膨胀阀有什么区别？

制冷剂在节流后进入蒸发器，蒸发压力所对应的蒸发温度与感温点蒸发压力所对应的蒸发温度的温差大于1℃以上时，应选用外平衡式热力膨胀阀。

内平衡式热力膨胀阀只适用于蒸发压力不太低，容量不大和制冷剂流动阻力不大的蛇管式蒸发器中。而外平衡式热力膨胀阀适用于制冷剂流动阻值大，蒸发温度低，通路较长，蒸发温度上下波动大或者采用液体分配器多路供液的场合。

9. 什么是传感元器件？有哪些类型？

传感元器件是将信息加以转换的敏感元器件，可以把位移、压力、温度、湿度、光磁、红外线等非变量转换成变量，实现自动检测和控制多种物理量的变化过程。

传感元器件的类型：光敏（红外接收）、磁敏、热敏、压敏电阻，温敏、气敏、声敏、光敏电阻及光电晶体管。

10. 什么叫模拟电路？什么叫数字电路？

模拟电路是专门处理随时间连续变化电信号（正弦信号）的电路。

数字电路是专门处理随时间变化不连续变化电信号（脉冲信号）的电路。

它们两者处理的电信号不同。

11. 为什么在溴化锂中添加缓蚀剂和表面活化剂？

溴化锂由卤族元素溴（Br）和碱金属元素锂（Li）所组成。因溴化锂溶液对金属材料有腐蚀性，所以在溴化锂吸收式机组中，常用的碳钢和紫铜等金属材料是一种较强的抗腐蚀介质。

氧和金属的作用是腐蚀的主要因素，为抑制溴化锂溶液对金属材料的腐蚀，常采取在溶液中添加缓蚀剂等措施以保持系统内高度真空，停机时需充氮保养或保持真空。缓蚀剂既可以隔离氧气，抑制溴化锂溶液的腐蚀作用，也可通过化学反应在金属表面形成一层保护膜，使之不受或少受氧的侵袭。

溴化锂制冷机吸收和发生过程的传热、传质强度较低，导致机组的尺寸相当大。添加表面活化剂，可以减小溶液的表面张力，改善溶液与管壁的浸润状况，从而强化吸收和发生过程的传热、传质作用。正醇可使制冷剂制冷量提高20%～40%，辛醇会在高温下分解。

12. 什么叫电磁阀?有几种类型?

电磁阀是一种受电气控制的截止阀，通常被安装在系统管线作为双位调节器的执行元器件或者安全保护元器件，是制冷空调装置中的制冷剂或其他介质（油、水、气）等流动通、断的主要控制件之一。

电磁阀有两种类型：

① 直接启闭式电磁阀，用于小直径制冷系统。

② 间接启闭式电磁阀，用于大直径制冷系统。

13. 简述溴化锂吸收式制冷机的原理。

溴化锂吸收式制冷机是一种以热能为动力，以水为制冷剂，以溴化锂水溶液为吸收剂，可制取 0℃以上的冷水吸收式制冷装置。与其他制冷装置不同，溴化锂吸收式制冷机是用发生器和吸收器来代替压缩机的作用的。溴化锂吸收式制冷机的原理图如图 C-1 所示。

工作时，溴化锂水溶液在发生器内被加热至沸腾，水被汽化后逸出，进入冷凝器，被管内的冷却水冷却后凝结成水，然后经 U 形管节流降压后流入蒸发器，再在低压下汽化吸热，吸取冷却管内的冷媒水热量，使冷媒水温度达到0℃以上。

发生器中，溴化锂水溶液因水汽化逸出从而变成浓溶液。经溶液热交换器预冷进入吸收器，吸收来自蒸发器的低压水蒸汽。热量由管内的冷却水带走，溶液恢复到原来的浓度。

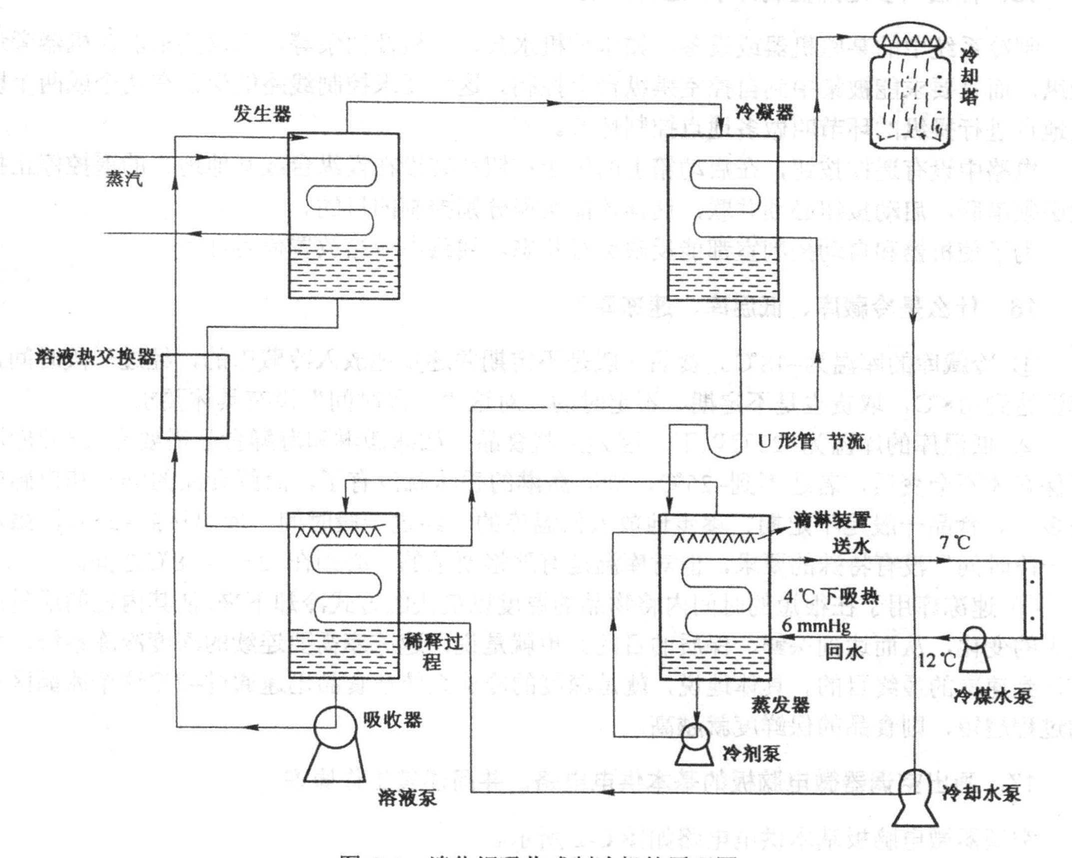

图C-1 溴化锂吸收式制冷机的原理图

14．简述安全阀泄漏失灵的原因和故障排除方法。

（1）安全阀泄漏失灵的原因

① 长期使用后却未定期校正，使弹簧失灵、锈蚀或密封面损坏。

② 安全阀起跳后未及时校正或起跳后在密封面处有异物存在。

③ 安全阀本身制造质量有问题，如材料选择、加工质量、装配和调试不当均能影响安全阀的使用寿命和起跳的及时程度。

安全阀工作时产生泄漏失灵可通过如下方法检查：对装于压缩机上外部有排气接管的安全阀，如果产生渗漏，则其连接管将会有发热现象（不漏时，管子应是冷的）。当无外部连接管时，可根据压缩机吸排气温度和压力变化情况加以判断。对装于压力容器上的安全阀，如果发现阀体和出口端有结露或结霜现象，则说明安全阀泄漏失灵。

（2）排除方法

① 安全阀必须定期进行校正。

② 为了提高安全阀的质量，最好采用不锈钢和聚四氟乙烯作为阀座和阀心密封材料。另外在活塞与弹簧之间放置一颗钢珠，可便于在起跳和关闭时自动正位，均取得较好的效果。

安全阀是压缩机和压力容器设备的重要安全保护装置，出厂时，已调整使其在额定压力时起跳，并加了铅封，不允许随意拆卸调整。

15. 什么叫多地点控制环节?怎样实现?

制冷系统中的某些机器或设备，如压缩机水泵、风机及油泵等，不仅要求能在机器旁边操纵，而且要求能被集中到自控室操纵台上控制。这种要求控制线路能保证在两个或两个以上地点进行操纵的环节叫做多地点控制环节。

电路中设有遥控按钮，在启动箱上的停止按钮和装设在操纵台或其他地方的遥控停止按钮必须串联，启动按钮必须并联，这样才能实现分别控制的目的。

为了使机器和自动控制室都能反映运行状态，线路中应当放置信号灯。

16. 什么是冷藏库、低温库、速冻库?

① 冷藏库的库温为–18℃。食品一般是不定期并逐步地放入冷藏库的，经过一段时间，库温达到–18℃，取货也是不定期、不定时的，对这“一段时间”没有具体要求。

② 低温库的库温为–25℃以下。因为某些食品，如冰激淋和海鲜食品需要在–25℃库温下保存才不会变质，若达不到–25℃，则冰激淋的香味就没有了，海鲜食品的鲜味和口感就差多了。食品一般是不定期、逐步地放入低温库的，经过一段时间，库温达到–25℃。虽对“一段时间”没有特殊的要求，但对库温是有严格要求的，必须在–25～–18℃之间。

③ 速冻库用于在很短的时间内将物品的温度以最快的方式冷却下来，使其内在的质量产生大的变化，从而达到保鲜、保质的目的。也就是说，速冻库需要连续的深度冷冻系统，使之达到速冻的最终目的。具体地说，就是深度的冷冻系统使食品迅速通过–2℃这个冰晶区域的过程越短，则食品的保鲜度就越高。

17. 画出空调器微电脑板的基本供电电路，并简述其工作原理。

空调器微电脑板基本供电电路如图C-2所示。

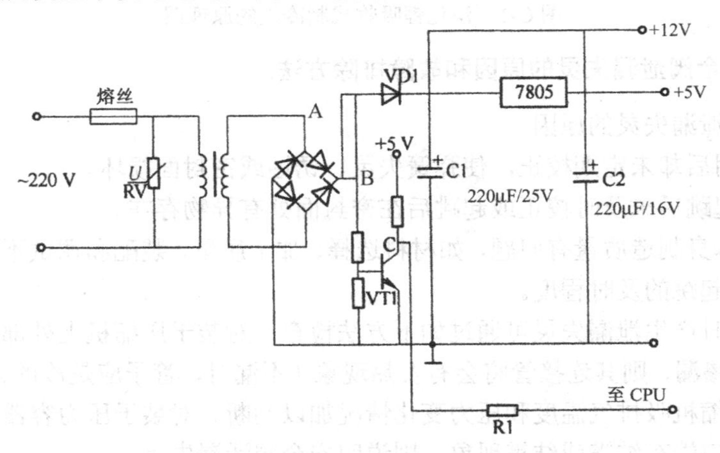

图C-2　空调器微电脑板基本供电电路

空调器微电脑板需要有两组电压：一路是供继电器等使用的+12V 直流电压；另一路是供CPU使用的+5V 电压。在这两组电源电压中，对+5V 电压的要求较高，必须采用稳压电源供电；而对+12V 电压的要求相对较低，通常在10～15V之间都能够正常工作。

电路上设有过电压保护电路和交流电过零点检测电路。

① 过电压保护电路由压敏电阻 RV 和保险熔丝管组成。保险熔丝管串联在电源变压器的一侧，压敏电阻直接并接在变压器的两端。在电源电压正常时，压敏电阻呈开路状态，对电路没有任何影响，空调器可以正常工作。当输入电压高于 270V 时，压敏电阻被击穿，使得熔丝因过电流而烧断，切断了变压器的供电，使空调器停机，从而保护了空调器。

② 交流电过零点检测电路由晶体管 VT1 和二极管 VD1 等组成。该电路的作用是检测出交流电的过零点，使 CPU 在控制双向晶闸管时在交流电的零点附近导通，以防止因导通瞬间电流过大而烧坏晶闸管。

③ 交流电经过整流后，通过二极管 VD1 后进行滤波，因此流过图中 B 点的是脉动直流电。晶体管 VT1 的输入波形与 B 点相同，只是幅度小些。当交流电处于零点时，晶体管 VT1 截止，从其集电极 C 输出一个高电平信号；而交流电不在零点时，晶体管饱和导通，集电极 C 无输出，因此集电极 C 输出的脉冲信号就代表了交流电的过零点，且与交流电的零点同频同相，为 100Hz。将此信号通过 R1 送给 CPU，作为 CPU 控制晶闸管导通点的基准信号。

18．家用空调器微电脑板具备哪 3 个条件后，空调器才能正常工作?画出微电脑板 CPU 的基本电路，并简述其工作原理。

家用空调器 CPU 是整个电脑板的核心，必须具备三个条件才能正常工作，即+5V 供电正常，清零复位电路正常，时钟振荡电路正常。

家用空调器微电脑板 CPU 的基本电路如图 C-3 所示。

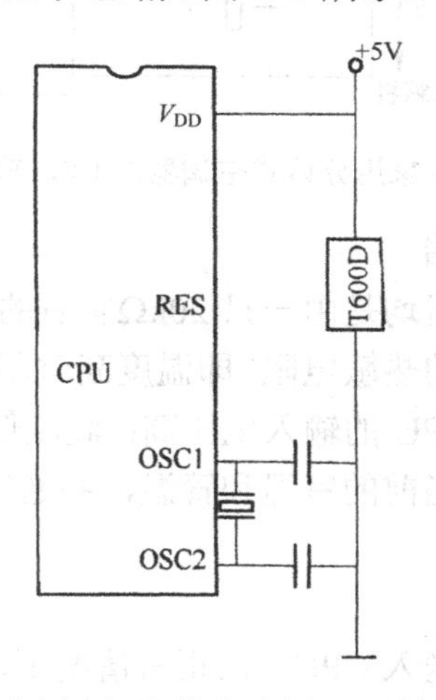

图 C-3　家用空调器微电脑板 CPU 的基本电路

不论哪种型号的 CPU，均有 4 个端子：+5V 电源（V_{DD}端）为 CPU 供电；复位电路（RES 端）使 CPU 在工作前的程序处于起始状态；时钟振荡（OSC1 端和 OSC2 端）为 CPU 内部提供基准的时钟信号。

由 CPU 的工作原理可知，只要 CPU 的复位端上电时间比电源端延迟 1ms，便可完成 CPU 复位。该电路有多种形式，以图中的复位电路为例。在上电一瞬间，CPU 供电电压+5V 的建立需要一段时间，而 T600D 复位块在输入电压低于 4.5V 时不输出电压；当输入电压高于 4.5V 时才输出电压，利用这个时间差使 CPU 完成复位。正常时该电压在 4.9V 以上。

在正常情况下，时钟振荡的两个脚用数字万用表测量其电压为 2.5V，用机械万用表测量

其电压为 V_{osc1}=2.2V，V_{osc2}=0.8V。

19. 家用分体式空调器CPU有几路输入信号？画出CPU输入电路图，并简述其工作过程。

目前家用分体式空调器的CPU输入信号有7路。家用分体式空调器的CPU输入电路如图C-4所示。

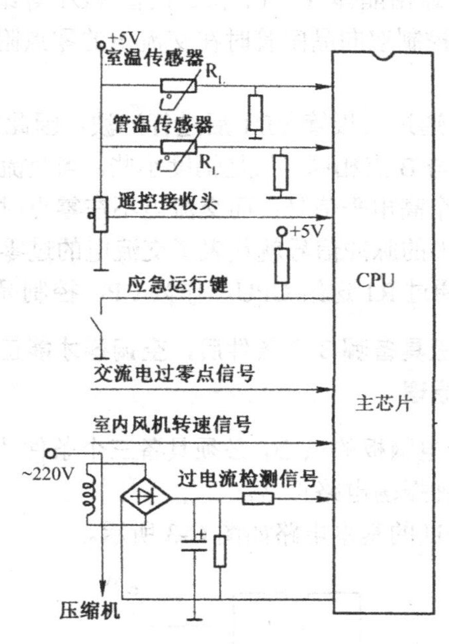

图C-4 家用分体式空调器的CPU输入电路

（1）室温、管温传感器输入端

从图中可以看出，两种传感器均是由一只20kΩ左右的电阻分压后将信号送入CPU的。由于该传感器是一只负温度系数的热敏电阻，即温度高时阻值小，温度低时阻值大，所以CPU输入电压的规律如下：温度高，CPU的输入电压高；温度低，CPU的输入电压低。于是CPU即可根据输入电压的不同来判断当前的室温和管温，并通过内部程度和人为设定来控制空调器的运行状态。

（2）遥控信号输入电路

遥控接收头输出的信号直接送入CPU。在正常情况下，用万用表测量遥控接收头的输出端，有4V左右的电压。当有遥控信号输入时，表针在4V左右摆动。

（3）应急运行输入信号

当按动应急运行键时，CPU输入一个低电平信号，此时气温若在23℃以上，空调器便进入强制制冷状态；若气温低于23℃，空调器则进入强制制热状态。

（4）交流电过零点检测信号输入

交流电过零点检测信号的作用是使CPU控制晶闸管时在零点附近导通，以保护晶闸管。

（5）室内风机运转速度检测信号输入

该风机的转速由霍尔元器件产生，直接送入CPU（风机转一圈输出3个脉冲），使CPU能检测到风机的运行速度，以便精确控制其转速。

（6）压缩机过电流保护信号输入

该电路由电流互感器 CT 和整流滤波电路组成，压缩机的电源线穿过互感器，其线圈能输出感应电压，经过整流滤波后送入 CPU。

当压缩机的运行电流偏大时，电流互感器的输出感应电压升高，整流滤波后的电压也升高；当高到某一值时，CPU 发出停机指令，切断压缩机的电源，从而保护了压缩机。R_L 为过电流值设置电位器，一般情况下不能随意调动，否则会出现误保护或不保护的故障。

20．空调器 CPU 的输出控制电路至少有几路?画出空调器 CPU 的输出控制电路。

由于空调器的功能越来越多，因此 CPU 的输出控制电路也随之增加。现行的空调器输出控制电路至少有 10 路，所采用的执行元器件有晶体管、集成反向器、晶闸管和继电器等。

空调器 CPU 的输出控制电路如图 C-5 所示。

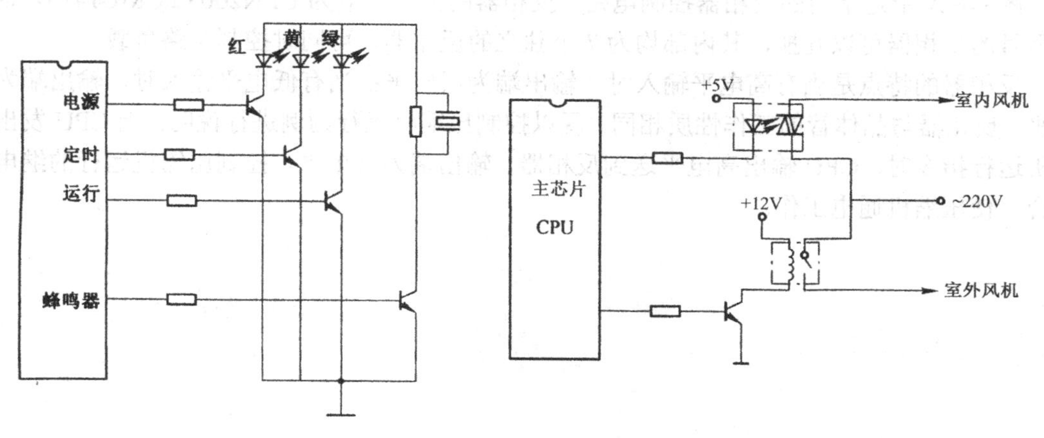

（a）指示灯和蜂鸣器控制电路　　（b）室内外风机控制电路

图 C-5　空调器 CPU 的输出控制电路

（1）指示灯和蜂鸣器控制电路

图 9-5（a）所示为空调器电脑板的指示灯和蜂鸣器控制电路。其控制执行元器件为晶体管。当相应的 CPU 控制端输出高电平时，该指示灯发光。蜂鸣器控制端在刚开机或空调器收到一个有效输入指令时，输出一个持续 0.5s 的高电平，使蜂鸣器发声。一般的空调器电源指示灯为“红色”，定时灯为“黄色”，空调器运行灯为“绿色”。

（2）室内外风机控制电路

图 9-5（b）所示是常见的室内外风机的控制电路。室内风机的控制执行元器件是光耦晶闸管，室外风机的控制执行元器件是晶体管和继电器。

当 CPU 的室内风机控制端输出低电平时，光耦晶闸管导通，室内风机运转；反之，不运转。利用光耦晶闸管的特点，可以实现无极调速，其转速由 CPU 输出的低电平脉冲宽度决定。

当室外风机控制端输出高电平时，晶体管导通，继电器吸合，使室外风机得电而运转；反之，不运转。

21．画出空调器压缩机、四通阀及步进电动机的控制电路图，并简述其工作过程。

空调器压缩机、四通阀及步进电动机的控制电路如图 C-6 所示。

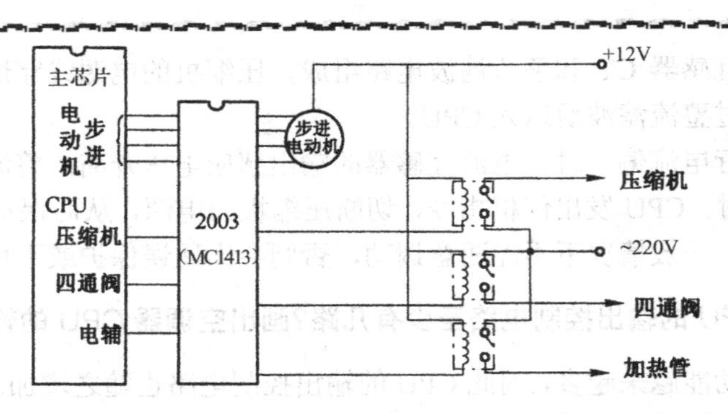

图 C-6　空调器压缩机、四通阀及步进电动机的控制电路

图 9-6 所示是常用的反相器控制电路。反相器的型号一般为 ULN2003 或 MC1413。这两种型号的反相器可以互换，其内部均为 7 个独立的反相器，可同时控制 7 路负载。

反相器的特点是当有高电平输入时，输出端为低电平；当有低电平输入时，输出端为高电平。反相器与晶体管的工作性质相同，现以控制压缩机运行为例进行说明。当 CPU 发出压缩机运行指令时，CPU 输出高电平送到反相器，输出端为低电平，控制压缩机运行的继电器吸合，使压缩机通电工作。